高等学校通识教育系列教材

大学计算机基础

徐红云 主编

解晓萌 郭芬 林育蓓 王亮明 编著

清华大学出版社

北 京

内 容 简 介

本书是2010年9月由清华大学出版社出版的《大学计算机基础教程》的第三版，参照教育部高等学校大学计算机基础课程教学指导委员会2016年提出的《大学计算机基础课程教学基本要求》的主要思想进行编写。全书共分10章，主要内容包括：计算机技术发展过程及趋势、计算机系统组成、数据的表示与运算、计算机硬件、计算机软件、操作系统、算法与程序设计、数据库技术、计算机网络、信息安全、IT前沿技术。另外，本书附录还给出了微型计算机选购指南，供购买微型计算机的读者参考。

本书内容翔实，层次清晰，图表丰富，详略得当，结构完整，可作为高等学校非计算机专业"大学计算机基础""计算机技术导论""计算机实用技术"等课程的教材，也可作为其他读者学习参考书。

图书在版编目(CIP)数据

大学计算机基础教程/徐红云主编. —3版. —北京：清华大学出版社，2018(2021.8重印)
(高等学校通识教育系列教材)
ISBN 978-7-302-50180-0

Ⅰ. ①大… Ⅱ. ①徐… Ⅲ. ①电子计算机－高等学校－教材 Ⅳ. ①TP3

中国版本图书馆CIP数据核字(2018)第112414号

责任编辑：刘向威
封面设计：文 静
责任校对：焦丽丽
责任印制：刘海龙

出版发行：清华大学出版社
网 址：http://www.tup.com.cn，http://www.wqbook.com
地 址：北京清华大学学研大厦A座 邮 编：100084
社 总 机：010-62770175 邮 购：010-83470235
投稿与读者服务：010-62776969，c-service@tup.tsinghua.edu.cn
质量反馈：010-62772015，zhiliang@tup.tsinghua.edu.cn
课件下载：http://www.tup.com.cn，010-83470236
印 装 者：小森印刷霸州有限公司
经 销：全国新华书店
开 本：185mm×260mm **印 张**：18.25 **字 数**：445千字
版 次：2010年9月第1版 2018年7月第3版 **印 次**：2021年8月第6次印刷
印 数：22001～28000
定 价：49.00元

产品编号：075449-01

前　言

本书是在参照教育部高等学校大学计算机课程教学指导委员会2016年编制的《大学计算机基础课程教学基本要求》的基础上，结合华南理工大学计算机公共基础教学的教学计划和特点来进行组织的，是针对大学一年级第一学期的“大学计算机基础”课程编写的。

因为计算机技术发展十分迅速，高等学校的计算机基础教育应该教会学生学习的方法以及利用计算机的相关知识分析和解决问题的途径，而不是追求软件与工具的最新版本，所以，在内容选取上，本书以介绍计算机的基本理论知识和计算思维方式为主，而软件与工具则是以有关理论技术应用的实例形式出现，例如Windows是在介绍了操作系统的概念和功能后列举的一种具体的操作系统，又如Photoshop以应用中实现图片编辑的一种工具的形式出现，这样可使读者对计算机基本理论和技术有一个整体的理解和宏观的认识，利于软件和工具升级后的学习和拓展。

本书是2014年6月出版的《大学计算机基础教程(第二版)》的升级版，是2010年9月出版的《大学计算机基础教程》的第三版。与第二版相比，本书进行了以下修改：办公软件、多媒体软件和网页制作软件调整到“计算机软件”一章介绍；操作系统方面增加了苹果的iOS以及Android等常用手机操作系统的内容；在“算法与程序设计”一章增加了对算法有关概念的介绍，并以应用前景良好的Python语言为例介绍了程序设计语言的要素，以及程序设计的方法和过程；最后一章以专题的形式对云计算、大数据、物联网、机器学习与人工智能等前沿技术进行了简要介绍。此外，本书还对前一版的一些不妥之处进行了修正。

全书共10章，由徐红云担任主编，与解晓萌、郭芬、林育蓓和王亮明共同编写完成。其中，1.4节、第2章、第3章由解晓萌执笔；第5章、10.1节、10.3节和附录由王亮明执笔；第4章、10.2节由郭芬执笔；第7章、10.4节由林育蓓执笔；其余部分由徐红云执笔。全书由徐红云统稿。

在编写本书的过程中，参考了大量有关书籍和网页，在此对这些书籍和网页的作者表示感谢。同时，感谢清华大学出版社有关编辑及其他相关人员对出版本书所付出的辛勤劳动。

与本书配套的教辅资料有由清华大学出版社出版的《大学计算机基础实验指导与习题集(第三版)》，以及电子课件、习题解答、实验的操作录像，有需要的读者请与清华大学出版社联系，除正式出版物以外的其他教辅资料也可以直接与作者联系索取(hongyun@scut.edu.cn)。

基于《大学计算机基础教程(第二版)》所建设的MOOC课程在清华大学“学堂在线”平台上免费开放，课程网址：http://www.xuetangx.com/courses/course-v1：SCUT＋

145223+sp/about。

本书的出版得到了2017年广东省高等学校教学质量与教学改革工程项目、华南理工大学“十三五”规划教材项目及2017年教育部与思科公司产学合作协同育人项目的资助。

由于编者水平有限,书中难免有错误或不妥之处,恳请有关专家和广大读者给予批评指正,我们将深表感谢。

编　者

2018年3月于广州

目 录

第 1 章 概述……1

1.1 计算机的发展……1

1.1.1 计算机的诞生……1

1.1.2 计算机的发展阶段……2

1.1.3 未来的新型计算机……5

1.2 计算机的分类……8

1.2.1 计算机的类型……8

1.2.2 微型计算机的类型……9

1.3 计算机的应用领域……10

1.4 计算机系统的组成……12

1.4.1 计算机系统的基本组成……12

1.4.2 计算机系统的层次模型……14

1.5 计算思维……16

1.5.1 计算思维的定义……16

1.5.2 计算思维的特点……17

1.5.3 计算思维的应用案例……17

本章小结……18

习题 1……19

第 2 章 数据的表示与运算……21

2.1 进位计数制……21

2.1.1 十进制……22

2.1.2 二进制……22

2.1.3 八制进和十六进制……22

2.1.4 数制之间相互转换……23

2.2 计算机中数值数据的表示……25

2.2.1 整数的原码表示……26

2.2.2 整数的反码表示……26

2.2.3 整数的补码表示……26

2.2.4 整数的移码表示 …… 27
2.2.5 浮点数表示方法 …… 27
2.2.6 BCD 格式表示法 …… 28
2.3 数据之间的运算 …… 29
2.3.1 算术运算 …… 30
2.3.2 运算溢出及判断 …… 31
2.3.3 逻辑运算 …… 32
2.4 非数值型数据在计算机中的编码 …… 33
2.4.1 ASCII 编码 …… 33
2.4.2 Unicode 编码 …… 35
2.4.3 汉字编码 …… 37
2.5 数据校验编码 …… 42
2.5.1 奇偶校验码 …… 42
2.5.2 海明校验码与 CRC 校验码简介 …… 44
本章小结 …… 45
习题 2 …… 45

第 3 章 计算机硬件 …… 48

3.1 计算机硬件系统 …… 48
3.1.1 计算机硬件系统组成 …… 48
3.1.2 CPU …… 48
3.1.3 存储器 …… 49
3.1.4 总线 …… 54
3.1.5 接口 …… 55
3.1.6 外部设备 …… 58
3.1.7 计算机硬件组装及启动过程 …… 60
3.1.8 冯·诺依曼体系结构 …… 60
3.1.9 计算机常用性能指标 …… 61
3.2 嵌入式系统与 DSP …… 62
3.2.1 嵌入式系统概念 …… 62
3.2.2 嵌入式系统基本组成 …… 62
3.2.3 冯·诺依曼体系结构与哈佛体系结构的区别 …… 64
3.2.4 嵌入式系统的特点 …… 65
3.2.5 嵌入式系统的应用领域 …… 66
3.2.6 DSP 简介 …… 66
本章小结 …… 67
习题 3 …… 68

第 4 章 计算机软件 …… 70
4.1 软件的分类 …… 70
4.1.1 系统软件 …… 71
4.1.2 应用软件 …… 72
4.2 软件的工作模式 …… 73
4.2.1 命令驱动 …… 73
4.2.2 菜单驱动 …… 74
4.3 软件的安装方法 …… 75
4.3.1 操作系统安装 …… 75
4.3.2 驱动程序安装 …… 76
4.3.3 应用软件安装 …… 76
4.4 软件的开发方法 …… 77
4.4.1 软件生命周期 …… 77
4.4.2 开发过程模型 …… 79
4.5 常用软件介绍 …… 82
4.5.1 办公软件 …… 82
4.5.2 多媒体创作软件 …… 87
4.5.3 网页制作软件 …… 96
4.5.4 压缩软件 …… 100
本章小结 …… 101
习题 4 …… 101
第 5 章 操作系统 …… 103
5.1 操作系统概述 …… 103
5.1.1 操作系统的概念 …… 103
5.1.2 操作系统的功能 …… 104
5.1.3 操作系统的分类 …… 104
5.2 Windows 系统 …… 105
5.2.1 Windows 操作系统发展历史 …… 105
5.2.2 Windows 基本操作 …… 107
5.2.3 Windows 文件管理 …… 111
5.2.4 Windows 程序管理 …… 118
5.2.5 Windows 系统安全 …… 119
5.2.6 Windows 计算机管理 …… 120
5.2.7 Windows 常用软件介绍 …… 124
5.3 MS-DOS 及常用命令介绍 …… 126
5.3.1 MS-DOS 介绍 …… 126
5.3.2 MS-DOS 常用命令 …… 126

5.4 Linux 操作系统 …… 128
5.4.1 Linux 操作系统介绍 …… 128
5.4.2 常见 Linux 操作系统 …… 128
5.5 手机操作系统 …… 129
5.5.1 iOS 操作系统 …… 129
5.5.2 Android 操作系统 …… 131
5.6 虚拟机及 VMware 介绍 …… 133
5.6.1 虚拟机概念及作用 …… 133
5.6.2 VMware 介绍 …… 134
本章小结 …… 136
习题 5 …… 136

第 6 章 算法与程序设计 …… 140

6.1 算法基础 …… 140
6.1.1 算法的概念 …… 140
6.1.2 算法的性质 …… 140
6.1.3 算法的表示 …… 141
6.1.4 算法的评价 …… 142
6.2 程序设计语言 …… 143
6.2.1 机器语言 …… 144
6.2.2 汇编语言 …… 144
6.2.3 高级语言 …… 145
6.3 程序设计过程 …… 145
6.4 程序设计方法 …… 146
6.4.1 结构化程序设计方法 …… 147
6.4.2 面向对象程序设计方法 …… 148
6.5 程序设计语言基本要素 …… 149
6.5.1 Python 语言简介 …… 149
6.5.2 Python 开发环境配置 …… 149
6.5.3 Python 程序运行方式 …… 150
6.5.4 数据类型 …… 153
6.5.5 常量和变量 …… 154
6.5.6 运算符与表达式 …… 154
6.5.7 输入和输出 …… 156
6.5.8 流程控制语句 …… 157
6.5.9 函数 …… 159
6.5.10 注释 …… 160
6.6 程序设计应用举例 …… 160
本章小结 …… 162

习题 6 …… 162

第 7 章 数据库技术 …… 164

7.1 数据库技术概述 …… 164
7.1.1 数据处理的发展历史 …… 164
7.1.2 数据库技术的应用领域 …… 166
7.1.3 数据库技术的相关学科 …… 167
7.1.4 数据库技术发展的新方向 …… 167
7.2 数据库管理系统 …… 167
7.2.1 数据库管理系统的功能与结构 …… 167
7.2.2 常见的数据库管理系统及其特点 …… 168
7.3 数据库系统 …… 169
7.3.1 数据库系统的组成 …… 169
7.3.2 数据库系统的分类 …… 170
7.3.3 数据库系统的特点与功能 …… 171
7.4 关系数据库的建立 …… 172
7.4.1 关系数据库基础 …… 172
7.4.2 关系数据库在 Access 中的实现 …… 177
7.4.3 数据查询与 SQL …… 182
本章小结 …… 190
习题 7 …… 190

第 8 章 计算机网络 …… 192

8.1 概述 …… 192
8.1.1 网络的定义 …… 192
8.1.2 网络的发展历史 …… 193
8.1.3 网络的基本组成 …… 194
8.2 网络分类 …… 195
8.2.1 按覆盖范围划分 …… 195
8.2.2 按网络的工作模式划分 …… 195
8.3 数据传输 …… 196
8.3.1 传输介质 …… 196
8.3.2 带宽 …… 198
8.3.3 协议 …… 199
8.4 网络拓扑结构 …… 200
8.5 网络体系结构 …… 203
8.6 网络互连 …… 205
8.7 网络操作系统 …… 207
8.7.1 网络操作系统的分类 …… 207

8.7.2 网络操作系统的功能 …… 208
8.8 Internet 基础 …… 209
8.8.1 TCP/IP 协议结构 …… 209
8.8.2 TCP/IP 协议簇 …… 210
8.8.3 IP 地址 …… 211
8.8.4 域名系统 …… 212
8.8.5 Internet 的基本服务 …… 214
8.8.6 Internet 的接入 …… 217
本章小结 …… 221
习题 8 …… 222

第 9 章 信息安全 …… 225

9.1 信息安全的基本概念 …… 225
9.1.1 信息安全特征 …… 225
9.1.2 信息安全保护技术 …… 226
9.2 密码技术及应用 …… 227
9.2.1 基本概念 …… 227
9.2.2 对称密钥密码系统 …… 228
9.2.3 公开密钥密码系统 …… 229
9.2.4 计算机网络中的数据加密 …… 229
9.2.5 数字签名 …… 231
9.3 防火墙技术 …… 231
9.3.1 防火墙的基本概念 …… 232
9.3.2 防火墙的功能 …… 232
9.3.3 防火墙的基本类型 …… 232
9.3.4 防火墙的优缺点 …… 234
9.4 恶意软件 …… 234
9.4.1 病毒及相关的威胁 …… 234
9.4.2 计算机病毒的防治 …… 238
9.5 入侵检测技术 …… 240
9.5.1 入侵者 …… 240
9.5.2 入侵检测 …… 241
9.6 道德规范与社会责任 …… 245
9.6.1 道德规范与法律 …… 245
9.6.2 知识产权保护 …… 246
9.6.3 预防计算机犯罪 …… 247
本章小结 …… 248
习题 9 …… 249

第 10 章 IT 前沿技术 ······ 251

10.1 云计算 ······ 251
10.1.1 云计算的概念 ······ 251
10.1.2 云计算的特点 ······ 251
10.1.3 云计算主要服务模式 ······ 252
10.1.4 云计算主要部署方式 ······ 253
10.2 大数据 ······ 253
10.2.1 大数据的概念 ······ 254
10.2.2 大数据的相关技术 ······ 254
10.2.3 大数据的应用 ······ 256
10.2.4 大数据思维 ······ 258
10.3 物联网 ······ 260
10.3.1 物联网的概念 ······ 260
10.3.2 物联网的关键技术 ······ 260
10.3.3 物联网的应用领域 ······ 263
10.4 机器学习与人工智能 ······ 264
10.4.1 什么是机器学习 ······ 264
10.4.2 机器学习能解决的问题及常用算法 ······ 265
10.4.3 学习方式的划分 ······ 267
10.4.4 机器学习的应用 ······ 267
10.4.5 机器学习入门之路 ······ 268
10.4.6 人工智能 ······ 269
本章小结 ······ 270
习题 10 ······ 271

附录 微型计算机选购指南 ······ 273

参考文献 ······ 278

第1章 概 述

计算机是一种处理信息的工具,它能自动、高速和精确地对信息进行存储、加工和传送。计算机的广泛应用推动了人类社会的发展与进步,对人类社会的生产和生活产生了极其深远的影响。计算机已经融入社会生活的各个领域,成为人们工作和生活不可缺少的部分。计算工具影响着人们的计算思维方式和计算思维习惯。在高度信息化的今天,迫切需要学习计算机知识,掌握计算机的应用,了解计算机的工作方式,培养计算思维能力。

本章主要介绍计算机的发展、计算机的种类、计算机的应用领域、计算机系统的基本组成以及计算思维的基本概念。

1.1 计算机的发展

计算机技术发展的历史是人类文明史的一个缩影。从远古时代,人们采用手指、石头或结绳进行简单的计算,到我国唐代发明和使用算盘进行计算,中世纪欧洲发明了加法计算器和分析机等,到今天的电子计算机,这些发明无不记录了人类计算工具的发展历史。因此,计算机是人类计算技术发展的产物,是现代人类社会中不可缺少的重要工具之一。

1.1.1 计算机的诞生

现代计算机的历史开始于20世纪40年代后期。一般认为第一台真正意义上的电子计算机是1946年2月在美国宾夕法尼亚大学诞生的,其名称为电子数字积分计算机(Electronic Numerical Integrator and Calculator,ENIAC),如图1.1所示。

ENIAC采用穿孔卡片记录数据,每分钟可输入125张卡片,输出100张卡片。在其内部安装了17468个电子管、7200个二极管、七万多个电阻器、一万多个电容器和六千多个继电器,电路的焊接点多达五十多万个;在机器表面,则布满电表、电线和指示灯;机器安装在一排2.75米高的金属柜里,占地面积为170平方米左右,总重量达到三十多吨;耗电量超过174千瓦,电子管平均每隔7分钟就被烧坏一个,必须不停地更换。

ENIAC的运算速度达到每秒5000次加法,可以在0.003秒内完成两个十位数乘法。一条炮弹的轨迹20秒就能算完,比炮弹本身的飞行速度还要快。它的问世标志着人类进入

图 1.1　世界上第一台电子计算机 ENIAC

了电子计算机时代。

ENIAC 虽然是第一台正式投入运行的电子计算机,但其不具备现代计算机“存储程序”的思想。1946 年 6 月,美籍匈牙利裔数学家冯·诺依曼(Von Neumann)发表了题为“电子计算机装置逻辑结构初探”的论文,并设计出第一台“存储程序”的离散变量自动电子计算机(The Electronic Discrete Variable Automatic Computer,EDVAC),1952 年正式投入运行,其运行速度是 ENIAC 的数百倍。

图 1.2　现代计算机之父——冯·诺依曼

冯·诺依曼提出的 EDVAC 计算机结构为人们普遍接受,该计算机结构称为冯·诺依曼型结构。现代计算机大都是基于冯·诺依曼型结构的,所以冯·诺依曼堪称现代计算机之父(如图 1.2 所示)。

1.1.2　计算机的发展阶段

计算机硬件性能与电子开关器件性能密切相关,因此,电子器件的更新换代也作为计算机换代的主要标志,按所用逻辑元器件的不同,计算机的发展经历了 4 代变迁。

1. 第 1 代: 电子管计算机(1946 年—20 世纪 50 年代中期)

第 1 代计算机的主要特征是采用电子管作为计算机的逻辑元件,其主存储器采用磁鼓、磁心,外存储器采用卡片、纸带、磁带等。存储容量只有几千字节,运算速度为每秒几千次,主要使用机器语言编写程序。这一代的计算机体积大、价格高、维修困难,使用上也不方便,只在军事或科学研究领域使用,主要用于进行科学计算。

2. 第 2 代: 晶体管计算机(20 世纪 50 年代中期—20 世纪 60 年代中期)

第 2 代计算机的主要特征是采用晶体管作为计算机的逻辑元件,其主存储器使用磁心,外存储器使用磁带、磁盘。在软件方面开始使用 FORTRAN、COBOL 和 ALGOL 等高级程序设计语言。这一代计算机不仅用于科学计算,还用于数据处理和事务处理及工业控制。

相对于第1代计算机而言，第2代计算机的运行速度更快、体积更小、功能更强。

3. 第3代：集成电路计算机(20世纪60年代中期—20世纪70年代初期)

第3代计算机的主要特征是采用中、小规模的集成电路作为计算机的逻辑元件，其主存储器开始逐渐采用半导体元件，外存储器采用磁盘。存储容量可达几兆字节，运算速度可达每秒几十万次到几百万次。体积进一步缩小、性能进一步提高、成本进一步降低。在软件方面，操作系统开始使用，使计算机的功能越来越强。从此，计算机进入普及阶段，广泛应用于科学计算、数据处理和过程控制等各个方面。

4. 第4代：大规模集成电路计算机(20世纪70年代初期至今)

第4代计算机的主要特征是采用了大规模集成电路(Large Scale Integration，LSI)和超大规模集成电路(Very Large Scale Integration，VLSI)作为计算机的逻辑元件，其主存储器采用LSI/VLSI半导体芯片，外存储器采用磁盘和光盘。存储容量大幅增加，运算速度更快。

由于LSI/VLSI的使用，使得计算机的体积进一步缩小，从而促成了微处理器和微型计算机的诞生。

1971年，美国英特尔(Intel)公司推出了第一个微处理器芯片Intel 4004，如图1.3所示。该微处理器芯片是将中央处理器(Central Processing Unit，CPU)集成在一块芯片上，这是大规模集成电路的标志。

以Intel 4004为核心的电子计算机就是微型计算机(micro-computer)，简称微机。

1981年，IBM公司推出第一台个人计算机IBM PC(Personal Computer，PC)5150，如图1.4所示。这台计算机采用Intel 8088芯片作为CPU，工作频率为4.77MHz，内存为16KB，有一个160KB的5.25英寸的软盘驱动器和一个11.5英寸的单色显示器，没有硬盘，操作系统为微软公司的DOS 1.0，微机价格约为3045美元。

图1.3　第一个微处理器芯片Intel 4004

图1.4　IBM PC 5150微机

1983年3月，IBM公司发布了改进型IBM PC/XT，它采用Intel 8086芯片作为CPU，在主板上预装了256KB的DRAM(Dynamic Random Access Memory，动态随机存取存储器，可扩展到640KB)和40KB的ROM(Read Only Memory，只读存储器)，总线扩展槽从5个增加到8个。还带有一个容量为10MB的5英寸硬盘，这是硬盘第一次成为PC的标准配置。XT微机预装了DOS 2.0操作系统，DOS 2.0支持“文件”的概念，并以“目录树”结构存储文件。

1984年8月，IBM公司推出了IBM PC/AT微机，它支持多任务、多用户。系统采用Intel 80286芯片作为CPU，工作频率为6MHz，操作系统采用微软公司的DOS 3.0，并增加了网络连接能力。软件上第一次采用了与以前CPU兼容的设计思想。

1985年6月，长城0520微机研制成功，这是中国内地第一台自行研制的兼容微型计算机。

Intel 公司不断推出功能更强、性能更好、集成度更高的 CPU 芯片，图 1.5 示意了 Intel 芯片的发展过程。进入 20 世纪 90 年代后，每当 Intel 公司推出新型 CPU 产品，立即就会有新型 PC 推出。

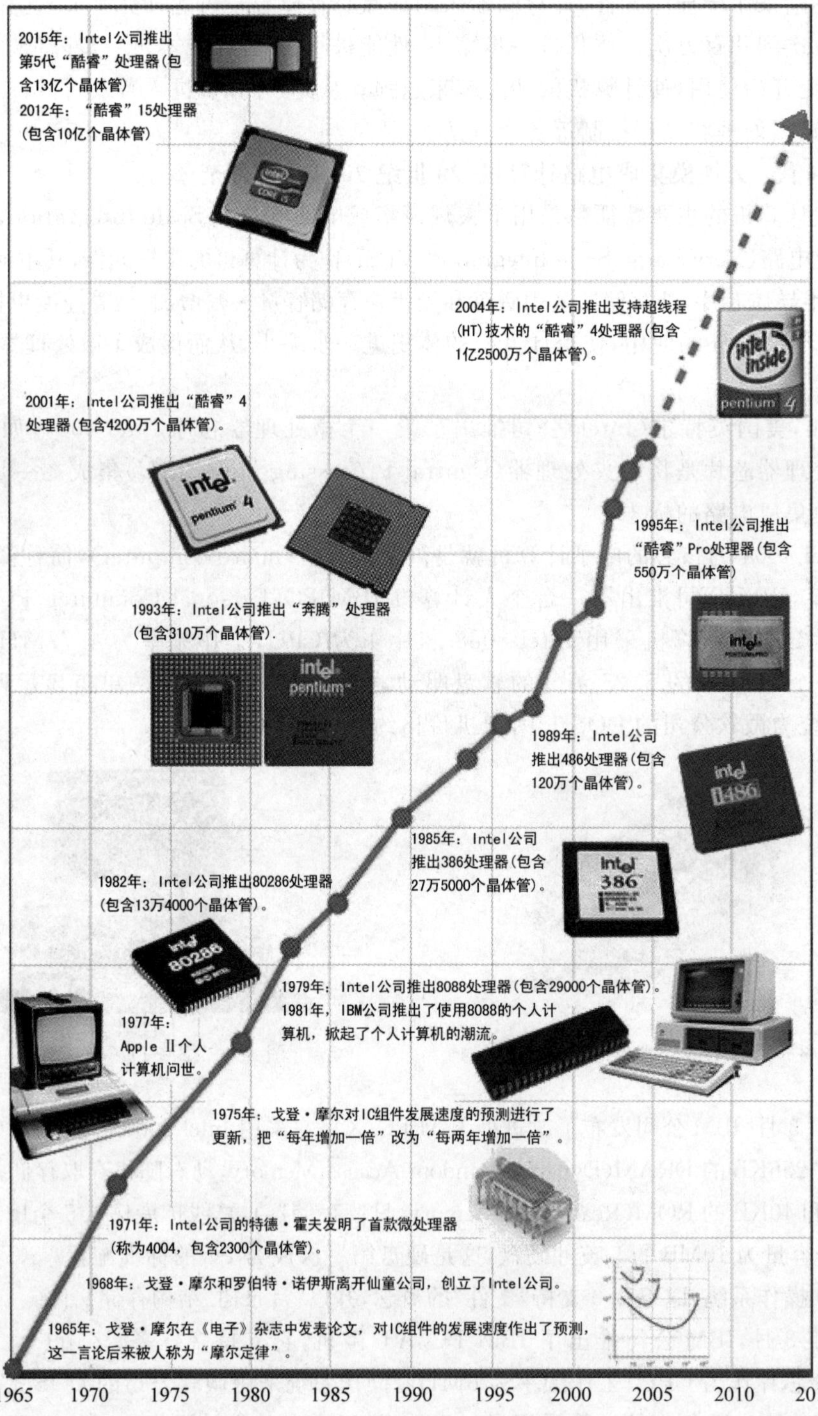

2015年：Intel公司推出第5代“酷睿”处理器(包含13亿个晶体管)

2012年：“酷睿”I5处理器(包含10亿个晶体管)

2004年：Intel公司推出支持超线程(HT)技术的“酷睿”4处理器(包含1亿2500万个晶体管)。

2001年：Intel公司推出“酷睿”4处理器(包含4200万个晶体管)。

1995年：Intel公司推出“酷睿”Pro处理器(包含550万个晶体管)

1993年：Intel公司推出“奔腾”处理器(包含310万个晶体管)。

1989年：Intel公司推出486处理器(包含120万个晶体管)。

1985年：Intel公司推出386处理器(包含27万5000个晶体管)。

1982年：Intel公司推出80286处理器(包含13万4000个晶体管)。

1979年：Intel公司推出8088处理器(包含29000个晶体管)。1981年，IBM公司推出了使用8088的个人计算机，掀起了个人计算机的潮流。

1977年：Apple Ⅱ个人计算机问世。

1975年：戈登·摩尔对IC组件发展速度的预测进行了更新，把“每年增加一倍”改为“每两年增加一倍”。

1971年：Intel公司的特德·霍夫发明了首款微处理器(称为4004，包含2300个晶体管)。

1968年：戈登·摩尔和罗伯特·诺伊斯离开仙童公司，创立了Intel公司。

1965年：戈登·摩尔在《电子》杂志中发表论文，对IC组件的发展速度作出了预测，这一言论后来被人称为“摩尔定律”。

1965 1970 1975 1980 1985 1990 1995 2000 2005 2010 2015

图 1.5 Intel 公司芯片发展过程

PC除了有台式计算机外，还有笔记本型和掌上型等。笔记本型与台式计算机的功能相当，但其体积更小、重量更轻、价格更贵。其显示器采用液晶显示器，便于携带，适应于移动工作的需要。掌上电脑比笔记本电脑更小、更轻，但其功能也相对较弱，适用于一些特殊应用的场合。

随着微电子、计算机和数字化声像技术的发展，多媒体技术也得到了迅速发展，逐步形成了集文字、图形、图像和声音为一体的多媒体计算机系统。多媒体技术的运用使得计算机的应用更接近于人类习惯的信息交流方式，并且逐渐开拓更多新的应用领域。另外，计算机与通信技术的结合，使得计算机应用从单机走向网络，由独立网络走向互联网络，再到Internet。尽管计算机向智能化方向迈进的速度相对较慢，但是人们使用计算机的需求日益增加和技术的不断进步，大大促进了智能化方向的研究和发展。

计算机硬件的快速发展，促使计算机软件的发展也十分迅速。操作系统的功能不断完善，各种开发技术和开发工具不断涌现，各种应用软件层出不穷，计算机已变成人们日常生活和工作不可缺少的重要工具之一。

1.1.3 未来的新型计算机

Intel公司创始人之一的Gordon Moore于1965年在总结存储芯片的增长规律时指出：微芯片上集成的晶体管数目每隔18～24个月便会增加一倍，性能也将提升一倍。这种表述没有经过论证，只是一种现象的归纳。但是后来集成电路工业的发展却很好地验证了这一说法，使其享有了“摩尔定律”的荣誉。

20世纪70年代，人们发现能耗会导致计算机中的芯片发热，极大地影响了芯片的集成度，从而限制了计算机的运行速度。当代集成电路在制造技术中采用了光刻技术，集成电路内部的导线宽度达到了几十纳米。但是，当晶体管元器件尺寸小到一定程度时，将发生电子漂移现象，单个电子将会从线路中“跳”出来，这种单电子的量子行为，即量子效应，会产生一定的干扰作用，晶体管将无法控制电子的进出，从而导致集成电路芯片无法正常工作。目前，计算机集成电路内部线的尺寸将接近这一极限。这就要求科学家们必须进行新型计算机方面的研究。

1. 光子计算机

光子计算机是以光子代替电子，光互连代替导线互连，以光硬件代替电子硬件，以光运算代替电运算，利用激光来传送信号，并由光导纤维与各种光学元件等构成集成光路，从而进行数据运算、传输和存储。在光子计算机中，不同波长、频率、偏振态及相位的光代表不同的数据，这远胜于电子计算机中通过电子“0”和“1”状态变化进行的二进制运算，可以对复杂度高、计算量大的任务实现快速并行处理。

计算机的处理能力，主要由两个方面来决定：一是计算机部件的运算速度；二是部件排列紧密的程度。从这两方面比较，光比电更具有优越性。光子是宇宙中运动速度最快的物质，可达30万千米/秒，并且光束可以相互穿越而不产生干扰；而电子在半导体内的运行速度为60～500千米/秒，不到光速的1/10。另外，在超大规模集成电路中，一些片状元器件的线脚已达三百多只，排列密度受到限制，而光束的互不干扰性使科学家们可以在极小的空间内开辟更多的信息通道。

1) 光子计算机的主要优点

(1) 不需要导线。

(2) 只需要小部分能量就能驱动,从而大大减少了芯片产生的热量。

(3) 并行处理能力强,具有超快的运算速度。

(4) 工作不受环境温度的影响,而高速电子计算机只能在常温下工作。

(5) 信息存储量大,抗干扰能力强。

(6) 具有与人脑相似的容错性,当系统中某一元件损坏或出错时,不会影响最终的计算结果。

2) 光子计算机所面临的困难

(1) 随着无导线计算机能力的提高,要求有更强的光源。

(2) 严格要求光线对准,全部元件和装配精度必须达到纳米级。

(3) 必须具有功能完备的基础元件开关。

美国贝尔实验室宣布研制出世界上第一台光学计算机。它采用砷化镓光学开关,运算速度达10亿次/秒。尽管这台光学计算机与理论上的光学计算机还有一定距离,但已显示出强大的生命力。人类利用光缆传输数据已经有二十多年的历史了,用光信号来存储信息的光盘技术也已广泛应用。然而要想制造出真正的光子计算机,还需要开发出可以用一条光束来控制另一条光束变化的光学晶体管。一般说来,科学家们虽然可以实现这样的装置,但是所需的条件(如温度等)仍较为苛刻,尚难以进入实用阶段。

2. 量子计算机

对量子计算机的研究,主要目的是解决经典计算机中的能耗问题。

与现有计算机类似,量子计算机的硬件也是由逻辑门原件和存储元件构成。在经典计算机中,每个晶体管存储单元只能存储一位二进制数据(0或1),基本信息单位是比特(bit),运算对象是各种比特序列。在量子计算机中,数据采用量子位存储。因为量子具有叠加效应,一个量子位可以存储一位二进制数据(0或1),也可以存储两位二进制数据,所以,采用同样数量的存储单元存储信息时,量子计算机存储的信息量比经典计算机存储的信息量要大。量子计算机中,基本信息单位是量子比特,运算序列是量子比特序列。

1) 量子计算机的主要优点

(1) 能够进行并行计算,加快了运行程序的速度。

(2) 存储能力大大提高。

(3) 基本上解决了计算机中的能耗问题,使计算机的发热量极小。

(4) 可以对任意物理系统进行高效率的模拟。

2) 量子计算机面临的问题

(1) 对微观量子态进行操纵过于困难。

(2) 受环境影响较大。量子进行并行计算的本质是利用量子的相干性,但是,因为受环境的影响,在实际系统中,这些相干性很难保持。

(3) 量子编码效率不高,纠错也很复杂。

许多科学家正在致力于量子计算机方面的研究,2017年5月3日,中国科学技术大学潘建伟教授团队在上海发布了基于光子和超导体系的量子计算机方面取得的系列突破性进展,团队利用自主研发的综合性能国际最优的量子点单光子源,通过电控可编程的光量子线

路，构建了针对多光子"玻色取样"任务的光量子计算机原型，如图 1.6 所示。

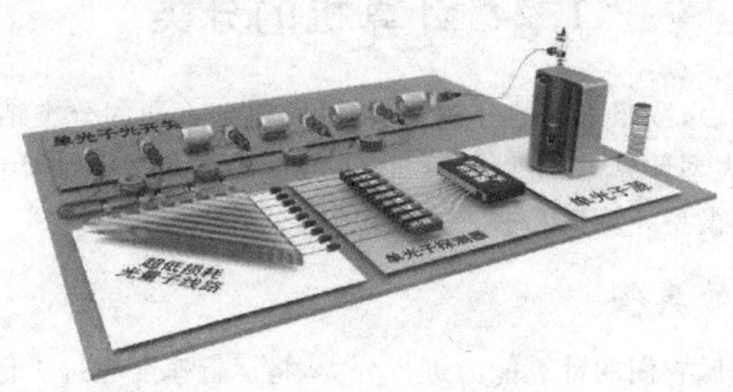

图 1.6　光量子计算机原型

3. 生物计算机

生物计算机的运算过程是蛋白质分子与周围物理化学介质的相互作用过程。科学家们通过对生物组织体的研究，发现生物组织体由无数的细胞组成，细胞由蛋白质、核酸等有机物组成，而有些生物中的蛋白质分子像开关一样，具有开、关功能。因此，人类利用遗传工程技术，仿制出具有这种性质的蛋白质分子，作为制造计算机的元器件。具有这种特征的计算机称为生物计算机。

1）生物计算机的主要优点

（1）体积小，功效高。

用蛋白质制造的计算机芯片，在一平方毫米的面积上可容纳数亿个电路。它的一个存储点只有一个分子大小，所以存储容量可达电子计算机的 10 亿倍。蛋白质构成的集成电路大小只相当于硅片集成电路的十万分之一，并且运算速度快，只有 10^{-11} 秒，大大超过了人脑的思维速度，生物计算机元件的密度比大脑神经元的密度高 100 万倍，传递信息的速度也比人脑思维速度快 100 万倍。

（2）具有自我修复能力，可靠性高。例如，人们在运动中不小心碰伤了身体，过几天，伤口就会愈合，这是因为人体具有自我修复功能。同样，生物计算机也有这种功能，当其内部芯片出现故障时，不需要人工修理即可实现自我修复，所以，生物计算机具有永久性和很高的可靠性。

（3）能耗低，没有信号干扰。生物计算机的元件是由有机分子组成的生物化学元件，它们是利用化学反应工作的，所以，只需很少的能量就可以工作，因此，不会像电子计算机那样，工作一段时间后，机体会发热。另外，它的电路间也没有信号干扰。

2）生物计算机的主要问题

（1）蛋白质受环境干扰大，在干燥的环境下会不工作，在冷冻时又会凝固，加热时会使机器不稳定或不能工作。

（2）高能射线可能会打断化学键，从而分解蛋白质分子机器。

（3）蛋白质分子容易丢失和不易操作。

1983 年，美国公布了研制生物计算机的设想之后，立即激起了发达国家的研制热潮。当前，美国、日本、德国和俄罗斯的科学家正在积极开展生物芯片的开发研究。目前，生物芯片仍处于研制阶段，但在生物元件，特别是在生物传感器的研制方面已取得不少实际成果。

1.2 计算机的分类

计算机的种类很多,按照不同的分类方法,可以得到不同的分类结果。按照性能来分,可分为巨型计算机、大型计算机、中型计算机、小型计算机和微型计算机。从市场主要产品来分,有大型计算机、微型计算机和嵌入式系统等。

1.2.1 计算机的类型

早期的计算机按照它们的计算能力进行分类,将运行速度超过1亿次/秒的计算机称为巨型计算机,而运行速度为1亿次/秒以下的计算机分别称为大型计算机、中型计算机、小型计算机和微型计算机。随着技术的进步,目前微型计算机的速度已达到几十亿次/秒,巨型计算机达到百万亿次/秒,并且这种差距在不断缩小。如果根据运算速度来进行划分,就必须随着技术的发展、运算速度的提高随时改变计算机的分类,这显然是不可行的。随着计算机相关技术的不断发展,由于中型计算机、小型计算机没有技术优势,逐步被市场淘汰。目前,计算机正朝着巨型化和微型化两个方向发展。

按照目前计算机市场的分布情况来分,大致可分为大型计算机、微型计算机、嵌入式系统三类,如图1.7所示。

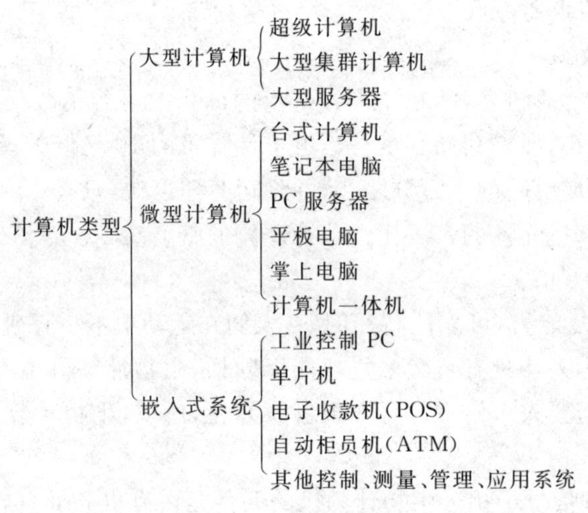

图1.7　计算机类型

(1) 大型计算机包括超级计算机、大型集群计算机和大型服务器等。国际上每年都进行计算机500强测试,凡是能够入围的产品都可以称为超级计算机。超级计算机主要用于科学计算、军事领域以及国家大型项目等。大型集群计算机是利用许多台单独的计算机,组成一个计算机集群,使多台计算机能够像一台计算机那样工作。集群计算机一般采用专用操作系统和软件实现并行计算,而价格只有专用大型机的几十分之一。集群计算机具有可增长的特性,可以不断向集群系统中加入计算机,从而使集群计算机系统具有超强的处理能力。集群计算机提高了系统的稳定性和数据处理能力,许多超级计算机也采用了集群技术,大型集群计算机主要用于大型工程项目。大型服务器一般采用专用的系统结构,主要用于通信、网络和工程计算等方面。

(2) 微型计算机包括台式计算机、计算机一体机、笔记本电脑、PC服务器、平板电脑和掌上电脑等产品。

(3) 嵌入式系统包括工业控制PC、单片机、电子收款机和自动柜员机等。嵌入式系统是将微机核心部件安装在某个专用的设备内,对这个设备进行控制和管理,使设备具有智能化操作的特点。例如,在手机里嵌入CPU、存储器、图像音频处理芯片、微型操作系统等芯片或软件,就使手机具有了摄影、上网、播放音频、收听广播等功能。

1.2.2 微型计算机的类型

微型计算机简称微机,俗称电脑,其特点是体积小、灵活性大、价格便宜和使用方便。按产品范围和特点可以划分为如下几类。

1. 台式计算机

1981年,IBM公司推出了个人计算机,它使用Intel公司的CPU芯片。以后,凡是能够兼容IBM PC的微型计算机都称为PC。目前,大部分微机都采用Intel公司和AMD公司的CPU产品,这两个公司的CPU与早期的80x86系列产品兼容,因此,也将使用这些CPU产品的微机称为x86系列微机。

台式计算机的主机箱在外观上有立式和卧式两种,它们在性能上没有区别。台式微机主要用于家庭应用或企业办公,要求有较好的图形和多媒体功能。台式微机主要采用微软公司的DOS和Windows系列操作系统,应用软件也十分丰富,且具有较好的性价比。

2. 计算机一体机

由于显示器尺寸关系,早期计算机系统主要由三部分组成:显示器、主机和输入设备。随着显示器尺寸的缩小和超大规模集成电路的应用,计算机厂商开始把主机集成到显示器中,从而形成一体机(All-in-One,AIO),如图1.8所示是苹果公司推出的一体机。

AIO与传统台式机相比,有着连线少、体积小的优势,集成度更高,价格也并无明显变化,可塑性更强,厂商可以设计出极具个性的产品。

图1.8 计算机一体机

3. 笔记本电脑

笔记本电脑主要用于移动应用和办公,所以对计算机的体积和质量有一定的限制,要求便于携带。笔记本电脑在软件上与台式计算机完全兼容,在硬件上虽然按照PC的规范设计和制造,但是,由于受体积、质量的限制,不同厂家设计、制造出来的产品部件一般是不能互换的。在与台式机配置相同的情况下,笔记本电脑的性能要低于台式计算机,价格却比台式计算机要高。笔记本电脑屏幕采用液晶显示器,其大小有9～15、17、19、21英寸等多种类型。笔记本电脑的质量一般在4kg以下,超薄的笔记本电脑质量才500多克,移动起来十分方便。随着技术的不断发展,笔记本电脑的性价比不断提高,价格也逐渐降低,已广泛运用到工作、生活、学习和娱乐等各个方面。

4. 平板电脑

平板电脑(Tablet Personal Computer,Tablet PC、Flat Pc、Tablet、Slates)是一种小型、方便携带的PC,以触摸屏作为基本的输入设备。用户可以通过内建的手写识别、屏幕上的软键盘、语音识别或者一个真正的键盘(如果该机型配备)实现输入。平板电脑由比尔·盖茨提出,支持来自 Intel、AMD 和 ARM 的芯片架构。平板电脑是一款无须翻盖、没有键盘、小到可放入女士手袋,但却功能完整的 PC。

除了通常微机具有的功能外,平板电脑还可用于打电话。可打电话的平板电脑通过内置的信号传输模块——Wi-Fi 信号模块和 SIM 卡模块(即 3G 信号模块)——实现打电话功能,按不同拨打方式分为 Wi-Fi 版和 4G 版。平板电脑 Wi-Fi 版,是通过 Wi-Fi 连接宽带网络至外部电话实现通话功能,需要安装网络电话软件,通过网络电话软件将语音信号数字化后,再通过因特网连接到其他电话终端,实现打电话的功能。平板电脑 4G 版,其实就是插入支持 4G 高速无线网络的 SIM 卡,通过 4G 信号接入运营商的信号基站,从而实现打电话功能。通常 4G 版具备 Wi-Fi 版所有的功能。

5. 掌上电脑

掌上电脑也称为 PDA (Personal Digital Assistant),是一种运行在嵌入式操作系统和内嵌式应用软件之上的小巧、轻便、易带、实用且价廉的手持式计算设备,如图 1.9 所示。掌上电脑分为工业级 PDA 和消费级 PDA。工业级 PDA 主要应用在工业领域,常见的有条码扫描器、RFID 读写器、POS 机等;消费级 PDA 包括智能手机、平板电脑和手持游戏机等。

图 1.9　掌上电脑

消费级 PDA 除了用来管理个人信息(如通讯录、计划等),还可以上网浏览页面,收发 E-mail,另外还具有录音机功能、英汉汉英词典功能、全球时钟对照功能、提醒功能、休闲娱乐功能、传真管理功能等。掌上电脑的电源通常采用普通的碱性电池或可充电锂电池。

在掌上电脑基础上加上手机功能,就成了智能手机(Smartphone)。智能手机除了具备手机的通话功能外,还具备了 PDA 功能,特别是个人信息管理以及基于无线数据通信的浏览器和电子邮件功能。智能手机为用户提供了足够的屏幕尺寸和带宽,既方便随身携带,又为软件运行和内容服务提供了广阔的舞台,很多增值业务可以就此展开,如股票、新闻、天气、交通、商品、应用程序下载、音乐图片下载等。

6. PC 服务器

PC 服务器一般采用机柜式或刀片组合形式。机柜式 PC 服务器体积较大,便于日后扩充某些 I/O 设备;刀片式 PC 服务器体积较小,采用标准化的尺寸,扩充时在机柜中插入一个刀片式服务器即可。PC 服务器的硬、软件都与其他 PC 兼容,处理器采用 Intel 公司的高性能 CPU,操作系统采用微软公司的 Windows Server。因为大部分的服务器要求不间断地工作,因此往往采用冗余的电源。另外,PC 服务器一般用作网络服务器,对系统的稳定性和数据处理能力要求较高,但是对图形和多媒体功能要求较低或根本没有要求。

1.3　计算机的应用领域

从 1946 年第一台计算机诞生至今的短短几十年内,计算机技术发展迅速,人类社会已经进入了信息时代,计算机已被广泛运用到了各个领域。下面介绍计算机的部分典型应用领域。

1. 科学计算

科学计算即数值计算，是指应用计算机处理科学研究和工程技术中所遇到的数学计算。在现代科学和工程技术中，经常会遇到大量复杂的数学计算问题，这些问题用一般的计算工具来解决非常困难，而用计算机来处理却非常容易。

早期的计算机主要用于科学计算。目前，科学计算仍然是计算机应用的一个重要领域，如高能物理、工程设计、地震预测、气象预报和航天技术等。由于计算机具有高运算速度和精度以及逻辑判断的能力，因此出现了计算力学、计算物理、计算化学、生物控制论等新的学科。

2. 过程控制

过程控制也称实时控制，是指利用计算机及时地采集检测数据，按最佳值迅速地对控制对象进行自动控制和自动调节。采用计算机进行过程控制，不仅可以大大提高控制的自动化水平，而且可以提高控制的及时性和准确性，从而改善劳动条件、提高产品质量及合格率。

计算机过程控制已在机械、冶金、石油、化工、纺织、水电和航天等部门得到了广泛的应用。例如，在汽车工业方面，利用计算机控制机床，控制整个装配流水线，不仅可以实现精度要求高、形状复杂的零件加工自动化，还可以使整个车间或工厂实现自动化。

3. 信息管理

信息管理又称为数据处理，是对数据的采集、存储、检索、加工、变换和传输。数据是对事实、概念或指令的一种表达形式，可由人工或自动化装置进行处理。数据的形式可以是数字、文字、图形或声音等。目前，数据处理已广泛地应用于办公自动化、企事业计算机辅助管理与决策、情报检索、图书管理、电影电视动画设计、会计电算化等行业。

4. 计算机辅助技术

计算机辅助技术已被广泛运用，下面列举几个经典的应用。

1) 计算机辅助设计

计算机辅助设计(Computer Aided Design，CAD)，是指利用计算机系统帮助设计人员进行工程或产品设计，以实现最佳设计效果。它已广泛地应用于飞机、汽车、机械、电子、建筑和轻工等领域。例如，在计算机的设计过程中，利用CAD技术可以进行体系结构模拟、逻辑模拟、插件划分、自动布线等，从而大大提高设计工作的自动化程度。又如，在建筑设计中，可以利用CAD技术进行力学和结构计算、绘制建筑图纸等，这样不仅可以提高设计速度，而且可以大大提高设计质量。

2) 计算机辅助制造

计算机辅助制造(Computer Aided Manufacturing，CAM)是利用计算机系统进行生产设备的管理、控制和操作的过程。例如，在产品的制造过程中，用计算机控制机器的运行，处理生产过程中所需的数据，控制和处理材料的流动以及用计算机对产品进行检测等。使用CAM技术可以提高产品质量，降低成本，缩短生产周期，提高生产率和改善劳动条件。将CAD和CAM集成，实现设计生产自动化，被称为计算机集成制造系统(Computer/contemporary Integrated Manufacturing Systems，CIMS)。CIMS可以真正实现无人化工厂(或车间)。

3) 计算机辅助教学

计算机辅助教学(Computer Aided Instruction,CAI)是在计算机辅助下进行各种教学活动,以对话方式与学生讨论教学内容、安排教学进程、进行教学训练的方法与技术。CAI综合应用多媒体、超文本、人工智能和知识库等计算机技术,克服了传统教学方式单一和片面的缺点,为学生提供了一个良好的个人化学习环境。它的使用能够有效地缩短学习时间、提高教学质量和教学效率,实现最优化的教学目标。

5. 人工智能

人工智能(Artificial Intelligence,AI)是计算机模拟人类的智能活动,如感知、判断、理解、学习、问题求解和图像识别等。现在人工智能的研究已取得不少成果,有些已开始走向实用阶段。例如,能模拟高水平医学专家进行疾病诊疗的专家系统,具有一定思维能力的智能机器人等。

6. 网络应用

计算机技术与现代通信技术的结合形成了计算机网络。计算机网络的建立,不仅解决了一个单位、一个地区、一个国家中计算机与计算机之间的通信,各种软、硬件资源的共享,也大大促进了国家之间的文字、图像、声音、视频等各类数据的传输与处理。

1.4 计算机系统的组成

1.4.1 计算机系统的基本组成

一个完整的计算机系统包括硬件(hardware)系统和软件(software)系统两大部分,如图1.10所示。

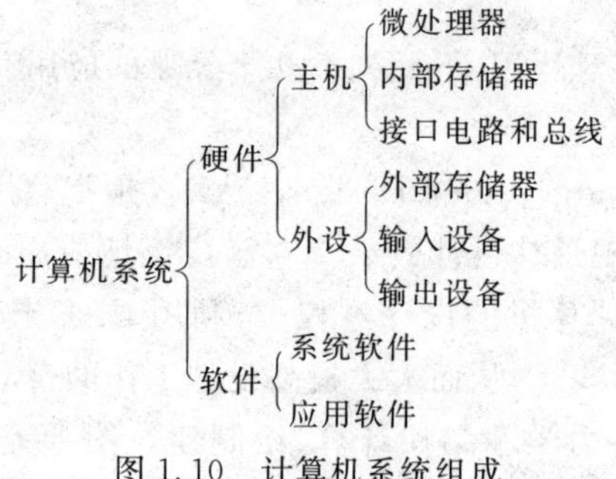

图1.10 计算机系统组成

1. 硬件系统

计算机硬件系统是指计算机系统中看得见、摸得着的物理实体,即构成计算机系统各种物理部件的总称。计算机硬件是一大堆电子设备,它们是计算机进行工作的物质基础。微型计算机系统中的硬件主要包括微处理器、内部存储器、外部存储器、输入输出设备、各种接口电路以及总线。

(1) 微处理器(micro processor)也称中央处理单元,即CPU,它是微型计算机硬件系统的核心部件。微处理器由运算器、控制器和一些寄存器组成,并采用超大规模集成电路(VLSI)工艺将它们集成在一块集成芯片(Integrated Chip,IC)上。每一种微处理器都有自

己的指令系统，从而决定了使用该种微处理器芯片的微型计算机的基本功能。

(2) 存储器(memory)是计算机的记忆部件。计算机中的全部信息，包括输入的原始数据、计算机程序、中间运行结果和最终运行结果都保存在存储器中。它根据 CPU 中控制器指定的位置存入和读出信息。存储器分为内部存储器和外部存储器。

内部存储器简称内存，是 CPU 可以直接读写访问的存储器，它存放当前正在运行的程序和数据以及运算的中间结果。内存通常采用由大规模集成电路工艺制成的半导体存储器，容量较小，但读写速度较快。

外部存储器简称外存或辅存，是 CPU 不能直接访问的存储器，外存的信息必须先由接口电路读入内存中，才能被 CPU 访问。它主要用于长久存放大量暂不使用的程序和数据。外存主要有磁带、磁盘和光盘等，其中最常用的是磁盘。

(3) 输入输出设备(Input Output Device，I/O 设备)，根据作用的不同可以分为输入设备和输出设备，它是用户和计算机交互的桥梁。

用户使用输入设备可将程序和原始数据输入内存，或向计算机发出操作命令。在输入过程中，输入设备还要将输入的内容转换成计算机能够识别和存储的二进制机器码，存入内存中指定的地址处。常用的输入设备有键盘、鼠标等。

程序运行的结果以二进制形式存在计算机内存中，这些数据可以由输出设备输出。在输出过程中，还要将运算结果由二进制形式转换为用户可理解的形式。

常用的输出设备有显示器和打印机。

(4) 接口(interface)。由于计算机的外围设备种类繁多，大多数是光电、机电传动设备，因此，CPU 在与 I/O 设备进行数据交换时存在速度和操作时序不匹配、数据类型和通信格式不一致等问题，CPU 通常通过接口电路来控制外部设备。接口电路是 CPU 与 I/O 设备通信的中转站，显卡、声卡和网卡都是常见的接口电路。

(5) 总线(bus)是连接计算机内部多个功能部件的一组公共信息通路。在微型计算机中，CPU、内存和各种接口电路之间采用系统总线来连接。总线在计算机中通常以多股平行导线形式存在。

在计算机硬件中，CPU、内存、接口和总线构成了计算机的主机部分，而外部存储器和输入输出设备构成了计算机的外设部分。

2. 软件系统

计算机软件系统是为了运行、管理和维护计算机所编制的各种程序、数据及其他相关资料的总称。软件是用户和计算机沟通的桥梁。计算机只有配备了各种软件，才能变成可供用户使用并具有各种功能的计算机系统。计算机用户主要通过操作计算机软件来使用计算机。

按照在计算机中作用的不同，计算机软件可以分为系统软件和应用软件两大类。

1) 系统软件

系统软件一般是由计算机软件和硬件厂家提供的，为了管理和充分利用计算机资源，方便用户使用和维护，发挥和扩展计算机功能，提高使用效率的通用软件。用户在使用计算机时通常都要用到系统软件。系统软件主要包括以下 4 种。

(1) 操作系统(Operating System，OS)。它是管理计算机软、硬件资源的软件。

(2) 语言处理程序。包括汇编程序、各种高级语言的解释程序、编译程序、集成开发环

境等。

(3) 系统服务程序包括系统诊断程序、测试程序、编辑程序和装配链接程序等。

(4) 大型数据库管理系统。它是用于管理、操作和维护数据库的软件。数据库可存储大量的各种数据,并可实现对指定数据的快速查找、增加和删除等操作。

2) 应用软件

应用软件是用户在各个领域中为解决本领域实际问题而开发的软件,如某种工程设计软件、文献检索软件、人事管理软件、教务管理软件等。

计算机硬件、软件和用户之间的关系如图 1.11 所示。裸机(硬件)使用效率低,难以完成复杂的任务,操作系统是对裸机的扩充,也是其他软件运行的基础。应用软件的开发和运行要有系统软件的支持,用户直接使用的是应用软件。

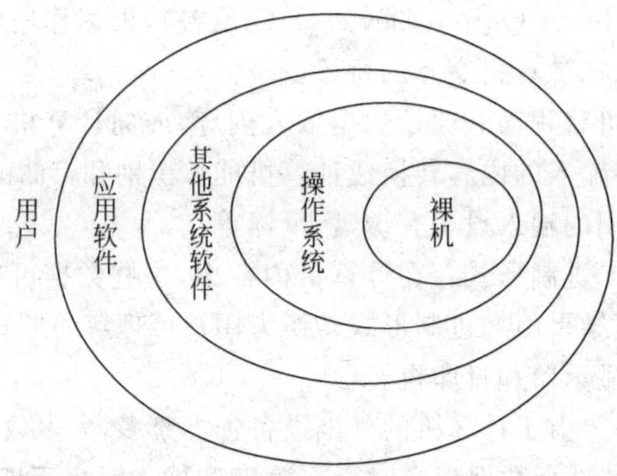

图 1.11　用户、软件和硬件的关系

1.4.2　计算机系统的层次模型

使用计算机的人可以分为多种角色:硬件设计人员、软件设计人员以及普通计算机用户等。每种角色都从不同角度、使用不同语言在计算机上进行开发,因此,计算机系统是一个层次结构的系统。从功能上看,现代计算机系统可分为 5 个层次,每一层都有不同的人使用不同语言工具进行程序设计,如图 1.12 所示。

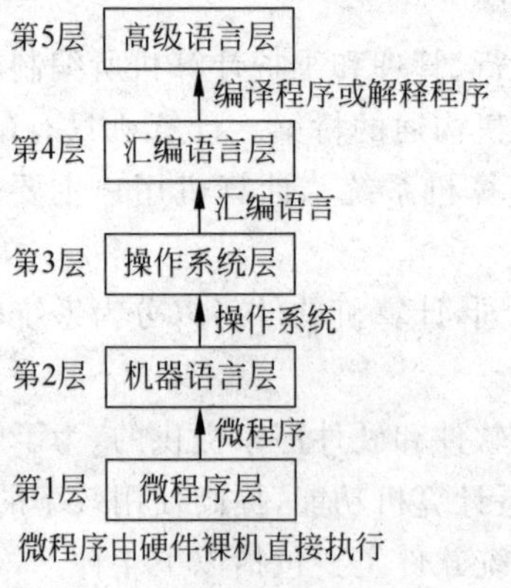

图 1.12　计算机层次结构图

1. 微程序层

这一层是由硬件直接实现的,是计算机系统最底层的硬件系统,由机器硬件直接执行微指令(micro instruction)。每条微指令都可以指示计算机完成诸如打开或关闭计算机内部某个逻辑门的简单动作,一个复杂的功能可以用一系列微指令来实现,只有采用微程序设计的计算机系统才有这一层。它是微程序设计人员所能看到的计算机层次。

2. 机器语言层

机器语言层由微程序解释机器指令系统。一条机器指令表现为0和1组成的二进制序列,可以完成诸如两数相加、相减、读写内存数据等稍复杂一点的功能(与微指令相比较),一条机器指令是通过执行许多微指令构成的微程序(micro program)来实现其功能的。硬件系统的操作由此层控制,软件系统的各种程序,必须转换成此层的形式,即机器指令才能执行,所以,该层是计算机软件系统和硬件系统之间的纽带。计算机硬件系统设计人员工作在这一层。

3. 操作系统层

这一层由操作系统程序实现。这些程序由机器指令和广义指令组成,广义指令是操作系统定义和解释的软件指令,所以这一层也称为混合层。计算机系统中硬件和软件资源由该层统一管理和调度,它支撑着其他系统软件和应用软件,使计算机能够自动运行,发挥高效率的特性。计算机操作系统及系统软件开发人员工作在这一层。

4. 汇编语言层

这一层用助记符(英文单词的缩写字母)代替机器指令的0、1数字串,从而给程序开发人员提供了一种符号语言,以减少程序编写的复杂性,提高软件的可读性和可维护性。这一层由汇编程序支持和执行,如果应用程序采用汇编语言编写,则机器必须要有这一层。用汇编语言开发软件,程序执行速度快、内存占用少,可以充分利用计算机硬件特性。底层应用软件开发人员工作于这一层。

5. 高级语言层

这是为方便软件开发人员编写应用程序而设置的层次。这一层由多种高级语言支持,如C++、Python、Java、Pascal等的编译程序(compiler)或解释程序(interpreter)。在该层开发软件效率高,程序可读性好。高层应用软件开发人员工作在这一层。

计算机系统各层次之间的关系十分紧密,上层是下层的功能扩展,下层是上层的功能基础。除第1层外,其他各层都得到其下层的功能支持。第1层到第3层编写程序采用的语言基本是二进制形式的数字化语言,机器执行和解释容易,但人类难以理解和记忆。第4、5两层编写程序所采用的语言是符号语言,用英文字母和符号来表示程序,因而便于大多数不了解硬件特性的用户使用计算机。这些语言虽然方便人们开发软件,但必须先经过编译程序翻译为机器语言(即计算机所能识别的二进制的数字化语言),才能被计算机所识别和执行。

计算机是一个由硬件和软件结合而成的整体,但在计算机中并没有一条明确的软、硬件分界线。因为任何操作可以由软件来实现,也可以由硬件来实现;任何指令的执行可以由硬件完成,也可以由软件来完成,这就是计算机软件和硬件的等价性。随着大规模集成电路技术的发展和软件硬化的趋势,计算机系统软、硬件界限已经变得越来越模糊,并且软、硬件分界线逐步向高层移动。

对于某一功能是采用硬件方案还是软件方案实现，取决于器件价格、速度、可靠性、存储容量和系统开发周期等多种因素。当研制一台新计算机的时候，设计者必须明确分配每一层的任务，确定哪些功能使用硬件实现，哪些功能使用软件实现，但无论如何分配，硬件层始终放在软件层下面。

1.5 计算思维

人类通过思考自身的计算方式，研究是否能由外部机器模拟，代替实现计算的过程，从而诞生了计算工具，并且在不断的科技进步和发展中发明了现代电子计算机。在此思想指引下，还产生了人工智能，用外部机器模仿和实现我们人类的智能活动。随着计算机的日益“强大”，它在很多应用领域中所表现出的智能也日益突出，成为人脑的延伸。与此同时，人类所制造出的计算机在不断强大和普及的过程中，反过来对人类的学习、工作和生活也产生了深远的影响，同时大大增强了人类的思维能力和认识能力。早在 1972 年，图灵奖得主 Edsger Dijkstra 就曾说：“我们所使用的工具影响着我们的思维方式和思维习惯，从而也深刻地影响着我们的思维能力。”计算思维就是相关学者在审视计算机科学所蕴含的思想和方法时被挖掘出来的。

1.5.1 计算思维的定义

数学和物理是每个现代人都熟悉的学科。数学学科以推理和演绎为特征，学习数学主要是培养人们的理论思维或逻辑思维。物理学科以观察和总结自然规律为特征，学习物理学科主要是培养人们的实验思维或实证思维。理论思维和实验思维深深地影响着人们的生活和解决问题的方式。例如，人们准备出门旅行，首先要计划出门时间的长短，然后要规划旅行的线路和选用交通工具，再计算大概需要携带的现金数量等，这里包含了大量的数学计算、权衡与优化。又如，人们购物时，自然会根据是否有合适的储存设备来决定是否购买需要低温保存的鲜肉或鲜奶等食物。

计算机的出现也影响着人们的生活和解决问题的思维方式。例如，人们在撰写文章、查找资料、汇总数据时，自然会想到应该使用计算机。但是，这还远远不够，只有当人们了解计算机能够做什么和不能够做什么时，才会在遇到需要解决的问题时有更多的选择，即使遇到很复杂的问题，也可以分解这些问题，并借助计算机来完成任务。如果人们具有了这种能力，则可以说具有了“计算思维”能力。

计算思维(Computational Thinking)的概念是由美国卡内基梅隆大学计算机科学系主任周以真(Jeannette M. Wing)教授在美国计算机权威期刊 *Communications of the ACM* 上给出的。计算思维是指运用计算机科学的基础概念进行问题求解和系统设计，以及人类行为理解等涵盖计算机科学之广度的一系列思维活动。计算思维建立在计算过程的能力和限制之上，由人或机器执行。计算思维的本质是抽象(Abstraction)和自动化(Automation)。所谓抽象，就是要求能够对问题进行抽象表示和形式化表达，设计问题求解过程达到精确、可行，并通过软件作为方法和手段对求解过程予以“精确”地实现，即抽象的最终结果是能够机械式地一步一步自动执行。

就像人们通过对数学学科的学习来培养理论思维和逻辑思维能力、通过对物理学科的

学习来培养实证思维能力一样，人们通过对计算机学科的学习来理解计算机处理问题的能力也应该成为一种常识，即成为一种自觉、自然的思维方式，这样就可以使计算机为人类社会的发展发挥更大的作用。

1.5.2 计算思维的特点

周以真教授在论文中指出，计算思维具有以下特质。

1）是概念化的，不是程序化的

计算机科学涵盖计算机编程，但远不止计算机编程。人们具有计算思维能力，即具备计算机科学家的思维，不但能为解决某个问题编写计算机程序，而且能够在抽象的多个层次上思考问题。

2）是基本的，不是机械式的

基本的是指每个人为了能在现代社会中发挥作用所必须具备的。机械式的即像机械一样的重复，计算思维不是一种简单、机械式地重复的思维方式。

3）是人的思维方式，不是机器的思维方式

计算思维是指人类求解问题的途径，但绝非要使人类像计算机那样思考。计算机是机器，枯燥且沉闷，人类聪颖且富有想象力。人类只有为计算机设计各种软件，才能发挥计算机的作用，否则只有计算机硬件，那就是废铁一堆，是人类赋予了计算机“生命力”。人类借助计算机等计算设备，可以用智慧去解决那些在计算时代之前不敢尝试的问题。

4）是思想，不是人造品

软硬件等人造品是计算思维的呈现，除此之外，人们还可以基于计算思维来求解问题、管理日常生活、与他人交流和沟通。

5）是数学和工程融合的思维方式

像所有的科学一样，计算机科学的形式化基础也是建立于数学之上的，所以它具有数学思维的特质。但是，计算机是人们建造的能够与现实世界互动的系统，因此它也具有工程思维的特质。计算机系统中的基本计算设备的限制迫使计算机科学家必须融合数学思维和工程思维来使计算机工作，从而形成了计算思维。

6）面向所有人，所有领域

计算思维不只是计算机科学家的思维，而是面向所有人的思维。计算思维不只是计算机专业领域的人应具有的思维，而是所有专业领域的人都应具备的思维。

1.5.3 计算思维的应用案例

汉诺塔(Tower of Hanoi)问题是印度的一个古老传说：在印度北部的圣庙里，一块黄铜板上插着三根宝石针，分别用 A、B、C 表示，如图 1.13 所示，印度教的主神梵天在创造世界的时候，在其中一根针上从上到下地穿好了由大到小的 64 个金片，这就是所谓的汉诺塔。不论白天黑夜，总有一个僧侣在按照下面的法则移动这些金片：一次只能移动一片，始终保持小片在大片的上面，最终要将所有的金片移到另外一根针上。僧侣们预言，当所有的金片都从梵天穿好的那根针上移到另外一根针上时，世界就将在一声霹雳中消灭，汉诺塔、庙宇和众生也都将同归于尽。

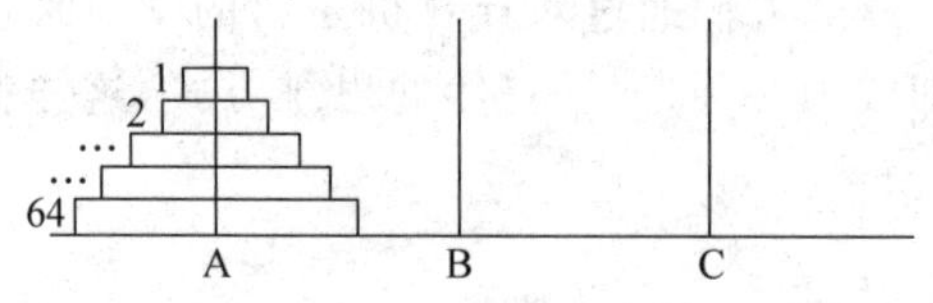

图 1.13　汉诺塔问题

解决该问题,可以这样分析,设 $f(x)$ 表示 x 个金片需移动的次数,则有:

$f(1)=1=2^1-1$　只有一个金片时移动的次数为一次,即直接从 A 移到 C;

$f(2)=2*f(1)+1=3=2^2-1$　只有 2 个金片时移动的次数为 3 次,即将第 1 个金片从 A 移到 B,然后将第 2 个金片从 A 移到 C,再将 B 上的金片移到 C;

$f(3)=2*f(2)+1=7=2^3-1$　只有 3 个金片时移动的次数为 7 次:先将最上面 2 个金片从 A 针移动到 B 针的次数为 $f(2)$ 即 3 次,将第 3 个金片从 A 针移动到 C 针的次数为一次,再将 B 针上的 2 个金片移动到 C 针的次数为 $f(2)$ 即 3 次;

…

$$f(k+1)=2*f(k)+1=2^{k+1}-1$$

…

$$f(n)=2^n-1$$

当 $n=64$ 时,$f(64)=18446744073709551615$,按移动一次花费 1 秒计算,平年 365 天有 31536000 秒,闰年 366 天有 31622400 秒,平均每年 31556952 秒,则需要约 5845 亿年才能完成移动,而地球存在至今不过 45 亿年,太阳系的预期寿命也不过几百亿年。5800 多亿年后,太阳系、银河系,以及地球上的一切生命,连同梵塔、庙宇等,可能都已经灰飞烟灭,所以这样的问题在现实中几乎是无法实现的,但我们可以借用计算机的超高速,在计算机中模拟实现。由此可见,借助现代计算机超强的计算能力,有效地利用计算思维,就能解决之前人类望而却步的很多大规模计算问题。

本章小结

第一台计算机是 1946 年诞生的,其名称为 ENIAC。

第一台具有“存储程序”思想的计算机是由冯·诺依曼提出的,其名称为 EDVAC。

计算机的发展经历了电子管、晶体管、集成电路和大规模的集成电路四代变迁。

大规模的集成电路促成了微处理器和微型计算机的诞生。微处理器由控制器、运算器和一些寄存器组成。

第一台个人计算机是由 IBM 公司于 1981 年推出的。

未来计算机可能朝着量子计算机、光子计算机和生物计算机等方向发展。

计算机的种类很多,按市场主要产品来分,有超级计算机、微型计算机、嵌入式系统等几种。

微型计算机按产品范围和特点可以划分为台式计算机、计算机一体机、笔记本电脑、平板电脑、掌上电脑等类型。

计算机的应用领域十分广泛,如科学计算、信息处理、过程控制、计算机辅助技术、人工

智能、网络应用等。

计算机系统由硬件系统和软件系统两大部分组成。

冯·诺依曼体系结构计算机由控制器、运算器、存储器、输入设备、输出设备5大部分组成。

人们应该像培养数学思维、物理思维能力那样去认识和培养计算思维能力,运用计算机科学的基础概念、基本知识进行问题求解和系统设计。计算思维的本质是对问题进行抽象表示,以及通过形式化表达,使得问题的求解达到精确、可行的目的。

习 题 1

1.1 选择题

1. 美国宾夕法尼亚大学1946年研制成功的第一台大型通用数字电子计算机的名称是(　　)。

A. Pentium　　B. IBM PC　　C. ENIAC　　D. Apple

2. 1981年IBM公司推出了第一台(　　)位个人计算机IBM PC5150。

A. 8　　B. 16　　C. 32　　D. 64

3. 中国内地1985年自行研制成功了第一台PC,即(　　)0520微机。

A. 联想　　B. 方正　　C. 长城　　D. 银河

4. 摩尔定律主要内容是指,微型芯片上集成的晶体管数目每(　　)个月翻一番。

A. 6　　B. 12　　C. 18　　D. 36

5. 第四代计算机采用大规模和超大规模(　　)作为主要电子元件。

A. 电子管　　B. 晶体管　　C. 集成电路　　D. 微处理器

6. 计算机中最重要的核心部件是(　　)。

A. DRAM　　B. CPU　　C. CRT　　D. ROM

7. 将微机或某个微机核心部件安装在某个专用设备之内,这样的系统称为(　　)。

A. 大型计算机　　B. 服务器　　C. 嵌入式系统　　D. 网络

8. 从市场产品来看,计算机大致可以分为大型计算机、(　　)和嵌入式系统三类。

A. 工业PC　　B. 服务器　　C. 微型计算机　　D. 笔记本

9. 大型集群计算机技术是利用许多台单独的(　　)组成的一个计算机系统,该系统能够像一台机器那样工作。

A. CPU　　B. 计算机　　C. ROM　　D. CRT

10. 计算思维的本质是对求解问题的抽象和实现问题处理的(　　)。

A. 高速度　　B. 高精度　　C. 自动化　　D. 可视化

1.2 填空题

1. 计算机的发展经历了(　　)、(　　)、(　　)和(　　)四代变迁。

2. 未来的计算机可能朝着(　　)、(　　)、(　　)等方向发展。

3. 计算机系统是由(　　)、(　　)两部分组成的。

4. 从目前市场上产品来看,微机包括(　　)、(　　)、(　　)、(　　)、(　　)和PC服务器等几种。

5. 微处理器由(　　)、(　　)和(　　)组成。

6. 计算思维的本质是(　　)和(　　)。

7. 运用计算机科学的基础概念和知识进行问题求解、系统设计,以及人类行为理解等一系列思维活动称为(　　)。

1.3　简答题

1. 什么是摩尔定律?你认为摩尔定律会失效吗?为什么?

2. 什么是硬件?计算机主要由哪些硬件部件组成?

3. 请描述计算机硬件、软件和用户的关系。

4. 什么是计算思维?

第2章　数据的表示与运算

要使用计算机进行计算，首先要解决数据在计算机中的表示问题。本章主要介绍进位计数制、计算机中数值数据的表示、计算机中非数值数据的编码、数据校验码以及数据之间的运算。

2.1　进位计数制

进位计数制是一种数值大小表示方法。计算机中常用的进位计数制有十进制、二进制、八进制和十六进制。在日常生活中，人们最常用的是十进制，输入给计算机的原始数据通常以十进制格式输入，计算机的运算结果通常转换为十进制在屏幕上显示输出。各种数据在计算机内部都转换为二进制格式存储。可以用八进制和十六进制对计算机内部的二进制数据进行分析，因为它们之间有一种简单的对应关系。在其他行业也用到三进制、七进制、十二进制等进位计数制。

在 R 进位计数制系统中，R 通常称为该计数制的基数。该计数制的进位规则为“逢 R 进 1”，任何一个数字可以用 0，1，…，$R-1$ 共 R 个数元和最多一个小数点的排列组合来表示。小数点左边每个数字位的权重依次为 R^0，R^1，R^2 等，小数点右边每个数字位的权重依次为 R^{-1}，R^{-2}，R^{-3} 等，同一个数元在不同数字位上由于权重不同，因此表示的数值大小不同。

例如，R 进位计数制中某个数 a 若表示为 $(a_i a_{i-1} \cdots a_1 a_0)_R$，则每个数位 a_k $(0 \leqslant k \leqslant i)$ 必须为 $0 \sim R-1$ 之间的 R 个基本数元之一方为合法的 R 进制表示。该表示法中，括号外右下角的 R 表示这是一个 R 进制数。

根据每个数位的权重可以算出该数据的真值为

$$
\begin{aligned}
a &= (a_i a_{i-1} \cdots a_1 a_0)_R = a_i \times R^i + a_{i-1} \times R^{i-1} + \cdots + a_1 \times R^1 + a_0 \times R^0 \\
&= \sum_{k=0}^{i} a_k \times R^k
\end{aligned}
\tag{2.1}
$$

式(2.1)称为基数权重展开式，它是求 R 进制数真值的常用方法。

下面具体介绍计算机系统中经常用到的 4 种进位计数制：十进制、二进制、八进制和十六进制。

2.1.1 十进制

十进制是我们最熟悉的进位计数制。该计数制的基数为10,其进位规则是“逢10进1”,共有0,1,2,3,4,5,6,7,8,9共10个数元,任何一个合法的十进制数都是由这10个数元和最多一个小数点的排列组合来表示,小数点左边每个数据位的权重依次为10^0,10^1,10^2等,小数点右边每个数据位的权重依次为10^{-1},10^{-2},10^{-3}等。由于每个数位的权重不同,因此$(123)_{10}$和$(321)_{10}$是两个大小不同的十进制数。

对于一个十进制数,可以根据式(2.1)求取其真值。

例2.1 将十进制数$(953.78)_{10}$表示为基数权重展开式。

$$(953.78)_{10}=9\times10^2+5\times10^1+3\times10^0+7\times10^{-1}+8\times10^{-2}$$

通常在一个数字的右下角标注一个10或D表示它是一个十进制数。

2.1.2 二进制

虽然我们在日常生活中经常使用十进制,但十进制的运算规则太多,不利于计算机硬件实现,因此计算机内部不采用十进制进行数据运算和存储。

计算机内部数据运算和存储通常采用二进制。二进制的基数为2,其进位规则是“逢2进1”,共有0和1两个数元。任何一个合法的二进制数是由这两个数元和最多一个小数点的排列组合来表示,小数点左边每个数据位的权重依次为2^0,2^1,2^2等,小数点右边每个数据位的权重依次为2^{-1},2^{-2},2^{-3}等。

电子计算机是一个十分复杂的数字系统,其基本构成单位为晶体管,晶体管通常工作在导通和截止两种状态,可以用0和1分别表示这两种状态,正好表示二进制的两个数元,还可以用一系列晶体管状态来表示更大的数据。计算机内部采用二进制可以大大简化运算器的复杂度。

对于一个二进制数,可以根据式(2.1)求取其真值。

例2.2 求二进制数110.01对应的真值。

$$(110.01)_2=1\times2^2+1\times2^1+0\times2^0+0\times2^{-1}+1\times2^{-2}=(6.25)_{10}$$

也就是说,二进制数$(110.01)_2$等于十进制数6.25。

通常,在一个数字的右下角标注一个2或B表示其为二进制数。

2.1.3 八制进和十六进制

虽然二进制数有利于计算机内部的运算和存储,但任何一个二进制数都是由一系列的0和1组成,书写冗长,很难记忆,表示法也不直观。为了使人们能方便地阅读和书写二进制数,于是引入了八进制和十六进制数,这两种计数制数和二进制数之间有一个简单的对应规则,很容易实现相互转换。

八进制的基数为8,其进位规则是“逢8进1”,有0,1,2,3,4,5,6,7共8个数元,任何一个合法的八进制数是由这8个数元和最多一个小数点的排列组合来表示。八进制数每个数位的权重为8^i。书写八进制数时在右下角用8或O来标识。

同理,十六进制的基数为16,其进位规则是“逢16进1”,有0,1,2,3,4,5,6,7,8,9,A,B,C,D,E,F共16个数元,任何一个合法的十六进制数是由这16个数元和最多一个小数点

的排列组合来表示，十六进制数每个数位的权重为16^i。书写十六进制数时在右下角用16或H来标识。

十六进制的A,B,C,D,E,F分别代表十进制数的10,11,12,13,14,15。书写十六进制数时既可以采用大写字母，也可以采用小写字母，其含义一样。

对于一个八进制数或十六进制数也可以根据式(2.1)求取其对应真值。

表2.1总结了4种进制基本信息；表2.2给出了4种进制数的对照关系表。

表2.1　计算机常用进位计数制

进位计数制	十进制	二进制	八进制	十六进制
数元	0,1,2,…,9	0,1	0,1,2,…,7	0,1,…,9,A,B,C,D,E,F
基数	10	2	8	16
权重	10^i	2^i	8^i	16^i
右下角标识	10或D或不写	2或B	8或O	16或H
举例	$(123)_{10}$	$(110)_2$	$(177)_8$	$(1AF)_{16}$

表2.2　进位计数制对照关系表

十进制	二进制	八进制	十六进制
0	0000	0	0
1	0001	1	1
2	0010	2	2
3	0011	3	3
4	0100	4	4
5	0101	5	5
6	0110	6	6
7	0111	7	7
8	1000	10	8
9	1001	11	9
10	1010	12	A
11	1011	13	B
12	1100	14	C
13	1101	15	D
14	1110	16	E
15	1111	17	F

2.1.4　数制之间相互转换

若需要将一个R进制(如二进制、八进制、十六进制)的数转换为十进制，只需要按照式(2.1)进行基数权重展开，再相乘相加即可得到转换结果。

例2.3　将二进制数11011转换为十进制。

$$(11011)_2=1\times2^4+1\times2^3+0\times2^2+1\times2^1+1\times2^0=(27)_{10}$$

所以$(11011)_2=(27)_{10}$。

例 2.4 将八进制数 177 转换为十进制。

$$(177)_8=1\times8^2+7\times8^1+7\times8^0=(127)_{10}$$

所以$(177)_8=(127)_{10}$。

例 2.5 将十六进制数 1AF 转换为十进制。

$$(1AF)_{16}=1\times16^2+10\times16^1+15\times16^0=(431)_{10}$$

所以$(1AF)_{16}=(431)_{10}$。

若需要将一个十进制数转换为 R 进制数,需要对这个十进制数的整数部分和小数部分分别转换,再将转换结果拼接起来,得到最终结果。对于整数部分常用的方法是除 R 取余法。每次除法所得余数为 $0\sim R-1$,最先得到的余数是转换结果整数部分最低位,最后得到的余数是转换结果整数部分最高位,直到被除数为 0 为止,即可得到整数部分转换结果。对于小数部分采用的方法是乘 R 取整法。每次乘法所得整数部分为 $0\sim R-1$,最先得到的整数是转换结果小数部分最高位,接着用剩下的小数部分继续乘 R 取整,直到小数部分为 0 或达到转换精度为止。

例 2.6 将十进制数 82 转换为二进制数。

82/2=41,	余 0(最低位)	产生	0
41/2=20,	余 1		10
20/2=10,	余 0		010
10/2=5,	余 0		0010
5/2=2,	余 1		10010
2/2=1,	余 0		010010
1/2=0,	余 1(最高位)		1010010

所以$(82)_{10}=(1010010)_2$。

例 2.7 将十进制数 123 转换为八进制数。

123/8=15,	余 3(最低位)	产生	3
15/8=1,	余 7		73
1/8=0,	余 1(最高位)		173

所以$(123)_{10}=(173)_8$。

例 2.8 将十进制数 300 转换为十六进制数。

300/16=18,	余 12(最低位)	产生	C
18/16=1,	余 2		2C
1/16=0,	余 1 (最高位)		12C

所以$(300)_{10}=(12C)_{16}$。

例 2.9 将十进制数 13.625 转换为二进制数。

整数部分 13 用除 2 取余法转换的结果是 1101,对小数部分 0.625 用乘 2 取整法转换。

0.625×2=1.25	整数为 1(小数部分最高位)	小数为 0.25
0.25×2=0.50	整数为 0	小数为 0.50
0.50×2=1.00	整数为 1(小数部分最低位)	小数为 0.00

所以$(0.625)_{10}=(0.101)_2$,$(13.625)_{10}=(1101.101)_2$。

注意:并不是所有十进制小数都能完全转换为精确的 R 进制小数,在乘 R 取整过程中

小数部分的乘积可能永远得不到0，这时就只能算到一定精度的位数为止，因此十进制小数在计算机中存储时通常会产生一些截断误差。

由于二进制与八进制、十六进制之间有一种简单的对应关系，因此若需要将一个二进制数转换为八进制数，只需要将该二进制数以小数点为界，小数点左边每3位分为1段，若左边数据位数不是3的整数倍则最左边补0。小数点右边每3位分为1段，若右边数据位数不是3的整数倍则最右边补0。然后每3个二进制位按照表2.3可转换为一个八进制数，即可得到转换结果。

表2.3 二进制与八进制对应表

二进制	000	001	010	011	100	101	110	111
八进制	0	1	2	3	4	5	6	7

若需要将一个二进制数转换为十六进制数，只需要将该二进制数以小数点为界，小数点左边每4位分为1段，若左边数据位数不是4的整数倍则最左边补0。小数点右边每4位分为1段，若右边数据位数不是4的整数倍则最右边补0。然后每4个二进制位按照表2.2可转换为一个十六进制数，即可得到转换结果。

例2.10 将二进制数$(1101110.001)_2$转换为八进制数和十六进制数。

$$(1101110.001)_2=(\underbrace{001}_{1}\ \underbrace{101}_{5}\ \underbrace{110}_{6}\ .\ \underbrace{001}_{1})_2=(156.1)_8$$

$$(1101110.001)_2=(\underbrace{0110}_{6}\ \underbrace{1110}_{E}\ .\ \underbrace{0010}_{2})_2=(6E.2)_{16}$$

所以$(1101110.001)_2=(156.1)_8=(6E.2)_{16}$。

若需要将八进制数和十六进制数转换为二进制数，可以按照上述过程的逆过程来实现，每个八进制数位转换为3个二进制数位，每个十六进制数位转换为4个二进制数位，最后去掉最左边的前导0和最右边的后继0。

例2.11 将$(175.2)_8$和$(6AB.4)_{16}$转换为二进制数。

$$(175.2)_8=(\underline{001}\ \underline{111}\ \underline{101}\ .\ \underline{010})_2=(111101.01)_2$$

$$(6AB.4)_{16}=(\underline{0110}\ \underline{1010}\ \underline{1011}\ .\ \underline{0100})_2=(11010101011.01)_2$$

所以$(175.2)_8=(111101.01)_2$，$(6AB.4)_{16}=(111101.01)_2$。

2.2 计算机中数值数据的表示

计算机经常用于存储和处理银行存款、员工工资、学生成绩等信息，这些信息有大、小、正、负之分，并且需要进行加、减、乘、除等运算，称为数值型数据。各种数值型数据在计算机中都以一串一定长度的0和1组成的二进制数串来表示、存储和运算。当计算机需要存储一个数值型数据时，除了要将其转换为二进制形式外，还需要额外二进制信息来表示这个数是正数还是负数，以及小数点位置。通常将存储的二进制数串称为数值型数据的机器数，而将该二进制数串对应的数值型数据的大小称为其真值。计算机常用的机器数格式有原码、反码、补码和移码4种，下面介绍计算机中数值型数据的机器数表示格式。

2.2.1 整数的原码表示

一个整数的原码表示格式规定如下：一个整数的原码格式由符号位和数值位两部分构成，符号位占一位，剩余位为数值位。通常机器数中最高位为符号位，0 表示正数，1 表示负数，机器数中的数值位用该整数的绝对值的二进制格式填充。通常用$[X]_{原}$表示 X 的原码。

例如若机器数长度为 8 位，则下列数据的原码表示分别为

$[+0]_{原}=00000000$，$[1]_{原}=00000001$，$[2]_{原}=00000010$，…，$[127]_{原}=01111111$，

$[-0]_{原}=10000000$，$[-1]_{原}=10000001$，$[-2]_{原}=10000010$，…，$[-127]_{原}=11111111$

根据原码表示规则，数值 0 当作正数有一种表示格式，当作负数又有一种表示格式，因此其表示法不唯一。

原码表示法规则简单易懂，机器数和真值之间容易转换。两个数若全部采用原码表示，则这两个数的乘除运算比较容易用硬件实现，但原码数的加减运算比较难用硬件实现。另外原码中 0 的表示不唯一，增加了运算规则的复杂性，因此原码表示法通常在浮点数运算器中使用。

若机器数长度为 n 位，则采用原码时该机器数可以表示的数据真值范围为$-2^{n-1}+1\leqslant N\leqslant 2^{n-1}-1$。在上个例子中机器数长度为 8 位，则原码可以表示的真值范围是$-127\sim127$，超出该数据范围的整数就无法用 8 位长度的原码来表示。

2.2.2 整数的反码表示

一个整数的反码表示格式规定如下：一个整数的反码格式由符号位和数值位两部分构成，符号位占一位，剩余位为数值位。通常最高位为符号位，0 表示正数，1 表示负数，正数机器数中的数值位用该整数的绝对值的二进制格式填充，而负数机器数中的数值位用该整数的绝对值的二进制格式每位取反结果填充，即 0 变 1，1 变 0。简单来说，正整数的反码表示与其原码表示相同，负整数的反码表示由其原码表示中所有数值位取反得到。通常用$[X]_{反}$表示 X 的反码。

例如若机器数长度为 8 位，则下列数据的反码表示分别为

$[+0]_{反}=00000000$，$[1]_{反}=00000001$，$[2]_{反}=00000010$，…，$[127]_{反}=01111111$，

$[-0]_{反}=11111111$，$[-1]_{反}=11111110$，$[-2]_{反}=11111101$，…，$[-127]_{反}=10000000$，

由上例可知数值 0 的反码表示法也不唯一。

若机器数长度为 n 位，则采用反码时该机器数可以表示的数据真值范围也为$-2^{n-1}+1\leqslant N\leqslant 2^{n-1}-1$。当数据采用反码表示时，其加减乘除运算都很难用硬件来实现，因此计算机中数值数据存储和运算时很少用反码表示，但可以根据一个数的反码来求取其补码，而补码在计算机中被大量采用。

2.2.3 整数的补码表示

一个机器数的补码格式由最高一个符号位和剩余的数值位组成，符号位为 0 表示正数，为 1 表示为负数。正数补码的数值位和其原码数值位相同，负数补码的数值位是其反码数值位末位加 1 得到，或者将其原码数值位每位取反，再在末位加 1 得到。通常用$[X]_{补}$表示 X 的补码。

例如，若机器数长度为8位，则下列数据的补码表示分别为：

$[+0]_{补}=00000000$，$[1]_{补}=00000001$，$[2]_{补}=00000010$，…，$[127]_{补}=01111111$，

$[-0]_{补}=00000000$，$[-1]_{补}=11111111$，$[-2]_{补}=11111110$，…，$[-127]_{补}=10000001$，

$[-128]_{补}=10000000$

当采用补码时，无论把0当作正数还是负数其表示法相同，都是00…0，因此0在补码中有唯一表示格式。若机器数长度为n位，则采用补码时该机器数可以表示的数据真值范围为$-2^{n-1}\leqslant N\leqslant 2^{n-1}-1$，也就是说负数可以比正数多表示一个。当两个数据都采用补码表示时，这两个数据的减法运算可以转换为加法来实现。由于补码有上述特点，因此计算机中大量采用补码来存储整数和进行整数运算，大大简化了计算机运算器的硬件实现。

2.2.4 整数的移码表示

整数的移码可以由其补码变换得到。无论正数还是负数，其移码都是将其补码表示中的符号位取反得到。在移码表示中，符号位为0表示是负数，为1表示是正数。通常用$[X]_{移}$表示X的移码。

例如若机器长度为8位，则下列数据的移码表示分别为

$[+0]_{移}=10000000$，$[1]_{移}=10000001$，$[2]_{移}=10000010$，…，$[127]_{移}=11111111$，

$[-0]_{移}=10000000$，$[-1]_{移}=01111111$，$[-2]_{移}=01111110$，…，$[-127]_{移}=00000001$，

$[-128]_{移}=00000000$

移码表示中，0也有唯一表示格式。当机器数长度为n位时，移码表示的数据真值范围也为$-2^{n-1}\leqslant N\leqslant 2^{n-1}-1$，负数可以比正数多表示一个。将两个数值数据的移码机器数当作无符号二进制数相比较可以直接判断其真值的大小，这可以简化浮点数运算时指数部分的对阶运算，因此在浮点运算器中的指数部分通常采用移码表示。

表2.4是常用数据的原码、反码、补码和移码对照表。

表2.4 常用数据的原码、反码、补码和移码对照表(假设存储位数为8位)

真值	原码表示	反码表示	补码表示	移码表示
127	01111111	01111111	01111111	11111111
126	01111110	01111110	01111110	11111110
1	00000001	00000001	00000001	10000001
+0	00000000	00000000	00000000	10000000
−0	10000000	11111111	00000000	10000000
−1	10000001	11111110	11111111	01111111
−127	11111111	10000000	10000001	00000001
−128	无法表示	无法表示	10000000	00000000

2.2.5 浮点数表示方法

计算机中既要能够存储和处理整数，也要能够存储和处理浮点数。所谓浮点数即机器数表示中小数点位置不固定的数，通常既有整数部分又有小数部分的数据都用浮点数格式表示。

任何一个二进制数N都可以转换为下列指数形式：

$$N=2^E\times S$$

其中,E 是一个二进制纯整数,称为 N 的阶码,也称为指数;S 是一个二进制纯小数,称为 N 的尾数;2 为 N 的基数。E 和 S 都可正、可负。

计算机中一个浮点数的表示格式由指数 E 和尾数 S 两部分构成,如图 2.1 所示。指数部分又包括阶符 E_f 和阶码 E_e 两部分,可以采用补码或移码表示,通常用移码格式表示。阶符 E_f 表示指数是正数还是负数,若用补码则 0 表示正数,1 表示负数。阶码 E_e 表示指数的大小,或者说小数点的位置。尾数部分也包括尾符 S_f 和尾数 S_e 两部分信息,可以采用补码或原码表示,通常用原码格式表示。尾符 S_f 表示整个符点数是正数还是负数,0 表示正数,1 表示负数。尾数 S_e 表示尾数部分有效数据的信息。计算机真正存储浮点数时通常将尾符 S_f 放置到最左边,根据这一位可方便判断整个数据的正负。

阶符 E_f(1 位)	阶码 E_e	尾符 S_f(1 位)	尾数 S_e
指数部分 E		尾数部分 S	

图 2.1 浮点数在计算机中的表示格式

在浮点数表示中阶符 E_f 和尾符 S_f 各占 1 位,而阶码 E_e 和尾数 S_e 需占用多位。阶码 E_e 占用的位数越多则能表示的浮点数范围越广,尾数占用的位数越多则能表示的数据精度越高。在设计一款计算机时,计算机机器字长一旦确定,则应合理分配阶码和尾数的位数。为了方便软件移植,计算机行业浮点数表示格式应该要有统一标准,IEEE 754 标准是由国际电气和电子工程师协会 IEEE 制定的浮点数表示格式,有兴趣的读者可查阅相关文献。

对于一个具体的浮点数,其指数格式可以有多种表示,计算机中存储浮点数时通常先转换为浮点数的规格化形式再存储。所谓浮点数的规格化,就是通过移动尾数并相应加减指数,使尾数 S 的最高数字位为 1,即满足 $(0.5)_{10} \leqslant |S| < 1$。在机器字长一定的情况下,规格化的浮点数精度最高。

例如,二进制数 $(110.1)_2 = 2^{011} \times 0.1101 = 2^{100} \times 0.01101 = 2^{101} \times 0.001101$,但只有 $2^{011} \times 0.1101$ 是这个数字的规格化形式。

例 2.12 设机器字长为 16 位,尾数为 8 位,阶码为 6 位,尾符和阶符各一位,尾数部分采用原码表示,指数部分采用补码表示,请写出 $(-1100.001)_2$ 的规格化浮点数表示形式。

由于 $(-1100.001)_2 = 2^{100} \times (-0.1100001)$,所以该数的规格化浮点数表示格式如下。

0	000100	1	11000010
阶符	阶码	尾符	尾数

2.2.6 BCD 格式表示法

虽然大多数计算机内部使用二进制数,但人们习惯用十进制表示数据。因此,数据在输入到计算机时需要先由十进制转换为二进制再运算,计算机内的数据在输出时需要将二进制转换为十进制再输出。在有些应用领域需要大批量处理数值数据,并且只需要对这些数值数据做简单运算,如银行的存取款业务,进行上述格式转换将大大影响数据处理效率,这时为了提高计算机的运算效率,可以直接用十进制来表示和处理数值数据。

当计算机采用十进制来表示和处理数值数据时，每个十进制数位还是用若干二进制数位来表示。在计算机行业通常用4位二进制代码的不同组合来表示一个十进制数码，这种编码方法称为二-十进制编码，简称为BCD(Binary Coded Decimal)码。这种编码通常作为十进制转换成二进制的中间过渡形式，有些计算机也直接支持BCD数的存储和运算。

4位二进制代码有0000～1111共16种排列组合，十进制数码只有0～9共10个数码，可以从16种二进制组合中任意选取10种编码组合来表示0～9这10个数码。采用不同的选取方法就可以编制出不同的BCD编码方案，对于一种合法编码方案的唯一要求是每个十进制数码的二进制表示形式唯一。在将一个十进制数转换成编码形式时，只需将每个十进制数字替换成对应的编码即可。表2.5给出了常用的BCD编码方案。例如937在余3码中表示为110001101010，在8421码中表示为100100110111。

表2.5 常用BCD编码方案

十进制数	编码类型					
	8421码	5421码	2421码	5211码	余3码	格雷码
0	0000	0000	0000	0000	0011	0000
1	0001	0001	0001	0001	0100	0001
2	0010	0010	0010	0100	0101	0011
3	0011	0011	0011	0101	0110	0010
4	0100	0100	0100	0111	0111	0110
5	0101	1000	0101	1000	1000	1110
6	0110	1001	0110	1001	1001	1010
7	0111	1010	0111	1100	1010	1011
8	1000	1011	1110	1101	1011	1001
9	1001	1100	1111	1111	1100	1000
权重	8421	5421	2421	5211	无权码	无权码

BCD码可分为带权码和无权码。带权码的4个二进制位有各自权重，若4位权重分别是w_3、w_2、w_1和w_0，则编码$a_3a_2a_1a_0$表示的十进制数码N是

$$N = w_3a_3 + w_2a_2 + w_1a_1 + w_0a_0 \tag{2.2}$$

表2.5中，8421码、5421码、2421码、5211码都是带权码，编码名字分别是每一位对应的权重。根据式(2.2)，1001在8421码中是9的编码，在5421码中是6的编码。余3码和格雷码是无权码。通常情况下当使用无权码时，不能通过简单公式计算出某个编码对应的十进制数。余3码可以通过给8421码中每个编码加3(0011)而获得。格雷码具有这样的特性：连续的两个十进制数的格雷码中只有一个位不同。这种编码的优点是，从一个编码变到下一个编码时只有一个位的状态发生改变，这有利于保证代码变换的连续性，在模拟或数字转换等场合特别有用。

2.3 数据之间的运算

二进制的数值运算包括算术运算和逻辑运算，计算机CPU中的ALU(Arithmetic Logical Unit)部件主要用于执行算术运算和逻辑运算。

2.3.1 算术运算

算术运算包括加、减、乘、除和算术移位运算,本节只讲解补码表示中的加、减和移位运算。

计算机中整数的存储以及加、减和移位运算大多采用补码来实现。补码运算是把符号位和数值位一起进行处理,即把符号位当作数据参与运算。

根据补码定义,当丢弃运算过程中最高位产生的进位时,可以证明两个数和的补码等于这两个数补码的和,即

$$[X+Y]_{补}=[X]_{补}+[Y]_{补} \tag{2.3}$$

同样可以证明,当丢弃运算过程中最高位产生的进位时,两个数差的补码等于被减数补码加上减数取负号后的补码,即

$$[X-Y]_{补}=[X]_{补}+[-Y]_{补}=[X]_{补}+(\sim[Y]_{补}) \tag{2.4}$$

$[-Y]_{补}$即$\sim[Y]_{补}$可以由以下运算得到:将$[Y]_{补}$的符号位和数值位全部取反,然后在末位加1。这种运算称为求补运算。

从式(2.3)和式(2.4)可以看出,采用补码进行加减运算十分简单,通过对负数补码进行处理,允许符号位和数值位一起参与运算,可以把减法运算转换成加法运算,这样ALU只要能够实现加法和求补运算(加法和求补运算很容易用硬件实现),即可实现任意两个数的加减运算,并且运算过程中无须考虑这两个数值的正负号,也无须比较这两个数的绝对值(原码加减运算需要判断两数的正负号及绝对值大小才能采取相应的运算),从而极大地简化了ALU的硬件设计。

例2.13 设机器数长度为8位,且X=10,Y=14,用补码运算求X+Y和X-Y的结果。

根据补码规则:$[X]_{补}=00001010$,$[Y]_{补}=00001110$,$[-Y]_{补}=11110010$,再根据式(2.3)和式(2.4),有

$$[X+Y]_{补}=[X]_{补}+[Y]_{补}=00001010+00001110=00011000=[24]_{补}$$

所以X+Y=24,补码运算结果正确。

$$[X-Y]_{补}=[X]_{补}+[-Y]_{补}=00001010+11110010=11111100=[-4]_{补}$$

所以X-Y=-4,补码运算结果正确。

例2.14 设机器数长度为8位,且X=-10,Y=-14,用补码运算求X+Y和X-Y的结果。

根据补码规则:$[X]_{补}=11110110$,$[Y]_{补}=11110010$,$[-Y]_{补}=00001110$,再根据式(2.3)和式(2.4),有

$$[X+Y]_{补}=[X]_{补}+[Y]_{补}=11110110+11110010=\underline{1}11101000=11101000=[-24]_{补},$$

运算过程中最高位的进位1将无条件丢弃。

所以X+Y=-24,补码运算结果正确。

$$[X-Y]_{补}=[X]_{补}+[-Y]_{补}=11110110+00001110=00000100=[4]_{补}$$

所以X-Y=4,补码运算结果正确。

由例2.13和例2.14可知,当采用补码运算时,只需要把符号位以及数值位按照普通二进制数数据位进行加法运算,通常都能得到正确的结果,运算中不需要考虑两数的正、负号

和大小，若运算中最高位有进位则无条件丢弃。

移位运算分为算术移位和逻辑移位，算术移位又分为算术左移和算术右移，计算机中的算术移位通常对数据的补码进行移位来实现。补码表示中最高位为符号位，0 表示正数，1 表示负数。

算术左移的规则是所有位向左移一位，最高位丢弃，最低位补 0。一个数算术左移一位相当于给该数乘以 2，左移 n 位相当于乘以 2^n。

算术右移的规则是所有位向右移一位，最低位丢弃，最高位补符号位。一个数算术右移一位相当于给该数整除以 2，右移 n 位相当于整除以 2^n。

表 2.6 给出了算术移位的示例。

表 2.6 算术移位示例(假定机器数为 8 位补码)

移位操作	机器数(8 位补码)	真值	效果
+28	00011100	28	28 补码
+28 左移 1 位	00111000	56	28 乘 2
+28 左移 2 位	01110000	112	28 乘 4
+28 右移 1 位	00001110	14	28 整除 2
+28 右移 2 位	00000111	7	28 整除 4
−28	11100100	−28	−28 补码
−28 左移 1 位	11001000	−56	−28 乘 2
−28 左移 2 位	10010000	−112	−28 乘 4
−28 右移 1 位	11110010	−14	−28 整除 2
−28 右移 2 位	11111001	−7	−28 整除 4

2.3.2 运算溢出及判断

按照式(2.3)和式(2.4)对两个补码数进行加减运算和算术移位并不是所有情况下结果都正确，当发生溢出时结果并不正确。2.2.3 节讲到，当机器数长度为 n 位时，补码能够表示的数据范围是 $-2^{n-1} \leqslant N \leqslant 2^{n-1}-1$，超出这个范围的数在 n 位长度中是无法用补码表示的。当进行算术加、减或移位运算时，若运算结果超出字长所能表示的数据范围，则该运算发生了溢出，结果错误。计算机内部有相关硬件一直在进行溢出检测，一旦发现溢出则立即进行异常处理。

可以按照下面所述方法判断是否发生溢出。在加法运算中，若两个正数相加得一个负数，或者两个负数相加得到一个正数则发生了溢出。一正一负两数相加永远不会溢出。在算术左移中，若一个负数移位后变为一个正数，或者一个正数移位后变为一个负数则发生了溢出。

计算机内部判断是否有溢出通常采用双符号位法，即将待运算数据的符号位用两位表示，正数用 00，负数用 11。当运算结果的两个符号位相同时则没有溢出，运算结果双符号位为 00 表示运算结果为正数；运算结果双符号位为 11 表示运算结果为负数。当运算结果的两个符号位不同时则发生了溢出，若运算结果双符号位为 01，则说明运算结果为正数，但超出了所能表示的最大正数，此时称为上溢；若运算结果双符号位为 10 则说明运算结果为负数，但小于所能表示的最小负数，此时称为下溢。

例 2.15 设机器字长为 8 位，且 X=89，Y=54，用双符号位法补码运算求 X+Y 并判断是否有溢出。

$[X]_{补}$=00 1011001， $[Y]_{补}$=00 0110110， $[X+Y]_{补}$=01 0001111

由于运算结果双符号位为 01，所以发生上溢，结果错误，运算结果(+143)为正数，但超出了 8 位字长补码所能表示的最大正数+127，所以发生溢出。

例 2.16 设机器字长为 8 位，且 X=-80，用双符号位法补码运算求 X 算术左移一位的结果并判断是否有溢出。

$[X]_{补}$=11 0110000，X 算术左移一位后的运算结果为 10 1100000

由于运算结果双符号位为 10，所以发生下溢，结果错误，运算结果(-160)为负数，但超出了 8 位字长补码所能表示的最小负数-128，所以发生溢出。

2.3.3 逻辑运算

计算机中二进制数的逻辑运算有逻辑与(也称逻辑乘)、逻辑或(也称逻辑加)、逻辑非(也称逻辑取反)、异或运算、同或运算、逻辑移位运算。

逻辑与运算的规则为

$$0\wedge 0=0,\quad 0\wedge 1=0,\quad 1\wedge 0=0,\quad 1\wedge 1=1$$

在逻辑运算中，0 称为逻辑假，1 称为逻辑真，所以逻辑与运算可以简单描述为只有当两个逻辑数都为逻辑真时，逻辑与运算结果为真，其他情况时运算结果为假。

逻辑或运算的规则为

$$0\vee 0=0,\quad 0\vee 1=1,\quad 1\vee 0=1,\quad 1\vee 1=1$$

逻辑或运算可以简单描述为当两个逻辑数有一个为逻辑真时，逻辑或运算结果即为真。

逻辑非运算的规则为

$$\overline{1}=0,\quad \overline{0}=1$$

逻辑非运算可以简单描述为逻辑真取反后结果为逻辑假，逻辑假取反后结果为逻辑真。

逻辑异或运算的规则为

$$0\oplus 0=0,\quad 0\oplus 1=1,\quad 1\oplus 0=1,\quad 1\oplus 1=0$$

逻辑异或运算可以简单描述为当两个逻辑数不同时异或结果为逻辑真，相同时异或结果为逻辑假。

逻辑同或运算的规则为

$$0\odot 0=1,\quad 0\odot 1=0,\quad 1\odot 0=0,\quad 1\odot 1=1$$

逻辑同或运算结果和异或结果正好相反，当两个逻辑数不同时同或结果为逻辑假，相同时同或结果为逻辑真。

逻辑移位分为逻辑左移和逻辑右移，逻辑左移时所有位左移一位，最高位丢弃，最低位补 0，逻辑右移时所有位右移一位，最低位丢弃，最高位补 0。

逻辑运算和算术运算的最大区别在于，算术运算中数据有正负之分，有大小之分，多个二进制位作为一个整体来处理，加法运算时位与位之间会产生进位，减法运算时位与位之间会产生借位。而逻辑运算时数据没有正负之分，机器数中也不区分符号位和数值位，位与位之间相互独立运算，不会产生进位和借位。

例 2.17 计算 11010001 和 01010000 两个数据逻辑与、逻辑或、逻辑异或、逻辑同或

结果。

根据逻辑运算规则,4种运算结果如下:

$$\begin{array}{r}11010001\\ \wedge\ 01010000\\ \hline 01010000\end{array}\qquad \begin{array}{r}11010001\\ \vee\ 01010000\\ \hline 11010001\end{array}\qquad \begin{array}{r}11010001\\ \oplus\ 01010000\\ \hline 10000001\end{array}\qquad \begin{array}{r}11010001\\ \odot\ 01010000\\ \hline 01111110\end{array}$$

例 2.18 分别计算 11010001 逻辑非、逻辑左移一位、逻辑右移二位的结果。

11010001 逻辑非的结果为 00101110

11010001 逻辑左移一位的结果为 10100010

11010001 逻辑右移二位的结果为 00110100

用计算机处理数据时,若需要把数据中某些位变为0其他位保持不变可用与运算来实现;若需要把数据中某些位变为1其他位保持不变可用或运算来实现;若需要把数据中某些位取反其他位保持不变可用异或运算来实现。

2.4 非数值型数据在计算机中的编码

早期计算机主要用于科学计算,而现代计算机不仅需要处理数值领域的科学计算问题,还要处理大量非数值问题,如各种文字、英文字母、数字符号、标点符号、图形符号等信息在计算机内部的表示、存储和传输等,这些非数值信息统称为字符。对于数值数据,计算机通常对其要做加、减、乘、除、取模等算术运算和与、或、非、异或等逻辑运算;而对于非数值数据,计算机要进行复制、粘贴、比较、查找、连接等处理,随着信息时代的到来,计算机将更多地应用于字符等非数值信息的处理。

所有的非数值型信息,如英文字母、阿拉伯数字、各种标点符号等,都需要按照一定的编码规则转换为二进制格式才能被计算机所识别、存储、传输和处理。为每一种字符指定一个唯一的二进制数称为一种编码方案。编码方案中为一个字符所指定的二进制数称为该字符的编码或代码。为使信息在不同国家、不同地区、不同品牌计算机之间互相传输而不造成混乱,计算机行业产生了多种通用字符信息编码方案,编码方案中统一规定了每种常用符号应该用哪些二进制数来编码。

字符等非数值型信息经过编码所得到的二进制数是一种非结构化二进制数,它没有正负和大小之分,仅仅是某个字母或符号的代号而已,就像学生的学号一样。在每一种编码方案中,不同的字母需要用不同的编码来表示,即用不同的二进制数串来表示。

2.4.1 ASCII 编码

ASCII 码(American Standard Code for Information Interchange,美国标准信息交换码)是由美国国家标准协会(American National Standard Institute,ANSI)制定的标准单字节字符编码方案,主要用于英文字母、数字、各种标点符号等西文文本数据的表示。它起始于20世纪50年代后期,于1967年定案。ASCII 最初是美国国家标准,供不同计算机在相互通信时用作共同遵守的西文字符编码标准,现已被国际标准化组织(International Organization for Standardization,ISO)定为国际标准,称为 ISO 646 标准,适用于所有拉丁文字母。

ASCII码使用指定的7位或8位二进制数组合来表示128种或256种可能的字符。标准ASCII码也称为基本ASCII码,它使用7位二进制数来表示所有的大写和小写英文字母、数字0～9、各种标点符号以及在美式英语中使用的特殊控制字符,共对2^7种符号编码,即128种符号,见表2.7,其中各控制符号含义字见表2.8。

表2.7 标准ASCII编码表

低4位	高3位							
	000	001	010	011	100	101	110	111
0000	NUL	DEL	SP	0	@	P	.	p
0001	SOH	DC1	!	1	A	Q	a	q
0010	STX	DC2	"	2	B	R	b	r
0011	ETX	DC3	#	3	C	S	c	s
0100	DOT	DC4	$	4	D	T	d	t
0101	ENG	NAK	%	5	E	U	e	u
0110	ACK	SYN	&	6	F	V	f	v
0111	BEL	ETB	'	7	G	W	g	w
1000	BS	CAN	(	8	H	X	h	x
1001	HT	EM	)	9	I	Y	I	y
1010	LF	SUB	*	:	J	Z	j	z
1011	VT	ESC	+	;	K	[	k	{
1100	FF	FS	,	<	L	\	l	|
1101	CR	GS	—	=	M	]	m	}
1110	SO	RS	.	>	N	↑	n	~
1111	SI	US	/	?	O	↓	o	DEL

表2.8 ASCII控制符号含义

符号	含义	符号	含义	符号	含义
NUL	空字符	VT	垂直制表	SYN	空转同步
SOH	标题开始	FF	换页	ETB	信息组传送结束
STX	正文开始	CR	回车	CAN	作废
ETX	正文结束	SO	移位输出	EM	纸尽
EOT	传输结束	SI	移位输入	SUB	换置
ENQ	询问字符	DLE	数据链路转义	ESC	换码
ACK	确认	DC1	设备控制1	FS	文件分隔符
BEL	响铃	DC2	设备控制2	GS	组分隔符
BS	退一格	DC3	设备控制3	RS	记录分隔符
HT	横向列表	DC4	设备控制4	US	单元分隔符
LF	换行	NAK	否定	DEL	删除

代码0～31及127(共33个)是控制字符或通信专用字符,通常无法显示,如控制符LF(换行,代码为10)、CR(回车,代码为13)、FF(换页,代码为12)、DEL(删除,代码为127)、BS(退格,代码为8)、BEL(响铃,代码为7)等,通信专用字符SOH(标题开始,代码为1)、EOT(传输结束,代码为4)、ACK(确认,代码为6)等。ASCII中,退格、制表、换行和回车等字符,并没有特定的图形显示,当在屏幕或打印机输出时会依不同的应用程序,而对文本显示有不同的影响。

除上述 33 种控制和通信专用符号外，ASCII 中还编码了 95 种可显示字符（代码 32～126），包括大小写英文字母、0～9 共 10 个数字字符、各种标点和运算符号等。

其中代码 32 表示空格；代码 48～57 表示 0～9 共 10 个阿拉伯数字；代码 65～90 表示 26 个大写英文字母，代码 97～122 表示 26 个小写英文字母，其余表示一些常用标点符号、运算符号等。

记住下列 ASCII 码编码规律对计算机学习很有用。

(1) 0～9 的代码小于 A～Z 的代码，A～Z 的代码小于 a～z 的代码。

(2) 数字 0～9 的 ASCII 代码依次递增 1，数字 0 的代码为十六进制$(30)_{16}$。

(3) 字母 A～Z 的 ASCII 代码依次递增 1，字母 A 的代码为十六进制$(41)_{16}$。

(4) 字母 a～z 的 ASCII 代码依次递增 1，字母 a 的代码为十六进制$(61)_{16}$。

(5) 同一个字母的大写字母 ASCII 要比小写字母 ASCII 小 32 或十六进制$(20)_{16}$。

(6) 空格符、回车符、换行符的 ASCII 分别为十六进制$(20)_{16}$，$(0D)_{16}$，$(0A)_{16}$。

标准 ASCII 代码只用到 7 个二进制位，但计算机中的基本存储单位为字节，因此计算机中存储一个字符需要占用一个字节。一个字节是 8 个二进制位，这个字节的低 7 位存放该字符 ASCII 代码，通常情况下最高位永远是 0，在有些特殊应用领域最高位存放低 7 位的奇偶校验位。

使用 8 位二进制数进行编码的 ASCII 码称为扩展 ASCII 码，共能对 $2^8=256$ 种符号进行编码。扩展 ASCII 中前 128 种代码（代码 0～127）和标准 ASCII 码完全相同，后 128 种代码（代码 128～255）通常表示的是一些特殊符号字符、希腊字母等外来语字母和一些块形、线状图形符号。目前许多基于 x86 的计算机系统都支持使用扩展 ASCII。

当给一个文件输入字符信息时，计算机会自动保存这些字符对应的 ASCII。当以后读取该文件时，每读到一个字节，通过查找 ASCII 表计算机就可以知道读到了什么字符。

英文字母符号编码除 ASCII 外，还有 EBCDIC（Extend Binary Coded Decimal Interchange Code）编码，它采用 8 位二进制，可以对 256 种符号编码，这种编码在 IBM 公司的大型机上广泛使用。

2.4.2 Unicode 编码

Unicode（Universal Multiple-Octet Coded Character Set，UCS）编码，也称为统一码、万国码或单一码，是一种在计算机上广泛使用的多字节字符编码。它为每种语言中的每个字符设定了统一并且唯一的二进制编码，以满足跨语言、跨平台进行文本转换、处理的要求。Unicode 编码于 1990 年开始研发，1994 年正式公布。随着计算机性能的增强，Unicode 在面世十多年后逐步得到普及，现在许多操作系统和软件产品都支持 Unicode。

Unicode 编码系统可分为编码方式和实现方式两个层次。

1. Unicode 编码方式

Unicode 是国际组织制定的可以容纳世界上所有文字和符号的多字节字符编码方案。Unicode 字符集可以简写为 UCS（Unicode Character Set）。早期的 Unicode 有 UCS-2 和 UCS-4 两种编码标准。UCS-2 用两个字节对各种常用符号编码，UCS-4 用 4 个字节对所有可能的符号进行编码。UCS-4 字符集采用四维编码空间，整个空间有 128 个组，每个组再分为 256 个平面，每个平面有 256 行，每行有 256 个列，即 256 个代码点。代码点就是可以

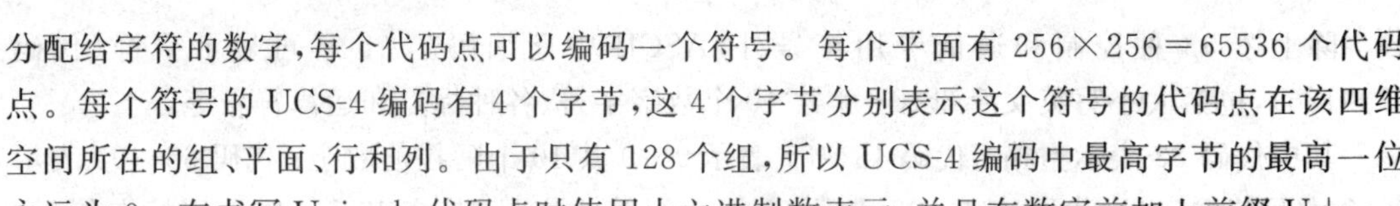

分配给字符的数字,每个代码点可以编码一个符号。每个平面有 256×256=65536 个代码点。每个符号的 UCS-4 编码有 4 个字节,这 4 个字节分别表示这个符号的代码点在该四维空间所在的组、平面、行和列。由于只有 128 个组,所以 UCS-4 编码中最高字节的最高一位永远为 0。在书写 Unicode 代码点时使用十六进制数表示,并且在数字前加上前缀 U+。

第 0 组的第 0 个平面称为 BMP(Basic Multilingual Plane)。该平面的 65536 个代码编码了常用的各国文字字母、标点符号、图形符号等,基本满足各种语言的使用。实际上目前版本的 Unicode 尚未填充满这个平面,保留了大量空间作为特殊使用或将来扩展。BMP 平面的 Unicode 编码表示为 U+hhhh,其中每个 h 代表一个十六进制数字。UCS-2 只用于对 BMP 平面符号编码,将 UCS-4 的 BMP 代码点去掉前面的两个零字节就得到了 UCS-2 编码。UCS-2 的两个字节分别表示了代码点在 BMP 平面的行和列。BMP 平面代码点的 UCS-4 编码与其 UCS-2 编码完全相同,只是最高两个字节为 0,表示该代码点在第 0 组第 0 平面,即 BMP 平面。

除 BMP 平面外,最新的 Unicode 版本定义了 16 个辅助平面,两者合起来至少需要占据 21 位的编码空间,Unicode 用数字 0~$(10FFFF)_H$ 来映射这些字符,最多可以容纳 17×2^{16} = 1114112 个字符,或者说可以为 1114112 种符号编码。UCS-4 是一个更大的尚未填充完全的 31 位字符集,理论上最多能表示 2^{31} 个字符,完全可以涵盖一切语言所用的符号。

2. Unicode 实现方式

UCS-4 和 UCS-2 只规定了每种符号所在的代码点,即规定了怎么用多个字节表示各种文字符号,并没有规定这个代码点在计算机内的表示、存储和传输格式,它是由 UTF(UCS Transformation Format)规范规定的。常见的 UTF 规范包括 UTF-8、UTF-16 和 UTF-32 三种实现方式。

UTF-8 以字节为单位对 Unicode 进行编码,如表 2.9 所示。

表 2.9 UTF-8 编码方式(H 表示十六进制数)

Unicode 编码(十六进制)	UTF-8 字节流(二进制)
$(000000)_H$~$(00007F)_H$	0xxxxxxx
$(000080)_H$~$(0007FF)_H$	110xxxxx 10xxxxxx
$(000800)_H$~$(00FFFF)_H$	1110xxxx 10xxxxxx 10xxxxxx
$(010000)_H$~$(10FFFF)_H$	11110xxx 10xxxxxx 10xxxxxx 10xxxxxx

UTF-8 的特点是对不同范围的字符使用不同长度的编码。对于 $(00)_H$~$(7F)_H$ 之间的字符,UTF-8 编码与 ASCII 编码完全相同。UTF-8 编码的最大长度是 4 个字节。从表 2.9 可以看出,4 字节模板有 21 个 x,即可以容纳 21 位二进制数字。Unicode 的最大码位 $(10FFFF)_H$ 也只有 21 位。

例如,"汉"字的 Unicode 编码是 U+6C49。U+6C49 为 $(0800)_H$~$(FFFF)_H$,使用了 3 字节模板:1110xxxx 10xxxxxx 10xxxxxx。将 6C49H 写成二进制是 0110 1100 0100 1001,用这个二进制位依次代替模板中的 x,得到 11100110 10110001 10001001,即"汉"的 UTF-8 编码为 E6 B1 89。

再例如 Unicode 编码 U+20C30 为 $(010000)_H$~$(10FFFF)_H$,使用了 4 字节模板 11110xxx 10xxxxxx 10xxxxxx 10xxxxxx。将 20C30H 写成 21 位二进制数字(不足 21 位就

在前面补 0)0 0010 0000 1100 0011 0000,用这个二进制位依次代替模板中的 x,得到 11110000 10100000 10110000 10110000,即 U+20C30 的 UTF-8 编码为 F0 A0 B0 B0。

UTF-16 编码以 16 位无符号整数为单位,把 Unicode 代码点记为 U。UTF-16 编码规则如下:

如果 $U<(10000)_H$,则 U 的 UTF-16 编码就是 U 对应的 16 位无符号整数。

如果 $U\geqslant(10000)_H$,则先计算 U′=U-10000H,然后将 U′写成二进制形式 yyyy yyyy yyxx xxxx xxxx,U 的 UTF-16 编码(二进制)就是 110110yyyyyyyyyy 110111xxxxxxxxxx。

UTF-32 编码以 32 位无符号整数为单位。Unicode 的 UTF-32 编码就是其对应的 32 位无符号整数。

目前,UTF-8 和 UTF-16 被广泛使用,而 UTF-32 由于太浪费存储空间而很少被使用。

根据字节序(endian)的不同,UTF-16 可以有 UTF-16LE 和 UTF-16BE 两种实现方式,UTF-32 可以有 UTF-32LE 和 UTF-32BE 两种实现方式。字节序是指包含多个字节的一个大数在计算机中存储时多个字节存储的先后次序。字节序有两种:一种为大序(big-endian),存放时高位字节在前,低位字节在后;另一种为小序(little-endian),低位字节在先,高位字节在后。

UTF-8 以字节为编码单元,一个 UTF-8 编码是多个字节构成的字节流,存放时按先后顺序存放,没有字节序的问题。而 UTF-16 以两个字节为编码单元,例如"奎"的 Unicode 编码是 594E,有些文件用 59 和 4E 两个顺序的字节存储"奎",这就是大序格式,而有些文件用 4E 和 59 两个顺序的字节来存储,这就是小序格式。UTF-32 以 4 个字节为编码单元,也存在字节序问题。当打开文件时,必须知道其字节序,才能正确解释文件的内容。

Unicode 标准建议用 BOM(Byte Order Mark)字符来区分字节序,即在传输字节流或保存文件时,先传输或者写入被作为 BOM 的字符以指示其字节序,如表 2.10 所示。

表 2.10 UTF 编码 BOM 标识

UTF 编码	Byte Order Mark(BOM)
UTF-8	EF BB BF
UTF-16LE	FF FE
UTF-16BE	FE FF
UTF-32LE	FF FE 00 00
UTF-32BE	00 00 FE FF

Windows 就是使用 BOM 来标记文本文件的编码方式以及字节序的。当用 Windows 自带的"记事本"软件保存文件时可以选择文件编码格式,有 ANSI、Unicode(UTF16-LE)、Unicode big endian(UTF16-BE)和 UTF-8 四种格式可供选择。

2.4.3 汉字编码

1. 汉字编码概述

任何信息在计算机中都以二进制形式存在,汉字若想能被计算机存储和处理,也必须进行二进制编码,为每个汉字分配唯一的一个二进制代码。汉字信息处理系统一般包括汉字的编码、输入、存储、编辑、输出和传输,整个汉字处理过程涉及多种编码,包括如何将汉字输入计算机的汉字输入码,如何在计算机中存储汉字的汉字机内码,如何将汉字在屏幕上显示或在打印机上打印的汉字字形码。

1) 汉字输入码

汉字的输入编码用于解决如何通过英文键盘输入汉字的问题,主要包括以下4类。

(1) 区位输入法。每个汉字有唯一的区位码,要输入一个汉字,直接输入该汉字的区位码即可。由于汉字种类繁多,人们不可能记下所有汉字的区位码,只能通过查表获得并输入,因此速度很慢,很少有人使用。

(2) 字形输入法。按照汉字的字形进行编码的方法。它将汉字按照笔画形状分解成若干个偏旁、部首及字根,然后将分解后的偏旁、部首及字根与键盘上的26个英文字母对应,从而实现通过键盘按字形输入汉字的方法。字形输入法输入汉字时有重码率低、输入速度快等优点,这种方法受到专业汉字录入人员普遍欢迎,五笔字型输入法是字形输入法的典型代表。

(3) 拼音输入法。常用的有全拼输入法、全拼双音输入法、双拼双音输入法等。该方法以汉语拼音作为汉字编码,从而可以通过输入拼音字母实现汉字和词组的输入。拼音输入法对学习过汉语的人不用做专门训练即可掌握,也不需要记忆字形输入法中的字根,因此使用较普遍。但由于汉字同音字较多,输入时要选择具体待输入的汉字,因此拼音输入法输入速度较慢。

(4) 混合输入法。这是一类将汉字字形输入法和拼音输入法相结合的编码方法,也称为音形码,常用的有自然码、智能ABC等。这种编码方法通常以拼音输入为主,辅助以字形输入法,音形结合、取长补短,既降低了重码率,也不需要大量记忆,输入速度和效率较高。

2) 汉字字形码

汉字字形码(也称字模)是汉字的输出码,主要用于解决汉字的屏幕输出和打印问题。字形码记录了汉字的形状信息。为了能准确地表达汉字的字形,对于每一个汉字都有相应的字形码。通常把存放字模的文件称为字库,把存储汉字字模的文件称为汉字库。当要显示汉字时,根据待显示汉字的机内码检索汉字库中该汉字的字模信息,再控制屏幕上相应像素显示或者隐藏即可。汉字库主要分为两种:点阵字库和矢量字库。

所谓点阵汉字字库就是将每个汉字(包括一些特殊符号)看成一个矩形框内一些横竖排列的点的集合,有笔画的位置用黑点表示,没笔画的位置用白点表示。在计算机中用一组二进制数来表示汉字点阵信息,用0表示白点,用1表示黑点。一般的汉字系统中汉字字形点阵规格有16×16、24×24、48×48几种,点阵越大,每个汉字的笔画越清晰,打印质量也就越高,但需要占用更多的磁盘空间和内存。假如用16×16点阵来存储汉字字模,每一行上的16个点需用两个字节表示,一个16×16点阵的汉字字形码需要2×16=32个字节表示,这32个字节中的信息是汉字的数字化信息,即汉字字模。如果用24×24点阵,则每个汉字字模要用到72字节存放,每个汉字字模字节数=点阵行数×(点阵列数/8)。

下面以“华”字为例说明其字形码在16×16点阵库中是如何存放的,宋体字中“华”的外观形状如图2.2所示。如果把这个图形的实心黑点处用1代替,空心点处用0代替,则每个点可以用一个二进制位表示其形状信息,一行需要2个字节,即16个位来存储。整个字形有16行,所以总共需要32个字节。该例子中如果左边的点存放在字节的高位,右边的点存放在字节的低位,并且按照从左到右、从上到下的顺序存放这32个字节,就可以得到“华”的

32 个字节的字形码为

08H,80H,0CH,88H,10H,9CH,30H,E0H,

53H,80H,90H,84H,10H,84H,10H,7CH,

11H,00H,01H,00H,7FH,FEH,01H,00H,

01H,00H,01H,00H,01H,00H,01H,00H。

H 表示前面的数字是十六进制。

图 2.2 16×16 点阵字模

计算机要输出某个汉字时,先找到显示字库的首址,根据该汉字的机内码,找到字库中该汉字的字形码,然后根据字形码(要用二进制)通过显卡控制显示器的电子扫描枪在屏幕上进行依次扫描,其中二进制代码中是"0"的地方空扫,是"1"的地方扫在屏幕上打出亮点,于是在屏幕上就可以看到该汉字的形状。按构成字模的字体和点阵可将字模分为宋体字模、楷体字模、扁体字模、粗体字模等。由于汉字有简体和繁体两种,因此汉字字模也有简体字模和繁体字模之分。

点阵字库是用多个点的虚实来表示汉字的轮廓形状信息,常用作显示字库或针式打印机字库,点阵字库汉字最大的缺点是不能缩放,一旦放大后就会显示文字边缘的锯齿,缩小后则文字显示不清晰。与点阵字库不同,矢量字库保存的是对每一个汉字的描述信息,比如一个笔画的起始、终止坐标,半径,弧度等。在显示和打印这一类字库时,要经过一系列的数学运算才能输出结果,矢量字库的汉字可以任意缩放显示,缩放后笔画轮廓仍能保持圆滑,另外矢量字库占用的存储空间也比点阵字库小很多,激光打印机和绘图仪上使用的字库多为此类字库。Windows 使用的字库也分为以上两类,在 FONTS 目录下,如果字体扩展名为 fon,表示该文件为点阵字库,扩展名为 ttf 则表示矢量字库。Word 软件中采用的就是矢量字库。

汉字字库可分为软字库和硬字库。软字库以文件的形式存放在硬盘上,现在计算机多用这种字库;硬字库则将字库固化在一个单独的存储芯片中,再和其他必要的器件组成接口卡,插接在计算机总线上,通常称为汉卡,在早期计算机中使用较多。

3) 汉字机内码

汉字也是一种字符符号,当汉字输入到计算机中也需要用一个二进制代码来存储或表示,我们将这个二进制代码称为汉字的机内码或汉字内码。由于汉字被多个国家和地区所使用,因此目前存在多种汉字机内码编码标准,常用的汉字编码标准有 GB2312—80、GBK、GB18030,以及 BIG5 码。

2. 常用的汉字机内码编码标准

1) GB2312—80

GB2312 码,也称为国标交换码或者 GB 码,是中华人民共和国国家汉字信息交换用编码,全称《信息交换用汉字编码字符集. 基本集》,由国家标准总局发布,1981 年 5 月 1 日实施,通行于大陆。新加坡等地也使用此编码。

GB2312 收录简化汉字及符号、字母、日文假名等共 7445 个汉字及图形字符,其中汉字占 6763 个,各种图形符号占 682 个。GB2312 规定"对任意一个汉字或图形字符都采用两个字节表示,每个字节均采用七位编码表示",习惯上称第 1 个字节为高字节,第 2 个字节为低字节。

GB2312 将代码表分为 94 个区,每个区 94 个位,将所收录的 7445 个汉字和图形符号分别放入到 94 区×94 位的大表格里,每个汉字有唯一的区位码,即该汉字的区号和位号,用 4 位十进制数字表示。根据汉字的区位码可得到其国标码。每个汉字的国际码占两个字节,分别由区号和位号计算而得,国标码与区号、位号的关系可用下式表示:

$$国标码第 1 字节=区号+(20)_H$$

$$国标码第 2 字节=位号+(20)_H$$

由于区号和位号最大为 94,加上$(20)_H$(即十进制 32)也小于 128,所以国标码的两个字节都小于 128,也就是字节最高位为 0。而 ASCII 编码也是 0～127,在计算机中经常将汉字与英文字母混合排版和存储,为了能够将汉字与 ASCII 做区分,计算机存储汉字时并不是存储其国标码,而是存储汉字的 GB2312—80 机内码。此时需要将国标码两个字节各加上$(80)_H$,其目的在于将最高位变为"1",这样就可以防止将一个汉字国标码误认为是两个 ASCII 码。国标码最高位变 1 后得到的编码称为汉字的 GB2312—80 机内码。汉字 GB2312—80 机内码与汉字国标码的关系如下:

$$GB2312—80 机内码第一字节=国标码第一字节+(80)_H$$

$$GB2312—80 机内码第二字节=国标码第二字节+(80)_H$$

汉字的国标码和机内码通常用 4 位十六进制数表示。例如,汉字"华"的区号是 27,位号是 10,因此其区位码是 2710。将区号和位号各变为十六进制再加上$(20)_H$可得到其两字节的国标码 3B2A。给这两个字节各加$(80)_H$可得到其 GB2313—80 机内码 BBAA。计算存储汉字"华"时占用两个字节,第一字节的值为 BB,第二字节的值为 AA。

当在计算机中打开文件输入一个汉字时,这个文件就保存了这个汉字的机内码,当输入一个英文字母时,文件中就保存了这个字母的 ASCII。当读取一个文件内容时通常是从前向后按字节顺序依次读取每个字节,若读取到的字节为$(00)_H$～$(7F)_H$,计算机就知道这是一个 ASCII 码,然后查 ASCII 码表即可知道该显示什么字母;若读取到的字节为$(80)_H$～$(FF)_H$,就知道这不是一个 ASCII 码,而应该是汉字机内码的第 1 个字节,然后再读取下一个字节,这两个字节就是要显示汉字的机内码,经过转换后就可知道该显示 GB2312 编码表中那个区、那个位所在的汉字。

例 2.19 打开 Windows 的记事本程序,在其中输入英文字母 A、B、C,在键盘上按 Enter 键,在下一行继续输入数字符号 1、2、3 及汉字"华南",保存该文件为 test. txt。文件内容如图 2.3 所示。

图 2.3　test.txt 文件内容

用软件 UltraEdit-32 打开刚才编辑的文件 test.txt 并切换到十六进制显示模式，显示效果如图 2.4 所示。

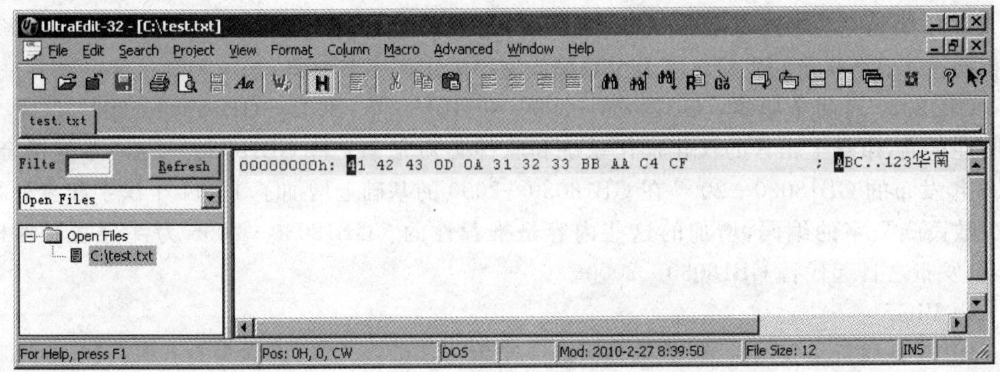

图 2.4　test.txt 文件内容

图 2.4 中，41、42、43 分别为英文字母 A、B、C 的 ASCII 码；0D、0A 分别为“回车”“换行”的 ASCII 码，当在键盘上输入 Enter 键时，Windows 在文件中会保存“回车”和“换行”两个符号；31、32、33 分别为数字符号 1、2、3 的 ASCII 码；BB、AA、C4、CF 分别为汉字“华南”的机内码。从这个例子可以看到，当在文件中输入英文字母或汉字时，英文字母会保存为其对应的 ASCII 码，每个 ASCII 码保存为 1 个字节，汉字会保存为其机内码，每个汉字保存为 2 个字节。查询文件 test.txt 的属性可以证实该文件的大小为 12 个字节，正好等于以上字母符号及汉字的字节数之和。

2）GBK

GB2312—80 编码仅收录汉字 6763 个，这大大少于现在日常生活中经常用到的汉字。随着时间推移及汉字文化的不断延伸推广，有些原来很少用的字，现在变成了常用字，而这些汉字在 GB2312—80 编码表中并未收录，当在出版印刷行业用到这些生僻字时，就无法输入和显示，这使得表示、存储、输入、处理这些生僻字都非常不方便。

为了解决这些问题，并配合 Unicode 的实施，全国信息技术化技术委员会于 1995 年 12 月 1 日颁布了《汉字内码扩展规范》，即 GBK 编码标准。GBK 向下与 GB2312 完全兼容。GBK 亦采用双字节表示，即每个汉字的 GBK 机内码也占用 2 个字节。GBK 编码中每个汉字的第 1 个字节编码最高位总是 1，而第 2 个字节的最高位可能是 1，也可能是 0。

GBK 共收入 21886 个汉字和图形符号，包括：

- GB2312 中的全部汉字、非汉字符号。
- BIG5 中的全部汉字。
- 与 ISO 10646 相应的国家标准 GB13000 中的其他 CJK 汉字，以上合计 20 902 个汉字。

• 其他汉字、部首、符号，共计 984 个。

微软公司自 Windows 95 简体中文版开始支持 GBK 代码，但目前的多数搜索引擎都不能很好地支持 GBK 汉字。

3) GB18030—2000

GB18030—2000 是最新的汉字编码字符集国家标准，向下兼容 GBK 和 GB2312—80 标准。它根据 Unicode 标准对 GBK 进行扩充，在双字节基础上对生僻字采用四字节编码，共收录了 27 533 个汉字，还收录了日文、朝鲜语和中国藏族、蒙古族等少数民族的文字。

GB18030 编码是一、二、四字节变长编码。对英文和标点符号采用一字节编码，其编码与 ASCII 编码完全相同；对于 GBK 中收录的汉字采用二字节编码，其编码与 GBK 编码完全相同；对于新收录的生僻汉字及少数民族文字采用四字节编码。

GB18030 有两个版本：GB18030—2000 和 GB18030—2005。GB18030—2000 是完全强制性标准，市场上销售的汉化操作系统和软件必须完全支持 GB18030—2000 才能销售。2005 年发布的 GB18030—2005 在 GB18030—2000 的基础上增加了 42711 个汉字和多种我国少数民族文字的编码，增加的这些内容是推荐性的。GB18030—2005 为部分强制性标准，自发布之日起代替 GB18030—2000。

4) BIG5

BIG5 是通行于我国台湾、香港地区的一个繁体字编码方案，也称为大五码。BIG5 码是双字节编码方案，其中第 1 个字节的值为 $(A0)_H$～$(FE)_H$，第 2 个字节为 $(40)_H$～$(7E)_H$ 和 $(A1)_H$～$(FE)_H$。因此 BIG5 编码中每个汉字编码的第 1 个字节最高位总是 1，而第 2 个字节的最高位可能是 1，也可能是 0。

BIG5 共收录了 13 053 个汉字和符号，包括：

• 各种符号 408 个。
• 常用汉字 5401 个。
• 次常用汉字 7652 个。

2.5 数据校验编码

计算机在进行信息传输时，可能会受到电磁干扰等原因而出现错误，这种情况在远距离或高速通信时更容易出现。为了提高计算机数据通信的可靠性，除了提高计算机硬件的可靠性外，还需要在数据的编码上想办法，以尽量减少出错环节。假如对要传输的数据先进行编码，使编码后的数据具有检测或者更正错误的功能，再将编码后的数据传输到对方，这将对提高数据通信的可靠性有十分重要的作用。这种具有发现错误，甚至能够更正少量错误的数据编码称为数据校验码。在现代计算机硬件制造和数据通信领域广泛采用数据编码校验技术来提高可靠性。常用的校验技术有奇偶校验码、循环冗余校验码和海明校验码等。其中奇偶校验码和循环冗余校验码主要用于检测数据错误，奇偶校验码主要用于单个字符的错误检测，循环冗余校验码主要用于一批数据的错误检测，而海明校验码不但可以检测数据错误，还可以纠正错误。

2.5.1 奇偶校验码

奇偶校验码是奇(Odd)校验码和偶(Even)校验码的统称，是一种最基本的检错码。它

是在被传输的 n 位二进制信息元上增加 1 位额外的二进制校验元组成。如果是奇校验码，在附加上一个校验元以后，码长为 $n+1$ 的码字中 1 的个数必须保证为奇数个；如果是偶校验码，在附加上一个校验元以后，码长为 $n+1$ 的码字中 1 的个数必须保证为偶数个。当采用奇偶校验码时，通信双方必须采用统一的校验方式（奇校验或偶校验）才可正常通信。表 2.11 给出了几个奇偶校验码例子。

表 2.11 奇偶校验码举例

原始数据	奇校验编码结果	偶校验编码结果
01011100	101011100	001011100
00000000	100000000	000000000
00100011	000100011	100100011

表 2.11 中编码结果中最高位为附加的校验位，低 8 位为有效数据位。在数据传输和存储前计算校验信息时，有效数据位中的信息要保持不变。

奇偶校验码可以检测出被传输的数据在传输过程中是否出现了差错。当数据进行通信时，需要将 n 位信息元和 1 位校验元构成的 $n+1$ 位数据码字一起发送，接收方收到数据后重新计算所收到数据中 1 的个数，由此可知道数据是否正确。例如，通信系统双方约定采用奇校验，发送方发送的每个码字中 1 的个数一定都是奇数，如果某次通信时因受到外界干扰发生错误，数据中某个位由 0 变 1，或者由 1 变 0，则接收到的数据中 1 的个数就变成了偶数，接收方即可知道数据通信出错。

奇偶校验码是一种有效地检测单个错误的方法，但无法判断错误出现的位置。之所以将注意力集中在检测或者纠正单个错误，主要是因为在现代数字通信中发生单个错误的概率要比发生两个或多个错误的概率大得多，要检测或者纠正多位错误，首先要解决单个错误。用奇偶校验码来检测单个错误，在通常低速、小批量数据通信情况下会取得良好的效果。另外，奇偶校验码的编码效率很高，$n+1$ 的码字中有 n 位有效数据，其通信效率可达到 $n/(n+1)$，随 n 增大而趋近于 1。

在数字信息传输中，奇偶校验码的编码生成以及编码校验可以用软件实现，也可用异或门硬件电路实现。

假设有效 n 位数据为 $X=X_0X_1\cdots X_{n-1}$，校验位为 C，则 C 可以由下式计算生成：

$$C=X_0\oplus X_1\oplus\cdots\oplus X_{n-1} \qquad \text{偶校验}$$

$$C=X_0\oplus X_1\oplus\cdots\oplus X_{n-1}\oplus 1 \qquad \text{奇校验}$$

其中，$\oplus$表示异或运算。

接收方收到数据后，可以用下列验证方程进行校验，若满足方程，则数据正确，若不满足方程，则接收到的数据有错误。

$$\text{偶校验方程：}C\oplus X_0\oplus X_1\oplus\cdots\oplus X_{n-1}=0$$

$$\text{奇校验方程：}C\oplus X_0\oplus X_1\oplus\cdots\oplus X_{n-1}=1$$

奇偶校验码目前广泛应用于计算机中内存的数据读写校验以及单个 ASCII 码字符传输过程中的数据校验，例如异步串行通信（UART）中的数据校验。

2.5.2 海明校验码与CRC校验码简介

1. 海明校验码

海明校验码是由Richard Hamming于1950年提出,目前还被广泛采用的一种很有效的校验方法。它只要增加少数几个校验位,就能检测出二位同时出错,能检测出一位出错并能自动纠错该出错位的方法。

一般数据校验的基本原理,是在合法的数据编码之间加入一些非法数据编码。发送时只发送合法的数据编码。如果数据传输过程中出错,将变为非法数据编码,这样接收方即可检测出来。合理地安排非法编码数量和编码规则,可以提高检测错误能力,甚至可以达到纠正错误之目的。

海明校验码的实现原理,是在k个数据位之外加上r个校验位,从而形成一个$k+r$位的新的码字,使新的码字的码距比较均匀地拉大。把数据的每一个二进制位分配在几个不同的偶校验位的组合中,当某一位出错后,就会引起相关的几个校验位的值发生变化,这不但可以发现出错,还能指出是哪一位出错,为进一步自动纠错提供了依据。

假设为k个数据位设置r个校验位,则校验位能表示2^r个状态,可用其中的一个状态指出"没有发生错误",用其余的2^r-1个状态指出错误发生在哪一位。

2. CRC校验码

CRC(Cyclic Redundancy Check)即循环冗余校验,它是利用除法及余数的原理来实现错误检测。在发送端根据要传送的k位二进制码序列,用一定的生成多项式产生一个校验用的r位校验码(即CRC码),并附在信息后边,构成一个新的二进制码序列,共$k+r$位,最后一起发送出去。接收方使用相同的生成多项式进行校验,用接收到的数据除以生成多项式,如果能够除尽,则数据正确,如果不能除尽,则数据错误,并且余数给出了出错位的有关信息,这可以用于纠正错误。

CRC校验中最关键的是找到满足一定条件的生成多项式,下面列出了国际上常用的CRC循环冗余校验标准生成多项式。

$\text{CRC-12}=X^{12}+X^{11}+X^3+X^2+X+1$

$\text{CRC-16}=X^{16}+X^{15}+X^2+1$

$\text{CRC-CCITT}=X^{16}+X^{12}+X^5+1$

$\text{CRC-32}=X^{32}+X^{26}+X^{23}+X^{16}+X^{12}+X^{11}+X^{10}+X^8+X^7+X^5+X^4+X^2+X+1$

用CRC-12生成的CRC码为12位,CRC-16和CRC-CCITT生成的CRC码为16位,CRC-32生成的CRC码为32位。CRC校验可以100%地检测出所有奇数个随机错误和长度小于等于k(生成多项式的阶数)的突发错误。所以CRC的生成多项式的阶数越高,误判的概率就越小,当然复杂性也随之增加。

CRC校验在磁表面存储器例如硬盘、磁带方面以及计算机高速通信领域得到了广泛应用。例如,著名的通信协议X.25的FCS(帧检错序列)采用的是CRC-CCITT、ARJ和LHA等压缩工具软件采用的是CRC-32,磁盘驱动器的读写采用了CRC-16,通用的图像存储格式GIF、TIFF等也都用CRC作为检错手段。

关于海明码和CRC校验码的更多资料,有兴趣的读者可以查阅相关文献。

本章小结

本章介绍计算机中数据的表示与运算，主要内容包括：

进位计数制表示法，二进制、十进制、八进制和十六进制数的表示及相互转换。

整数的原码、反码、补码、移码表示法，浮点数表示法与BCD表示法。

二进制数的算术运算，包括加、减、乘、除以及算术左移和算术右移。

二进制数的逻辑运算，包括逻辑与、逻辑或、逻辑非、逻辑异或、逻辑同或、逻辑移位。

当进行算术运算时，运算结果可能在有限的机器字长内放不下，产生溢出，导致运算结果错误。可以通过双符号位法检测运算是否有溢出。

ASCII码是国际通用的英文字符编码标准；Unicode也称为统一码，是一种在计算机上广泛使用的多字节字符编码；汉字处理方面要用到汉字输入码、汉字机内码、汉字字形码等。GB2312—80、GBK、GB18030和BIG5是常用的汉字编码标准。

数据在存储或传输时可能会出错，数据校验码可以检测甚至纠正这些错误。常用的校验码有奇偶校验码、CRC校验码和海明码。奇偶校验码和CRC校验码主要用于检错，海明校验码一般用于纠错。

习 题 2

2.1 选择题

1. 下面真值最大的补码数是（　　）。

A. $(10000000)_2$　　B. $(11111111)_2$　　C. $(01000001)_2$　　D. $(01111111)_2$

2. 下面最小的数字是（　　）。

A. $(123)_{10}$　　B. $(136)_8$　　C. $(10000001)_2$　　D. $(8F)_{16}$

3. 整数在计算机中通常采用（　　）格式存储和运算。

A. 原码　　B. 反码　　C. 补码　　D. 移码

4. 计算机中浮点数的指数部分通常采用（　　）格式存储和运算。

A. 原码　　B. 反码　　C. 补码　　D. 移码

5. 下面不合法的数字是（　　）。

A. $(11111111)_2$　　B. $(139)_8$　　C. $(2980)_{10}$　　D. $(1AF)_{16}$

6. －128的8位补码机器数是（　　）。

A. $(10000000)_2$　　B. $(11111111)_2$　　C. $(01111111)_2$　　D. 无法表示

7. 8位字长补码表示的整数N的数据范围是（　　）。

A. －128～127　　B. －127～127　　C. －127～128　　D. －128～128

8. 8位字长原码表示的整数N的数据范围是（　　）。

A. －128～127　　B. －127～127　　C. －127～128　　D. －128～128

9. 8位字长补码运算中，下面（　　）运算会发生溢出。

A. 96＋32　　B. 96－32　　C. －96－32　　D. －96＋32

10. 补码数$(10000000)_2$算术右移1位和逻辑右移1位的结果分别是(　　)。

A. $(11000000)_2$和$(01000000)_2$　　B. $(01000000)_2$和$(11000000)_2$

C. $(01000000)_2$和$(01000000)_2$　　D. $(11000000)_2$和$(11000000)_2$

11. 汉字在计算机中存储所采用的编码是(　　)。

A. 区位码　　B. 输入码

C. 字形码　　D. GB2312—80机内码

12. 下列(　　)BCD编码是无权编码。

A. 8421码　　B. 2421码　　C. 5211码　　D. 格雷码

13. 若采用偶校验,下面(　　)数据校验错误。

A. $(10101010)_2$　　B. $(01010101)_2$　　C. $(11110000)_2$　　D. $(00000111)_2$

14. 下列(　　)编码是常用的英文字符编码。

A. ASCII　　B. Unicode　　C. GB2312　　D. GBK

15. 5421BCD编码中1100是(　　)的编码.

A. 6　　B. 7　　C. 8　　D. 9

2.2 填空题

1. 设字长为8位,则−1的原码表示为(　　),反码表示为(　　),补码表示为(　　),移码表示为(　　)。

2. 设字长为n位,则原码表示范围为(　　),补码的表示范围为(　　)。

3. $(200)_{10}$=(　　$)_2$=(　　$)_8$=(　　$)_{16}$。

4. $(326.2)_8$=(　　$)_2$=(　　$)_{16}$。

5. $(528.0625)_{10}$=(　　$)_{16}$。

6. 溢出产生的根本原因是(　　)。

7. 一个R进制数转换为十进制数常用办法是(　　),一个十进制数转换为R进制数时,整数部分常用方法是(　　),小数部分常用方法是(　　)。

8. 计算机中一个浮点数的表示格式由两部分构成:(　　)和(　　)。

9. 浮点数表示中数据的表示范围取决于(　　),数据精度取决于(　　)。

10. 3的8421BCD编码是(　　),余3码是(　　)。

11. 国际上常用的英文字符编码是(　　),它采用7位编码,可以对(　　)种符号进行编码。

12. 字母A的ASCII编码是65,则B的ASCII编码是(　　)。

13. 一个汉字的GB2312—80机内码在计算机中存储时占用(　　)个字节。

14. 一个汉字的区位码是2966,则其国标码是(　　),其GB2312—80机内码是(　　)。

15. 24×24点阵字库中一个汉字的字模信息存储时占用(　　)个字节。

16. 字库有两种形式:(　　)和(　　)。

17. (　　)是通行于我国台湾、香港地区的一个繁体汉字编码方案。

18. 常用的校验编码有(　　),(　　)和(　　)。

19. (　　)常用于检测单个字符的通信错误,(　　)常用于检测一批数据的通信错误,(　　)还可以纠正数据错误。

20. 奇校验中要求数据位和校验位中为1的位数必须是(　　)个。

2.3 计算题

1. 设字长为 8 位,分别用原码、反码、补码和移码表示-127和 127。

2. 将 63 分别表示为二进制数、八进制数、十六进制数。

3. 将$(3CD.6A)_{16}$转换为二进制数和八进制数。

4. 设字长为 8 位,$X=-96$,$Y=33$,用双符号位补码计算 $X-Y$,并判断是否发生溢出。

5. 设某汉字的区位码为 2966,求该汉字的国标码和 GB2312—80 机内码。

6. 设字长为 8 位并采用补码表示,分别求 16 和-16算术左移 2 位,算术右移 2 位,逻辑左移 2 位和逻辑右移 2 位的运算结果。

7. 设字长为 8 位,$X=10100101$,$Y=11000011$,求 $X \wedge Y$, $X \vee Y$, $X \oplus Y$ 的运算结果。

2.4 简答题

1. 什么是 ASCII 码？它有什么特点？

2. 汉字输入码、机内码和字模码(字形码)在计算机汉字处理中各有什么作用？

3. 常用的数据校验码有哪些？各有什么特点？

第3章　计算机硬件

计算机硬件是看得见、摸得着的物理装置，是计算机存在的物质基础。在计算机科学中，计算机系统结构研究的是硬件的原理和组成结构。虽然计算机的种类繁多，但是从硬件组成的角度来看，并没有本质上的差别。本章首先详细介绍冯·诺依曼型结构计算机的硬件，然后对在单片机和嵌入式系统中广泛采用的哈佛结构进行介绍，再对数字信号处理(DSP)进行简要介绍。

3.1　计算机硬件系统

3.1.1　计算机硬件系统组成

计算机硬件由CPU、存储器、输入输出设备、接口和总线组成，其中存储器又分为内部存储器(内存)和外部存储器(外存)。通常将CPU、内存、接口电路和总线称为主机部分，将外存和输入输出设备称为外设部分。计算机硬件组成如图3.1所示。

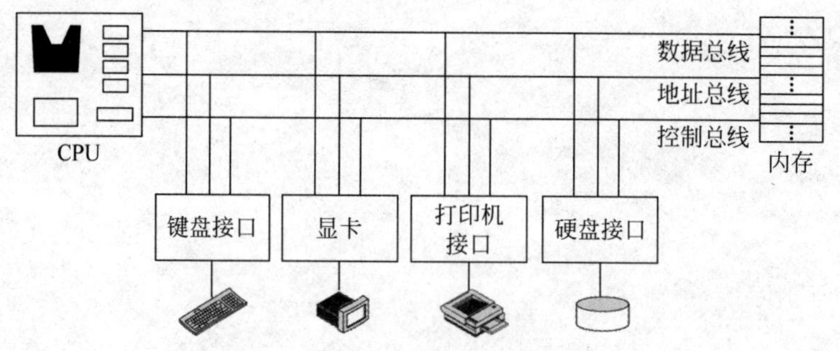

图3.1　计算机硬件组成的逻辑示意图

3.1.2　CPU

CPU是计算机系统的指挥控制核心，主要由运算器、控制器和一些寄存器组成，如图3.2所示。

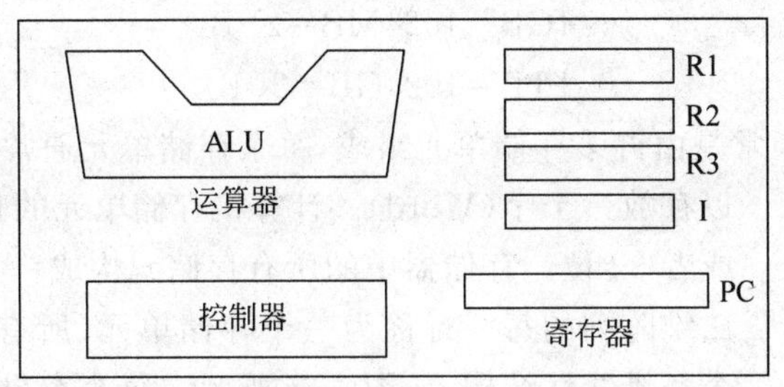

图 3.2 CPU 组成示意图

(1) 运算器(Arithmetic Logic Unit,ALU)的主要功能是在控制器的指挥下,进行算术运算和逻辑运算,从而实现对数据的加工和处理。

(2) 控制器(Control Unit,CU)的功能是指挥计算机的各个部件协调一致地自动运行。其具体功能包括程序控制、操作控制和时间控制。其中程序控制是保证计算机按照程序规定的顺序执行,即指令的执行顺序不能任意颠倒。操作控制是管理并产生实现每条指令功能所需的操作信号,并将这些信号发送到相应的部件。时间控制是控制计算机按规定的时序发出各种信号,使计算机有条不紊地工作。

(3) 寄存器是 CPU 内临时存放信息的部件。按照功能分为数据寄存器、指令寄存器和程序计数器。

数据寄存器(Data Registers,DR):用于暂存从内存中读出或将写入内存中的数据。图 3.2 中 R1、R2 和 R3 都是数据寄存器。

指令寄存器(Instruction Register,IR):用于保存 CPU 正在执行的指令的二进制码。图 3.2 中 I 所表示的是指令寄存器。

程序计数器(Program Counter,PC):用于跟踪 CPU 下一条将要执行的指令的内存地址。图 3.2 中 PC 即程序计数器。

3.1.3 存储器

存储器是计算机的重要硬件之一,是计算机中的记忆部件。计算机中的全部信息,包括输入的原始数据、计算机程序、中间运行结果和最终运行结果都以二进制形式存在各种存储器中。冯·诺依曼型计算机的基本原理是“存储程序”,其核心思想是将编制好的程序和待加工的数据预先输入到计算机的内存中,计算机在控制器的控制下可以从内存中自动高速地按顺序取出、分析和执行相应指令,从而完成程序规定的功能。

1. 存储单元和地址

存储器的最基本组成单位是存储元。一个存储元只能存储一个二进制位,即一个 0 或者 1,一般以 bit 为单位。存储元通常是根据电子原理或磁电原理来实现信息保存。一个存储元所能存储的信息量很少,计算机中通常把多个存储元作为一个整体来表示更大的数据单位。8 位存储元组成的单位叫作一个字节(Byte,简称 B),多个字节可以组成更大的数据单位。计算机中常用的数据存储单位有:

$$1\text{Byte}=1\text{B}=8\text{bit}$$

$$1\text{KB}=1024\text{B}=2^{10}\text{B}$$

$$1\text{MB}=1024\text{KB}=2^{20}\text{B}$$

$$1\text{GB}=1024\text{MB}=2^{30}\text{B}$$

$$1\text{TB}=1024\text{GB}=2^{40}\text{B}$$

一个内部存储器通常是由许多存储单元组成，每个存储单元通常由多个存储元组成，可以存放一个字(Word)。计算机存储单元的长度通常是 8 位、16 位或者 32 位。存储器中的所有存储元构成一个二维存储元阵列，该二维阵列的每一行称为一个存储单元，所有的存储单元构成了一个一维线性结构，如图 3.3 所示。每个存储单元在整个存储器中的位置都有一个编号，这个编号称为该存储单元的地址，一般用十六进制(H)表示。整个内部存储器就好像一座大楼，存储单元就好像大楼的房间，存储单元的地址就相当于房间的编号。一个存储器中所有存储单元的总数量称为它的存储容量。图 3.3 中的存储器结构一共有$(00000)_H$～$(FFFFF)_H$个存储单元，即 2^{20} 个存储单元，每个存储单元的长度为 8 位。左边一列列出了每个存储单元的地址，右边给出了每个存储单元中的 8 个位(bit)的内容。例如，3 号单元的内容是 00101011B。

地址	存储单元	
00000H	0011	0100
00001H	0101	1101
00002H	0111	0110
00003H	0010	1011
⋮	⋮	
FFFFDH		
FFFFEH		
FFFFFH		

图 3.3　存储单元示意图

CPU 根据存储单元的地址来访问存储单元。从一个存储单元读出或写入数据的时间称为读写时间，两次 CPU 对存储器读写操作之间的最小间隔称为存取周期。这两项是衡量存储器存取速度的重要指标。

存储器和 CPU 最主要的连接线有地址线、数据线和读写控制线。地址线用于从 CPU 向存储器发送读写地址，数据线用于在 CPU 和存储器之间传输数据，控制线用于指明对存储器的操作性质，信息从 CPU 传向存储器称为写入，反之称为读出。地址线的根数决定了存储器的存储单元数量，数据线的根数决定了存储器一次可以和 CPU 传输的数据量。

2. 存储器分类

按照存储介质和使用特性的不同，存储器可以有多种分类方法。

(1) 按照存储介质不同，存储器主要可以分为磁介质存储器、半导体存储器和光介质存储器。

磁介质存储器(如软盘、硬盘、磁带等)是利用磁性材料的剩磁状态不同来表示二进制信息。该类存储器的信息可以长久保存，即使断电后信息也不丢失，CPU 无法直接访问该类存储器。

半导体存储器是利用电子元件的两种稳定状态来表示二进制的 0 和 1。CPU 可以直接访问该类存储器并且访问速度很快，计算机的主存一般都属于该类存储器。

光介质存储器(例如光盘)利用光的反射信号的强弱来表示二进制信息。

(2) 按照存储器的存取方法不同，存储器主要分为随机访问存储器和只读存储器两类。

随机访问存储器(Random Access Memory，RAM)，是指 CPU 可以按照存储单元地址通过指令直接读写的存储器，CPU 对其可以直接操作，可读可写。CPU 对 RAM 中的所有存储单元访问时间基本一样。

只读存储器(Read Only Memory，ROM)，是一种对其内容只可读出不可写入的存储器，在计算机中通常存放固定不变的程序和数据，例如 BIOS 中的系统自检测程序以及字库等。ROM 根据采用的半导体技术又可分为掩模式只读存储器(MROM(Mask ROM)，出厂

时数据固定，用户不可更改)、可编程的只读存储器(PROM(Programmable ROM)，出厂时数据全为1，用户通过专用设备可以将1改为0，但只能改写一次)、可擦除可编程的只读存储器(EPROM(Erasable Programmable ROM)，用户可以多次改写和擦除数据，但必须通过特别设备和方法才可实现)和Flash存储器(大容量、可多次在线擦写)。

(3) 按信息的存储原理不同，存储器可分为动态存储器和静态存储器两类。

动态存储器(Dynamic Memory，DRAM)，是根据电容充电原理来存储信息的。由于电容会漏电，所以必须对里面的信息定期更新才不会丢失信息，这个过程称为动态存储器刷新。动态存储器功耗小，集成度高，现在计算机的主存主要由DRAM构成。

静态存储器(Static RAM，SRAM)，是根据电子器件的双稳态原理来存储信息的。在不断电的情况下，SRAM里的信息不会丢失，因此不需要刷新。静态存储器功耗大、集成度低，但运行速度比DRAM快，一般用来做高速缓冲存储器(Cache)。

(4) 根据存储器在计算机中所处位置和作用的不同，存储器可以分为内部存储器、外部存储器和缓冲存储器等。

内部存储器，简称为内存或主存，它读取速度快，但价格高，容量小。主要用来存放计算机在运行期间正在执行的程序和操作的数据。内存和CPU通过系统总线直接相连接，CPU可以直接按照内存单元的地址读写内存。内存通常由SRAM或DRAM类型的半导体存储器构成。

外部存储器也称为辅助存储器或辅存，它读写速度慢，但容量大、单位价格便宜。主要用来存放计算机的文件系统，例如操作系统代码、所有用户程序、大型数据库信息等需要长期保存的程序和数据。外部存储器中的信息必须经接口电路首先调入主存中，才能被CPU访问。

高速缓冲存储器，也称为Cache，存在于CPU和主存之间，里面保存的是主存中最活跃的信息副本。设置Cache的目的是为了解决CPU和主存速度不匹配的矛盾。

3. Cache的工作原理

Cache也称为高速缓冲存储器或快存，是20世纪60年代发展起来的一项提高主存访问速度的存储技术，它是介于CPU和主存之间的一个小容量存储器，其主要目的是解决CPU和主存速度不匹配的问题。主存虽然速度比其他种类存储器速度快，但比CPU的速度还是慢许多。目前高性能CPU的工作主频可以达到几GHz，而且普遍采用超标量和超流水线等技术，在一个CPU周期内能并行执行多条指令。然而，这些指令和待处理的数据都来自主存。一般主存采用动态存储器(DRAM)实现，其工作速度比处理机慢100倍以上。只有采用Cache技术，才能高速地向CPU提供指令和数据，充分发挥CPU的性能。

目前，Cache技术广泛应用于微型机到巨型机上。高性能处理机上通常有多级Cache，根据存储信息不同又分为指令Cache和数据Cache，最接近CPU的一级Cache容量最小、速度最快。

Cache具有如下特点。

(1) 处于存储器层次结构的“CPU—主存”之间。

(2) 容量比主存小很多。

(3) 速度比主存快5倍以上，通常由双极型静态存储器SRAM构成。

(4) 存放的是主存中最活跃、访问最频繁的数据副本。

(5) Cache 中可以存储指令,也可以存放数据。

(6) Cache 全部功能通过硬件实现,对软件开发人员透明,即软件开发人员无须知道计算机里有没有 Cache,有多大容量 Cache。

(7) Cache 容量越大,内存平均访问速度越接近于 CPU 速度。

图 3.4 所示为 Cache 工作原理图。Cache 主要由 Cache 存储器和 Cache 控制器两部分组成,Cache 存储器存储内存的信息副本,Cache 控制器主要用于在 Cache 中快速查找和替换信息。当 CPU 要访问内存时,CPU 把访问请求同时发送给内存和 Cache。由于 Cache 速度很快,若 Cache 中缓存有待访问数据,则由 Cache 直接把数据发送给 CPU 并结束此次内存访问。若 Cache 中没找到访问数据,则经过一个内存周期,内存会把相关数据送给 CPU,并通过 Cache 控制器把该数据保存到 Cache 中,以便下次访问它时可以在 Cache 中快速找到。若 Cache 中没有足够空间存放数据,则 Cache 控制器根据一定的替换算法淘汰 Cache 中的部分原有数据,以便给新数据让出存储空间。

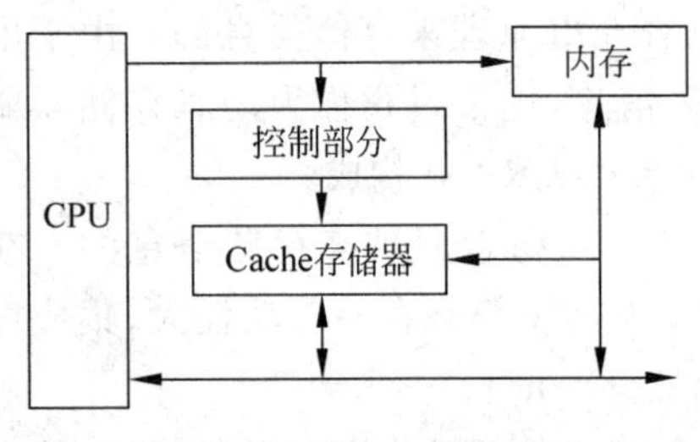

图 3.4 Cache 工作原理图

若在 m 次内存访问中有 n 次数据在 Cache 中找到,则称该 Cache 的命中率为 n/m。命中率越接近 1,CPU 访问内存的平均速度越快。命中率与 Cache 控制器的替换算法和 Cache 容量有关。一般情况下 Cache 容量越大,命中率越高。

4. 虚拟存储器原理

虚拟存储器(Virtual Memory)简称虚存,是指操作系统采用“虚拟存储”技术并结合一定的硬件措施,将内存与辅助存储器(如硬盘)结合使用,把辅助存储器当作内存的一部分来用,给用户提供一个比实际内存容量大得多的存储器。该存储器工作速度接近于主存速度,每位成本又接近于辅存成本,称为虚拟存储器。

在没有虚拟存储器之前,用户的程序要全部装入内存之后才能启动运行。若内存空间不足,则无法运行用户程序。有了虚拟存储器,则用户编写可运行的程序不再受制于实际内存大小,程序也不再需要事先全部装入内存才可运行。虚拟存储器已成为计算机系统中非常重要的组成部分。

虚拟存储器是由硬件和操作系统自动实现存储信息调度和管理的,其工作原理如下。

由于程序并不是均匀地被 CPU 访问,只有部分代码会被频繁访问,如通用子程序,而其余代码很少被访问,例如,错误处理代码只在程序出错时才执行。根据程序运行局部性原理,一个刚被访问过的数据在不久的将来又被访问的概率很高(称时间局部性),一个刚被执行过的指令附近的指令被执行的概率也很高(称空间局部性),因此当运行一个程序时并没必要把这个程序的所有代码都装入物理内存再执行。可以把待运行程序的一部分代码调入内存而大部分代码留在辅存上,接着启动运行。当程序运行到没有调入内存的代码部分时,由操作系统从辅存把这部分代码调入主存(称为页面调入)并继续运行。如果调入时内存空间不够,可以根据一定的内存替换算法把内存中暂时不用的代码写回到辅存(称为页面调出),再把当前要执行的代码调入主存,程序就以这种“走走停停”的方式运行,其代码在内存和辅存之间不断调入调出。整个运行过程中只有少量代码在主存中,大部分代码在辅存中。因为调入调出由操作系统自动实现,时间非常短,所以用户感觉自己的程序仍在内存中连续

运行。

虚拟存储器有以下功能特点。

(1) 虚拟存储器处于存储器层次结构的"主存—辅存"之间。

(2) 使计算机的虚存容量达到辅存的容量,访问速度接近主存的速度,平均位成本接近辅存的成本。

(3) 以页(页的大小一般为 512B 到几 KB)为单位进行调入调出。

(4) 由操作系统自动实现调入调出。

通常,物理内存越大,运行时在物理内存中找到代码的可能性越大,即命中率越高。命中率也与页面替换算法有很大关系。在 Windows 系统中,可以把硬盘的一部分作为虚拟存储器的页面对换区。Windows 的虚拟内存对应系统盘根目录下的一个系统文件 pagefile.sys。该文件即是 Windows 系统的虚拟内存文件,它的大小可以通过控制面板来更改。

5. 存储器的层次结构

用户对存储器的追求目标是容量越大越好、速度越快越好、成本越便宜越好,但这些目标是相互矛盾、相互制约的。静态存储器 SRAM 速度最快,但价格贵且容量有限,磁盘容量够大,但访问速度太慢。显然采用单种存储器无法同时满足这三方面需求。可行的途径是在计算机中同时采用多种存储器,充分发挥每种存储器的优势,在计算机的软硬件控制下把它们按照一定的层次结构结合成一个有机整体,这样才能解决计算机存储器容量、价格、成本之间的矛盾。计算机存储器层次结构如图 3.5 所示。

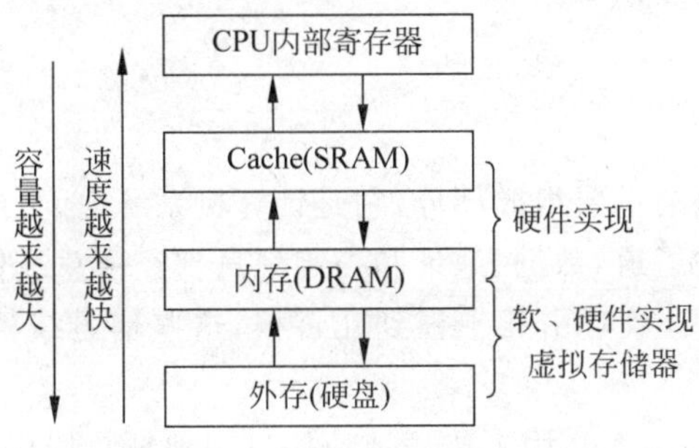

图 3.5 存储器层次结构

计算机系统中有 4 个地方可以存储用户数据:寄存器、高速缓冲存储器 Cache、内部存储器、外部存储器。它们离 CPU 越来越远、速度越来越慢、但容量越来越大、价格越来越便宜。

寄存器在 CPU 内部,处于层次结构最上层,其访问速度最快但容量最小,通常 CPU 只有几个到几十个寄存器。在编写软件时应该尽量利用寄存器,尽量把数据放在寄存器中处理,才能获得最高执行速度。有些书本所讲的存储器层次结构不包含这一级。

高速缓冲存储器 Cache 位于 CPU 和内存之间,一般由高速静态存储器 SRAM 组成,其访问速度是内存的 10 倍以上,容量可达数百 KB 到几 MB,里面存储的是内存中使用最频繁的程序和数据的副本。当 CPU 要访问内存数据时先到 Cache 中找,找到就使用,找不到再从内存中读取。这个过程通常由硬件自动实现,对程序员透明。

内部存储器通常由动态存储器(DRAM)组成,与 SRAM 相比 DRAM 具有集成度高、容量大且价格便宜等优点。目前的计算机都配置有几百 MB 到几 GB 的内存。内存与 CPU

通过系统总线相连,里面的程序和数据可以被 CPU 直接访问,CPU 通过内存地址来访问内存。由于 CPU 的速度比内存速度快许多倍,而内存又是 CPU 的主要数据加工场,因此,如何提高内存的访问速度成为存储器设计的关键。通常的做法是在 CPU 与内存之间增加 Cache,缓解 CPU 与内存速度不匹配的矛盾。

通常用硬盘做计算机的外部存储器。硬盘容量很大且价格便宜,但硬盘是一种机械装置,属于外部设备范畴,读写速度慢且 CPU 无法直接读写里面的数据。硬盘通常用来存放计算机中的操作系统代码、各种应用程序及需要长期保存的数据。硬盘中的数据必须首先调入内存才能被 CPU 访问。

为了解决内存容量不够用的问题,使可运行的程序代码大小不再受限于计算机实际物理内存大小,现代计算机系统通过软、硬件方法,把内存和辅存相结合构成虚拟存储器。用户程序运行时不再需要全部装入内存,可以边运行边装入,该功能由操作系统自动实现。

层次存储器结构有如下特点。

(1) 存储体系中各层之间的信息流动由辅助硬件或操作系统自动完成。

(2) 层次存储结构可以提高计算机的性能价格比,在速度方面接近最高层存储器,在容量和价格方面接近最底层存储器。

(3) 层次存储器体系访问数据的顺序:CPU 先访问 Cache,若 Cache 未找到,则存储系统通过辅助硬件在内存中找,若还未找到,则存储系统通过辅助硬件和软件到辅助存储器中找。找到后再把数据逐级上调,没有空间时需进行页面调出以让出空间。

3.1.4 总线

1. 总线的功能

总线(BUS)是计算机的重要组成部分,它是计算机系统之间,或者计算机系统内部多个模块之间的一组公共传输通道,数据、地址和控制信息都经由总线传送。总线在计算机中通常表现为一组并行信号线,数量由几十根到几百根,这些信号线根据其功能可以归为如下几类。

地址总线(Address Bus,AB)用来传送地址信息。地址总线信息单向传送,通常由总线主控设备(通常为 CPU)传向总线被控设备(例如内存和各种接口)。地址总线的根数决定了总线可以直接寻址的范围,或者计算机可以配置的最大内存容量。n 根地址总线可以访问的地址空间是 2^n。

数据总线(Data Bus,DB)用于传送数据信息。数据总线信息在主控设备和被控设备之间双向传送。数据总线的根数决定了通过该总线一次可以传送的信息量。例如数据总线为 8 位,则一次可以传送 1 字节,若为 32 位,则一次可以传送 4 字节。

控制总线(Control Bus,CB)用于在主控设备和被控设备之间传送控制信号,包括中断、DMA、时钟、复位、双向握手信号等。

其他信号线包括电源线、扩展备用线等。

总线是连接多个子系统的公共信息通路,现在计算机中广泛采用总线结构进行信息传输。根据总线在计算机系统中所处位置的不同,可将总线分为以下 4 类。

(1) 片内总线是 CPU 内部多个功能部件的数据传输通路。CPU 内部 ALU 以及各寄存器之间通过片内总线传送数据。

(2) 系统总线(System Bus)又称为内总线,是计算机系统中各接口电路板之间的信息通路,是计算机中最重要的总线之一。通常所说的总线特指系统总线。系统总线在计算机中表现为主板(Motherboard)上的许多并排连接线,对外引出许多 I/O 扩展槽以便插接其他接口卡。ISA、EISA、PCI 是常见的系统总线。

(3) 通信总线也称为外总线,是计算机与计算机之间或者计算机与其他通信设备之间的连接线。外总线常用于计算机与其他系统或设备的通信。常有的通信总线标准有 RS-232、RS-485、RS-422、USB 和 CAN 等。

(4) 局部总线(Local Bus)也称为处理器总线,是为了提高系统数据传输率而设计的总线。局部总线特指微处理器周边的专用接口,这些专用接口负责对微处理器的引脚信号的匹配、处理和管理,如 VESA、AGP 总线等。

2. 计算机中常用的总线

(1) ISA(Industry Standard Architecture)是 IBM 公司于 1984 年为 286/AT 计算机制定的总线工业标准,也称为 AT 标准,与更早期的 PC/XT 总线完全兼容,可以适应 8 位/16 位数据总线要求。ISA 总线中共有 24 位地址线,可以访问 16MB 内存。现在微机中很少用到 ISA。ISA 在微机系统中是一个 98 只引脚的黑色扩展槽。

(2) EISA(Extended Industry Standard Architecture)是 EISA 集团(由 Compaq、HP、AST 等公司组成)专为 32 位 CPU 设计的总线扩展工业标准,向下兼容 ISA,当年在高档台式机上得到一定应用。

(3) VESA(Video Electronics Standards Association)是 VESA 组织(由 IBM、Compaq 等公司发起,有 120 多家公司参加)按 Local Bus(局部总线)标准设计的一种开放性总线,但成本较高,只是适用于 486 的一种过渡标准,目前已经淘汰。

(4) PCI(Peripheral Component Interconnect,外围部件互连总线)是一种将系统中外围部件以结构化方式连接起来的标准总线,基于奔腾处理器发展起来的总线。PCI 是目前应用最广泛的总线结构,是一种不依附于某个具体处理器的局部总线。从结构上看,PCI 是在 CPU 和原来的系统总线之间插入的一级总线,需要时具体由一个桥接电路实现对这一层的智能设备取得总线控制权,以加速数据传输管理。

(5) AGP(Accelerated Graphics Port)总线,即图形加速端口,是由 Intel 公司开发的一种局部总线,其主要目的就是大幅提高高档 PC 3D(三维)图形的加速处理能力。AGP 在主内存与显示卡之间提供了一条直接的通道,使得 3D 图形数据越过 PCI 总线,直接送入显示子系统。这样就能突破由于 PCI 总线形成的系统瓶颈,从而达到高性能 3D 图形的描绘功能。

(6) USB(Universal Serial Bus,通用串行总线)的目的是实现外设的简单、快速连接,达到方便用户、降低成本、扩展 PC 连接外设范围的目的。USB 具有通信速率高、低成本、支持热拔插、可对外设提供电源、可通过 HUB 扩充设备等许多优点,现在已经成为计算机中的标准接口。

3.1.5 接口

1. 接口工作原理

现在计算机外部设备种类繁多,其工作速度、信号类型、操作时序和 CPU 无法匹配,因此外部设备无法直接挂接在系统总线上,CPU 也无法直接和外部设备通信。各种外部设备通过接口(Interface)电路连接到计算机系统,CPU 是通过控制接口电路间接实现对外部设备控制的。显卡、声卡、网卡都是接口电路。

所谓接口就是 CPU 与外设的连接电路,是 CPU 与外设进行信息交换的中转站。接口的主要作用有:

(1) 信息变换。包括信息种类变换(如 A/D 或 D/A)和信息格式变换(如串-并互相转换)。

(2) 速度协调。CPU 速度很快,而外设通常是机械式慢速设备,接口可以使快速 CPU 与慢速外设协调工作。

(3) 辅助和缓冲功能,包括中断(Interrupt)处理、电平转换、信号放大和功率匹配等。

图 3.6 所示为接口工作原理图。外设接口是 CPU 和外设的信息中转站。接口一边通过系统总线与 CPU 连接,一边通过外设连线与外设相连。外设接口电路中通常有多个寄存器,每个寄存器也像内存单元一样有地址,CPU 可以通过向该地址写入数据实现对接口的控制,当然也间接地实现了对外设的控制。接口中可供 CPU 读写操作的这些寄存器称为端口(port),这些寄存器的地址称为端口地址。

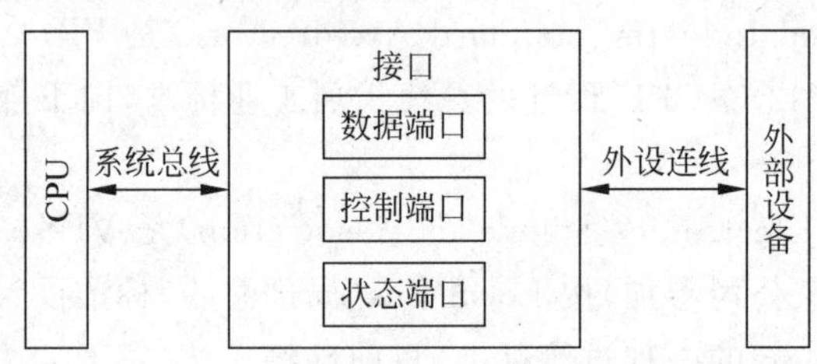

图 3.6　接口工作原理图

按存放信息的类型,端口可分为数据端口、状态端口和控制端口,分别存放数据信息、状态信息和控制信息。CPU 通过状态信息了解外设的工作情况,通过控制端口向外设发送控制命令,通过数据端口实现和外设的信息交换。

接口的工作过程如下:当 CPU 需要和外设交换数据时,CPU 通过系统总线将数据写入相应接口的数据端口中,再将操作命令写入接口的控制端口中。接口收到 CPU 发送到的命令和数据后,再通过外设连线按照外设需要的数据格式、操作时序、信号电压等将数据传送给外设。操作完成时接口将完成情况写入状态端口中,CPU 通过系统总线读取状态端口即可获知命令执行是否成功,再决定下一步操作。

2. 计算机常见外设接口

1) 并行接口

并行接口(简称并口),是指与外部设备以并行方式传输信息的接口,是计算机中的标准接口,主要用作连接打印机或扫描仪,使用的连接头是 25 针 D 形接头。所谓并行,是指 8 位数据同时通过 8 根并行线进行传送,这样数据传送速度大大提高,但并行传送的线路长度受到限制,只适合 10 米以内的数据通信。随着连线长度增加,干扰随之增加,数据通信也就容易出错。并行接口适合于高速、短距离通信。

目前计算机都配置了一个并行口,Windows 系统为其取名为 LPT1。

2）串行接口

计算机的另一种标准接口是串行接口（简称串口或串行口），是指与外部设备以串行方式传输信息的接口。现在的 PC 一般至少有 1～2 个串行口。串行口不同于并行口之处在于，它的数据和控制信息是一位接一位在一根数据线上分时、串行地传送。串行传输速度较慢，但通信距离远，抗干扰能力强，连线成本低，布线容易，在工业控制领域得到广泛应用，因此远距离的通信应使用串行口。串行通信的数据传输速度通常用波特率表示。波特率表示每秒传输的二进制位数，1 波特＝1 位/秒＝1b/s，当代计算机串行通信速度可达到 115 200b/s 以上。

计算机中的串行接口通常采用 9 针 D 形连接器，用于连接 Modem 或其他串行通信设备。Windows 中以 COM1、COM2 等来命名系统中的串行接口。

3）硬盘接口

硬盘接口是计算机系统中硬盘与主板的连接部件，常见的硬盘接口有 IDE、SATA、SCSI 等，接口类型不同，数据传输率不同。

IDE（Integrated Drive Electronics）接口也叫作 ATA 接口或 PATA（Parallel ATA）接口。IDE 接口采用并行方式进行数据通信，可以连接 IDE 硬盘或光驱。由于 IDE 接口速度高、价格低、兼容性强，在微型计算机中广泛应用，一般的计算机主板都集成了 1～2 个 IDE 接口，分别标记为 IDE1 和 IDE2。计算机中的 IDE 接口通常为 40 针的双排针插座。每个 IDE 口可以连接两个 IDE 设备（硬盘或者光驱），分为主设备和从设备。

SATA（Serial ATA）接口采用串行数据传输方式，用于替代传统的并行 ATA 接口，具有可靠性高、结构简单、抗干扰性强、支持热拔插等优点。现在的微机系统通常集成了多个 SATA 接口，每个接口可以连接一个 SATA 设备。SATA 为 7 针单排插座。

SCSI（Small Computer System Interface）接口即小型计算机系统接口，在做图形处理和网络服务的计算机中广泛采用 SCSI 接口的硬盘。除了硬盘以外，SCSI 接口还可以连接光驱、扫描仪和打印机等。SCSI 接口数据传输率高、应用范围广、CPU 占用率低，但 SCSI 成本较高，必须配置专用的 SCSI 接口卡，主要用于中、高端服务器系统中。

4）网络接口

网络接口（Network Interface Card，NIC）也称为网络适配器，简称网卡，是计算机与网线之间的接口电路。网卡一般插在计算机系统总线扩展插槽中，另外有其他插口用于连接网线。网卡的主要功能包括网络数据格式转换、收发数据缓存以及网络通信服务。

每个网卡都有全球唯一的网卡物理地址，该地址也称为 MAC 地址（介质访问地址），该地址出厂时由网卡厂家设定，共 48 位，前 24 位为网卡厂家标识，由 IEEE 统一分配，后 24 位为厂家内部编号。

网卡按照通信速率分为 10Mb/s 网卡、100Mb/s 网卡、10/100Mb/s 自适应网卡、千兆网卡。按照与网线的连接形式分为 RJ-45 以太网卡、BNC 接头网卡、无线局域网卡等。

5）显示器接口

显示器接口也称为显卡或显示适配器，用于将显示器连入计算机系统中。显卡一般插在计算机系统总线扩展插槽或 AGP 插槽中，另外有 15 针 VGA 插口用于连接显示器。显卡的基本功能是将 CPU 传送来的数字视频数据转化为显示器可以接受的格式（通常为模拟 RGB 信号）再送到显示器上形成模拟视频信号。

6）声卡接口

声卡也称为音频卡，是计算机中处理音频信号的接口硬件。它可以对外连接麦克风、音箱等声音设备，通常以插卡形式插在计算机系统总线扩展插槽中。声卡的基本功能包括：录制外部模拟音频信号将其转化为数字信息存入计算机文件中；将计算机中音频文件解码并转化为模拟信号再通过音响设备播放；对数据声音进行编辑与合成处理。

7）USB 接口

计算机中的 USB 接口通常以标准 4 芯（电源、发送、接收、地线）连接头的形式出现，通常的电脑主板上配有 2～4 个 USB 接口。USB 接口常用于连接 USB 外设，如 USB 键盘、USB 鼠标、U 盘、移动硬盘、数字摄像机、扫描仪和打印机等。

3.1.6 外部设备

计算机外部设备种类繁多，大部分是机械、光电低速设备，它们的通信速度、工作方式、信息格式、工作电压、信号类型千差万别，因此无法直接和系统总线相连，计算机通常采用接口（Interface）电路作为外部设备和 CPU 之间的中转站，每个接口里都有少量可供 CPU 读写的寄存器，称为端口（Port）。CPU 通过对接口中的端口读写数据实现对外部设备的间接控制，接口收到 CPU 发来的命令就会按要求驱动外部设备完成指定功能。

计算机中的输入设备、输出设备以及外部存储器都属于外部设备。常见的输入设备包括键盘、鼠标、光笔、麦克风、游戏杆、摄像机、扫描仪和传真机等；常见的输出设备有显示器、打印机、绘图仪和音箱等；常见的外部存储器有硬盘、软盘、光盘和 U 盘等。除此之外，计算机通常还连接大量网络通信设备（如调制解调器 MODEM、交换机、路由器等）、多媒体设备（如数码相机、投影机等）、工业控制设备（如 A/D 转换器、D/A 转换器、数据采集设备等），这些设备也属于外部设备范畴。

1. 键盘

键盘是计算机中使用最普遍的输入设备。用户通过键盘可以向计算机输入各种数据和命令。目前常见的键盘有 101 键和 104 键两种标准。键盘上布有 26 个英文字母、10 个阿拉伯数字、12 个功能键 F_1～F_{12} 以及 Ctrl 键、Shift 键、Alt 键等。

按工作原理分为机械式和电容式两种。机械式键盘结构简单、成本低、手感好，但寿命低。电容式键盘功耗低、成本低、寿命长，是目前主流键盘。

按接口形式分为 PS/2 口和 USB 接口两种键盘。目前大部分键盘是 USB 接口的。

2. 鼠标

鼠标是计算机中常用的手持式坐标定位部件。用户通过该设备可以向计算机发送操作命令，在计算机中选取操作对象等。当用户移动鼠标时，鼠标会将其相对坐标发送给主机。

鼠标按工作原理分为机械式和光电式两种。机械式鼠标通过鼠标垫与 X、Y 轴方向的滚动杆之间的摩擦来检测相对位移量。光电式鼠标根据光的反射原理来检测相对位移量。

按接口形式可分为 PS/2 接口鼠标、USB 接口鼠标以及无线鼠标。目前市面上大部分鼠标是 USB 接口或者无线鼠标。

3. 显示器

显示器是使用最广泛的人机通信设备，用于将计算机存储器中的数据以人可理解的方法显示出来。显示器通常连接到显卡上，显卡再插入计算机系统总线的扩展槽里。CPU 通

过显卡控制显示器的显示模式和内容。

按显示内容可分为字符显示器、图形显示器和图像显示器。

按工作原理可分为 CRT 显示器、LCD 显示器、等离子显示器等。

显示器的分辨率是指图形显示器中像素点的个数或者字符显示器中字符窗口的个数，它是显示器的重要技术指标之一。分辨率越高，画面越清晰，但所需要的显存容量也越大。

4. 打印机

打印机是使用最广泛的硬拷贝输出设备，用于将信息打印在纸上，可长期保存。打印机按接口形式的不同可分为串口打印机、并口打印机和 USB 口打印机，目前 USB 口打印机最流行；按工作原理可分为针式打印机、喷墨打印机和激光打印机。

针式打印机利用机械相互作用使印字机构与色带和打印纸相击从而在纸上印出字符，主要用于银行、税务等票据打印。喷墨打印机是利用喷墨头将墨水加热气化后喷到纸上形成字符和图形，既可以黑白打印，也可以彩色打印。激光打印机利用静电原理将碳粉吸附到打印纸上再加热定影得到图案，具有打印效果清晰、速度快、噪声小等特点。

5. 外部存储器

外部存储器又称为外存，是 CPU 不能直接访问的存储器，里面的信息必须先经外存接口电路读入内存，才能被 CPU 访问。外存主要有磁带、软盘、硬盘和光盘等，其中最常用的是硬盘和光盘。

硬盘通常将几个盘片以驱动器轴为轴线组装在一起，每个盘片都有一个读写磁头，如图 3.7 所示。

每个盘面由许多称为磁道的同心圆组成，如图 3.8 所示，所有磁道的存储容量都相同。所有盘面上相同编号的同心圆就组成许多圆柱面。每个磁道又分为多个扇区。数据在磁盘上的存储地址由柱面号、磁头号和扇区号确定。为了提高硬盘的读写速度，计算机通常以扇区为单位对硬盘进行读写，一个扇区的大小为 512B 到几 KB。

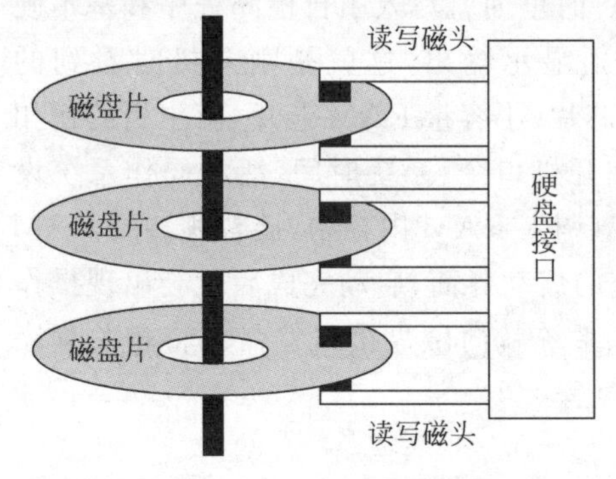

图 3.7　硬盘内部结构示意图

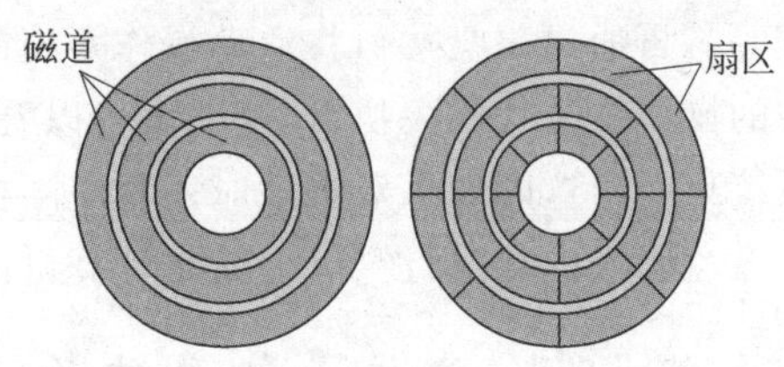

图 3.8　磁道和扇区示意图

硬盘常用的技术指标有存储容量、转速以及数据传输率等。**硬盘的存储容量**是指硬盘可以存储的信息总量，目前市场上硬盘的存储容量可达到数百 GB 或数 TB。硬盘容量可按下式计算：

硬盘容量＝盘面数(磁头数)×柱面数(每面磁道数)×每磁道扇区数×每扇区字节数

根据接口类型，硬盘可分为 IDE(ATA 或 PATA)硬盘、SATA 硬盘、SCSI 硬盘等。

光盘存储器是利用光学反射原理读写信息的外部存储器,由光盘片和光盘驱动器组成。光盘片用于存储信息,光盘驱动器用于对光盘片上的信息进行读写。按照存储的物理格式不同,光盘分为 CD-ROM 和 DVD 光盘。CD-ROM 光盘存储容量可达 650MB,主要用于保存可靠性要求较高的程序和数据,DVD 容量可达数 GB,主要用于存储音频视频等数据量大但可靠性要求不高的信息。

按照读写限制,光盘可分为只读型光盘、写一次型光盘和可多次读写光盘。CD 格式的这三种类型光盘分别称为 CD-ROM、CD-R、CD-RW;DVD 格式的这三种类型光盘分别称为 DVD-ROM、DVD-R、DVD-RW。光盘驱动器常用的接口形式有 IDE、SATA、SCSI 等。

3.1.7 计算机硬件组装及启动过程

当要组装一台计算机时,需要购买计算机主板、CPU、内存、硬盘、光驱、显示器、机箱(含电源)以及键盘鼠标等外设。主板是系统总线的物理载体,上面集成了 CPU 插座、内存插槽、PCI 插槽、IDE 插槽、北桥芯片、南桥芯片、Cache、BIOS 芯片和 CMOS 芯片等,对外留有 USB 插口、串行口、并行口、PS/2 插口。早年组装计算机还需要购买独立的显卡、声卡、网卡等接口电路,并将其插入 PCI 插槽以连接相关外设,现代大部分主板直接将这些接口电路集成到主板上。

将 CPU 放入 CPU 插座并卡紧,这样 CPU 的引脚就与主板上的总线相连接,CPU 上通常贴有风扇为其散热。将内存放入内存插槽并卡紧,内存就与总线相连接。硬盘和光驱通过 40 芯扁平电缆与 IDE 插槽连接;显示器连接到主板或者独立显卡上的 VGA 口(15 芯 D 型口);键盘和鼠标连接到 USB 口;其他接口卡插入 PCI 插槽;最后接通电源,计算机即组装完成。

当计算机刚通电启动时,RAM 内存中没有任何信息,此时计算机先执行 BIOS 芯片中的自检测程序。BIOS(Basic Input Output System,基本输入输出系统)是一个 ROM 芯片,也属于内存的一部分,即使断电信息也不会丢失,出厂时里面就写入了自检测程序和基本硬件驱动程序。自检测时系统会将检测结果在屏幕上显示输出,这就是刚开机时看到的 LOGO 及文字信息。检测完成后 BIOS 读取 CMOS 芯片(小容量 RAM 芯片,由主板的钮扣电池独立供电,用于保存系统参数)中的参数信息(如开机口令、系统时间、活动操作系统设置等),再通过磁盘接口将活动操作系统的代码从磁盘调入 RAM 内存中,接着跳转到 RAM 中的操作系统代码去执行,这时就可以看到操作系统的启动界面,启动完成后就会出现操作系统桌面。这时如果双击某应用程序图标,那么操作系统就向磁盘接口发命令将相关程序从磁盘调入内存执行。以上就是计算机的开机启动过程。

3.1.8 冯·诺依曼体系结构

1. 冯·诺依曼体系结构的基本思想

计算机之父冯·诺依曼奠定了现代计算机的基本结构,其基本思想包括以下几点。

(1) 计算机由控制器、运算器、存储器、输入设备、输出设备 5 大部分组成,如图 3.9 所示。

(2) 把要执行的指令和待处理的数据按照顺序编成程序存储到计算机的内部存储器中,程序和数据以二进制代码形式不加区别地存放,存放位置由内存地址确定(存储程序原理)。

(3) 每条指令由操作码和操作数两部分构成。其中操作码表示执行何种运算，操作数指出该运算的操作对象在存储器中的地址。

(4) 内存储器是定长的线性组织，CPU 通过内存地址可以直接读写内存。

(5) 由控制器对计算机进行集中的顺序控制。

在执行程序和处理数据时必须先将程序和数据从外存储器装入内存储器(内存)中，然后才能使计算机在工作时自动从内存中取出指令并加以执行。

控制器根据存放在内存中的指令序列即程序进行工作，并由一个程序计数器控制指令自动执行，执行完一条指令后接着取下一条指令执行。控制器具有判断能力，能够根据当前指令的计算结果选择不同的工作流程执行。

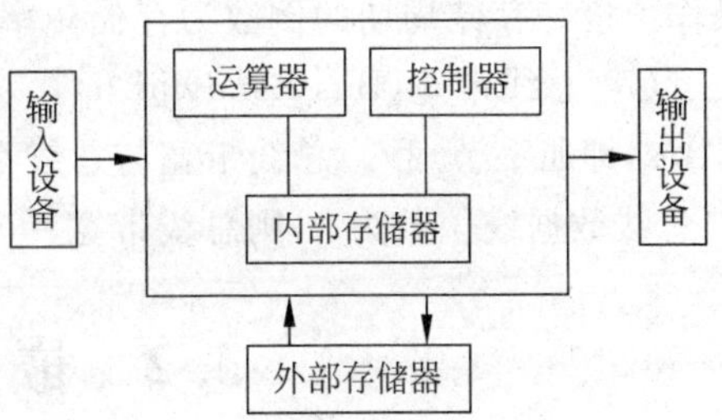

图 3.9　冯·诺依曼型计算机体系结构

人们把冯·诺依曼的这个理论称为冯·诺依曼体系结构，也称为普林斯顿体系结构。从 EDVAC 到当前最先进的计算机都采用的是冯·诺依曼体系结构。

2. 计算机基本工作过程

当要用计算机解决某个问题时，首先需要通过某种程序设计语言把解决思路编制成一个程序，再通过输入设备输入到计算机中保存起来，通常存于外部存储器中，例如硬盘。

当运行程序时由控制器向接口电路发出命令，将外存中的程序调入计算机的内部存储器中，这样 CPU 就可以直接访问里面的程序和数据。开始执行时，CPU 中的程序计数器指向该程序的第 1 条指令。

启动执行后，控制器从内存中取出第 1 条指令和相关数据，指令被送到指令译码器进行分析，数据被送到运算器。根据指令分析结果，控制器向运算器发送规定的操作命令，运算器按照控制器的命令完成对数据的加工处理，最后把运算结果再写回到内存中。

执行完一条指令后，程序计数器指向下一条指令，控制器接着取下一条指令、分析该指令、执行该指令，最后将结果写回内存。

计算机自动地一条一条执行完所有指令，内存中的执行结果可以由输出设备在屏幕上显示输出或在打印机上打印出来。

总而言之，冯·诺依曼型计算机的基本工作过程是在控制器的控制下，计算机自动从内存中取指令、分析指令再执行该指令，接着取下一条指令，周而复始地工作。

3.1.9 计算机常用性能指标

(1) 主频(Frequency)。CPU 的时钟频率，很大程度上决定了计算机的运算速度。一般来说，主频越高，运行越快。主频常用的单位是兆赫兹(MHZ)或吉赫兹(GHZ)，目前个人计算机的主频通常在 3GHz 以上。

(2) 字长(Word Length)。字长决定了计算机的运算精度和存储单元数据位数。字长通常以计算机系统总线中数据总线的根数或者 CPU 中寄存器的位数来衡量。

(3) 运算速度。表示计算机每秒可以运行的指令条数，通常用 MIPS(Million Instruction per Second，即百万条指令/秒)做单位。运算速度通常与主频、字长、计算机体系结构有很大关系。

(4) 存储容量。指计算机以字(Word)或者字节(Byte)为单位表示的存储单元总数,存储容量越大,计算机可以存储的信息越多。存储容量常用单位有KB、MB、GB等。

(5) 内存寻址空间。表示计算机中最大可配置的内存容量,通常与系统总线中地址总线的根数有关。若地址线根数为 n,则内存寻址空间大小为 2^n。

(6) 存储周期。表示CPU对存储器两次连续访问的最短时间,通常用于衡量存储器的操作速度。存储周期的倒数为存储频率。

(7) 总线带宽(Bus Bandwidth)。表示总线每秒可以传输的数据信息总量,常用单位是MB/s,即兆字节/秒。总线带宽与总线存取时间、总线数据线位数有关。若总线存取时间为 T,总线数据线位数为 n,则总线带宽 $=n/T$,单位b/s,即位/秒。

3.2 嵌入式系统与DSP

3.2.1 嵌入式系统概念

21世纪是嵌入式计算机时代,人们日常生活中所用到的仪器仪表、家用电器和电子设备里都有嵌入式微处理器。目前生产的微处理器中,只有不到20%的微处理器用于台式计算机或笔记本,其余的都用于嵌入式计算机系统中。

嵌入式计算机系统简称为嵌入式系统。与通用PC系统相比,嵌入式系统(Embedded System)是以应用为中心,软硬件可裁减,适应于对系统功能、可靠性、成本、体积和功耗等综合性要求严格的专用计算机系统。简单地说,嵌入式系统将系统的应用软件与硬件集成于一体并嵌入在其他设备中,具有软件代码小、高度自动化、响应速度快等特点,特别适合于要求实时和多任务的智能控制应用的专用计算机系统。

嵌入式系统广泛应用于工业控制、信息家电、通信设备、医疗仪器、智能仪表、军事设备等领域。近十年来,随着通信技术的发展,嵌入式系统已进入新的应用领域,如数码相机、个人数字助理PDA、手机、MP4等。人们日常生活中所用到的所有电器设备,如电视机顶盒、手机、数字电视、微波炉、照相机、电梯、空调、冰箱、洗衣机等,其中都有嵌入式微处理器。

3.2.2 嵌入式系统基本组成

嵌入式系统是专用计算机应用系统,但它具有一般计算机组成的共性,也由硬件和软件两部分组成。

1. 嵌入式系统的硬件部分

嵌入式系统的硬件部分主要包括嵌入式微处理器、程序存储器、数据存储器、时钟电路、电源电路、定时器、中断、异步通用串行口(UART)、通信电路、A/D、D/A、I/O等通用接口电路。嵌入式操作系统和应用程序代码都直接固化在程序存储器芯片中。

嵌入式系统是量身定做的专用计算机应用系统。与通用计算机系统硬件结构与组成基本固定不同,嵌入式系统除了微处理器和基本的外围电路以外,其余的电路都要根据具体应用和成本进行裁剪和定制,功耗低、成本低,运行非常可靠。

1）嵌入式微处理器

嵌入式系统硬件部分的核心是嵌入式微处理器。嵌入式微处理器与通用 CPU 最大的不同在于，它将通用计算机中由 CPU 外其他芯片或接口完成的功能都直接集成到了嵌入式 CPU 内部，例如时钟电路、中断电路、AD/DA 转换器件、并行/串行 I/O 接口等，从而有利于嵌入式系统在设计时趋于小型化、低功耗、低成本，同时还具有很高的效率和可靠性。

嵌入式微处理器的体系结构可以采用冯·诺依曼体系或者哈佛体系结构；指令系统可以采用精简指令系统（Reduced Instruction Set Computer，RISC）或者复杂指令系统（Complex Instruction Set Computer，CISC）。大多数嵌入式微处理器采用的是哈佛体系结构和 RISC 指令集。RISC 计算机指令系统中只包含最有用、最常用的少数简单指令，从而提高指令的执行效率并使 CPU 硬件结构设计变得更为简单。

目前全世界有数百家厂商生产各种功能的嵌入式微处理器，这些处理器的数据总线有 8 位、16 位和 32 位，运行频率由几百 kHz 到数几 MHz。通用计算机处理器被 Intel、AMD 等少数厂商所垄断，但目前没有一款嵌入式微处理器可以主导整个嵌入式市场。设计硬件时应该根据具体应用和产品定位选择适合自己需要的嵌入式微处理器。目前常用的嵌入式处理器有 ARM、MIPS、Alpha、Xscale 等多个系列。

2）存储器

嵌入式系统需要存储器来存放代码和数据。嵌入式系统的存储器包括 Cache、主存和辅助存储器。Cache 是一种容量小、速度快的存储器，它位于主存和嵌入式微处理器内核之间，存放的是最近一段时间微处理器使用最多的程序代码和数据。Cache 容量越大，处理器运行速度越快，实时性越强。

主存是嵌入式微处理器能直接访问的存储器，用来存放操作系统和应用程序代码及数据。大多数微处理器内部集成有一定的主存，少数微处理器需要在 CPU 外部扩充主存。通常 CPU 内部的主存容量小且速度快，片外存储器容量大但速度稍慢。

嵌入式系统中的主存可以分为 ROM 类主存和 RAM 类主存，ROM 类主存通常由 NOR Flash、EPROM 和 PROM 等芯片组成，里面的程序只能读取不能在线更改。RAM 类主存由 SRAM、DRAM 和 SDRAM 存储器芯片组成，里面往往存放程序运行过程中的中间结果、临时数据等，CPU 对 RAM 内存中的数据可读可写。

3）辅助存储器

辅助存储器用来存放大量的程序代码或信息，它的容量大，但读取速度与主存相比就慢的很多，用来存放用户需要长期保存的信息。嵌入式系统中常用的外存有硬盘、NAND Flash、CF 卡、MMC 和 SD 卡等。

4）通用设备接口电路

嵌入式系统通过设备接口电路实现对被控对象的控制和监测。大多数嵌入式微处理器内部集成了大量的设备接口电路，硬件设计人员也可以在 CPU 外扩充其他接口电路。

目前嵌入式系统中常用的通用设备接口有 A/D（模拟/数字）转换器、D/A（数字/模拟）转换器，通用异步串行口（UART），定时计数器、中断逻辑、RS-232、RS-485、RS-422 接口、Ethernet（以太网接口）、USB（通用串行总线接口）、音频接口、VGA 视频输出接口、I^2C（集成电路总线）、SPI（串行外围设备接口）和 IrDA（红外线接口）、PWM（脉宽调制输出）、看门狗电路和 LCD 接口等。

2. 嵌入式系统的软件部分

对于简单的嵌入式系统应用,软件不分层,整个嵌入式软件就是一个运行于硬件裸机上的监控程序,整个系统硬件都受监控程序的控制。但对于设计较复杂的嵌入式应用,就必须有一个嵌入式操作系统(OS)来实现内存管理、文件管理、多任务调度、外部设备资源管理等功能。有了操作系统的支持,可大大减少应用程序的开发难度。

对于使用操作系统的嵌入式系统来说,嵌入式系统软件结构一般包含三个层次:硬件抽象层HAL、嵌入式操作系统层和应用程序层。由于嵌入式系统硬件电路是可裁减和订制的,因此嵌入式系统软件部分也是可裁减的。

1) 硬件抽象层

硬件抽象层(Hardware Abstract Layer,HAL),也称为板级支持包(Board Support Package,BSP),是嵌入式系统软件中不可缺少的重要组成部分,使用任何的外部设备都需要有相应的HAL层程序的支持,它向上层屏蔽了操作设备的繁琐处理细节,为上层软件提供了对设备的统一操作接口。上层软件不必理会设备的具体内部操作,只需调用HAL层程序提供的统一设备接口即可操作设备完成指定功能。

HAL层主要包含相关底层硬件的初始化、数据的输入输出操作和硬件设备的配置及驱动功能。HAL将上层软件与底层硬件分离开来,使系统的底层驱动程序与硬件无关,上层软件开发人员无须关心底层硬件的具体情况,只需要根据HAL提供的接口即可进行软件开发。当进行嵌入式系统移植时,主要实现HAL的移植即可。

2) 嵌入式操作系统层

嵌入式操作系统通常是一个实时多任务操作系统(Real Time Operating System,RTOS)。RTOS的主要功能是用户管理、内存管理、多任务调度管理、文件系统管理、外部设备管理、图形用户接口(GUI)管理等。RTOS是软件系统的内核,它将系统时钟、I/O设备、中断系统、定时计数器、内存等资源统一管理,对高层用户提供一个统一的标准化的API函数调用接口,用户的其他应用程序都是建立在RTOS之上的。与HAL层不同,RTOS层不直接操作硬件,只是调用HAL层功能来控制硬件,因此与硬件实现无关,可以在不同微处理器上运行而对用户提供一致接口,因此具有良好的可移植性。

3) 应用程序层

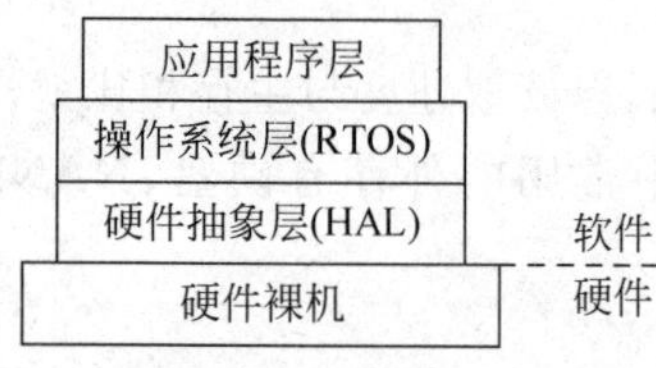

图3.10　嵌入式软件层次结构

应用程序层由大量的应用程序组成,每个应用程序都要调用操作系统层提供的API接口实现其功能。用户通过不同的应用程序来完成对被控对象的操作和控制。为了方便用户操作,应用程序层的大部分软件都基于GUI(图形用户接口),用户通过鼠标、键盘、触摸屏、LCD与系统交互。图3.10给出了嵌入式软件层次结构。

3.2.3　冯·诺依曼体系结构与哈佛体系结构的区别

冯·诺依曼体系结构基本思想是“存储程序”和“程序控制”概念。冯·诺依曼体系结构的处理器使用同一个存储器,即数据存储器和程序存储器统一编址,经由同一个总线进行数据传输。这种指令和数据共享同一总线的结构,使得信息流的传输成为限制计算机性能的瓶颈,影响了数据处理速度的提高。

哈佛结构是一种将程序存储器和数据存储器分开的存储器结构，两者独立编址，是对冯·诺依曼体系结构的改进，如图3.11所示。中央处理器首先到程序存储器中读取一条程序指令，然后指令译码后得到数据地址，再到相应的数据存储器中读取数据，接着执行当前指令，最后再把执行结果写回到数据存储器中。程序指令存储和数据存储分开，可以使指令和数据有不同的数据宽度，例如Microchip公司很多CPU的数据宽度是8位，而指令宽度是14位。

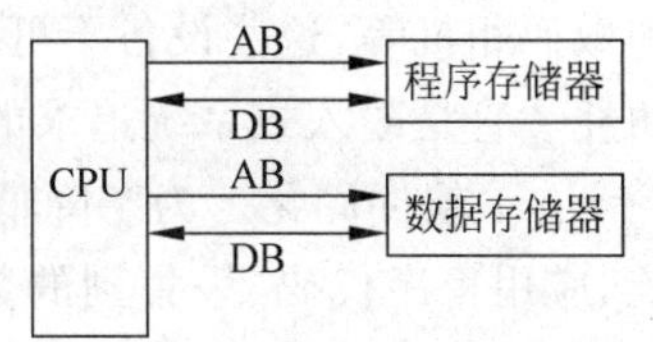

图3.11 哈佛结构图

冯·诺依曼体系结构和哈佛结构的最主要区别就是程序空间和数据空间是否一体。冯·诺依曼体系结构数据空间和地址空间不分开，哈佛结构数据空间和地址空间是分开的。

完成一条指令通常需要取指令、指令译码和执行指令三个步骤。对冯·诺依曼体系结构处理器，因为取指令和存取数据要从同一个存储空间存取，经由同一总线传输，所以它们无法重叠执行，只能顺序执行，分时传输。CPU在高速运行时，不能达到同时取指令和取操作数，从而形成了传输过程的“访存”瓶颈。

哈佛结构的微处理器通常具有较高的执行效率，取指令和存取数据分别经由不同的存储空间和不同的总线，使得各条指令可以重叠执行，执行一条指令时可以预先读取下一条指令。这样就克服了数据流传输的瓶颈，提高了运算速度。

早期的微处理器大多采用冯·诺依曼体系结构，典型代表是Intel公司的X86微处理器。目前使用哈佛结构的微控制器有很多，除了Microchip公司的PIC系列芯片，还有摩托罗拉公司的MC68系列、Zilog公司的Z8系列、ATMEL公司的AVR系列，以及ARM公司的ARM9、ARM10和ARM11。

3.2.4 嵌入式系统的特点

从嵌入式系统的构成上看，嵌入式系统是集软、硬件于一体，硬件可按照用户需要裁剪订制并可独立工作的专用计算机系统；从外观上看，嵌入式系统像是一个“可编程”的电子“器件”，用户可以通过特别途径对嵌入式系统的操作系统和应用程序进行在线更新；从功能上看，嵌入式系统通常是对其他对象进行智能控制的控制器。

嵌入式系统与通用计算机系统相比，有如下一些特点。

(1) 专用性强。由于嵌入式系统通常是面向某个特定应用的，所以嵌入式系统的硬件和软件，尤其是软件，都是为面向特定用户群设计的，通常都具有某种专用性的特点。

(2) 实时性好。目前，嵌入式系统广泛应用于生产过程控制、数据采集、传输通信、军事设备等场合，主要用来对其他对象进行控制。实时性是对嵌入式系统的普遍要求。

(3) 可裁减性好。与通用计算机不同，为了节省硬件成本、降低系统功耗、提高系统可靠性、缩短系统研发周期，嵌入式系统的硬件和软件往往设计成可裁减的形式，这使得嵌入式系统开发人员可根据实际用户应用需要和产品市场成本定位来对软硬件系统进行裁减订制，去除冗余功能，从而使系统在满足应用要求的前提下达到最精简的系统配置。

(4) 可靠性高。很多嵌入式系统应用于工业控制、设备制造、仪器仪表、航空航天、无人值守机房、军事等领域，这些领域不但工作环境恶劣，还要求系统必须24小时可靠运行，否则会造成巨大经济和人员的损失。所以与普通计算机系统相比较，嵌入式系统在可靠性方面有更高要求。

(5) 功耗低。有很多嵌入式系统应用于手持移动计算领域,例如移动电话、PDA、MP3和数码相机等,这些设备不可能配备大容量的电源,也不可能用220V交流电工作,因此低功耗一直是嵌入式系统追求的目标。

(6) 软件固化。为了降低系统功耗、缩小设备体积,嵌入式系统中的软件包括操作系统、应用程序代码、采集到的数据等一般不存储于磁盘等机械设备中,而都固化在Flash或CF卡等非易失性存储器芯片中。

3.2.5 嵌入式系统的应用领域

嵌入式系统技术具有非常广阔的应用前景,其应用领域主要包括以下几方面。

(1) 信息家电。嵌入式系统在信息家电中得到广泛应用,如在移动电话、数码相机、DVD、PDA、MP3/MP4和车载GPS等产品中,均用到嵌入式技术。家用电器的网络化、智能化和远程交互式控制是嵌入式系统的一个重要研究方向。

(2) 工业控制。目前有大量8位、16位和32位嵌入式处理器可应用于诸如工业过程控制、数控设备、电力控制和石油勘探等方面。早期用微机做工业控制的许多应用现在已经被体积小、成本低、运行可靠的嵌入式系统所替代。

(3) 环境监测。在水文、地质、地震、气象、交通和环境污染监测等领域,嵌入式系统可以通过电话线、光纤、GPRS和CDMA等方式将采集到的数据和图片传输给后台服务器保存和分析,从而实现无人监测的目的。

(4) 军事国防。嵌入式系统广泛应用于军事指挥、航空航天、雷达通信系统、智能兵器系统中。当前,各种先进的武器控制系统例如飞机自动驾驶、导弹制导、鱼雷控制、雷达成像方面都用到了嵌入式系统。

(5) 各种智能调度管理系统。例如,在车辆导航、交通智能调度、水利及火电调度、远程电力抄表、无人值守机房管理等方面,嵌入式系统技术已经获得了广泛的应用。

(6) 智能机器人。随着嵌入式微处理器性能的提高,机器人技术将在微型化、高智能、低成本等方面取得更加明显的优势,使其在工业领域和家政服务领域获得更加广泛的应用。

3.2.6 DSP简介

DSP(Digital Signal Processing,数字信号处理)是一门应用广泛的新兴学科。20世纪60年代以来,随着计算机和信息技术的飞速发展,数字信号处理技术应运而生并得到迅速的发展。DSP是专门为快速实现各种数字信号处理算法而设计的、具有特殊结构的专用微处理器,它不仅具有可编程性,而且其实时运算速度可高达2000MIPS,远远超过通用微处理器的处理速度。随着微电子技术的发展,DSP芯片的发展日新月异,DSP的功能日益强大,性能价格比不断上升,已成为通信、计算机和消费类电子产品等领域的基础器件。德州仪器(TI)、飞思卡尔(Freescale)等半导体厂商在这一领域拥有很大的市场份额。

1. DSP的主要特点

DSP芯片一般具有如下几个特点:

(1) 在单指令周期内可完成一次乘法和一次加法运算。

(2) 具有高速的运算能力,运算速度可达几千MIPS。

(3) 一般采用哈佛结构,程序和数据空间分开,可以同时访问指令和数据。

(4) 芯片具有满足数字信号算法特殊要求的硬件功能,例如数字滤波、FFT、频谱分析、卷积积分可直接用硬件实现等。

(5) 片内具有大量快速 RAM,数据交换能力高。

(6) 快速的中断处理和硬件 I/O 支持。

(7) 具有在单周期内操作的多个硬件地址产生器。

(8) 可以并行执行多个操作。

(9) 采用硬件流水线结构,使得取指令、指令译码和执行指令等操作可以重叠执行。

2. DSP 的主要应用

在数字信号处理应用中,各种数字信号处理算法相当复杂,一般结构的处理器无法实时的完成这些运算。由于 DSP 处理器对系统结构和指令进行了特殊设计,使其特别适合于实时地进行数字信号处理。

与通用微处理器相比,DSP 虽然具有很高的数字信号处理速度,但它在其他通用功能方面相对较弱。因此在大多数硬件设计中,往往采用 DSP+通用 CPU 的双核结构,DSP 专门完成数字信号处理运算,CPU 完成其他功能控制。

DSP 的应用主要包括:

(1) 语音处理。如语音编码、语音合成、语音识别、语音增强、语音邮件和语音存储等。

(2) 图像/图形处理。如二维和三维图形处理、图像压缩与传输、图像识别、动画、机器人视觉、多媒体、电子地图、图像增强和虚拟现实等。

(3) 军事领域。如保密通信、雷达处理、自动导航和全球定位等。

(4) 仪器仪表。如频谱分析、函数发生、数据采集和地震处理等。

(5) 家用电器。如 DV、MP3/MP4、手机、数码相机、数字音响、数字电视、可视电话、音乐合成、视频监控和智能家居等。

(6) 生物医学信号处理。如 CT 机、心电图分析和 X 光机等。

本章小结

计算机硬件系统主要包括微处理器、内部存储器、外部存储器、输入输出设备、各种接口电路以及总线。

CPU 是计算机系统的指挥控制核心,主要由运算器、控制器和一些寄存器组成。运算器的主要功能是进行算术运算和逻辑运算,控制器的功能是指挥计算机的各个部件协调一致地自动运行,寄存器是 CPU 内临时存放信息的部件。

存储器是计算机中的记忆部件,各种程序和数据都保存在各类存储器中。存储器有多种分类方法。内存可被 CPU 直接访问。CPU 通过内存单元地址访问内存数据。外存中的数据只有调入内存后才能被 CPU 访问。

Cache 是介于 CPU 和主存之间的一个小容量存储器,其主要目的是为了解决 CPU 和主存速度不匹配的问题。

虚拟存储器主要解决物理内存不够用的问题。虚拟存储器由操作系统和辅助硬件自动实现页面调入和调出。

为了解决存储器容量、速度、价格三方面的矛盾,计算机多采用层次存储器结构。在软硬件控制下将 Cache、内存和辅存有机结合，充分发挥每种存储器的优势。

总线是计算机系统之间，或者计算机系统内部多个模块之间的一组公共传输通道。根据不同标准，总线有多种分类方法。

接口是 CPU 与外设的连接电路，是 CPU 与外设进行信息交换的中转站。接口的主要功能包括信息变换、速度协调、辅助和缓冲功能。当代计算机主板上集成有多种接口。

外部设备主要包括输入设备、输出设备以及外部存储器。外部设备必须通过接口电路才能和 CPU 通信。

冯·诺依曼奠定了现代计算机的基本结构，从 EDVAC 到当前最先进的计算机都采用冯·诺依曼体系结构。

计算机常用的性能指标有：主频、字长、运算速度、存储容量、总线带宽等。

嵌入式系统是以应用为中心，软硬件可裁减的专用计算机系统。嵌入式系统广泛应用于工业控制、信息家电、通信设备、医疗仪器、智能仪表、军事设备等领域。

哈佛体系结构是对冯·诺依曼体系结构的改进，它将程序存储器和数据存储器分开，从而具有较高的执行效率。哈佛结构在单片机和嵌入式系统中广泛采用。

数字信号处理器 DSP 是专门为快速实现各种数字信号处理算法而设计的、具有特殊结构的专用微处理器，主要用于语音、图像、医学、军事等需要对庞大信息做快速数字信号处理的领域，但它的通用处理能力较弱，常和通用 CPU 结合起来使用。

习 题 3

3.1 选择题

1. 整个计算机系统是受(　　)控制的。

A. 中央处理器　B. 接口　C. 存储器　D. 总线

2. 计算机可安装的最大主存容量取决于(　　)。

A. 字长　B. 数据总线位数　C. 控制总线位数　D. 地址总线位数

3. 下列不是控制器功能的是(　　)。

A. 程序控制　B. 操作控制　C. 时间控制　D. 信息存储

4. 下列应用不适合用 DSP 芯片的是(　　)。

A. Word 排版　B. 图像识别　C. 声音合成　D. 视频压缩

5. 下列不是磁表面存储器的是(　　)。

A. 硬盘　B. 光盘　C. 软盘　D. 磁带

6. CPU 读写速度最快的器件是(　　)。

A. 寄存器　B. 内存　C. Cache　D. 磁盘

7. 下列不属于输出设备的是(　　)。

A. 光笔　B. 显示器　C. 打印机　D. 音箱

8. 不属于计算机主机部分的是(　　)。

A. 运算器　B. 控制器　C. 鼠标　D. 内存

9. 下列说法错误的是(　　)。

A. 主存存放正在执行的程序和数据

B. Cache 主要目的是提高主存的访问速度

C. CPU 可以直接访问硬盘中的数据

D. 运算器主要完成算术和逻辑运算

10. 计算机主要性能指标通常不包括(　　)。

A. 主频　　B. 字长　　C. 功耗　　D. 存储周期

11. 冯·诺依曼计算机包括(　　)、控制器、存储器、输入设备和输出设备 5 大部分组成。

A. 显示器　　B. 运算器　　C. 键盘　　D. 扫描仪

3.2　填空题

1. 运算器的主要功能是(　　)和(　　)。

2. (　　)和(　　)合起来称为中央处理器(CPU)或微处理器。

3. 存储器的最基本组成单位是存储元,它只能存储(　　),一般以(　　)为单位。8 位存储元组成的单位叫作一个(　　)。

4. 1KB=(　　)B。1MB=(　　)KB。

5. 每个存储单元在整个存储中的位置都有一个编号,这个编号称为该存储单元的(　　)。一个存储器中所有存储单元的总数称为它的(　　)。

6. 按照存储器的存取方法不同,存储器主要分为(　　)和(　　)两类;按信息的存储原理可分为(　　)和(　　)两类

7. 设置 Cache 的目的是(　　),设置虚拟存储器的主要目的是(　　)。

8. (　　)是外部设备和 CPU 之间的信息中转站。

9. (　　)是计算机中多个模块之间的一组公共信息传输通道,根据作用不同又可分为(　　),(　　),(　　)。

10. 根据总线在计算机系统中所处位置的不同,可将总线分为(　　),(　　),(　　),(　　)。

11. 嵌入式系统软件结构一般包含(　　)、(　　)和(　　)三层。

12. 哈佛结构与冯·诺依曼结构主要区别是(　　)。

13. 数据总线的位数决定了(　　),地址总线的位数决定了(　　)。

14. 动态存储器根据(　　)原理存储信息,在使用时需要定期(　　)。

15. 虚拟存储器是根据(　　)工作,处于存储器层次结构的(　　)层次。

16. (　　)表示总线每秒可以传输的数据信息总量。

3.3　简答题

1. 存储器的作用是什么?存储器有哪些分类方法?

2. 什么是存储器层次结构?主要分为几层?

3. Cache 的工作原理是什么?

4. 什么是接口?主要作用是什么?

5. 冯·诺依曼结构的基本思想是什么?

6. 请简述计算机的基本工作过程。

7. 什么是嵌入式系统?主要的应用领域是什么?

8. 什么是 DSP?

第4章　计算机软件

计算机软件是指导计算机硬件工作的程序或指令集，是计算机运行所需要的各种程序和数据的总称。本章主要介绍软件的分类、软件的工作模式、软件的安装方法、软件的开发方法及几类常用的应用软件。

4.1　软件的分类

按照计算机的控制层次，计算机软件分为系统软件和应用软件两部分，如图 4.1 所示。

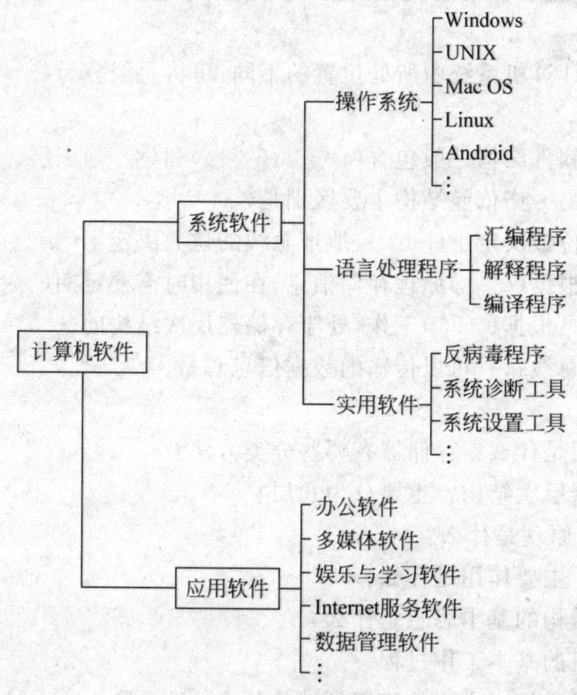

图 4.1　计算机软件分类

4.1.1 系统软件

计算机系统软件是计算机管理自身资源(如 CPU、内存空间、外存和 I/O 设备等),提高计算机的使用效率并为计算机用户提供各种服务的基础软件。系统软件依赖于机器的指令系统、中断系统以及运算、控制、存储部件和外部设备。系统软件要尽可能为各类用户提供标准和方便的服务,尽量隐藏计算机系统的某些特征和实现细节。因此,系统软件是计算机系统的重要组成部分,它支持应用软件的开发和运行。系统软件包括操作系统、各种语言处理程序和其他实用系统软件等。

1. 操作系统

操作系统是最重要的系统软件,它是协调计算机各部分工作的程序。操作系统使软硬件资源协调一致有条不紊地工作,对软硬件实行统一的管理和调度,包括管理计算机硬件资源、控制其他程序运行、为用户提供交互操作界面等。如果没有操作系统,计算机上的应用程序将无法运行。目前典型的操作系统有 Windows、UNIX、Mac OS、Linux 和 Android 等。例如:Windows 系列和 Mac OS 系列操作系统是基于图形界面的单用户多任务的操作系统;UNIX 是一个通用的交互式的分时操作系统,用于各种计算机;Android 是一种基于 Linux 的自由且开放源代码的操作系统,主要使用于移动设备,如智能手机和平板电脑等。有关操作系统的进一步介绍参见本书第 5 章。

2. 语言处理程序

计算机语言分为机器语言、汇编语言和高级语言。机器语言是一种低级语言,是计算机可直接执行的二进制程序或指令代码。语言处理程序是将用程序设计语言如 C++编写的源程序转换成机器语言的程序。语言处理程序一般包括汇编程序、编译程序和解释程序,如图 4.2 所示。

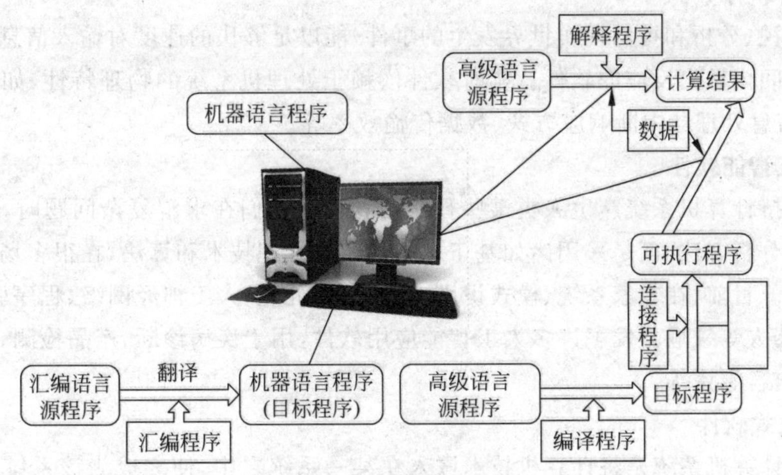

图 4.2 语言处理程序

汇编语言是一种用符号表示的、面向机器的低级程序设计语言,需经汇编程序翻译成机器语言才能被计算机执行。

高级语言是按照一定的“语法规则”,由表达各种意义的词和数学公式组成的,易被人们理解的程序设计语言,需经翻译程序翻译成目标程序(机器语言)才能被计算机执行,如

C 语言和 BASIC 语言等。翻译程序也称为语言转换器,主要有三种通用语言转换器:编译器、解释器和汇编器,每个转换器都按照自己的方式进行转换。

有关程序设计语言的进一步介绍参见本书第 6 章。

3. 实用程序与软件工具

实用程序与软件工具主要是完成对操作系统的支持功能,如允许用户进行计算机维护、检测病毒、恢复误删除的文件等。

4.1.2 应用软件

应用软件是针对某一特定任务或特殊应用而设计的软件,为用户提供了在计算机上完成特定任务所需的工具,如写信、电子表格、制作演示文稿、浏览网页、播放 MP3 等,都可以用计算机软件来实现,这些软件都是应用软件。按用途来分类,应用软件的种类如图 4.1 所示;按行业或应用领域来分类,应用软件可分为以下几种。

1. 个人计算机软件

在个人计算机上应用的软件有:办公软件,包括文字处理软件(如 Word,WPS)、报表处理软件(如 Excel)、演示文稿软件(如 PowerPoint)、Pdf 编辑软件等;多媒体技术软件,包括图形图像处理软件(如 Photoshop)、动画处理软件(如 Animate)、视频处理软件(如会声会影)、音频处理软件(如 Audition)等;网页制作软件(如 Dreamweaver);其他应用软件。

2. 科学和工程计算软件

科学和工程计算软件是以数值算法为基础,对数值量进行处理的软件,主要用于需要进行科学和工程计算的领域,如天气预报、弹道计算、石油勘探、地震数据处理、计算机系统仿真和计算机辅助设计等。

3. 实时软件

它是监视、分析和控制现实世界发生的事件,能以足够快的速度对输入信息进行处理并在规定的时间内做出反应的软件。实时软件依赖于处理机系统的物理特性,如计算速度和精度、I/O 信息处理与中断响应方式、数据传输效率等。

4. 人工智能软件

它是支持计算机系统产生人类某些智能的软件。它们在求解复杂问题时,不是采用传统的计算或分析方法,而是采用诸如基于规则的演绎推理技术和算法,在很多场合还需要知识库的支持。目前,在专家系统、模式识别、自然语言处理、人工神经网络、程序验证、自动程序设计、机器人等领域开发了许多人工智能应用软件,用于疾病诊断、产品检测、图像和语言自动识别、语言翻译等。

5. 嵌入式软件

嵌入式计算机系统是将计算机技术嵌入在某一系统之中,使之成为该系统的重要组成部分来控制系统的运行,以实现一个特定的物理过程。用于嵌入式计算机系统的软件称为嵌入式软件。大型的嵌入式计算机系统软件可用于航空航天系统、指挥控制系统和武器系统等。小型的嵌入式计算机系统软件可用于工业的智能化产品之中,这时,嵌入式软件驻留在只读存储器内,为该产品提供各种控制功能和仪表的数字或图形显示等功能,例如汽车的刹车控制,空调、洗衣机的自动控制。

6. 事务处理软件

事务处理软件是用于处理事务信息,特别是商务信息的计算机软件。事务信息处理是软件最大的应用领域,它已由初期零散、小规模的软件系统,如工资管理系统、人事档案管理系统等,发展成为管理信息系统(MIS),如世界范围内的飞机订票系统、旅馆管理系统、作战指挥系统等。其中数据库管理系统是事务处理软件的重要组成部分,是对事务处理软件的数据进行有效管理和操作的软件,是用户与数据库之间的接口。数据库管理系统提供了用户管理数据库的一套命令,包括数据库的建立、修改、检索、统计及排序等功能。数据库管理系统是建立管理信息系统的主要软件工具。常用的数据库软件有 Microsoft Access、Oracle、SQL Server 等。有关数据库管理系统的进一步介绍,参见本书第 7 章。

4.2 软件的工作模式

目前的软件主要有两种工作模式:一种为命令驱动,即在字符界面下,由用户按预定的格式输入命令,完成相应的任务;另一种为菜单驱动,即在图形用户界面下,以菜单的形式列出软件的功能,用户只需选中菜单项即可执行某一功能。下面分别对这两种方法加以介绍。

4.2.1 命令驱动

命令是待输入的、告知计算机执行任务的指令。命令中的每个词都将导致计算机的特定动作。命令通常是英文单词,如 print、save、begin 等,但是,也有命令使用特别的约定,如 ls 表示列表,cls 表示清除屏幕,! 表示退出等。例如,Microsoft DOS 命令 dir/p 可以显示磁盘上的目录信息,如图 4.3 所示。其中 dir 命令告诉计算机显示磁盘驱动器 C 上的目录信息,"/p"为命令参数,表示分页显示。命令一般由命令名和可选的参数组成。

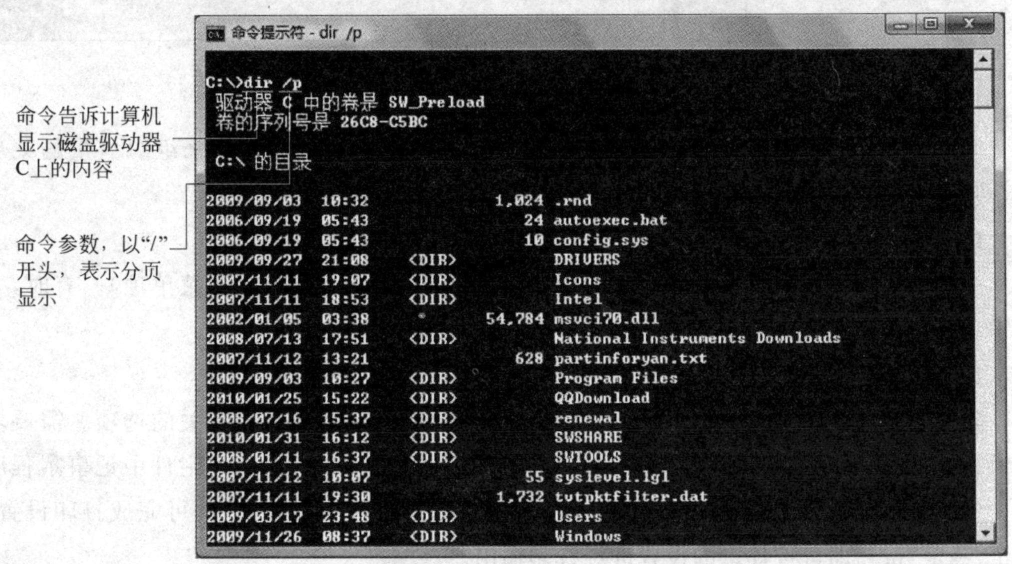

图 4.3 命令使用实例

输入命令要遵守命令的语法格式。语法格式包括命令名和可选的参数序列。如果拼错了命令,将得到提示出错的消息,此时必须找出错误予以纠正,并重新运行,才能获得正确的结果。

使用命令驱动方式,必须记住命令的语法格式及其意义。因为没有一组命令可通用于任何计算机和任何软件,如果忘记了正确的命令格式,通常可以借助软件的联机帮助命令 Help 来查找。如果软件没有提供联机帮助,则需要参阅软件的相关使用手册。

4.2.2 菜单驱动

菜单驱动是常用的软件工作模式,因为使用菜单时,不需要记住命令的格式,只要在菜单列表中选择需要的菜单项即可。另外,因为列表中所有菜单项都是有效的,不可能产生语法错误。像 Windows 操作系统、Microsoft Office 等都提供菜单驱动操作方式。菜单显示了一组命令或选项。每行菜单称为菜单项或菜单选项。用户可以通过选中菜单项来激发程序的运行。图 4.4 为菜单使用实例。

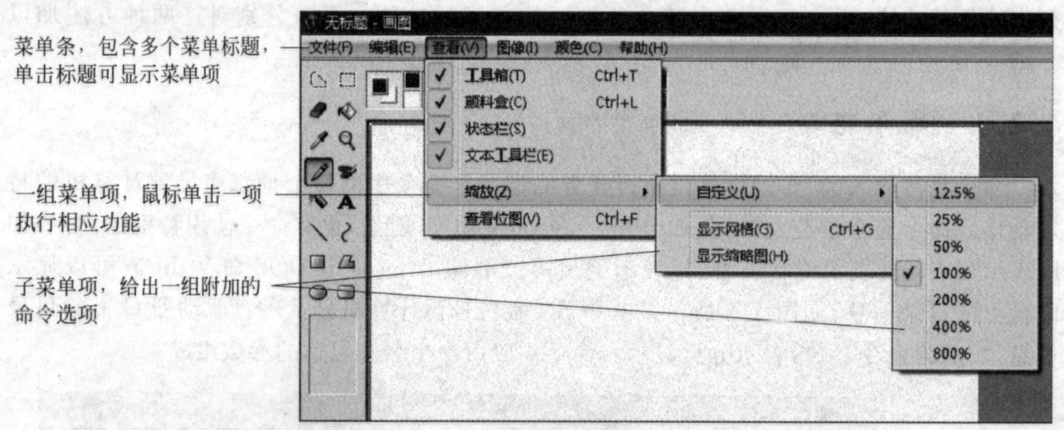

图 4.4 菜单使用实例

当一个软件的功能很多时,可能有上百个菜单项,通常有两种方法来组织大量的菜单项,即子菜单和对话框。

1. 子菜单

子菜单是当在主菜单中选择一项后计算机显示的一组附加命令(子菜单项)。有时,一个子菜单还会显示另一个子菜单来提供更多的命令选项(子菜单项)。

2. 对话框

除子菜单之外,有些菜单会导出一个对话框。对话框显示与命令有关的选项。需要填充对话框,指出命令如何执行。图 4.5 是"打印"对话框,由 Windows 10 附件中记事本程序的文件主菜单下的打印菜单项导出,通过在该对话框上进行一些填充,即可完成打印设置,单击"确定"按钮即可按规定的设置进行打印输出。

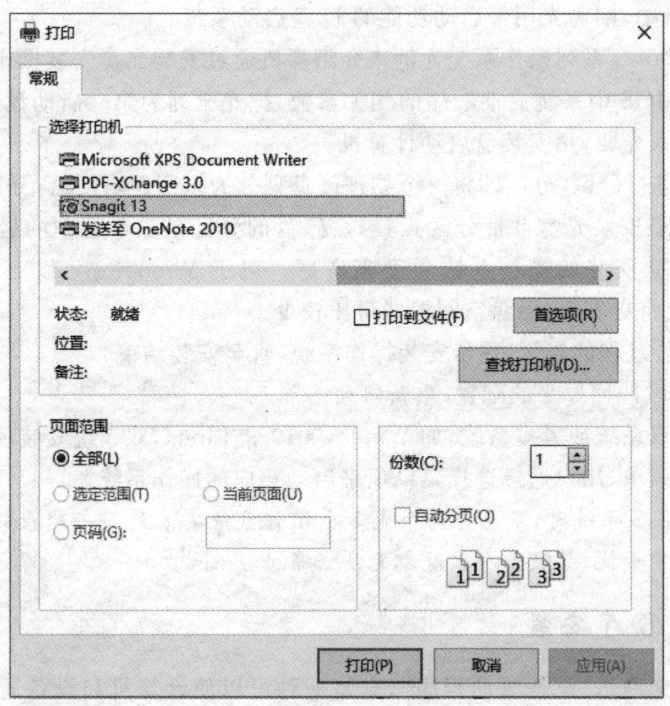

图 4.5 “打印”对话框

4.3 软件的安装方法

计算机的灵魂是软件,在使用和维护计算机的过程中,接触最多的就是软件的安装与使用。安装软件,即将一些存放在磁盘和光盘上的程序有规则地安装到硬盘上,之后计算机就可以通过读取硬盘上的程序来运行。安装软件之前,要先把有关安装文件准备好,此安装文件可以存在硬盘、U 盘或光盘等外部存储器中。

下面,从操作系统、驱动程序和应用软件三个层面来介绍软件的安装方法。

4.3.1 操作系统安装

如前所述,操作系统是计算机中最重要的软件,它是计算机工作的平台,其他所有软件都要运行在该平台上。目前,微型计算机上常用的操作系统有微软公司的 Windows 系列操作系统、苹果公司的 Mac OS X 操作系统、Linux 系列操作系统等。

个人用户安装操作系统有两种方式。

1. 一键还原方式

如今,各品牌计算机在销售之前均安装常用的操作系统,并在硬盘里设置了还原区域,用户可以通过进入 CMOS 系统对本机系统进行一键还原操作。另外,用户也可以启动 U 盘或光盘中自带的 Ghost 程序,通过克隆事先已备份的硬盘镜像来完成软件的统一复制。

2. 通过安装文件安装

用户可以通过操作系统安装文件来安装操作系统,安装文件一般存储在光盘或 U 盘中,若存储在硬盘中,则需先用带启动功能的U盘启动系统。

下面以Windows系列操作系统为例来介绍裸机通过安装光盘安装操作系统的过程。

(1) 修改CMOS中系统启动顺序的相关参数,把光驱列为第一启动盘。把装有操作系统的安装光盘放入光驱,用安装盘启动计算机。

(2) 对硬盘进行分区,分区即将一个物理硬盘划分为多个逻辑硬盘,分区工具可以使用Fdisk等工具(一般安装光盘自带分区工具)。磁盘的分区是磁盘管理的最初过程,分区的大小和格式要从欲安装的操作系统角度来考虑。对于Windows 7以上版本而言,使用NTFS格式,系统将更安全,磁盘空间浪费得比较少。

(3) 根据安装过程的提示,逐步安装操作系统,直至安装结束。

(4) 把CMOS改回原来的配置,重新启动。

如果要安装双系统或者多系统,如Windows 10和Linux,双系统安装成功后,在启动系统时会出现一个菜单,用户通过选择菜单项来启动相应的操作系统。

注意:在安装多系统时,不要将两个或多个操作系统安装到同一磁盘分区中;否则,这些系统文件会相互干扰,导致哪个系统都无法正常使用。

4.3.2 驱动程序安装

驱动程序的全称是"设备驱动程序",它是一种可以使计算机和设备通信的特殊程序。驱动程序相当于硬件的接口,操作系统只能通过该接口才能控制设备的工作。假如某设备的驱动程序未能正确安装,则该设备便不能正常工作。

目前最新的操作系统都内置了大量的驱动程序,但它们对某些硬件仍不能很好地支持,此时需要手工安装这些设备的驱动程序。

手工安装驱动程序时,首先要获得驱动程序。驱动程序的发布有两种方式。

(1) 通过INF文件发布。可以在控制面板的"设备管理器"中打开此设备,然后根据提示安装或更新驱动程序,安装时指定从磁盘安装并选择驱动程序所在的位置即可。

(2) 通过安装程序发布。双击执行安装程序,然后按提示进行操作就可以完成安装。

4.3.3 应用软件安装

1. 安装方法

应用软件的发布方式多种多样,有的是通过光盘发布,有的是通过网络以压缩包方式发布,虽然发布方式不同,但安装方法基本相同。

(1) 光盘发布。此类安装软件一般都是自运行的,只要把光盘插入光驱,就会自动运行进入安装界面。如果光驱禁止了自动运行功能,则可以通过打开光盘根目录上的autorun.inf文件,找到自动运行的程序,手工启动运行即可。

(2) 压缩包发布。安装以压缩包方式发布的软件,要先把压缩包解压到磁盘的某一个目录中,一般情况下是执行其中的setup.exe程序进行安装。

(3) 绿色软件。只要将绿色软件压缩包解压,执行其中的可执行文件就能运行软件。

2. 安装模式

目前软件的安装都比较简单,一般采取安装向导的方式,可供用户选择的一般有安装模式、安装目录等内容。安装模式即安装哪些内容,小型软件一般分为全部安装、快速安装和

自定义安装等，如果对软件不是非常了解，则不建议使用自定义安装，一般使用快速安装即可。对于大型软件，如微软公司的 Office 办公软件，因为涉及多个软件和很多配套工具，所以它的安装选项会比较复杂。

3. 安装目录

对于应用软件的安装目录，尽量不要把它与操作系统安装在同一个分区里。因为操作系统的分区不仅要保存操作系统，一般情况下还要保存系统所需要的页面文件即虚拟内存，如果经常在系统分区中安装和卸载程序，会导致分区中的磁盘碎片增加，从而影响页面文件的连续性，也就影响系统的整体性能。同理，通过应用软件生成的文档，也尽量不要保存在系统分区中。

4.4 软件的开发方法

类似于机械、建筑等领域都经历过从手工方式演变为严密和完整的工程科学的过程，人们认为大型软件的开发也应该向“工程化”方向发展，于是逐步发展出一门完整的工程学科——软件工程。软件工程是研究大规模程序设计方法、工具和管理的一门工程科学，也是运用系统的、规范的和可定量的方法来开发、运行和维护软件的系统工程。软件工程是一门交叉学科，涉及计算机科学、管理科学、工程学和数学。软件工程的理论、方法和技术建立在计算机科学的基础上，它是用管理学的原理和方法来进行软件生产和管理，用工程学的观点来进行费用估算、制定进度和实施方案，用数学方法来建立软件可靠性模型以及进行算法分析。软件工程是指导计算机软件开发和维护的工程科学。

4.4.1 软件生命周期

软件生命周期的概念由工业产品生存周期概念演化而来。一种工业产品从订货开始，经过设计、制造、调试、使用、维护，直到该产品最终被淘汰且不生产为止，这就是工业产品的生存周期。软件的生命周期也称为软件的生存周期，它是按照开发软件的规模和复杂程度，从时间上把软件开发的整个过程进行分解，形成几个相对独立的阶段，并对每个阶段的目标、任务、方法做出规定，然后按照规定顺序依次完成各阶段的任务并规定一套标准的文档作为各个阶段的开发成果，最后生产出高质量的软件。

通常，软件生存周期包括可行性分析和项目开发计划、需求分析、概要设计、详细设计、编码、测试和维护等活动，可以将这些活动以适当方式分配到不同阶段去完成。

1. 可行性分析和项目开发计划

可行性分析和项目开发计划阶段必须要回答的问题是“要解决的问题是什么”。该问题有可行的解决办法吗？若有，则需要多少费用、多少资源、多少时间？回答以上问题，要先进行问题定义和可行性分析，再制定项目开发计划。

1）可行性分析

系统分析员通过对用户和部门负责人的访问调查以及开会讨论，弄清楚要解决问题的性质、目标和规模，然后确定该问题是否存在可行的解决方法。

可行性分析的任务是从技术上、经济上、使用上和法律上分析需解决的问题是否存在可行的办法，其目的是在尽可能短的时间内、用尽可能小的代价来确定是否有解决问题的办法。

技术上的可行性主要是根据系统分析得到的对所开发的软件、硬件环境、支撑软件和操作人员的要求,以及有关的约束和限制条件,来分析利用现有的技术是否能够实现待开发的软件。它包括可得到的硬件和支撑软件在功能和性能上是否满足系统的要求,是否存在满足系统性能要求的算法,以及开发人员的技术水平能否胜任系统的开发等。

(1) 经济上的可行性。首先要进行待开发软件的成本和效益分析,以确定待开发软件是否有开发的价值。效益包括即将开发的系统可能带来的收入增加,以及新开发的系统比原有系统在使用维护费用上的减少。对于开发成本低、经济效益高的软件应积极进行开发,而对于开发成本高、经济效益低的软件或开发成本与经济效益差不多的软件则需要重新考虑。

(2) 使用上的可行性。主要是指使用方法(如操作方式)能否令用户容易接受。一个使用方式难以被用户接受的软件,往往不能使用户满意。

(3) 法律上的可行性。是指待开发的软件是否存在知识产权等相关法律问题。如果存在此类问题,即使软件开发成功,也难以作为产品销售。

在进行可行性分析时,通常要先研究目前已经存在的系统,然后根据待开发系统的要求构造新系统的高层逻辑模型。有时,可能存在几个可供选择的方案,那么需要对各个方案从技术、经济、使用和法律上进行可行性分析,再对各个方案进行比较,选择最佳的方案。有时,可能要在几个方案中加以折中。最后,对推荐方案给出一个明确的结论,即"可行"或"不可行"。

2) 项目开发计划

系统分析员在经过可行性分析后,若确定该问题值得去解决,那么就开始制定项目开发计划。根据开发项目的目标、功能、性能及规模估计项目需要的资源,即需要的计算机硬件资源、软件开发工具和应用软件包、开发人员数目及层次。还要对软件开发费用做出估算,对开发进程做出估计,制定完成开发任务的实施计划。最后,将项目开发计划和可行性分析报告一起提交管理部门审查。

2. 需求分析

需求分析阶段的任务不要求具体地解决问题,而是确定"软件系统必须做什么",确定软件系统必须具备哪些功能。

用户了解他们所面对的问题,知道必须做什么,但是通常不能完整和准确地表达出来,也不知道怎样用计算机解决他们的问题。而软件开发人员虽然知道怎样用软件实现人们提出的各种功能要求,但是对用户的具体业务和需求不完全清楚,这是需求分析阶段的困难所在。

系统分析员要和用户密切配合,充分交流各自的看法和观点,充分理解用户的业务流程,完整、全面地收集和分析用户业务中的信息和处理过程,从中分析出用户要求的功能和性能,并以书面的形式完整和准确地表达出来。这一阶段要写出软件需求说明书。

3. 概要设计

在概要设计阶段,开发人员要把确定的各项功能需求转换成需要的体系结构,在该体系结构中,每个成分都是意义明确的模块,即每个模块都和某些功能需求相对应。

概要设计就是设计软件的结构,该结构由哪些模块组成,这些模块的层次结构如何,这

些模块的调用关系如何，每个模块的功能是什么。同时还要设计该项目应用系统的总体数据结构和数据库结构，即应用系统要存储什么数据，这些数据是什么样的结构，它们之间有什么关系等。

4. 详细设计

详细设计阶段就是为每个模块完整的功能进行具体描述，要把功能描述转变为精确的、结构化的过程描述。即该模块的控制结构是什么，先做什么，后做什么，有什么样的条件，有哪些重复处理等，并用相应的工具把这些控制结构表示出来。

5. 编码

编码阶段就是把每个模块的控制结构转换成计算机可接受的程序代码，即写成以某种特定程序设计语言表示的"源程序"。要求写出的程序结构好，清晰易读，并且与设计相一致。

6. 测试

测试是保证软件质量的重要手段，其主要方式是在设计测试用例的基础上，检验软件的各个组成部分。测试分为模块测试、组装测试、确认测试。模块测试是查找各模块在功能和结构上存在的问题。组装测试是将各模块按一定顺序组装起来进行的测试，主要是查找各模块之间接口上存在的问题。确认测试是按说明书上的功能逐项进行，以便发现不满足用户需求的问题，决定开发的软件是否合格、能否交付用户使用等。

7. 维护

软件维护是软件生存周期中时间最长的阶段。已交付的软件投入正式使用后，便进入软件维护阶段，它可以持续几年甚至几十年。软件运行过程中可能由于各方面的原因，需要对其进行修改。可能是运行中发现了软件隐含的错误而需要修改，也可能是为了适应变化了的软件工程环境而需要加以变更，还可能是因为用户业务发生变化而需要扩充和增强软件的功能等。

4.4.2 开发过程模型

为了指导软件的开发，采用不同的方式将软件生命周期中的所有开发活动组织起来形成不同的软件开发模型。如同工厂的生产线一样，各种开发模型建议用一定的流程将各个环节连接起来，并用规范的方式操作软件开发的全过程。有很多模型用于开发过程。这里只讨论两个最普通的模型，瀑布模型和快速原型法模型。

1. 瀑布模型

瀑布模型是1976年由B. W. Bohm首先提出来的。该模型的基本思想是：将软件的生存周期划分为定义期、设计期、开发期与维护期4个阶段，每个阶段又分为几个具体的步骤和相对独立的任务。开发工作按阶段和任务顺序进行，如同自上而下的瀑布一样，如图4.6所示。

1）定义期

定义期的任务有三个：一是问题定义（确定软件要做什么）；二是可行性分析（确定开发软件的方案是否可行）；三是需求分析（明确在用户的业务环境中软件系统应该做什么）。定义阶段的结果是可行性报告和需求说明书。

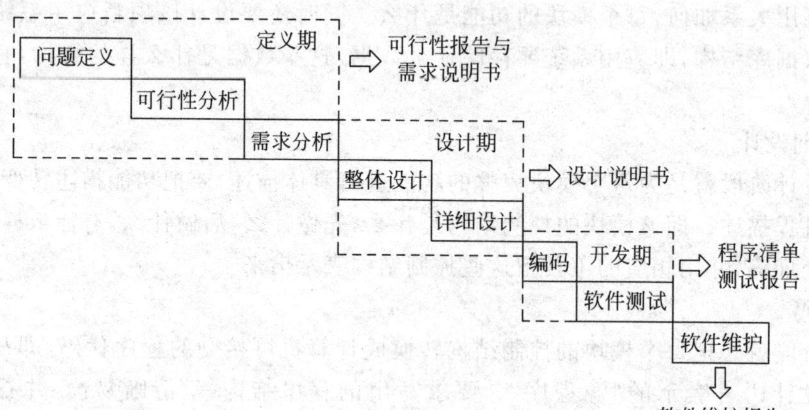

图 4.6 瀑布模型

2）设计期

设计期是根据可行性报告和需求说明书而进行的系统设计，具体分为两个阶段，即整体设计和详细设计。设计阶段的结果是设计说明书。设计说明书是指导编码的重要依据。

3）开发期

开发期是在设计说明书的指导下进行的编码和软件测试工作。开发期工作的最终结果是生产出运行正确的程序清单及测试报告等。

4）运行维护期

运行维护期是软件开发的最后一个阶段，主要任务是排除软件在运行中出现的错误，进一步提高软件的质量。

瀑布模型的特点如下。

(1) 顺序性。即前一阶段的任务完全完成后才能进行下一阶段的任务。

(2) 依赖性。即后一步的工作必须在前一步没有错误隐患后才能进行，通过保证每个阶段的工作质量达到确保整个软件系统质量的目的。

(3) 推迟性。即前阶段的工作越细，后阶段的工作进行得就会越顺利，宁慢勿快，否则，可能由于返工致使整个软件工程设计工期推迟实现。

瀑布模型虽然是现代软件开发中使用的最基本的理论基础和技术手段，但有缺陷，其缺点是过于理想化，瀑布模型总是假设所有错误发生在编码实现阶段，假设整个系统一次性地被成功构建，认为它们的修复可以很顺畅地穿插在单元和系统测试中，因此把测试放在开发后期，并且在所有设计、大部分编码、部分单元测试完成之后，才能对系统进行组装测试。然后，有可能当软件项目完成后，才会发现某些无法接受的性能、笨拙的功能以及不能满足用户需求的问题。

2. 快速原型法模型

瀑布模型强调自顶向下分阶段地开发，在进入实际的开发周期之前必须预先对需求严格定义。这样做的目的是为了提高系统开发的成功率，与不重视需求分析的早期方法相比是一个重大的进步，且在实际系统开发中取得了很好的效果。但是，实践也表明，有些系统在开发出来之前很难仅仅依靠分析就能确定出一套完整、一致和有效的应用需求，这种预先定义的方式更不能适应用户需求不断变化的情况。快速原型法改变了这种自顶向下的开发

模式,是针对瀑布模型提出来的一种改进的方法,如图4.7所示。

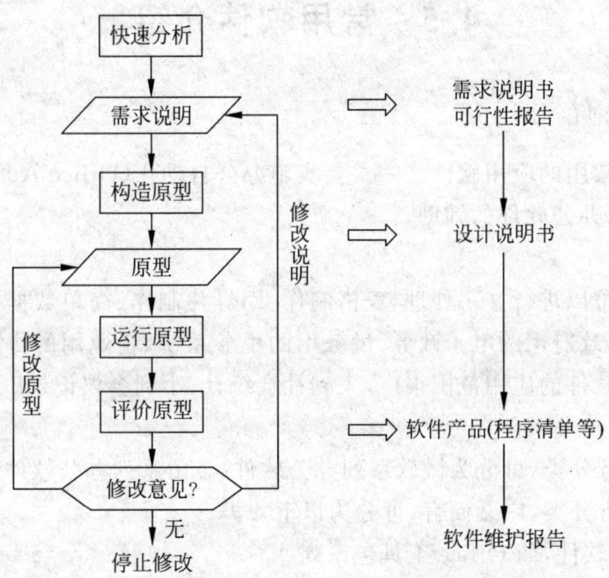

图4.7 快速原型法模型

1) 基本思想

快速原型法模型的基本思想是回避或暂时回避传统生命周期法中的一些难点,从用户需求出发,以少量代价快速建立一个可执行的软件系统,即原型,使用户通过这个原型初步表达出自己的要求,并通过反复修改和完善,逐步靠近用户的全部需求,最终形成一个完全满足用户要求的软件系统。

采用原型法,在项目开发的初始阶段,人们对软件的需求认识不够清晰,因而使得开发项目难以做到一次开发成功,往往要开发两次以后的软件才能较好地使用户满意。第一次只是试验开发,其目标在于探索可行性,弄清软件需求;第二次则在此基础上获得较为满意的软件产品。如果用户不满意一个模型,则可以对这个模型进行修改,甚至重新建立一个模型,直到用户和开发人员都满意为止。

2) 特点

原型法对于用户需求较难定义的系统非常有效,特别适合于规模较小的软件。由于计算机专业知识和系统开发知识的局限,有时用户所表达的要求并不是他们真正想要的,而他们真正想得到的又不一定是他们所表达的。阅读书面的需求说明书远不如直接观察一个实际系统那样更加直观、有效。快速原型法模型具有如下一些特点。

(1) 一致性。开发人员首先要与用户在"原型"上达成一致。双方有了共同语言,避免了许多由于不同理解而产生的误会,可以减少设计中的错误,降低开发风险,缩短用户培训时间,从而提高系统的实用性、正确性以及用户的满意度。

(2) 快捷性。由于是对一个有形的"原型产品"进行修改和完善,目标明确,开发进度得以加快。即使先前的设计存在缺陷,也可以通过不断地完善原型产品,最终解决问题,因而缩短了开发周期,加快了工程进度。

(3) 低成本。原型法本身不需要大量验证性测试,降低了系统的开发成本。

4.5 常用软件介绍

4.5.1 办公软件

办公软件是最常用的应用软件之一。要实施办公自动化(Office Automation,OA)或数字化办公,都离不开办公软件的辅助。

1. 概念

办公软件是指可以进行文字处理、表格制作、幻灯片制作、简单数据库处理等方面工作的软件。广义而言,政府用的电子政务,税务用的税务系统,企业用的协同办公软件等也属于办公软件。办公软件的应用范围很广,大到社会统计,小到会议记录。

2. 分类

(1) 按品牌进行分类,可分为微软系列办公软件、金山系列办公软件等。

(2) 按功能进行分类,广义而言,可分为以下 4 类。

① 基础类办公软件,如 Office 工具包系列。

② 辅助类办公软件,如 PDF 文件阅读器及编辑器。

③ 邮件通信类办公软件,如 Foxmail 等。

④ 管理类系统类办公软件,如政务系统、税务系统等。

(3) 按应用平台进行分类,可分为桌面电脑平台类办公软件、智能手机平台类办公软件、平板平台类办公软件等。

最基础的办公软件包括文字处理软件如 Word、演示文稿软件如 PowerPoint、电子表格软件如 Excel。

3. 发展趋势

目前支持移动终端的办公软件越来越多,办公软件朝着操作简单化、高兼容性、功能细化、多终端化、支持云端存储等方向发展。例如目前最新版的 WPS Office 全面兼容微软 Office 97～2010 格式,且覆盖 Windows、Linux、Android、iOS 等多个平台,并能实现云同步。

4. 文字处理软件

文字处理软件是用于对文字进行录入、编辑、排版的软件。

简单的文字处理软件能进行文字的录入和简单编排,例如 Windows 自带的记事本、写字板等;较复杂的文字处理软件还可以进行表格制作和简单的图像处理,目前使用最普遍的是微软的 Word 和金山的 WPS;专用文字处理软件适合专门的处理或用途,如文献编辑软件 Latex 等。

微软 Word 2010 版本的主界面如图 4.8 所示。在 Word 2010 里,一个文档被保存时其默认的文件扩展名为“.docx”。

(1) 标题栏。显示正在编辑的文档的文件名以及所使用的软件名。

(2) “文件”选项卡。文件操作的基本命令(如“新建”“打开”和“关闭”等)。

(3) 快速访问工具栏。常用命令(如“保存”),也可添加个人常用命令。

(4) 功能区。与其他软件中的“菜单”或“工具栏”相同,启动 Word 后分布在主界面顶部,工作时需用到的命令位于此处(如“开始”和“插入”等)。用户可通过单击选项卡来切换

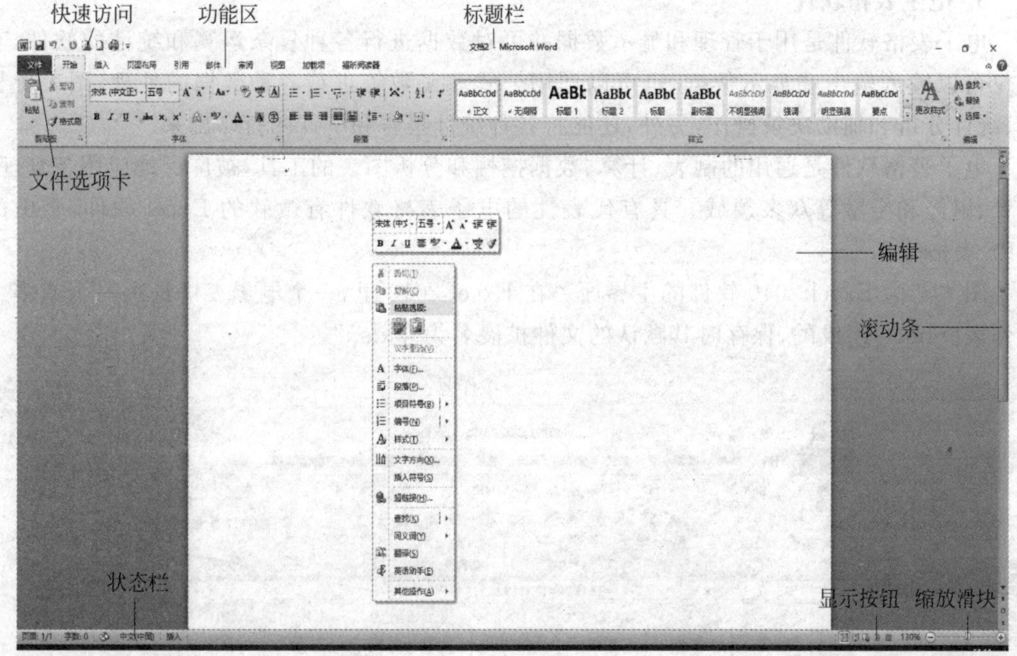

图 4.8 Word 2010 主界面

显示的命令集。

(5)“编辑”窗口。显示正在编辑的文档。处于窗口中间最显著的位置,四边通常有标尺和滚动条,用于显示和编辑文档。在文档编辑区中有以下两个特殊区域。

- 插入点。由一个闪烁竖线标识的当前光标位置,表示编辑区的当前输入位置。
- 选定栏。位于文档编辑区的左边,当鼠标指针处于该区域时,将变成指向左上方的箭头形状。选定栏用于选定文档内容。

(6) 状态栏。显示当前文档的相关信息,位于窗口最底部,显示当前的编辑状态(如当前插入点所处的页数,整篇文档的字数,当前编辑的语言及插入功能按钮等)。

(7) 显示按钮。用来切换视图方式,有 5 个按钮,即依次为“页面”“阅读版式”“Web 版式”“大纲”和“草稿”5 种视图方式。

用户常使用 Word 对电子文档做如下处理。

(1) 文档基本操作。包括文字、段落的编辑和格式化。

(2) 表格的使用。包括在文档中建立表格并编辑和格式化表格。

(3) 图文混排。包括在文档中插入图片、艺术字、公式和流程图等。

(4) 长文档排版。对长文档进行标题等样式设置,插入分节符,页眉页脚目录等。

(5) 批量数据的输出。进行邮件合并等。

若需要对文档排版,一般的基本排版层次为:字符级排版、段落级排版和页面级排版。

注意:Word 功能非常丰富,读者在学习使用 Word 时,可以选择 Word 窗口的菜单“帮助”→“Word 联机帮助”命令打开帮助窗口,以全面了解 Word 的基础知识和操作方法。另外,也可参阅本书所配套的《大学计算机基础实验指导与习题集(第三版)》中有关 Word 的实例。

5. 电子表格软件

电子表格软件是用于管理和显示数据并可对数据进行各种复杂运算和统计的软件，它不仅可以输入输出和显示数据，也可以利用公式和函数等进行各种数据的处理、图表化显示、统计分析和辅助决策操作，另外，还能将各种统计报告和统计图打印出来。

电子表格软件是通用的制表、计算、数据挖掘和分析图表的工具，被广泛地应用于管理、统计、财经和金融等众多领域。具有代表性的电子表格软件有微软的 Excel 软件，金山的 WPS 表格等。

图 4.9 为 Excel 2010 软件的主界面。在 Excel 2010 里，一个电子表格是由一个或多个工作表(Sheet)组成的，保存时其默认的文件扩展名为“. xlsx”。

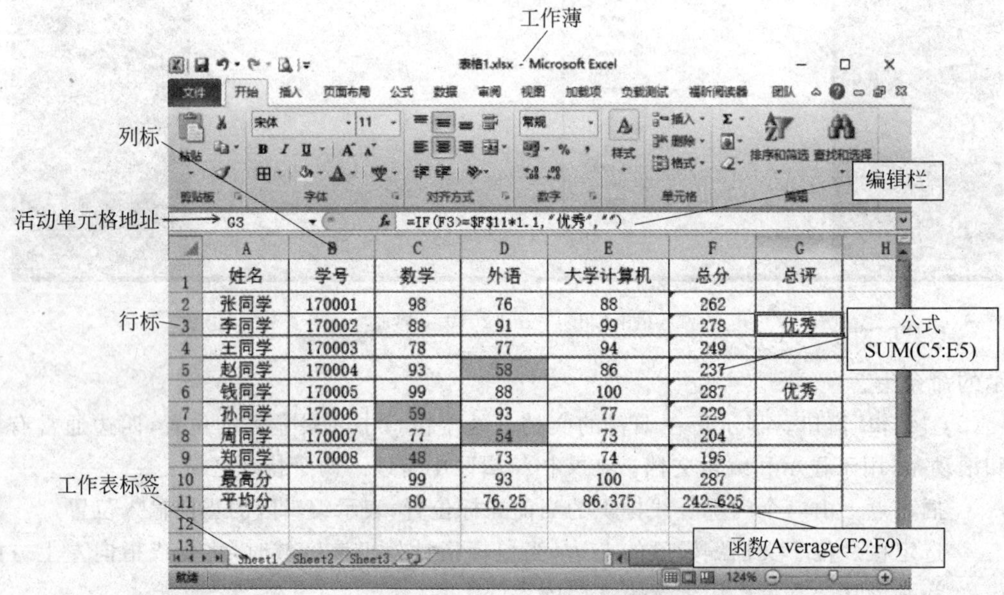

图 4.9　Excel 2010 界面及基本概念

Excel 的标题栏、文件面板、滚动条、缩放滑板、功能区界面和 Word 相似，此处不做赘述。用户用 Excel 制作电子表格的常见处理步骤如下。

(1) 电子表格基础操作。对工作簿、工作表的建立，对单元格的设置等。

(2) 工作表基本操作。包括基础数据的输入，利用公式和函数对数据进行计算等。

(3) 数据图表化。通过插入图表，将数据图表化显示。

(4) 数据管理。通过对排序、筛选、分类汇总等操作，进行数据管理。

注意：Excel 功能非常丰富，读者在学习使用 Excel 时，可以选择 Excel 窗口的菜单“帮助”→“Excel 联机帮助”命令打开帮助窗口，以全面了解 Excel 的基础知识和操作方法。另外，也可参阅本书所配套的《大学计算机基础实验指导与习题集(第三版)》中有关 Excel 的实例。

6. 演示文稿软件

在课堂教学、会议演讲、学术交流、产品展示、广告宣传和工作汇报等场合，为了更生动清晰地传递演讲者所要表达的信息，电子演示文稿常被用来组织和存储演讲内容。编辑电子演示文稿的软件有很多，例如微软的 PowerPoint、金山的 WPS 演示以及近年来流行的多终端基于云的 Prezi 软件。

如图 4.10 为 PowerPoint 2010 软件的主界面。在 PowerPoint 2010 里,一个演示文稿是由若干张"幻灯片"组成的,保存时其默认的文件扩展名为".pptx"。

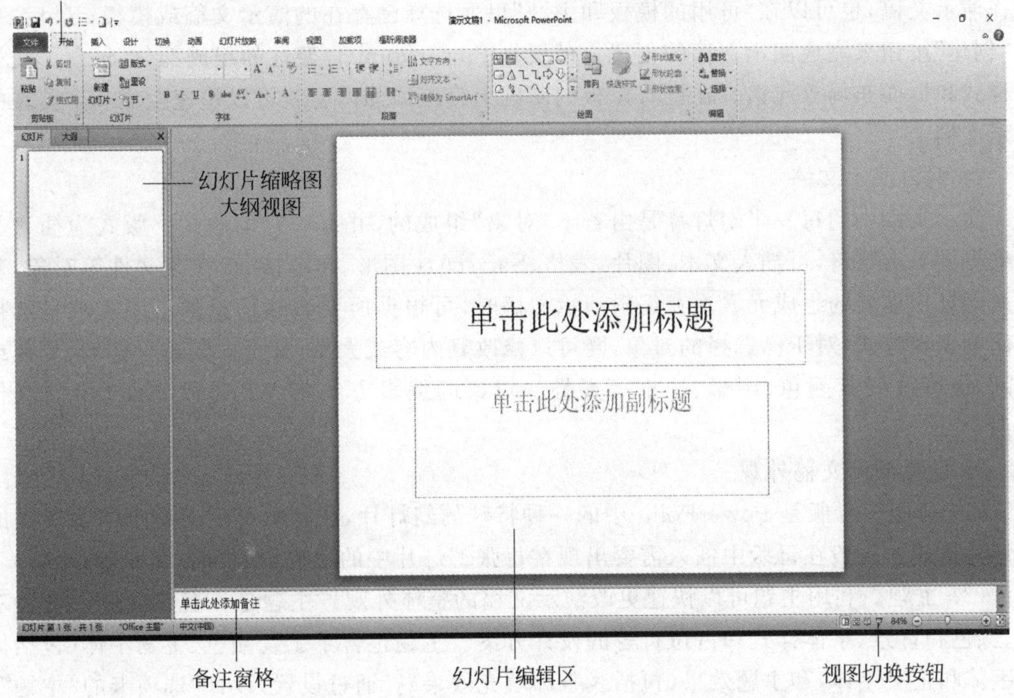

图 4.10　PowerPoint 2010 主界面

在制作演示文稿的过程中,可根据不同的需要选择不同的编辑环境,即视图。在 PowerPoint 里常用的演示文稿视图有:普通视图、幻灯片浏览视图、备注页视图、阅读视图和幻灯片放映视图。

(1)"普通视图"是 PowerPoint 启动后默认使用的视图,可用于撰写或设计演示文稿,输入文字、绘制图形、插入各种对象、设置动画和幻灯片切换效果等,是主要的编辑视图。

(2)"幻灯片浏览视图"是以缩略图形式显示幻灯片的视图。在此视图中,不仅可以将幻灯片看作是普通的图形对象来进行选定、移动、复制或者删除,对演示文稿的顺序进行排列和组织,还可以添加节,并按不同的类别或节对幻灯片进行排序。

(3)"备注页视图"是以页的形式显示幻灯片及其备注。在此视图中,幻灯片缩略图的下方带有备注页方框,可以通过单击该方框来编辑备注文字。

(4)"阅读视图"用于向用自己的计算机(而非通过大屏幕)查看演示文稿的人员放映演示文稿。通过该视图可以在一个设有简单控件且方便审阅的窗口中查看演示文稿。

(5)"幻灯片放映视图"以全屏的方式放映当前打开的演示文稿,PowerPoint 的标题栏、菜单栏、工具栏和状态栏等均隐藏起来。在此视图中,可以看到图形、计时、电影、动画和切换在实际演示中的具体效果,也即观众最终通过大屏幕看到的演示文稿的显示效果。

不同视图之间可通过"视图"选项卡的"演示文稿视图"组中的命令或主窗口右下角的"视图切换"按钮进行切换。

通过软件建立演示文稿通常经过如下步骤。

1）建立演示文稿

启动PowerPoint后，将显示一个不含建议内容和设计的空白幻灯片，可以从这里开始制作演示文稿，也可以在“可用的模板和主题”里面选择已存在的演示文稿或模板；最后，单击“创建”按钮来完成演示文稿的创建。模板是PowerPoint骨架性的组成部分，包含了文档的样式和页面布局等元素。在已有模板的基础上直接添加内容就可以快速生成一个美观的演示文稿。

2）编辑演示文稿

演示文稿中的每一张幻灯片是由若干“对象”组成的，并有一定的版式。版式为插入的对象提供了占位符，可插入文本、图片、表格、SmartArt图形、超链接、音视频文件等对象，对象是幻灯片重要的组成元素。在编辑演示文稿时，可根据所要表达信息的不同需求来选择不同的表现方式，对于已选择的对象，既可以修改其内容或大小，又可对其进行移动、复制或删除，也可改变其颜色、阴影、边框等属性。对象的编辑方法与Word和Excel中的操作类似。

3）设置演示文稿外观

(1) 母版。母版是PowerPoint中的一种特殊的幻灯片，在其中可定义整个演示文稿的幻灯片格式。一般在母版中插入需要出现在每张幻灯片中的对象，如页码、时间等。

(2) 主题。利用主题可以快速更改演示文稿的整体外观。主题是一套包含插入各种对象、颜色和背景、字体样式和占位符等的设计方案。主题包含了主题颜色、主题字体(包括标题字体和正文字体)和主题效果(包括线条和填充效果)。通过设置“设计”选项卡的“主题”，可以快速而轻松地赋予整个文档统一的格式和专业而时尚的外观。

(3) 背景。与Word和Excel不同，PowerPoint提供了背景样式自定义选项。背景样式是来自当前文档“主题”中的定义。当演示文稿的主题被更改时，背景样式会随之更新。如果只想改变演示文稿的背景，或者使用图片或纹理作为幻灯片的背景，可以单击“设计”选项卡“背景”组中的“背景样式”，选择某个背景样式缩略图，或打开“设置背景格式”对话框进行个性化的设置。

4）交互式演示文稿的设置

交互式演示文稿不仅可实现演示文稿内幻灯片之间的连接，还可以实现不同演示文稿间幻灯片的连接甚至幻灯片到网页和文件的连接。可通过添加超链接和动作按钮来实现交互式演示文稿的创建。

5）设置演示文稿动画和音效等

为演示文稿增添动画效果，不仅可以突出重点，控制信息流，还可以提高演示文稿的趣味性和观赏性。在PowerPoint 2010里既可以将文本和对象制作成动画，也可以为幻灯片设置动画效果。

6）演示文稿放映

(1) 排练计时。在排练演示文稿或创建自运行演示文稿时，可以使用幻灯片“排练计时”功能记录演示每个幻灯片所需的时间，以确保整个演示文稿满足特定的时间框架。

(2) 自定义幻灯片放映。要放映当前打开的演示文稿，可在“幻灯片放映”选项卡中的“开始放映幻灯片”组中单击“从头开始”或“从当前幻灯片开始”选项。通过“自定义幻灯片

放映”命令可在一个演示文稿当中选择不同的幻灯片组合以满足不同观众的需要。

(3) 放映时书写。在演示文稿放映时，如需要在幻灯片上书写，可右击打开快捷菜单，指向“指针选项”，选择某个绘图笔的类型后，在幻灯片上按住鼠标右键并拖动，就可以书写或绘图。这在演示当中需要强调要点或阐明关系时十分有用。

(4) 幻灯片输出。为了在 PowerPoint 环境外放映演示文稿，可将演示文稿另存为 PowerPoint 放映文件。此外，还可将演示文稿转换为视频来分发和传递。

注意：为了解决使用 PowerPoint 时遇到的问题，可以查阅 PowerPoint 帮助文档。PowerPoint 启动后，在主窗口界面的功能区最右方，可以看到图标 ?，单击该图标会弹出帮助窗口对话框，选择各个帮助项或搜索相关主题即可。另外，也可参阅本书所配套的《大学计算机基础实验指导与习题集(第三版)》中有关 PowerPoint 的实例。

4.5.2 多媒体创作软件

多媒体技术的实质是将自然形式存在的各种媒体数字化，然后利用计算机对这些数字信息进行加工或处理，以一种友好的方式提供给用户使用。因此，多媒体技术往往与计算机联系紧密，可以将多媒体技术看成是先进的计算机技术与视听技术、通信技术融为一体而形成的一种新技术。概括起来，多媒体技术是指将文本、音频、图形图像、动画和视频等多种媒体信息通过计算机进行数字化采集、编码、存储、传输、处理和再现，使多种媒体信息建立起逻辑连接，并集成为一个具有交互性的系统的技术。随着技术的进步，多媒体的含义和范围将不断扩展。在应用上，多媒体一般泛指多媒体技术。而多媒体创作软件是多媒体技术应用的主要工具。

多媒体创作软件按其功能分为多媒体素材制作软件和多媒体应用开发软件两大类。

1. 多媒体素材制作软件

此类软件是专业人员在多媒体操作系统之上开发的，用于采集、整理和编辑各种多媒体素材的软件。在多媒体应用软件制作过程中，对多媒体素材进行编辑和处理是十分重要的，多媒体素材制作的好坏，直接影响到整个多媒体应用系统的质量。常用的多媒体素材制作软件如表 4.1 所示。

表 4.1 常用的多媒体素材制作软件

素材类型	常用工具	移动终端常用 APP
文本	Cool 3D, Word、WPS、InDesign、Incopy	WPS Office 移动端、扫描全能王、各类输入法
图形图像	Photoshop、CorelDRAW、AutoCAD、Illustrator Lightroom	美图秀秀、天天 P 图、美图处理、B612、BeautyPlus
声音	Adobe Audition、GoldWave、AudioDirector	音频编辑器、音乐裁剪大师
动画	Adobe Flash、3ds Max、Maya、Adobe Animate	动漫画制作编辑器、精灵动画
视频	会声会影、爱剪辑、Adobe Premier、After Effects、Prelude、Adobe Media Encoder	乐秀视频编辑器、视频播放软件如爱奇艺
网页	Adobe Dreamweaver	Mozilla Webmaker

2. 多媒体应用开发软件

主要用于编辑生成特定领域的多媒体应用软件，是多媒体设计人员在多媒体操作系统上进行开发的软件工具。根据所用工具的类型，有的是以页面或卡片为基础，例如 Tool book、HyperCard、Prezi、PowerPoint 等；有的是基于图标导向的编辑系统，例如 Authorware；有的是基于时间导向的编辑系统，例如 Director、Action 等；有的是以传统程序语言为基础的语言或集成环境等，例如 C、Visual C++、Visual studio 集成开发环境；有的是工具集，如 Adobe CC 工具集等。

3. 音频处理软件

音频素材在使用前经常需要进行一定的加工处理。音频处理也叫作音频编辑，主要包括剪裁声音片段、合成多段声音、连接声音、生成淡入淡出效果、响度控制、调整音频特性等，这些操作需要借助专门的处理软件。在众多的软件当中，比较经典的有 Goldwave、Cakewalk、Adobe Audition 等。其中 Adobe Audition 是功能非常强大的音频编辑软件，可以完成声音的大部分编辑处理，包括使用声音文件、录音、设置编辑声音的选区、去掉某个不需要的声音片段、制作淡入淡出效果、回声及其制作、倒序声音及其制作、改变声音文件的固有音量、调整声音文件的时间和速度、调整频率、多个声音素材的合成、声道变换、声音响度的自由控制等。进入 Adobe Audition 软件的多轨界面可以完成多种声音的合成(例如录制个人专辑)，如图 4.11 为 Audition CC 2017 编辑视图界面。

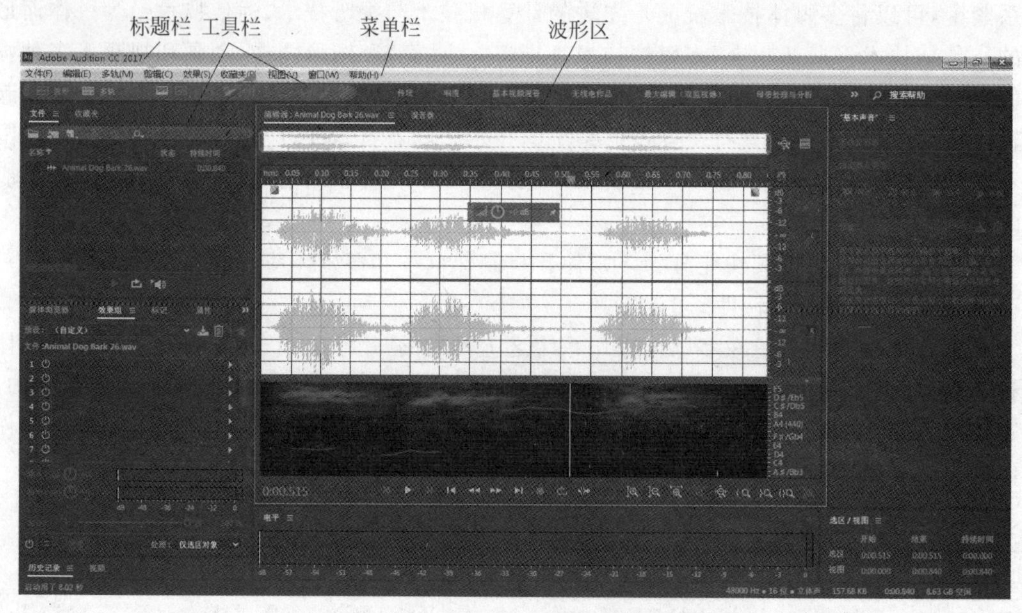

图 4.11　Audition CC 2017 主界面

音频的基本操作包括音频的打开、音频的录制、选区操作、音频的复制、音频的粘贴、音频的删除、波纹删除、音频的重命名、音频的移动、音频的裁剪、音频的拆分、创建多轨会话、轨道的添加、复制及删除、音量的增减、声像的更改、静音和撤销等。

对音频的特效处理包括音频的淡入淡出效果、回声效果、降噪效果、混响效果及多轨合成等。

4. 图像处理软件

图像的处理过程在计算机中通常通过软件工具实现，目前，图像的处理工具可分为三类。

1）操作系统中自带的图像处理工具

多媒体操作系统都自带图像处理工具。如 Windows 操作系统自带画图程序、截图工具、Windows 图片和传真查看器、图片工厂等。其中“图片工厂”工具可以进行简单的图像处理、浏览和输出，包括版面设计、特效、批处理、拼接、分割、浏览、编辑与输出等功能，功能相对比较完整。

2）专业的图像处理工具

随着技术的进步，图像处理软件更趋专业化和多功能化。目前比较常用的、全面的专业图像处理软件为 Adobe 公司的 Photoshop，除此之外还有美图秀秀、光影魔术手、Lightroom、可牛影像等软件。每一种软件都有其特点，用户可根据需要选择合适的软件。

3）智能终端的图像处理 App

目前流行的智能手机和平板电脑的图像处理 App 的功能主要以美化图片为主。这些手机 App 简单实用，包含各种滤镜，多种简单边框、炫彩边框等，并有去黑眼圈、祛痘、瘦脸、瘦身、拼图、裁剪、虚化等图片简单处理功能，让自拍变得非常精彩。目前智能终端图像处理 App 主要有美图秀秀、玩图、百度魔图、Prisma、天天 P 图、B612、SNOW、VSCO、Snapseed 等。

注意：目前智能终端 App 发展迅速，各种智能终端修图 App 层出不穷，许多终端用户甚至安装多种 App，以便根据实时需求选择不同的 App 修饰图片。由于篇幅关系，本书对智能终端图像处理 App 不做详细介绍，请读者自行学习。

下面介绍目前主流的图像处理软件 Photoshop。

1）Photoshop 的发展简史

Adobe Photoshop 简称 PS，是由 Adobe Systems 公司开发和发行的图像处理软件，是当前计算机图像处理领域中最流行的图像处理软件，该软件提供了强大的图像编辑和绘画功能，广泛用于数码绘画、广告设计、建筑设计、彩色印刷和网页设计等许多领域。

Adobe Photoshop 诞生于 1990 年，1996 年 Adobe 公司已推出 Photoshop 4.0，随后相继推出升级版本，2003 年，Adobe Photoshop 8.0 更名为 Adobe Photoshop CS。2013 年 7 月，Adobe 公司推出了新版本的 Photoshop CC，自此，Photoshop CS6 作为 Adobe CS 系列的最后一个版本被新的 CC 系列取代。截至 2016 年 12 月 Adobe Photoshop CC 2017 为市场最新版本。Adobe 支持 Windows 操作系统、安卓系统与 Mac OS，Linux 操作系统用户可通过使用 Wine 来运行 Photoshop。

2）Photoshop 的基本功能

Photoshop 既可以进行图像处理也可以进行图形创作，但 Photoshop 的专长在于图像处理，主要处理由像素构成的图像，对已有的图像进行编辑加工以及运用一些特殊效果。从功能上看，该软件可分为图像编辑、图像合成、校色调色及特效制作几部分。

(1) 图像编辑。图像处理的基础，可以对图像做各种变换如放大、缩小、旋转、倾斜、镜像及透视等，也可进行复制、去除斑点、修补和修饰图像的残损等。

(2) 图像合成。Photoshop 通过图层操作和工具应用将几幅图像合成完整的、传达明确意义的图像，并提供绘图工具让外来图像与创意很好地融合，从而使图像的合成天衣无缝。

(3) 校色调色。该功能是该软件中深具威力的功能之一，可方便快捷地对图像的颜色进行明暗、色偏的调整和校正，也可在不同颜色之间进行切换以满足图像在不同领域如网页设计、印刷、多媒体等方面应用的要求。

(4) 特效制作。该功能在 Photoshop 软件中主要由滤镜、通道及工具综合应用完成，包括图像的特效创意和特效字的制作，如油画、浮雕、石膏画、素描等常用的传统美术技巧都可借由 Photoshop 特效完成。因此，各种特效字的制作更是很多美术设计师热衷于对该软件研究的原因。

3) Photoshop 的启动和退出

Photoshop 的启动和退出操作是所有应用软件在操作系统上的通用操作，这里不做赘述。若用户熟悉所使用的操作系统，可以自己设置快捷的启动和退出方式。

4) Photoshop 的窗口组成

Photoshop 应用程序窗口是由标题栏、菜单栏、图像编辑窗口、状态栏、工具选项区、工具箱、控制面板等组成，如图 4.12 所示。

图 4.12 Photoshop CC 2017 应用程序窗口

(1) 标题栏

标题栏位于图像编辑窗口顶端，它用标签栏列表的形式显示当前图像编辑窗口的图像文件名列表，与浏览器相似。若用户创建新的图像文件，Photoshop 便会给它们命名为“未标题-1”“未标题-2”等。

(2) 菜单栏

菜单栏为整个环境下所有窗口提供菜单控制，包括：文件、编辑、图像、图层、文字、选择、滤镜、3D、视图、窗口和帮助。单击菜单选项名称即可打开该菜单，每个菜单里都包含数量不等的命令。Photoshop 中通过菜单和快捷键执行所有命令。

(3) 图像编辑窗口

在 Photoshop 中，每一幅打开的图像文件都有自己的图像编辑窗口，所有图像的操作都要在此窗口中完成，图像编辑窗口是 Photoshop 的主要工作区。当 Photoshop 打开多个文件时，标签栏为高亮状态的为当前文件，所有操作只对当前文件有效。用光标在图像标题栏

中各标签部位单击即可将此文件切换为当前文件。图像窗口提供了打开文件的基本信息，如文件名、缩放比例和颜色模式等。

(4) 状态栏

主窗口底部是状态栏，由三部分组成。最左端显示当前图像窗口的显示比例，在其中输入数值后按 Enter 键可改变图像的显示比例；中间显示当前图像文件的大小；单击右侧的黑色三角按钮，打开弹出菜单，选择任意命令，相应信息会在预览框中显示。

(5) 工具选项区

工具选项区又称属性栏，位于菜单栏的下方。当选中某个工具后，属性栏就会改变成相应工具的属性设置选项，可更改相应的选项。如选择画笔工具，则工具选项区会出现画笔类型、绘画模式、不透明度等选项，如图 4.13 所示。用户可以选择“窗口”→“选项”菜单命令来显示和隐藏工具选项区。

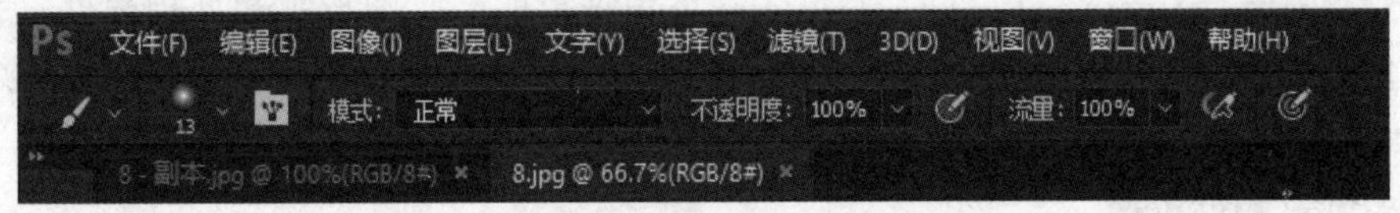

图 4.13　画笔工具选项区

(6) 工具箱

默认状态下，Photoshop CC 工具箱位于窗口左侧，工具箱是工作界面中最重要的面板，它几乎可以完成图像处理过程中的所有操作。用户可以将鼠标移动到工具箱顶部，按住鼠标左键不放，将其拖动到图像工作界面的任意位置。单击可选中工具或移动光标到该工具上，属性栏会显示该工具的属性。

有些工具的右下角有一个小三角形符号，这表示在工具位置上存在一个工具组，其中包括若干个相关工具，例如选框工具组(▣)。将鼠标指向工具箱中的工具按钮，将会出现一个工具名称的注释，注释括号中的字母即是对应此工具的快捷键。工具箱中的工具可用来选择、绘画、编辑以及查看图像。

(7) 控制面板

控制面板是 Photoshop CC 中非常重要的一个组成部分，通过它可以进行选择颜色、编辑图层、新建通道、编辑路径和撤销编辑等操作。例如：使用“历史记录”面板可以记录最近的操作步骤，并可快速恢复到保存的任意一步中。Photoshop CC 的面板有了很大的变化，选择“窗口→工作区”命令，可以选择需要打开的面板。打开的面板都依附在工作界面右边。单击面板右上方的三角形按钮，可以将面板缩小为精美的图标，使用时可以直接选择所需面板按钮即可弹出面板。

注意：Photoshop 的注释功能非常完善，当鼠标放置在工具、工具栏属性或控制面板上时，均会出现相应的注释供用户参考。Photoshop 功能非常丰富，读者在学习使用 Photoshop 时，可以选择 Photoshop 窗口的菜单“帮助”→“Photoshop 联机帮助”命令打开帮助窗口，以全面了解 Photoshop 的基础知识和操作方法。另外，也可参阅本书所配套的《大学计算机基础实验指导与习题集(第三版)》中的有关图像制作的实例。

5. 动画处理软件

常见的动画制作工具如下。

1）Adobe Photoshop

Photoshop 除了图像处理外，最新版本可以制作视频和动画。

2）Autodesk Maya

Autodesk Maya 简称 Maya，是美国 Autodesk 公司出品的世界顶级的三维动画软件，应用对象是专业的影视广告、角色动画、电影特技等。Maya 功能完善，工作灵活，易学易用，制作效率极高，渲染真实感极强，是电影级别的高端制作软件。

3）3D Studio Max

3D Studio Max 简称为 3ds Max 或 Max，是 Discreet 公司开发的(后被 Autodesk 公司合并)基于 PC 系统的三维动画渲染和制作软件，广泛应用于广告、影视、工业设计、建筑设计、三维动画、多媒体制作、游戏、辅助教学以及工程可视化等领域。

4）Adobe After Effects

Adobe After Effects 简称 AE，是 Adobe 公司推出的一款图形视频处理软件，适用于从事设计和视频特技的机构，包括电视台、动画制作公司、个人后期制作工作室以及多媒体工作室，属于层类型后期软件。

5）Adobe Premiere

Adobe Premiere 是由 Adobe 公司推出的一款常用的动画视频编辑软件，其编辑画面质量比较好，有较好的兼容性，且可以与 Adobe 公司推出的其他软件相互协作。目前这款软件广泛应用于广告制作和电视节目制作中。

6）RETAS

RETAS 是日本 CELSYS 株式会社开发的一套应用于普通 PC 和苹果机的专业二维动画制作系统，广泛应用于电影、电视、游戏、光盘等多个领域。它实现了传统动画制作所有的强大功能和灵活性，具有简单易用的用户界面和高性价比的特点。

7）Anime Studio

Anime Studio 是一款适用于 Mac 操作系统的高质量专业动画创作软件，它使用直观的界面和大量预设的角色和内容。其最突出的革新成果是实现了用骨骼系统操作各种复杂动作，使中间动画自动生成和自动着色。

8）Toon Boom Studio

Toon Boom Studio 是一款优秀的矢量动画制作软件，可用于 Windows 系统和 Mac 系统。

9）Synfig Studio

Synfig Studio 是一款开源的、工业级的、强大的二维矢量动画制作软件，能够用最少的人力和资源制作出电影品质的动画，可用于 Windows、Linux 和 Mac 等操作系统。

10）Flash

Flash 是美国 Macromedia 公司于 1999 年 6 月推出的网页动画设计软件，后于 2005 年 12 月 3 日被 Adobe 公司收购。它是一种交互式动画设计工具，可以将音乐、声效、动画以及富有新意的界面融合在一起，从而制作出高品质的网页动态效果。它支持多种脚本语言，可满足网页设计的多样化。2015 年 12 月 1 日，Adobe 将动画制作软件 Flash Professional CC 2015 升级并改名为 Animate CC 2015.5，从此与 Flash 技术划清界限。图 4.14 为 Animate CC 2017 的主界面。

图 4.14　Animate CC 2017 的主界面

用户利用 Animate CC 进行动画制作主要包括如下内容。

(1) 绘图和编辑图形。绘图和编辑图形是制作动画的基本功，也是 Animate 的基本功能之一。Animate 包括多种绘图工具，并提供三种绘制模式，它们决定了舞台上的对象彼此之间如何交互，以及用户能够怎样编辑它们。

(2) 逐帧动画的制作。在时间轴上逐帧绘制内容来实现的动画称为逐帧动画。逐帧动画是一种常见的动画形式，它的原理是在"连续的关键帧"中分解动画动作，也就是每一帧中的内容不同，连续播放形成动画。由于是一帧一帧地画，所以逐帧动画具有非常大的灵活性，几乎可以表现任何想表现的内容。将 JPG、PNG 等格式的静态图片连续导入到 Animate 中，就会建立一段逐帧动画。

(3) 形状补间动画的制作。在一个关键帧中绘制一个形状，然后在另一个关键帧中更改该形状或绘制另一个形状，Animate 根据两者之间帧的值或形状来创建的动画称为"形状补间动画"。

(4) 动作补间动画的制作。动作补间动画除了一些最简单的效果诸如物体位移、透明度大角度改变以外，还有常见的几种特殊效果，如引导路径动画、遮罩动画和骨骼动画等。在 Animate 中，将一个或多个层链接到一个运动引导层，使一个或多个对象沿同一条路径运动的动画形式被称为"引导路径动画"。在 Animate 中遮罩就是通过遮罩图层中的图形或者文字等对象，透出下面图层中的内容。在 Animate 作品中，常看到很多眩目神奇的效果，如水波、万花筒、百叶窗、放大镜、望远镜等就是利用遮罩动画的原理来制作的。

(5) 程序动画的制作。除了上述时序播放型动画以外，若要实现动画的交互性，即动画的播放过程中需要人为输入指令来决定动画下一步播放的内容，或者控制动画中某些对象的行为时，往往需要编写程序代码。Animate 支持使用 JavaScript 和 Action Script 3.0 来实现程序动画。

(6) 在动画中使用声音。包括声音的导入、为动画添加声音、设置声音效果、使声音与动画同步等。

(7) 在动画中使用视频。Animate 仅可以播放 FLV、F4V 和 MPEG 等特定视频格式。将视频导入至 Animate 项目后，它会增加项目大小及随后发布的 SWF 文件的大小。当用户打开动画时，无论用户是否观看视频，该视频都会开始渐进地下载至用户的计算机，因此，在使用视频时根据视频特性选择不同的方法。

注意：除使用帮助文档外，可参阅本书所配套的《大学计算机基础实验指导与习题集(第三版)》中的有关动画制作的实例。

6. 视频处理软件

1) 屏幕录制软件

随着微视频在网络上的盛行，许多人利用 PowerPoint、手写板等工具或软件，结合屏幕视频录制软件，制作视频。因此，屏幕视频录制是常见的视频制作方法，是多媒体应用软件的一个重要组成部分，主要用于辅助多媒体软件的制作。HyperSnap、HyperCam、Adobe Captivate、Camtasia Studio、Snagit、屏幕录像大师、屏幕录像专家等都是常用的屏幕视频录制工具。图 4.15 所示为 Camtasia Studio 的主界面。

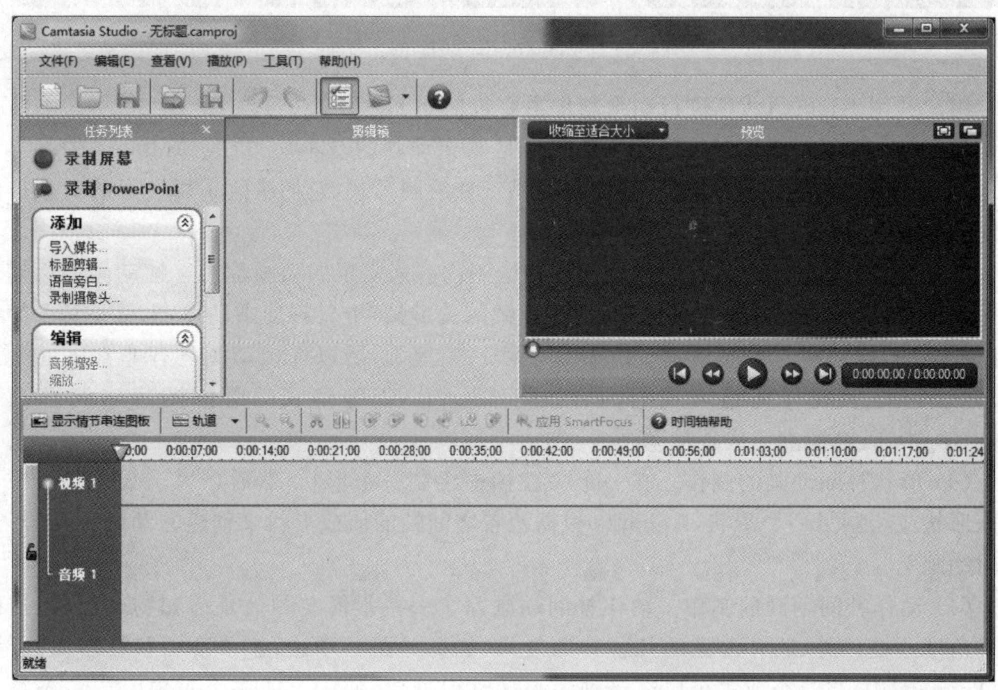

图 4.15 Camtasia Studio 的主界面

在屏幕截图方面，以上的大部分工具均可以进行屏幕截图，Windows 操作系统自带的“截图工具”，个人计算机上最常用的 QQ 程序和微信也具有屏幕截图功能。在 QQ 已经运行的情况下，按 Ctrl+Alt+A 可以启动 QQ 截屏功能；在微信已经运行的情况下，按 Alt+A 可以启动微信截屏功能。但 QQ 和微信截屏所生成的图像分辨率较低，一般建议用专业的屏幕截取工具进行图像和视频的截取。

2) 视频编辑软件

目前家庭级的视频的编辑处理基本上都借助计算机进行非线性编辑，不需要借助于视频采集卡等外部设备就可以突破单一时间顺序编辑的限制。家庭级的视频制作与处理软件

主要有 Adobe Premiere、After Effect、Canopus 的 EDIUS、Movie Maker、会声会影、爱剪辑、剪辑师等。手机端的视频制作与处理 App 主要有苹果手机的 iMovie、安卓的小影等。

其中 Adobe Premiere 和 After Effect 偏向于专业级，功能强大，操作也稍复杂些。图 4.16 为会声会影 X5 的主页面。

图 4.16　会声会影 X5 主界面

利用会声会影编辑视频文件的常见步骤如下。

(1) 新建项目。会声会影中的视频编辑与处理通过此步开始，因此先要新建项目。

(2) 捕获视频。将视频节目通过捕获卡从源设备(通常是摄像机)传送到计算机中的过程称为捕获。会声会影可捕获来自 DV 摄像机、模拟摄像机、VCR、电视机等视频。

(3) 导入素材。素材散布在计算机磁盘的各个地方，创建空白项目后，需要把有用的素材“导入”到项目的素材库中。

(4) 编辑视频。对视频或图片进行基本编辑，如裁剪、时间控制、位置控制、反转场景、色彩校正、多重修整视频、自动按场景分割、保存静态图像和消音等；创建影片的画中画效果；创建标题或字幕；为视频添加装饰边框；创建影片的音频效果等。

(5) 输出影片。把视频以 MPEG、AVI、WMV 等格式文件或 DVD 等形式输出。

7. 多媒体文件格式转换软件

多媒体文件格式种类繁多，差异较大。因此，在进行多媒体制作、播放和浏览时需要对格式进行转换，可用于转换的软件很多，可以在百度中搜索并下载，目前主流软件为格式工厂 Format Factory，最新版支持几乎所有同类多媒体文件格式的相互转换。界面如图 4.17 所示。以视频文件转换成 MP4 格式转换为例，基本步骤如下。

(1) 单击“所有转到 MP4”，在弹出的窗口中单击“添加文件”按钮，选择需要转换为 MP4 格式的视频文件，单击“确定”按钮，回到格式工厂的主界面。

(2) 单击“开始”按钮，进行视频转换。

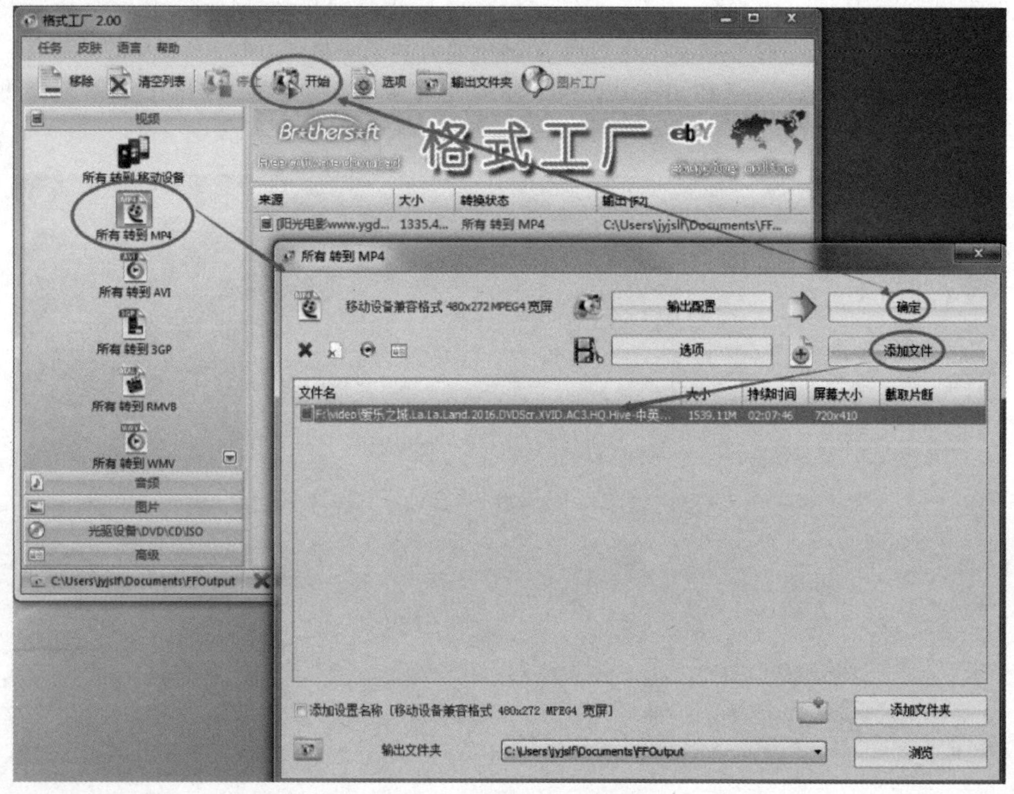

图 4.17　格式工厂主界面

4.5.3　网页制作软件

WWW(World Wide Web)即“全球信息网”,提供文本、图像、动画、声音、视频等多媒体形式的信息服务,它具有分布式信息存储和超链接的资料检索等特点,被应用在生活的各个领域,是 Internet 的主要服务之一。要使信息在 WWW 上有效展示,就需要设计、制作网页和建立网站。常用的网页制作软件有如下几种。

1. HTML 网页文件编写工具

目前制作网页的工具很多,按其工作方式,主要分为两种：代码编辑工具和可视化编辑综合工具。

1) 代码编辑工具

此类工具是直接编写 HTML 源代码的软件,例如 Windows 系统中的记事本,使用时直接在代码编辑区输入网页代码,然后保存成网页文档在浏览器中打开即可。

采用代码编辑工具,用户便于控制代码,能够较好地实现 HTML 代码在浏览器中的显示效果,网页的代码做得较为精练。缺点是只适用于对网页制作语言比较熟悉的用户。

2) 可视化编辑综合工具

用户可以借助此类工具的各种快捷按钮和属性选项,以“所见即所得”的方式,在编辑的过程中看到与在浏览器所见的效果,系统会自动生成相应的代码；同时,用户又可以在“代码”编辑窗口输入代码编辑网页。此外,此类工具还具有创建、管理站点文件等功能,适用于

整个网站的建设和管理。目前具有代表性的软件是 Adobe Dreamweaver。在实际应用中，人们更多地采用可视化编辑综合工具制作网页，使用可视化与代码相结合的编辑方式，以提高工作效率。因此，不仅需要掌握可视化的制作工具，还要熟悉编写网页语言的代码。

采用可视化编辑综合工具的优点是代码可由系统自动生成，用户即便不熟悉网页制作语言也可制作出较好的网页。当然，由系统自动生成的代码难免产生一些冗余，因此熟悉 HTML 语言的用户可以在“代码”编辑窗口直接输入代码以减少冗余。

2. 美化网页的工具

要制作一个内容丰富精彩，页面引人入胜的网页，需要使用网页美化工具对网页的基本元素，即图片、文字、音频等进行美化。这些软件主要是本书前面提到的相关软件，包括图形图像处理软件（如 Illustrator、Photoshop、InDesign、CorelDRAW 等）、动画/影视制作软件（如 Adobe Flash/Animate 等）和音频处理软件等。

3. 网页相关概念

1）网页（Web Page）

网页是在网上浏览网站时看到的一个个页面，是一种独立的超文本文件，扩展名为.htm 或.html。网页是 WWW 服务中最主要的文件类型，通常存储于互联网的某一台服务器上，通过网址或 URL 描述其具体存放位置，以超文本标记语言（Hypertext Markup Language，HTML）编写，与普通文本相比，超文本具有两个特点：一是既可以含有简单文本，又可以加入表格、图像、动画、声音和视频等多种内容，在浏览器上呈现页面效果；二是能够提供索引式链接，可从一个页面跳转到另一页面，以实现与网络上的各种网页相连。

2）网站

网站是为网络用户提供信息的场所，是设计者表达某些主题内容设计的多张网页，利用超链接把相关栏目内容的网页组织起来，存放在 Web 服务器上。用户通过网络和浏览器从一个页面跳转到另一个页面，实现对整个网站的浏览。

3）主页

主页是网站的第一页即首页，浏览者可通过主页链接到网站其他页。主页是网站的核心，对整个网站内容起到索引的作用，便于用户浏览整个网站的内容。主页一般与一个网址相对应。

4）站点

站点是制作网站时在机器上的一个物理位置，即在硬盘上保存文件的地方。创建站点是为了用户在制作、修改网页时，能方便地管理站内的各种目录、文件或上传到 Web 服务器上。例如，Adobe 公司的 Dreamweaver 软件就具有创建站点的功能。

4. 网站的实现

要建立一个网站，还需要选择用哪种方法来实现它。目前，能够用于设计网站的方法有很多，可以使用 HTML 语言来编辑，也可以使用网页制作工具（如 Dreamweaver）来设计网站。网站一般先创建站点，然后制作主页，再制作其他页面。对于一个初学者来说，建议使用可视化编辑综合工具来设计网站的框架，然后再用 Java 和 JavaScript 等编辑语言来对网站进行修饰，对网页进行特效处理等。

无论采用哪一种网页编辑软件，最后都是将所设计的网页转化为 HTML。HTML 是搭建网页的基础语言，如果不了解 HTML，就不能灵活地实现想要的网页效果。HTML 作为一款标记语言，本身不能显示在浏览器中，须经过浏览器的解释和编译，才能正确地反映HTML 标记语言的内容。HTML 从 1.0 版本到 5.0 版本经历了巨大的变化，如今的HTML 5 使得移动终端的网页设计更加便利。例如最新版 WPS H5-秀堂就是面向普通用户的 H5 制作软件，用户使用它可以快捷地设计在线移动电子相册等网页，并快速分享至社交网络中。

5. 秀堂

WPS 针对移动社交产品趋势，打造了一款面向普通用户的 H5 制作软件——秀堂。秀堂提供海量 H5 模板，用户通过简单图文替换，即可实现图文音乐的自由组合，快速生成具备丰富动画效果的在线 HTML5 页面，一键分享到社交网络。同时，秀堂还可以帮助用户监测传播效果，满足用户的移动传播需求。图 4.18 为秀堂的主界面。

图 4.18　秀堂主界面

6. Adobe Dreamweaver

Adobe Dreamweaver 简称 DW，是集网页制作和管理网站于一身的所见即所得网页编辑器。目前的最新版本为 Adobe Dreamweaver CC 2017 版，该版本引入了多种新增功能和增强功能，包括对 Git 的支持、全新代码编辑器、更直观的用户界面(可选择深色主题)以及多种增强功能，包括经过改进的首次使用体验。

Adobe Dreamweaver CC 2017 目前可以安装在 Windows 或 Mac 系统上，可实现 Adobe Creative Cloud 同步，是一款初学者首选的网页编辑器。使用 Dreamweaver 工作区，可以查看文档和对象属性。工作区还将许多常用操作放置于工具栏中，使用户可以快速更改文档。其工作区如图 4.19 所示。

A. 应用程序栏 B. 文档工具栏 C. “文档”窗口 D. 工作区切换器 E. 面板 F. “代码”视图
G. 状态栏 H. 标签选择器 I. “实时”视图 J. 工具栏

图 4.19 Dreamweaver 工作区布局

(1) 应用程序栏。位于应用程序窗口顶部,包含一个工作区切换器、几个菜单(仅限Windows)以及其他应用程序控件。

(2) 文档工具栏。包含的按钮可用于选择“文档”窗口的不同视图(“设计”视图、“实时”视图和“代码”视图)。

(3) “文档”窗口。显示当前创建和编辑的文档。

(4) 工作区切换器。可根据需要添加或删除面板来自定义工作区,然后可将这些更改保存到工作区,以便稍后从“文档”工具栏中的“工作区切换器”进行访问。通过将面板的当前大小和位置另存为命名的工作区,即使移动或关闭了面板,也可以恢复该工作区。

(5) 面板。帮助用户监控和修改工作。示例包括“插入”面板、CSS 设计器面板和文件面板。若要展开某个面板,请双击其选项卡。

(6) 状态栏。状态栏显示“文档”窗口的当前尺寸(以像素为单位)等信息。

(7) 标签选择器。位于“文档”窗口底部的状态栏中。显示环绕当前选定内容的标签的层次结构。单击该层次结构中的任何标签可以选择该标签及其全部内容。

(8) 工具栏。位于应用程序窗口的左侧,并且包含特定于视图的按钮。

(9) “标准”工具栏。若要显示“标准”工具栏,请选择“窗口”→“工具栏”→“标准”。工具栏包含从“文件”和“编辑”菜单执行的常见操作的按钮:“新建”“打开”“保存”“全部保存”“打印代码”“剪切”“复制”“粘贴”“撤销”和“重做”。

(10) 属性检查器。用于查看和更改所选对象或文本的各种属性。

(11) Extract 面板。允许用户上传和查看 Creative Cloud 中的 PSD 文件。使用此面板,用户可以将 PSD 复合数据中的 CSS、文本、图像、字体、颜色、渐变和度量值提取到用户的文档。

(12)“插入”面板。包含用于将图像、表格和媒体元素等各种类型的对象插入到文档中的按钮。每个对象都是一段 HTML 代码,允许用户在插入它时设置不同的属性。例如,用户可以通过单击“插入”面板中的“表格”按钮来插入一个表格。

(13)“文件”面板。无论它们是 Dreamweaver 站点的一部分还是位于远程服务器,都可以将它们用于管理文件和文件夹。使用“文件”面板,还可以访问本地磁盘上的所有文件。

(14)“代码片段”面板。可让用户跨不同网页、不同站点和不同的 Dreamweaver 安装保存和重复使用代码片段(使用同步设置)。

(15) CSS 设计器面板。为 CSS 属性检查器,可让用户“可视化”创建 CSS 样式和文件,并设置属性和媒体查询。

注意:除使用帮助文档外,可参阅本书所配套的《大学计算机基础实验指导与习题集(第三版)》中的有关网页制作的实例。

4.5.4 压缩软件

压缩软件通常是把一个或多个文件压缩成一个单独的较小文件,称为压缩文件。常见的压缩文件类型是 RAR 和 ZIP;此外,还有 ARJ,CAB,GZ,ISO 等。压缩文件中的数据不能直接使用,只有经过解压缩,恢复原样后才能重新使用。一般而言,目前流行的压缩软件都能解压缩绝大多数常见类型的压缩文件。在 Windows 系统中,常用的压缩软件有 WinRAR(图 4.20 为 WinRAR 的主窗口)和 WinZIP、7z、快压等。

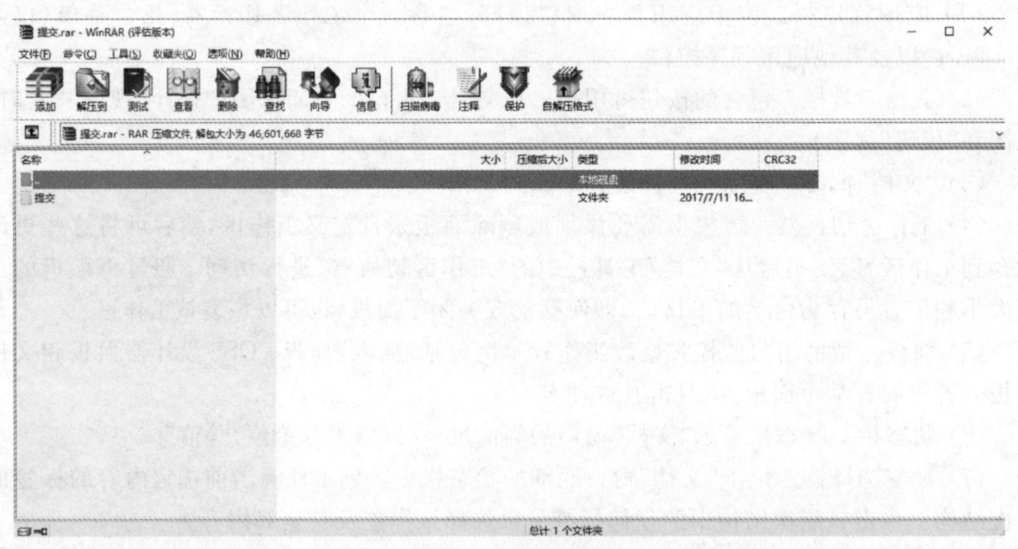

图 4.20 WinRAR 主窗口

可以从 Internet 上获取这些软件的最新版本,压缩软件的使用方法一般比较简单,在安装后可以通过其帮助系统或网络上的教程了解详细的使用方法,例如制作自解压文件、充当文件管理器、修复受损的压缩文件等。

本章小结

计算机软件是计算机运行所需要的各种程序和数据的总称。

按照计算机的控制层次，计算机软件分为系统软件和应用软件。

软件的两种主要工作模式是命令驱动和菜单驱动。

软件的安装就是将一些存放在磁盘和光盘上的程序有规则地安装到硬盘上，之后计算机就可以通过读取硬盘上的程序来运行。

软件生存周期包括可行性分析和项目开发计划、需求分析、概要设计、详细设计、编码、测试和维护等活动。

为了指导软件的开发，采用不同的方式将软件生命周期中的所有开发活动组织起来形成不同的软件开发模型，如瀑布模型、快速原型法模型。

常见的应用软件有办公软件、多媒体创作软件、网页制作软件和压缩软件等。

办公软件是指可以进行文字处理、表格制作、幻灯片制作、简单数据库处理等方面工作的软件。广义而言，政府用的电子政务，税务用的税务系统，企业用的协同办公软件等也属于办公软件。最基础的办公软件包括文字处理软件如 Word、演示文稿软件如 PowerPoint 和电子表格软件如 Excel。

多媒体创作软件按其功能分为多媒体素材制作软件和多媒体应用开发软件两大类。多媒体素材制作软件是专业人员在多媒体操作系统之上开发的，用于采集、整理和编辑各种多媒体素材的软件；多媒体应用开发软件主要用于编辑生成特定领域的多媒体应用软件，是多媒体设计人员在多媒体操作系统上进行开发的软件工具。

制作网页的工具按其工作方式主要分为两种：代码编辑工具和可视化编辑综合工具。

压缩软件通常是把一个或多个文件压缩成一个单独的较小文件，称为压缩文件。常见的压缩文件类型是 RAR 和 ZIP；此外，还有 ARJ，CAB，GZ，ISO 等。

习　题　4

4.1　选择题

1. 下列软件不属于系统软件的是（　　）。

A. 编译程序　　B. 诊断程序　　C. 操作系统　　D. 财务管理软件

2. WinRAR 创建的压缩文件的扩展名是（　　）。

A. .zip　　B. .ppt　　C. .rar　　D. .xls

3. 下面不属于操作系统的是（　　）。

A. Windows　　B. Linux　　C. Android　　D. Flash

4. 下面不是常用压缩文件扩展名的是（　　）。

A. .iso　　B. .arj　　C. .doc　　D. .zip

5. 下面不是瀑布模型特点的是（　　）。

A. 快捷性　　B. 顺序性　　C. 依赖性　　D. 推迟性

6. WPS 是(　　)公司的产品。

A. 金山　　B. IBM　　C. Microsoft　　D. Sony

7. Microsoft Word 是办公软件中重点针对(　　)进行处理的软件。

A. 文字　　B. 表格　　C. 数据　　D. 演示文稿

8. 下列(　　)不属于 Word 文件排版的基本层次。

A. 字符级排版　　B. 段落级排版　　C. 页面级排版　　D. 图文混排

9. Excel 软件是一种(　　)。

A. 大型数据库系统　　B. 操作系统　　C. 应用软件　　D. 系统软件

10. 在 PowerPoint 中,幻灯片中占位符的作用是(　　)。

A. 表示文本长度　　B. 限制插入对象的数量

C. 表示图形大小　　D. 为文本、图形预留位置

11 在 PowerPoint 中,为了精确控制幻灯片的放映时间,一般使用(　　)操作。

A. 设置切换效果　　B. 设置换页方式

C. 排练计时　　D. 设置每隔多少时间换页

12. PowerPoint 提供了多种(　　),它包含了相应的配色方案、母版和字体样式等,可供用户快速生成风格统一的演示文稿。

A. 版式　　B. 模板　　C. 母版　　D. 幻灯片

4.2　简答题

1. 简述 Windows 操作系统的安装步骤。

2. 什么是快速原型法模型?它有何特点?

3. 什么是办公软件?请结合实例简述你对办公软件的功能和应用领域的理解。

4. 什么是软件生命周期,请结合实例谈谈你对软件生命周期的理解。

第5章 操作系统

计算机系统由硬件和软件组成，计算机的硬件种类、型号非常多，如果所有的软件都和硬件直接进行交互，就会使软件的编写非常复杂。为了使计算机系统的软、硬件资源协调一致、有条不紊地工作，就必须有一个专门的软件进行统一管理和调度，这个专门的软件就是操作系统。本章首先介绍操作系统的概念、功能和分类，然后以 Windows 操作系统为例，详细介绍操作系统的主要功能，接着对 Linux 操作系统、Android、iOS 进行简要介绍，最后介绍虚拟机的概念和用法。

5.1 操作系统概述

5.1.1 操作系统的概念

操作系统是最基本的系统软件，是用于管理和控制计算机全部软件和硬件资源、方便用户使用计算机的一组程序，是运行在硬件上的第一层系统软件，其他软件必须在操作系统的支持下才能运行。它是软件系统的核心，是计算机硬件与其他软件的接口，也是用户与计算机的接口。

现代常用操作系统的简略架构如图 5.1 所示。

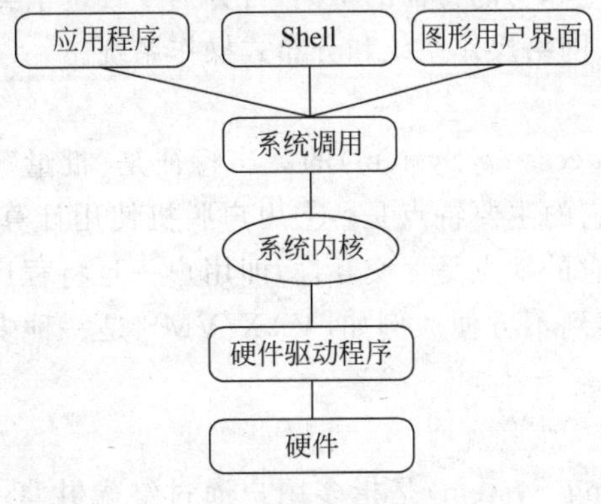

图 5.1 现代操作系统简略架构

5.1.2 操作系统的功能

操作系统的功能主要体现在对计算机资源(处理器、存储器、外部设备、文件和作业)的管理,操作系统将这些功能分别设置成相应的程序模块来管理,每个模块分管一定的功能。

1. 处理器管理功能

在大型操作系统中可存在多个处理器,并同时可管理多个作业。怎样选出其中一个作业进入主存储器准备运行,怎样为这个作业分配处理器等,都由处理器管理模块负责。处理器管理模块要对系统中各个微处理器的状态进行登记,还要登记各个作业对处理器的要求。管理模块还要用一个优化算法实现最佳调度规则,把所有的处理器分配给各个用户作业使用,以提高处理器的利用率。

2. 内存管理功能

内存储器的管理,主要由内存管理模块来完成。内存管理模块对内存的管理分三步。首先为各个用户作业分配内存空间;其次是保护已占内存空间的作业不被破坏;最后是结合硬件实现信息的物理地址到逻辑地址的变换,使用户在操作中不必担心信息究竟在哪个具体空间(即实际物理地址)就可以操作,从而方便了用户对计算机的使用和操作。内存管理模块使用一种优化算法对内存管理进行优化处理,以提高内存的利用率。

3. 设备管理功能

设备管理模块的任务是当用户请求某种设备时,应马上分配,并根据用户要求驱动外部设备供用户使用。另外设备管理模块要响应外部设备的中断请求,并予以处理。

4. 文件管理功能

操作系统对文件的管理主要是通过文件管理模块来实现的。文件管理模块管理的范围包括文件目录、文件组织、文件操作和文件保护。

5. 进程管理功能

进程管理也称作业管理,用户交给计算机处理的工作称为作业。作业管理是由进程管理模块来控制的,进程管理模块对作业执行的全过程进行管理和控制。

5.1.3 操作系统的分类

按用户使用的操作环境和功能特征的不同,可分为 6 种基本类型:批处理系统、分时系统、实时系统、嵌入式系统、网络操作系统和分布式操作系统。

1. 批处理系统

批处理系统(Batch Processing System)的突出特征是“批量”处理,它把提高系统处理能力作为主要设计目标。它的主要特点是:①用户脱机使用计算机,操作方便;②成批处理,提高了 CPU 利用率。它的缺点是无交互性,即用户一旦将程序提交给系统后就失去了对它的控制能力,使用户感到不方便。例如,VAX/VMS 是一种多用户、实时、分时和批处理的多道程序操作系统。

2. 分时系统

分时系统(Time Sharing System)是指多用户通过终端共享一台主机 CPU 的工作方式。为使一个 CPU 为多道程序服务,将 CPU 划分为很小的时间片,采用循环轮转方式将

这些CPU时间片分配给排队队列中等待处理的每个程序,由于时间片划分得很短,循环执行得很快,使得每个程序都能得到CPU的响应,好像在独享CPU。分时操作系统的主要特点是允许多个用户同时运行多个程序,每个程序都是独立操作、独立运行、互不干涉。现代通用操作系统中都采用了分时处理技术。例如,UNIX是一个典型的分时操作系统。

3. 实时操作系统

实时操作系统(Real Time Operating System)是实时控制系统和实时处理系统的统称。所谓实时就是要求系统及时响应外部条件的请求,在规定的时间内完成处理,并控制所有实时设备和实时任务协调一致地运行。

实时操作系统通常是具有特殊用途的专用系统。实时控制系统实质上是过程控制系统,例如,通过计算机对飞行器、导弹发射过程的自动控制,计算机应及时将测量系统测得的数据进行加工,并输出结果,对目标进行跟踪或者向操作人员显示运行情况。实时处理系统主要指对信息进行及时的处理,例如,利用计算机预订飞机票、火车票或轮船票等。

4. 嵌入式操作系统

嵌入式操作系统(Embedded Operating System)是指运行在嵌入式系统环境中,对整个嵌入式系统以及所操作、控制的各种部件装置等资源进行统一协调、调度、指挥和控制的操作系统。嵌入式操作系统具有通用操作系统的基本特点,能够有效管理复杂的系统资源。与通用操作系统相比,嵌入式操作系统在系统实时高效性、硬件的相关依赖性、软件固态化以及应用的专用性等方面具有较为突出的特点。嵌入式操作系统已广泛应用在制造工业、过程控制、通信、仪器、仪表、汽车、船舶、航空、航天、军事装备、消费类产品等领域。例如,家用电器产品中的智能功能,就是嵌入式系统的应用。

5. 网络操作系统

网络操作系统(Network Operating System)是基于计算机网络的操作系统,它的功能包括网络管理、通信、安全、资源共享和各种网络应用。网络操作系统的目标是用户可以突破地理条件的限制,方便地使用远程计算机资源,实现网络环境下计算机之间的通信和资源共享。例如,Windows 7、UNIX和Linux都是网络操作系统。

6. 分布式操作系统

分布式操作系统(Distributed Operating System)是指通过网络将大量计算机连接在一起,以获取极高的运算能力、广泛的数据共享以及实现分散资源管理等功能为目的的一种操作系统。它的优点是:①分布性。它集各分散节点计算机资源为一体,以较低的成本获取较高的运算性能。②可靠性。由于在整个系统中有多个CPU系统,因此当某一个CPU系统发生故障时,整个系统仍能工作。显然,在对可靠性有特殊要求的应用场合可选用分布式操作系统。

5.2 Windows系统

5.2.1 Windows操作系统发展历史

Microsoft Windows是一个为个人电脑和服务器用户设计的操作系统,它有时也被称为“视窗操作系统”。它的第一个版本由微软公司发行于1985年,并最终获得了世界个人计算机操作系统软件的垄断地位。下面就是整个 Windows 发展的历史过程。

(1) 1985 年 Windows 1.0 正式推出。

(2) 1987 年 10 月推出 Windows 2.0,比 Windows 1.0 版有了不少进步,但自身不完善,效果不理想。

(3) 1990 年 5 月 22 日,微软正式发布具备图形用户界面、支持 VGA 标准及配置与目前 Windows 系统相似 3D 功能的 Windows 3.0。该操作系统还拥有非常出色的文件和内存管理功能。Windows 3.0 因此成为微软历史上首款成功的操作系统。

(4) 1992 年 Windows 3.1 发布,该系统修改了 3.0 的一些不足,并提供了更完善的多媒体功能。Windows 系统开始流行起来。

(5) 1993 年 11 月 Windows 3.11 发布,革命性地加入了网络功能和即插即用技术。

(6) 1994 年 Windows 3.2 发布,这也是 Windows 系统第一次有了中文版,在我国得到了较为广泛的应用。

(7) 1995 年 8 月 24 日 Windows 95 发布,Windows 系统发生了质的变化,具有了全新的面貌和强大的功能,DOS 系统走下历史舞台。Windows 95 在桌面上增加了一个“开始”按钮和一个工具条,这种界面风格一直保留至今。

(8) 1996 年 8 月 24 日 Windows NT 4.0 发布,在 1993、1994 年微软公司相继发布了 3.1、3.5 等版本 NT 系统,主要面向服务器市场。

(9) 1998 年 6 月 25 日 Windows 98 发布,基于 Windows 95 之上,改良了硬件标准的支持,例如 MMX 和 AGP。其他特性包括对 FAT32 文件系统的支持、多显示器、Web TV 的支持和整合到 Windows 图形用户界面的 Internet Explorer。Windows 98 SE(第二版)发行于 1999 年 6 月 10 日。它包括了一系列的改进,例如 Internet Explorer 5、Windows Netmeeting。Windows 98 是一个成功的产品。

(10) 2000 年 9 月 14 日被公认为微软最为失败的操作系统 Windows ME 发布,集成了 Internet Explorer 5.5 和 Windows Media Player 7,系统还原功能则是它的另一个亮点。

(11) 2000 年 12 月 19 日 Windows 2000(又称 Win NT5.0)发布,共有 4 个版本:Professional、Server、Advanced Server 和 Datacenter Server。

(12) 2001 年 10 月 25 日 Windows XP 发布,Windows XP 中文全称为视窗操作系统体验版。字母 XP 表示英文单词的“体验”(experience)。最初发行了两个版本,家庭版(Home)和专业版(Professional)。家庭版的消费对象是家庭用户,专业版则在家庭版的基础上添加了面向商业设计的网络认证、双处理器等特性。在 2003 年 3 月 28 日发布了 64 位的 Windows XP,为微软公司的第一个 64 位客户操作系统。

(13) 2003 年 4 月 24 日,微软正式发布服务器操作系统 Windows Server 2003。它增加了新的安全和配置功能。Windows Server 2003 有多种版本,包括 Web 版、标准版、企业版及数据中心版。Windows Server 2003 R2 于 2005 年 12 月发布。

(14) 2006 年 12 月初,微软公司又发布了新的操作系统,叫作 Windows Vista,Vista 在发布之初,由于其过高的系统需求、不完善的优化和众多新功能导致的不适应引来大量的批评,市场反应冷淡,被认为是微软历史上最失败的系统之一。

(15) 2008 年 2 月 27 日,微软发布新一代服务器操作系统 Windows Server 2008。Windows Server 2008 是迄今为止最灵活、最稳定的 Windows Server 操作系统,它加入了包

括 Server Core、PowerShell 和 Windows Deployment Services 等新功能，并加强了网络和群集技术。Windows Server 2008 R2 版也于 2009 年 1 月份进入 Beta 测试阶段。

(16) 2009 年 10 月 23 日，Windows 7 正式发布，Windows 7 是第一款开始支持触控技术的 Windows 桌面操作系统。Windows 7 还具有超级任务栏，提升了界面的美观性和多任务切换的使用体验。通过开机时间的缩短，硬盘传输速度的提高等一系列性能改进，Windows 7 的系统要求低于 Vista，促进了其推广。到 2012 年 9 月，Windows 7 已经超越 Windows XP，成为世界上占有率最高的操作系统。

(17) 2012 年 10 月 25 日，Windows 8 正式发布。系统拥有独特的开始界面和触控式交互系统，旨在让人们的日常电脑操作更加简单和快捷，为人们提供高效易行的工作环境。Windows 8 支持来自 Intel、AMD 和 ARM 的芯片架构，被应用于个人电脑和平板电脑上。

(18) 2015 年 7 月 29 日，Windows 10 正式发布。Windows 10 是美国微软公司所研发的新一代跨平台及设备应用的操作系统。Windows 10 是微软发布的最后一个独立 Windows 版本，下一代 Windows 将作为更新形式出现。Windows 10 共有 7 个发行版本，分别面向不同用户和设备。

5.2.2 Windows 基本操作

1. 鼠标使用方法

一般来说，鼠标器有左、中、右三个按钮(有的只有左、右两个按钮)，中间的按钮通常是不用的。通过控制面板中的鼠标图标可以交换左、右按钮的功能。下面是有关鼠标操作的常用术语。

(1) 单击。按下鼠标左按钮，立即释放。需要读者特别注意的是，“单击”是指单击左按钮。

(2) 右击。按下鼠标右按钮，立即释放。右击后，通常会出现一个快捷菜单，快捷菜单是命令的便捷方式。几乎所有的菜单命令都有对应的快捷菜单命令。

(3) 双击。是指快速地进行两次单击(左键操作)。

(4) 指向。在不按鼠标按钮的情况下，移动鼠标指针到预期位置。“指向”操作通常有两种用法：一是打开菜单，例如，当用鼠标指针指向“开始”菜单中的“程序”时，就会弹出“程序”菜单。二是突出显示，当用鼠标指针指向某些按钮时会突然显示一些文字，说明该按钮的功能。例如，在 Microsoft Word 中当鼠标指针指向“磁盘”按钮时，就会突出显示“保存”。

(5) 拖曳。在按住鼠标按钮的同时移动鼠标指针。拖动前，先把鼠标指针指向想要拖动的对象，按下鼠标按钮然后拖动鼠标，结束拖动操作后松开鼠标按钮。

2. Windows 的桌面

“桌面”就是在安装好 Windows 后，用户启动计算机登录到系统后看到的整个屏幕界面，它是用户和计算机进行交流的窗口，通过桌面，用户可以有效地管理自己的计算机。常见的桌面如图 5.2 所示。

Windows 的桌面由桌面上的图标、小工具和桌面下方的任务栏组成。

1) 图标

“图标”是指在桌面上排列的、代表某一特定对象的图形符号，它由图形、说明文字两部分组成，具有直观、形象的特点；用户可以根据自己的需要在桌面上添加各种快捷图标。在

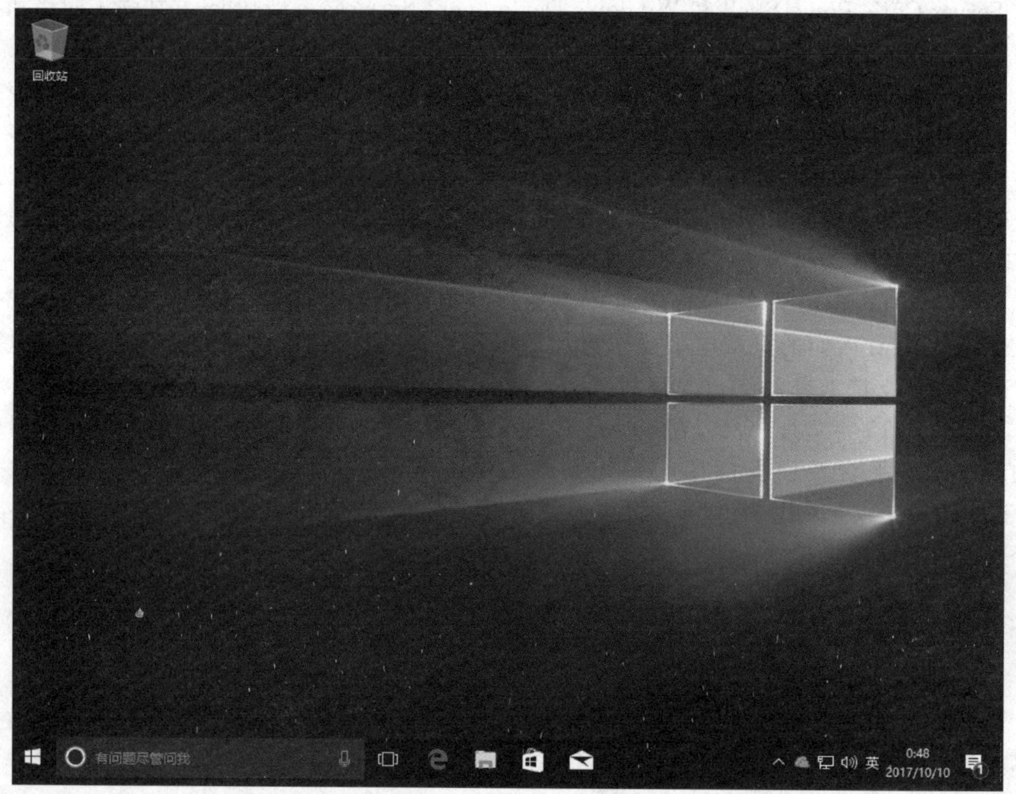

图 5.2　Windows 桌面

使用时，双击图标就能够快速启动相应的程序或文件。图 5.2 中桌面上显示的是“回收站”图标，双击它可以显示出用户已经删除的文件或文件夹等信息，如果用户误删了文件或文件夹，可以从中选取并还原。

2）任务栏

桌面底部的蓝色长条形区域称为“任务栏”，如图 5.3 所示，任务栏可分为“开始”按钮、快速启动工具栏、窗口按钮栏和通知区域等几部分。

图 5.3　任务栏

(1) “开始”菜单。运行 Windows 应用程序的入口，是执行程序常用的方式。若要启动程序、打开文档、改变系统、查找特定信息等，都可以单击该按钮，然后再选择具体的命令。单击“开始”按钮，弹出如图 5.4 所示的菜单，它包含了使用 Windows 所需的全部命令。

Windows 为“开始”菜单和任务栏引入了“跳转列表”(Jump List)。“跳转列表”是最近使用的项目列表，如文件、文件夹或网站，这些项目按照用来打开它们的程序进行组织。除了能够使用“跳转列表”打开最近使用的项目之外，还可以将收藏夹项目锁定到“跳转列表”，以便可以轻松访问每天使用的程序和文件。

(2) 快速启动工具栏。它由一些小型的按钮组成，单击可以快速启动程序，一般情况

图 5.4 “开始”按钮菜单

下，我们把最常用的图标放入此处。

(3) 窗口按钮栏。当用户启动某项应用程序而打开一个窗口后，在任务栏上会出现相应的有立体感的按钮，表明当前程序正在被使用。在桌面上打开多个窗口的情况下，有时要查看某个窗口并在这些窗口之间切换，将鼠标指向窗口按钮栏的某按钮，随即与该按钮关联的所有打开窗口的缩略图预览将出现在任务栏的上方，如果希望打开正在预览的窗口，单击该窗口的缩略图即可。

(4) 输入法按钮。显示当前正在使用的输入法，如图 5.5 所示，也可以通过此按钮切换输入法。

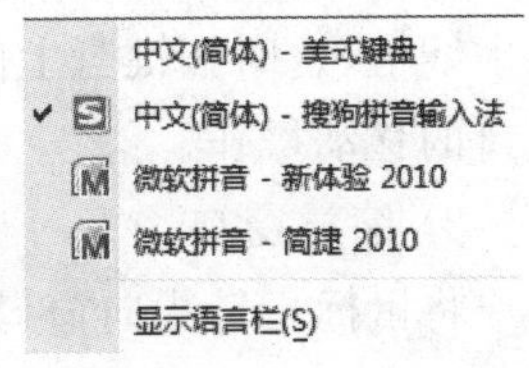

图 5.5 输入法

(5) 通知区域。位于任务栏的最右侧，包括一个时钟和一组图标。这些图标表示计算机上某些程序的状态，或提供访问特定设置的途径。所看到的图标集取决于已安装的程序或服务以及计算机制造商设置计算机的方式。双击图标通常会打开与其相关的程序或设置。例如，双击音量图标会打开音量控件。双击网络图标会打开“网络和共享中心”。有时，通知区域中的图标会显示小的弹出窗口(称为通知)，显示通知信息。

3. Windows 的窗口

当用户打开一个文件或者是应用程序时，都会出现一个窗口，窗口是用户进行操作时的重要组成部分。在 Windows 中有许多种窗口，其中大部分都包括了相同的组件，如图 5.6 所示是一个标准的窗口，它由标题栏、菜单栏、滚动条等几部分组成。

(1) 标题栏。显示文档和程序的名称(或者如果正在文件夹中工作，则显示文件夹的名称)。

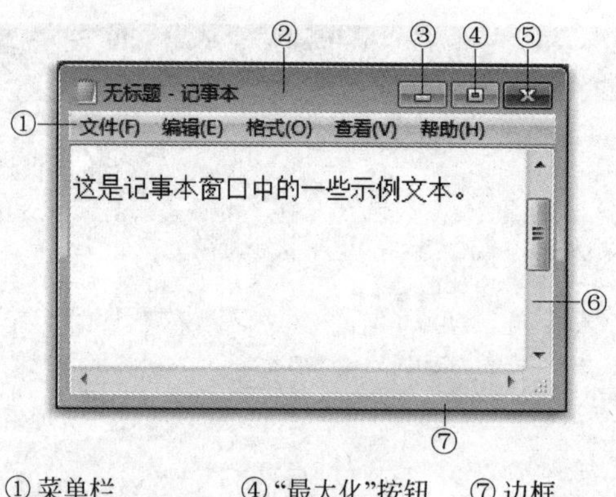

①菜单栏 ④“最大化”按钮 ⑦边框
②标题栏 ⑤“关闭”按钮
③“最小化”按钮 ⑥滚动栏

图 5.6 标准的窗口

(2) 最小化、最大化和关闭按钮。这些按钮分别可以隐藏窗口、放大窗口使其填充整个屏幕以及关闭窗口。

(3) 菜单栏。包含程序中可单击进行选择的项目。

(4) 滚动条。可以滚动窗口的内容以查看当前视图之外的信息。

(5) 边框和角。可以用鼠标指针拖动边框和角以更改窗口的大小。

窗口操作是 Windows 最基本的操作。窗口操作既可通过鼠标使用窗口上的各种命令实现,也可通过键盘使用快捷键实现。窗口操作主要有移动窗口、缩放窗口、窗口最大/最小化、窗口内容的滚动、鼠标拖曳操作、窗口晃动和关闭窗口等。

1) 移动窗口

使用鼠标移动窗口:将鼠标指针对准窗口的“标题栏”,按住鼠标左键不放,移动鼠标到所需要的地方,松开左键,窗口即被移动到新位置。

使用控制菜单移动窗口:单击“控制按钮”,执行“移动”菜单命令,窗口的边框上出现一个虚线框,这时按键盘上的方向键,虚线框移动到所需的位置后,按 Enter 键或单击即完成窗口的移动操作。

2) 缩放窗口

将鼠标指针指向窗口的边框或角,鼠标指针自动变成双向箭头,按下左键沿箭头方向拖动,直到窗口变成所需的大小后松开左键。

3) 滚动窗口内容

将鼠标指针移动到窗口滚动条的滚动块上,按住左键拖动滚动块;或者单击滚动条上的上箭头或下箭头;或者滚动鼠标中间的滚动钮,都可使窗口中的内容滚动。

4) 窗口最大/最小化、恢复

单击窗口右上角的最大化按钮,或双击标题栏,或单击控制按钮并执行“最大化”菜单命令,窗口将充满整个屏幕,此时最大化按钮变为还原按钮。单击还原按钮,窗口恢复原来的大小。

单击窗口右上角的最小化按钮,或单击控制按钮并执行“最小化”命令。此时窗口缩小成任务栏中的一个按钮,单击该按钮可切换窗口为当前窗口。

5）关闭窗口

使用鼠标操作：单击关闭按钮，或双击控制菜单图标，或执行控制菜单中的关闭命令，都可关闭窗口。

使用键盘操作：按 Alt＋F4 关闭当前窗口。

6）切换窗口

切换窗口最简单的方法是用鼠标单击“任务栏”上的窗口图标，也可以单击所需要的窗口没有被挡住的地方。

此外，可以通过反复按键盘上的 Alt＋Esc 或 Alt＋Tab 组合键来切换当前窗口。

7）排列窗口

多个窗口在桌面上的排列有层叠、横向平铺和纵向平铺三种方式。

8）鼠标拖曳操作

使用鼠标拖曳操作功能，通过简单地移动鼠标即可排列桌面上的窗口并调整其大小。使用鼠标拖曳操作，可以使窗口与桌边的边缘快速对齐、使窗口垂直扩展至整个屏幕高度或最大化窗口使其全屏显示。鼠标拖曳操作在以下情况中尤为有用：比较两个文档、在两个窗口之间复制或移动文件、最大化当前使用的窗口，或展开较长的文档，以便于阅读并减少滚动操作。

若要使用鼠标拖曳操作，可以将打开窗口的标题栏拖动到桌面的任意一侧对齐该窗口，也可以将其拖动到桌面的顶部最大化该窗口。若要使用鼠标拖曳操作垂直扩展窗口，请将窗口的上边缘拖动到桌面的顶部。

9）窗口晃动

通过使用晃动功能，可以快速最小化除桌面上正在使用的窗口外的所有打开窗口。只需单击要保持打开状态的窗口的标题栏，然后快速前后拖动（或晃动）该窗口，其他窗口就会最小化。若要还原最小化的窗口，请再次晃动打开的窗口。

4. Windows 的对话框

对话框在 Windows 中占有重要的地位，是用户与计算机系统之间进行信息交流的窗口，在对话框中用户通过对选项的选择，实现对系统对象属性的修改或者设置。图 5.7 就是典型的 Windows 对话框。

对话框与窗口有类似的地方，即顶部都有标题栏，但是对话框没有菜单栏，而且对话框的大小是固定的，不能像窗口那样随意改变。对话框主要包含标题栏、标签与选项卡、文本框、单选按钮、复选框、列表框、下拉列表框、数值微调框、滑标和命令按钮等组成。

5. Windows 的菜单

Windows 中有多种菜单，如前面已经介绍的桌面“开始”菜单、用鼠标右击一个项目或区域后弹出的快捷菜单以及各种窗口的控制菜单等。这些菜单虽然形式多样、功能各异，但一般都采用分层次的下拉式结构，只要用户单击相应菜单项，即可方便地实现菜单的功能，而不一定要求用户记忆命令语句。

5.2.3 Windows 文件管理

大多数的 Windows 任务通过文件和文件夹工作。就像在档案柜中使用牛皮纸资料夹整理信息一样，Windows 使用文件夹为计算机上的文件提供存储系统。

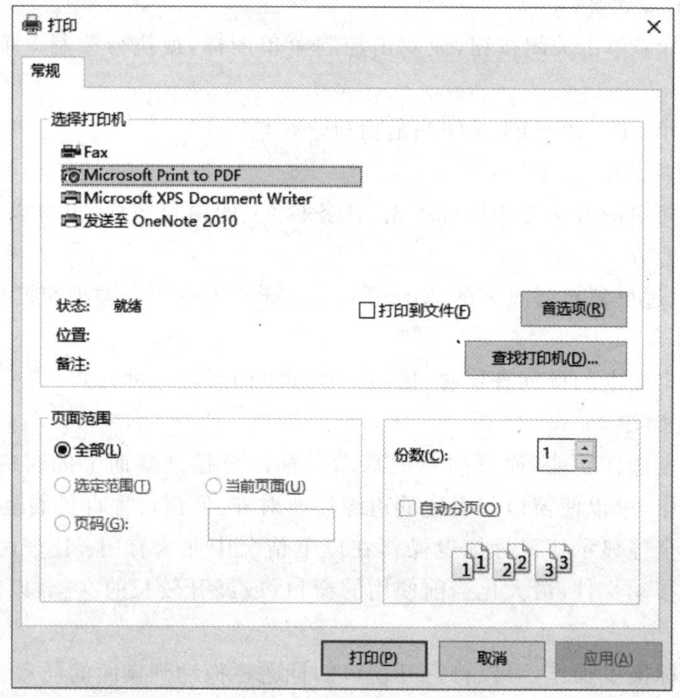

图 5.7　Windows“打印”对话框

1. 文件与文件夹概述

文件就是一个完整的、有名称的信息集合。例如，程序、程序所使用的一组数据或用户创建的文档。文件是基本存储单位，它使计算机能够区分不同的信息组。文件是数据集合，用户可以对这些数据进行检索、更改、删除、保存或发送到一个输出设备（如打印机或电子邮件程序）。

文件夹是用于存放图形用户界面中的程序和文件的容器，在屏幕上用一个文件夹的图标表示。文件夹是用户在磁盘上组织程序和文档的一种手段，既可包含文件，也可包含其他文件夹。

1）文件命名规则

文件名由字母、数字和符号有序组成，用于标识一个文件，文件名既便于操作系统存储和检索文件，又便于用户识别文件。一个完整的文件名一般分为两部分：主文件名和文件扩展名，它们之间用“.”隔开。Windows 的命名规则如下：

（1）文件名和文件夹名最多可以有 255 个字符。

（2）通常，每个文件都有扩展名，用以标识文件类型或创建此文件的程序。当文档列入“开始”菜单时，扩展名被省略。

（3）文件名和文件夹名中不能出现以下字符：\/：*？"<>|。

（4）不区分大小写。

（5）不能使用 Aux、Com1、Com2、Com3、Com4、Con、Lpt1、Lpt2、Lpt3、Prn、Nul 作为文件名，这些已作为系统的设备文件名。

（6）文件名和文件夹名中可使用汉字。

2）文件通配符

通配符是一个键盘字符，当查找文件、文件夹、打印机、计算机或用户时，可以使用它来代表一个或多个字符。当不知道真正字符或者不想键入完整名称时，常常使用通配符代替一个或多个字符。

通配符有两个，一个是“＊”，它代表任意多个字符；另一个是“?”，它代表任意一个字符。例如：abc＊.＊表示以abc开头的任意文件名和扩展名文件；abc?.doc表示以abc开头的第4个字符任意的Word文档。

3）设备文件

设备文件实际上是操作系统管理设备的一种方法，它为设备起一个固定的文件名，因而可以像使用文件一样方便地管理这些设备。

4）文件路径

文件的路径表示文件在磁盘中的位置，路径指出了文件所在的驱动器及文件夹。如C:\windows\system32\cacl.exe表示放置在路径C:\windows\system32下的cacl.exe文件。上级文件夹与下级文件夹、文件夹与文件之间用“\”隔开，驱动器后面总是跟着“:”。

路径有绝对路径和相对路径之分。绝对路径是从根目录符号“\”开始的路径，如上面的例子就是绝对路径；相对路径是指路径不以根目录符号“\”开头，而以当前目录的下一级子目录名打头的路径，如果当前路径为C:\windows，那么上面那个路径使用相对路径就可以写为system32\cacl.exe。

2. 文件及文件夹管理

可以使用“计算机”“库”或者“资源管理器”对文件及文件夹管理。

1）计算机

“计算机”可显示U盘、硬盘、CD-ROM驱动器和网络驱动器中的内容。也可以搜索和打开文件及文件夹，并且访问控制面板中的选项以修改计算机设置。双击桌面上的“计算机”图标可以打开“计算机”，如图5.8所示。通过“计算机”，可以很方便地对文件及文件夹进行相应的操作。

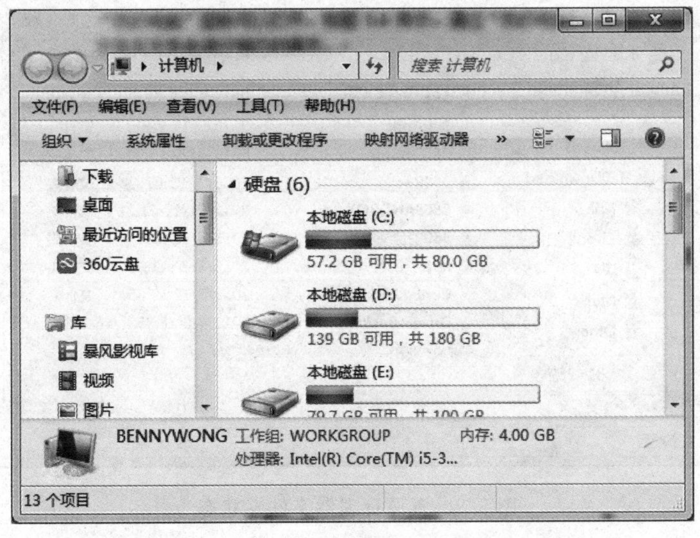

图5.8 计算机

2）库

在以前的 Windows 版本中，管理文件意味着在不同的文件夹和子文件夹中组织这些文件。在 Windows 7 及以后的版本中，还可以通过库按类型组织和访问文件，而不管其存储位置如何。库可以收集不同位置的文件，并将其显示为一个集合，而无须从其存储位置移动这些文件。

库用于管理文档、音乐、图片和其他文件的位置。可以使用与在文件夹中浏览文件相同的方式浏览文件，也可以查看按属性（如日期、类型和作者）排列的文件。在某些方面，库类似于文件夹。例如，打开库时将看到一个或多个文件。但与文件夹不同的是，库可以收集存储在多个位置中的文件。这是一个细微但重要的差异。库实际上不存储项目。它们监视包含项目的文件夹，并允许用户以不同的方式访问和排列这些项目。例如，如果在硬盘和外部驱动器上的文件夹中有音乐文件，则可以使用音乐库同时访问所有音乐文件。

Windows 有 4 个默认库：文档、音乐、图片和视频。用户也可以新建库。

3）资源管理器

“资源管理器”是 Windows 系统提供的资源管理工具，我们可以用它查看本台计算机的所有资源，特别是它提供的树形文件系统结构，使我们能更清楚、更直观地认识计算机的文件和文件夹。另外，在“资源管理器”中还可以对文件进行各种操作，如打开、复制、移动等。

（1）打开文件夹

打开一个文件夹，是指在右窗格的文件夹内容框中显示该文件夹的内容。打开的文件夹将成为当前文件夹（当前目录），它的名字显示在标题栏上以及工具栏的“地址”下拉式列表框中。

如果图标是个向下的实心三角形，那么该文件夹为展开状态；如果图标是个向右的空心三角形，那么该文件夹为折叠状态，如图 5.9 所示。

图 5.9 资源管理器文件夹状态

任何时刻,只能有一个文件夹处于当前状态,它是当前文件夹,右窗格中将显示当前文件夹的内容。

- 通过文件夹框打开文件夹

在左窗格的文件夹框中用单击要打开的文件夹即可打开文件夹。

- 通过文件夹内容框打开文件夹

在文件夹内容框中用双击要打开的文件夹即可打开文件夹。

- 单击工具栏上的"返回"和"前进"图标按钮(◀▶)可以返回或前进到上一次打开的文件夹。

(2) 文件和文件夹的选定与撤销选定

对用户来说,选定文件或文件夹是一种非常重要的操作,因为 Windows 的操作风格是先选定操作对象,然后选择执行的操作命令。例如要删除文件,用户必须先选定要删除的文件,然后选择"删除"命令或按 Del 键。在文件夹框中,一次只能选定一个文件夹,在文件夹内容框中可以同时选定一个、多个连续以及多个非连续的文件夹或文件对象。

- 选定一个文件或文件夹

鼠标法。单击要选定的文件或文件夹。

键盘法。按 Tab 键,直到文件名虚线框成为深色亮条,然后按箭头键将深色亮条移到选定的文件或文件夹。也可以使用表 5.1 中的特殊键来选定对象。

表 5.1 在文件夹中选定对象的特殊键

按 键	选 定
↑	上一个对象
↓	下一个对象
←	左边的对象(对象以图标或列表形式显示)
→	右边的对象(对象以图标或列表形式显示)
Home	文件夹内容框中的第一个对象
End	文件夹内容框中的最后一个对象
PgUp	前一屏的第一个对象
PgDn	下一屏的最后一个对象
字符	下一个以该字符开头的对象

- 选定多个连续文件或文件夹

拖动鼠标选定文件。在文件夹内容框中,拖动鼠标,出现一个虚线框,释放鼠标按钮将选定虚线框中的所有文件。

鼠标法。先单击要选定的第一个文件或文件夹后,按住 Shift 键,然后单击最后一个要选定的文件或文件夹,释放 Shift 键,Windows 选定这两个对象之间的所有对象。

键盘法。按 Tab 或 Shift+Tab 键直到出现深色亮条;用箭头键将深色亮条移到要选定的第一个对象上;按下 Shift 键,然后移动箭头键选定其余各对象;释放 Shift 键。

- 选定多个非连续对象

先按住 Ctrl 键,然后依次单击要选定的每一个对象后,释放 Ctrl 键。

在"编辑"菜单中,有两个用于选定对象命令:

全部选定。用于选定文件夹内容框中所有的对象。另外用 Ctrl+A 快捷键也可"全部选定”。

反向选择。用于反转对象的选定状态,即选定那些原先未选定的对象,同时取消那些原来已选定的对象。

• 撤销选定的文件和文件夹

按住 Ctrl 键,单击已选定的项目,该项目取消选定(再单击一次又重新选定该项),其他项的选定情况不变。另一种撤销的方法是随意单击任一项,将只选中最后单击的一项,其他项取消选定。

当使用键盘撤销时,按箭头键就能取消前一次选定的项。

(3) 删除文件和文件夹

删除一个文件夹,将会删除文件夹中的所有内容,包括它的所有文件和子文件夹。删除文件和文件夹可采用如下几种方法。

① 选定要删除的对象,然后按 Del 键。此法最简单。

② 选定要删除的对象,然后选择“文件”菜单中的“删除”命令。

③ 选定要删除的对象并右击要删除的对象,然后选择快捷菜单中的“删除”命令。

④ 选定要删除的对象,然后单击工具栏的“删除”工具图标。

⑤ 选定要删除的对象,用鼠标拖放到“回收站”中。

以上几种操作,Windows 都会显示“确认文件夹/文件删除”对话框,单击“是”按钮即可删除。

如果是删除硬盘上的文件,在以上的操作中,若同时按下 Shift 键,删除的文件将不进入“回收站”而直接从硬盘上删除。否则,该文件没有真正从硬盘清除,而只是暂时放到“回收站”中,必要时还可以从回收站中恢复。

(4) 复制文件和文件夹

• 方法 1

① 选定要复制的文件或文件夹。

② 选择“编辑”菜单中的“复制”命令,或按 Ctrl+C 组合键,将所选文件或文件夹复制到剪贴板中。

③ 打开目标盘或目标文件夹,选择“编辑”菜单中的“粘贴”命令,或按 Ctrl+V 组合键,即将选定的文件或文件夹复制到目标文件夹中。

• 方法 2

① 选定要复制的文件或文件夹。

② 按住 Ctrl 键不放,用鼠标将选定的文件或文件夹拖动到目标盘或目标文件夹中,也可以实现复制操作。如果在不同的驱动器之间复制只要用鼠标拖动文件或文件夹就可以完成复制操作,可以不使用 Ctrl 键。

(5) 移动文件或文件夹

移动文件或文件夹的方法类似于复制操作。步骤如下。

• 方法 1

① 选定要移动的文件或文件夹。

② 选择“编辑”菜单中的“剪切”命令,或按 Ctrl+X 组合键,将所选对象移动到剪贴板中。

③ 打开目标盘或目标文件夹，选择“编辑”菜单中的“粘贴”命令，或按 Ctrl＋V 组合键，完成移动操作。

• 方法 2

① 选定要移动的文件或文件夹。

② 按住 Shift 键不放，用鼠标将选定的文件或文件夹拖动到目标盘或目标文件夹中，也可以实现移动操作。如果在相同的驱动器之间移动，只要用鼠标拖动文件或文件夹就可以完成，可以不使用 Shift 键。

(6) 撤销删除、移动和复制操作

可以选择“编辑”菜单中的“撤销”命令，来取消此前所进行的移动、复制和删除操作。同样，也可以利用工具栏上的“撤销”按钮进行撤销操作，或按 Ctrl＋Z 组合键。

(7) 发送文件或文件夹

在 Windows 中，可以直接把文件或文件夹发送(实质就是复制)到 U 盘、移动硬盘、“我的文档”或“邮件接收者”等地方。发送文件或文件夹的方法是：选定要发送的文件或文件夹，然后用鼠标指向“文件”菜单中的“发送到”，或右击，选择快捷菜单中的“发送到”，最后选定发送目标。

(8) 创建新文件或文件夹

可以在当前文件夹中创建一个新文件夹，新建的文件夹将成为该文件夹的子文件夹。具体操作如下。

① 打开当前文件夹。

② 在“文件”菜单下选择“新建命令”。

③ 在“新建”子菜单中选择“文件夹”选项，这时会出现一个默认名为“新建文件夹”的文件夹。该文件夹的名字自动进入文本编辑状态，此时可更改文件夹名，改后按 Enter 键确认，完成创建文件夹。

(9) 创建文件的快捷方式

当为一个文件创建快捷方式后，就可以使用该快捷方式打开文件或运行程序。

① 打开文件夹使其成为当前文件夹并选定目标文件。

② 选择“文件”菜单中的“创建快捷方式”命令或右击后在弹出的快捷菜单中选择“创建快捷方式”命令。

(10) 更改文件或文件夹的名称

更改文件或文件夹的名称的步骤如下。

① 选中要改名的文件或文件夹。

② 在“文件”菜单上或快捷菜单中选择“重命名”。

③ 键入新的名称并按 Enter 键。

(11) 查找文件或文件夹

有时用户需要在计算机中查找一些文件或文件夹的存放位置。使用“搜索”命令可以帮助用户快速找到所需要的内容。除了文件和文件夹，还可以查找图片、音乐以及网络上的计算机和通讯录中的人等。

还可以通过在任何打开的窗口顶部的搜索框中，键入内容，进行搜索。

5.2.4 Windows 程序管理

1. 运行程序

程序通常是以.EXE为扩展名的可执行文件,如果要使用这些程序,就需要启动它。在Windows当中,启动应用程序通常有几种方式。

(1) 双击桌面上的快捷方式图标。

(2) 在"开始"菜单中的"所有程序"当中,找到所在的程序快捷方式,单击启动。

(3) 在"资源管理器"中,打开程序文件所在的文件夹,双击启动。

2. 安装应用程序

应用程序通常都需要安装才能够使用,也有部分软件可以直接使用。一般需要安装的软件,在安装文件当中都会有一个setup.exe文件和一个readme.txt文件,可以参考readme.txt当中的说明以及运行setup.exe过程当中的提示进行相应的安装操作。程序安装完后,通常会在"开始"菜单中的"所有程序"里添加相应的菜单项,有些还会在桌面及快速启动栏里添加快捷方式。

3. 卸载应用程序

因为程序在安装过程当中,并不是仅仅把文件复制到程序安装的目录,还可能有部分文件复制到其他地方,也可能修改了注册表。因此,如果单纯的删除程序安装目录下的所有文件并不能彻底清除应用程序。应该通过程序本身所提供的卸载功能进行卸载,或者通过Windows所提供的卸载功能完成。例如要使用Windows 10所提供的卸载功能,需要打开Windows 10"设置"菜单中的"应用和功能"页面,如图5.10所示。然后选择需要卸载的程序进行卸载。

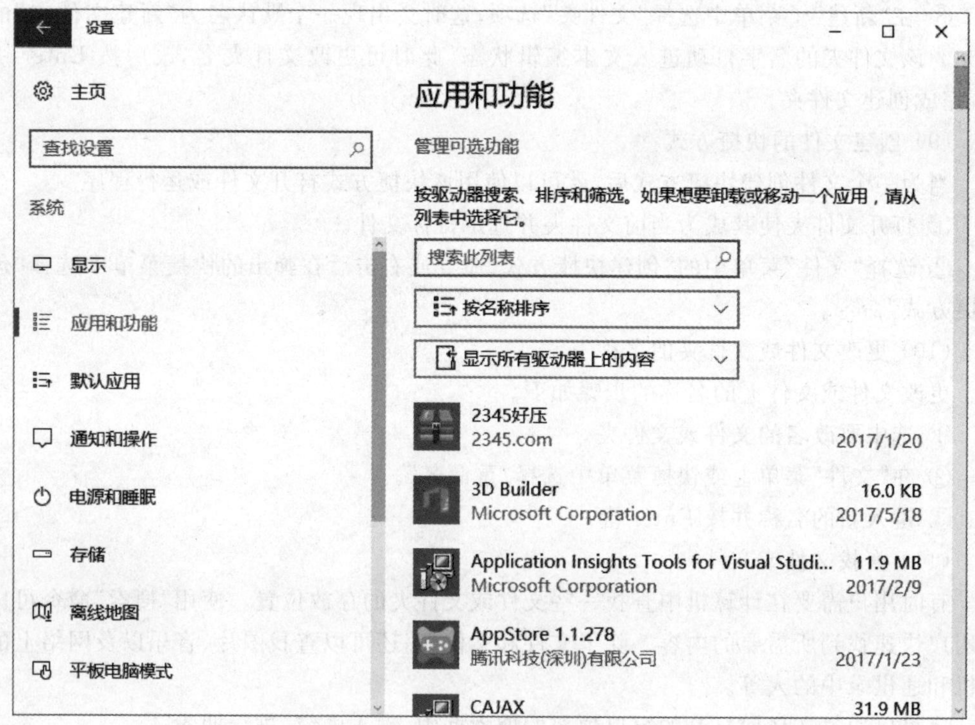

图5.10 "应用和功能"页面

5.2.5 Windows 系统安全

1. 用户管理

打开控制面板中的用户账户功能，既可以进行用户管理，可以创建多个不同权限的用户，也可以给用户创建密码，如图 5.11 所示。

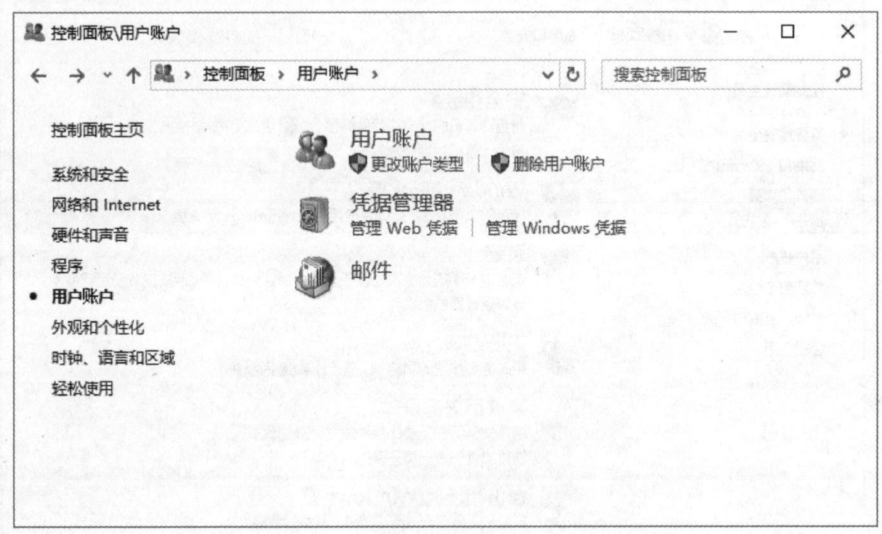

图 5.11 用户账户

除了控制面板以外，还可以通过计算机管理中的功能对用户进行管理，单击“开始”菜单，选中“Windows 管理工具”并单击，然后单击“计算机管理”，单击本地“用户和组”下的“用户”，即可出现如图 5.12 所示的页面。

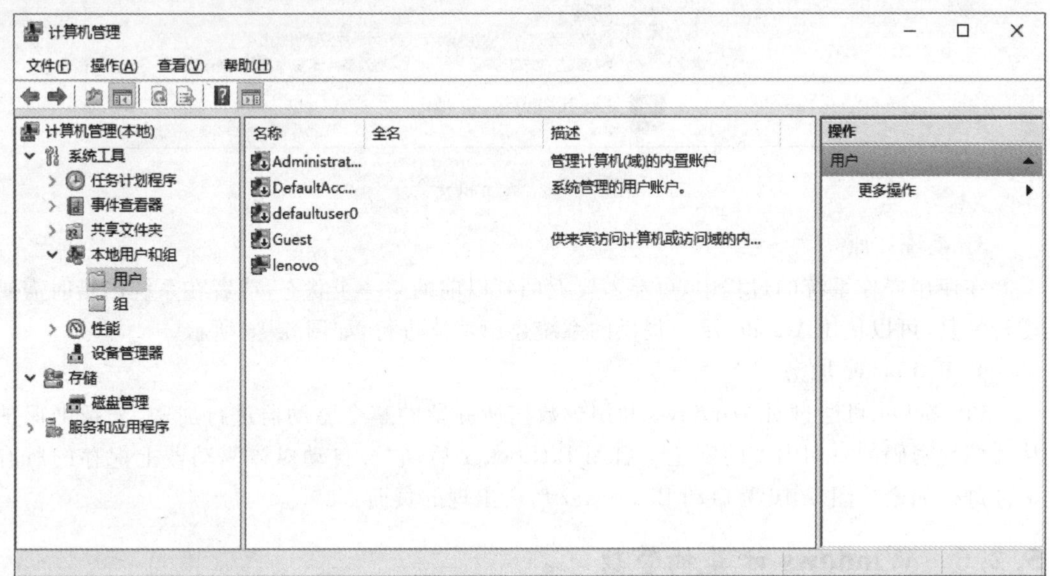

图 5.12 “计算机管理”中的“用户”管理

2. 系统和安全

打开控制面板中的“系统和安全”功能，既可以进行系统安全设置，如图 5.13 所示，在此可以进行 Windows 防火墙、自动更新、备份与还原等安全方面的设置，图 5.14 所示就是进入 Windows 自带防火墙的设置窗口。

图 5.13　系统和安全

3. 系统还原

在使用操作系统的过程中，可能需要返回到以前的某一个状态，或者在系统出错时需要进行恢复，可以使用 Windows 所提供的系统还原功能进行，如图 5.15 所示。

4. BitLocker 加密

BitLocker 可通过对 Windows 和用户数据所驻留的整个驱动器进行加密，来帮助保护从文档到密码的一切内容的安全。启用 BitLocker 后，它会自动对该驱动器上保存的所有文件进行加密。图 5.16 为启动 BitLocker 后所出现的页面。

5.2.6　Windows 计算机管理

计算机管理包括系统工具、存储、服务和应用程序管理三部分。

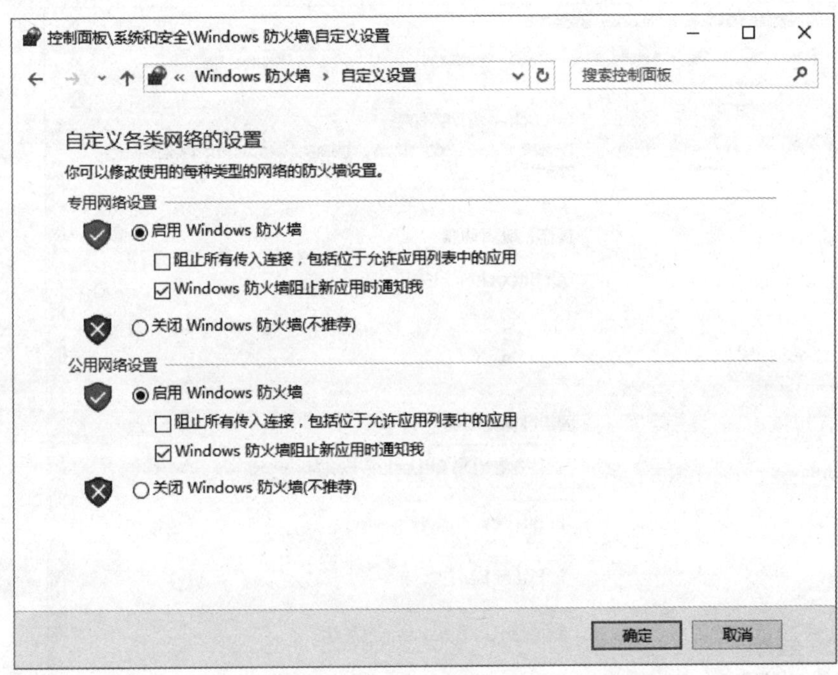

图 5.14 Windows 防火墙设置

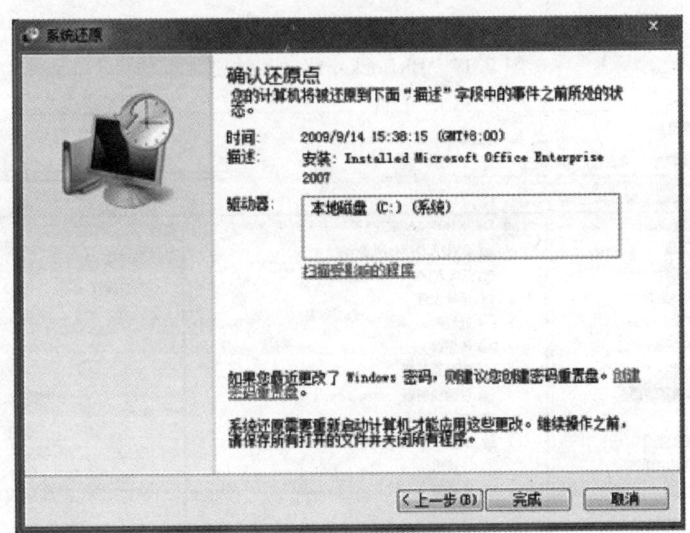

图 5.15 系统还原

1. 设备管理

在图 5.12 的“计算机管理”窗口中，选择“系统工具”中的“设备管理器”，可以看到整个计算机的硬件设备信息，如图 5.17 所示。如果需要停用或者卸载某个硬件设备或者更新其驱动程序，可以在设备管理器窗口中选中相应的设备，右击，即可进行相应的操作，如图 5.18 所示。

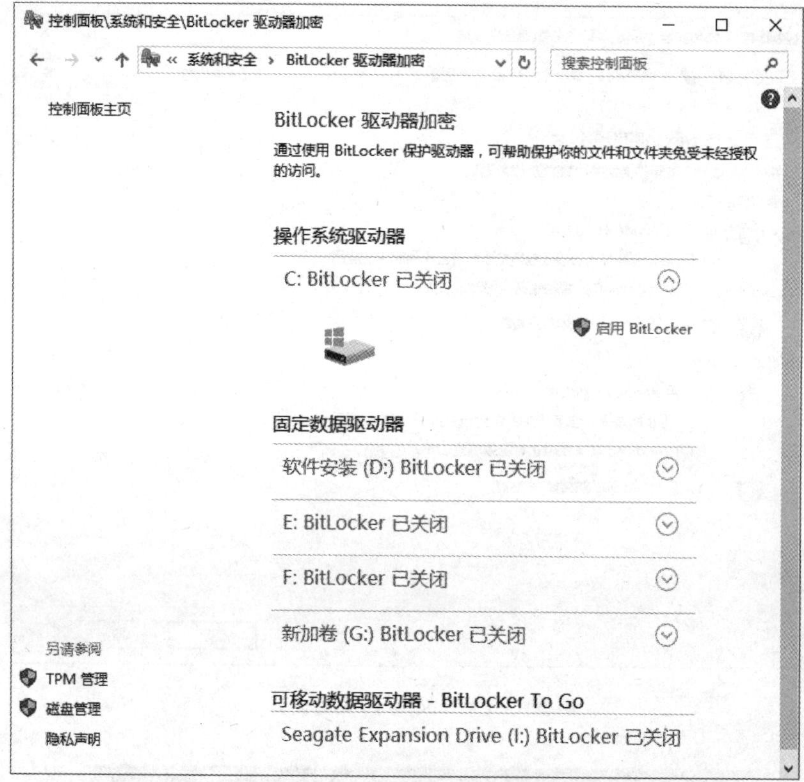

图 5.16　BitLocker 驱动器加密

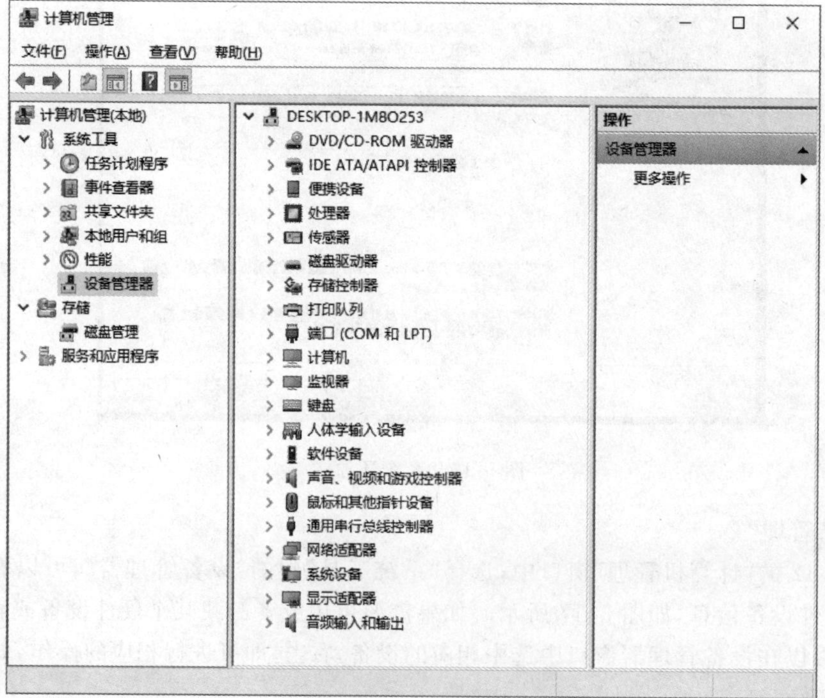

图 5.17　设备管理器

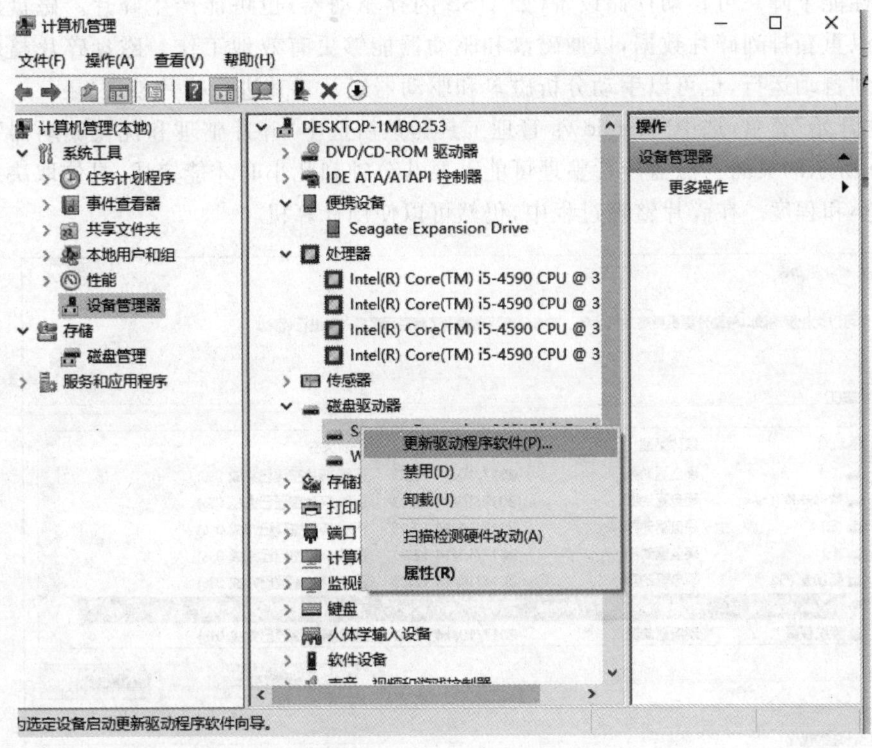

图 5.18 管理设备

2. 磁盘管理

在“计算机管理”窗口中，选择“存储”菜单中的“磁盘管理”可以查看各磁盘的相关信息，如图 5.19 所示。

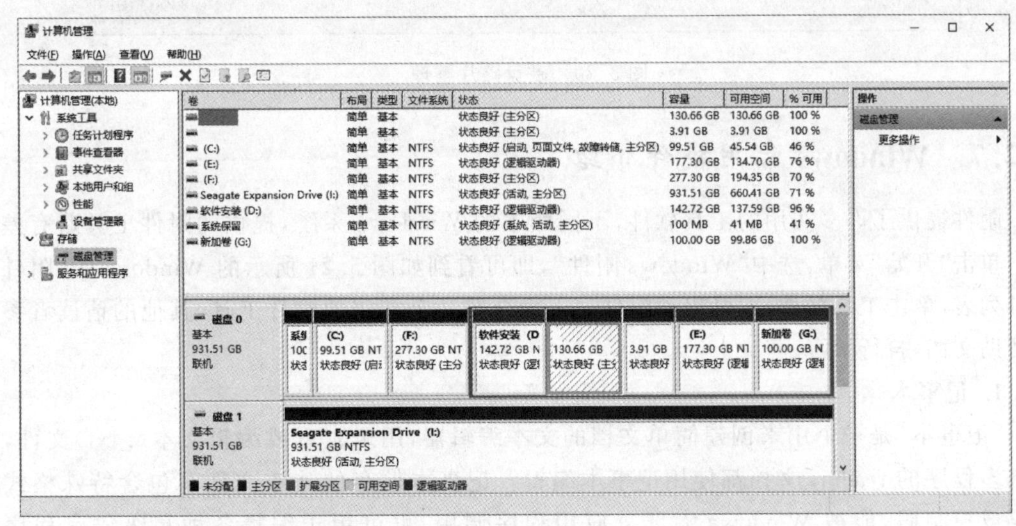

图 5.19 磁盘管理

在使用系统的过程中，因不断地添加、删除文件，经过一段时间就会形成一些物理位置不连续的文件，这就是磁盘碎片。如果要访问这些文件，就会增加硬盘的转动次数，使得整个系统的性能下降。可移动存储设备(如 USB 闪存驱动器)也可能产生碎片。磁盘碎片整理程序可以重新排列碎片数据,以便磁盘和驱动器能够更有效地工作。磁盘碎片整理程序可以按计划自动运行,也可以手动分析磁盘和驱动器以及对其进行碎片整理。

单击“开始”菜单,选中“Windows 管理工具”,然后选中“碎片整理和优化驱动器”,打开如图 5.20 所示的页面。磁盘碎片整理可能需要几分钟到几小时才能完成,具体取决于硬盘碎片的大小和程度。在碎片整理过程中,仍然可以使用计算机。

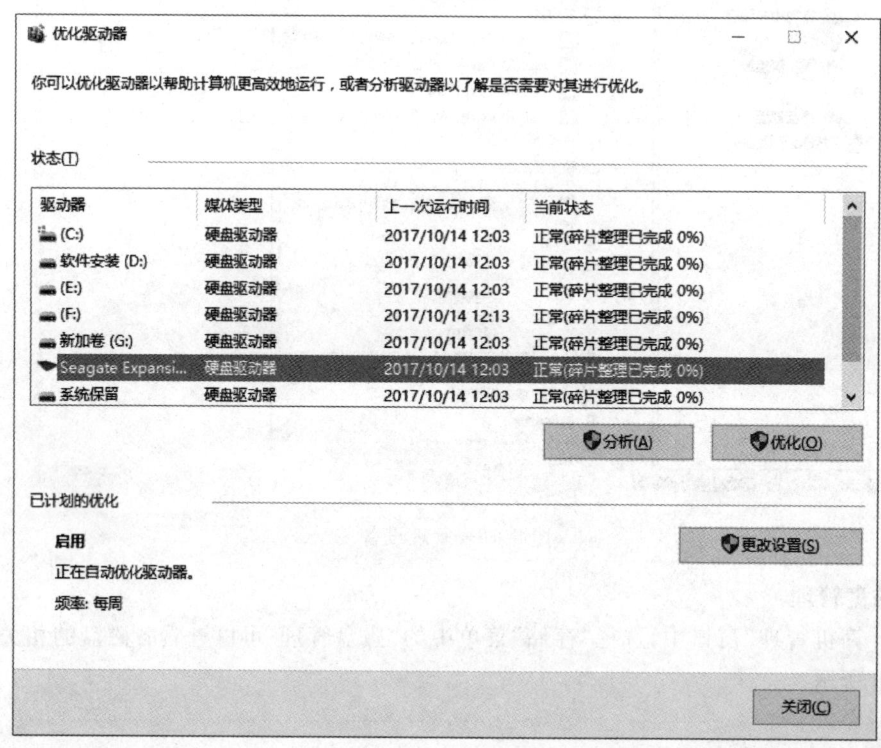

图 5.20　磁盘碎片整理

5.2.7　Windows 常用软件介绍

附件提供了许多实用的工具软件,不同版本的 Windows 系统,提供的附件工具略有差异。单击“开始”菜单,选中“Windows 附件”,即可看到如图 5.21 所示的 Windows 10 附件工具列表,单击工具名称,即可启动附件。下面介绍几个常用的附件工具,其他的请读者参照帮助文档,自行学习。

1. 记事本

“记事本”是一个用来创建简单文档的文本编辑器,用来查看或编辑文本(.txt)文件,如许多程序的 readme 文档都使用记事本编辑。记事本保存的文本文件不包含特殊格式代码或控制码,能被 Windows 大部分应用程序调用,也可用于编辑各种高级语言程序文件。

2. 画图

“画图”是个画图工具,用户可以用它创建简单或者精美的图画。这些图画可以是黑白

图 5.21 Windows 10 的附件

或彩色的，并可以存为位图文件。还可以打印绘图，将它作为桌面背景，或者粘贴到另一个文档中，甚至还可以用“画图”程序查看和编辑扫描好的照片。

通过菜单及左边的工具选择和下面的颜色选择，可以对图像进行简单的编辑处理。

3. 数学输入面板

用数学输入面板可以输入数学公式，打开的数学输入面板页面如图 5.22 所示。

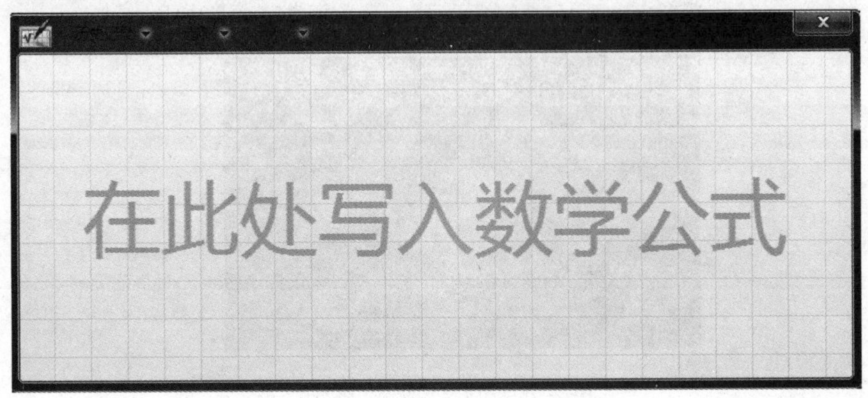

图 5.22 数学输入面板

4. 远程桌面连接

远程桌面连接是一项使用户坐在计算机旁边就可以连接到不同位置的远程计算机的技术。例如，可以从家里的计算机连接到工作计算机，并访问所有程序、文件和网络资源，就像坐在工作计算机前面一样。打开的“远程桌面连接”页面如图 5.23 所示。

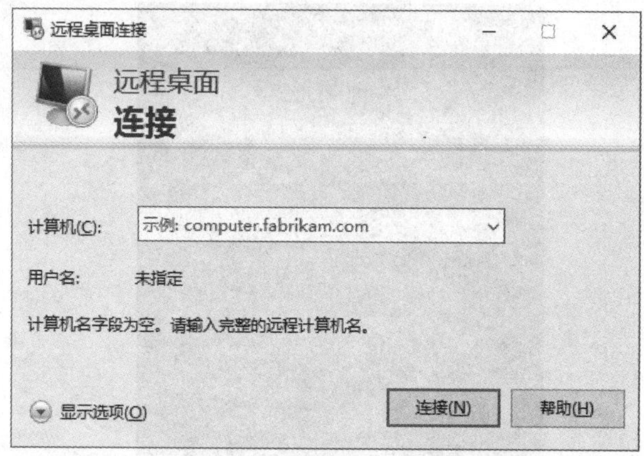

图 5.23 “远程桌面连接”对话框

5.3 MS-DOS 及常用命令介绍

5.3.1 MS-DOS 介绍

MS-DOS 是微软公司在 Windows 之前发布的操作系统,是字符界面、基于命令行方式的操作系统。随着 Windows 等图形用户界面操作系统的广泛使用,MS-DOS 使用的越来越少,但是在有些时候还是需要使用到 MS-DOS 的功能。在 Windows 当中可以通过命令提示符程序模拟 MS-DOS 的运行环境。

选择“开始”➛“Windows 系统”→“命令提示符”命令,即可打开“命令提示符”对话框,如图 5.24 所示,在此窗口可以输入 MS-DOS 命令并执行。

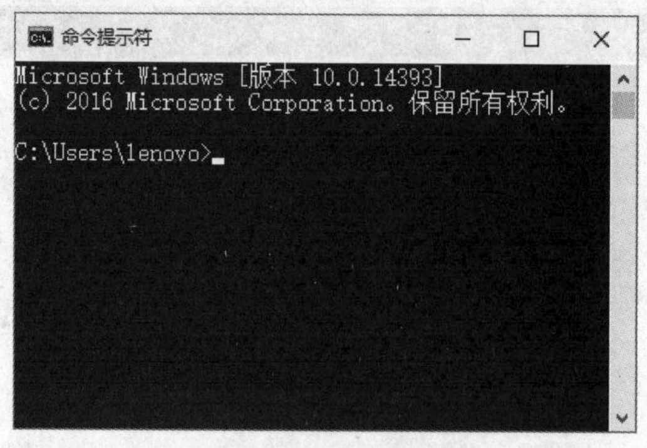

图 5.24 “命令提示符”窗口

5.3.2 MS-DOS 常用命令

MS-DOS 命令分内部命令和外部命令两种,内部命令由 COMMAND.COM 程序提供,外部命令由单独的程序完成,这些程序通常放在 Windows 文件夹下的 System32 文件夹下,扩展名为.EXE 或.COM。使用外部命令需要能够找到其程序所在的路径,路径可以直接在系统的环境变量 PATH 中进行设置。

当打开“命令提示符”窗口时，在窗口内出现的 C:\Users\Administrator >称为 DOS 提示符，DOS 提示符提供了两个基本信息：一是当前盘(此时为 C: 盘)；二是当前盘的当前目录(此时为\Users\Administrator 文件夹)。如果需要使用 DOS 命令，只要在 DOS 提示符后面直接输入相应的命令，然后按 Enter 键即可执行。有些命令可以带不同的参数。下面介绍一些常用命令。注意，Windows 当中，命令名是不区分大小写的。

(1) 改变盘符命令

直接在 DOS 提示符下输入想进入的盘符名称即可，

```
C:\Users\Administrator > D:
```

执行完后提示符变为 D:\>。

(2) CD 命令

改变当前路径

```
C:\Users\Administrator > CD \
```

执行完后提示符变为 C:\>。

(3) HELP 帮助命令

```
C:\> HELP
```

不带参数表示列出所有的 DOS 内部和外部命令，带参数表示列出某个命令的使用说明。

```
C:\> HELP DIR
```

显示出 DIR 命令的使用说明，包括 DIR 命令各参数的使用。

(4) DIR 显示当前路径所有文件命令

例如 DIR *.EXE 列出当前路径下所有以.EXE 为扩展名的文件。

(5) MD/MKDIR 创建文件夹命令

例如 MD D:\Test 在 D: 根目录下创建 Test 文件夹。

(6) DEL 删除文件

DEL *.* 删除当前路径下的所有文件。

(7) DATE 显示或设置日期

DATE 显示当前日期并接受新日期的输入。

(8) CLS 清除屏幕上的信息

(9) COPY 将至少一个文件复制到另一个位置

```
COPY C:\Test\*.doc D:\Temp
```

复制 C:\Test 文件夹下所有以.doc 为扩展名的文件到 D:\Temp 文件夹下。

(10) FORMAT 格式化磁盘

```
FORMAT a:/s
```

格式化 A 驱动器中的软盘并将该软盘作为系统盘。

(11) MOVE 将文件从一个目录移到另一个目录

```
MOVE C:\Test\*.doc D:\Temp
```

移动 C:\Test 文件夹下所有以.doc 为扩展名的文件到 D:\Temp 文件夹下。

(12) RD 删除目录

```
RD D:\Temp /S
```

删除 D:\Temp 目录及其所有子目录和文件。

(13) TIME 显示或设置系统时间

```
TIME
```

显示当前时间并接受新时间的输入。

(14) XCOPY 复制文件和目录树

```
XCOPY C:\Test\*.* D:\Temp
```

复制 C:\Test 文件夹下所有文件以及文件夹到 D:\Temp 文件夹下。

(15) TYPE 显示文本文件的内容

```
TYPE hello.txt
```

在屏幕上显示出 hello.txt 的内容。

5.4 Linux 操作系统

5.4.1 Linux 操作系统介绍

Linux 操作系统(简称 Linux)是一类 UNIX 计算机操作系统的统称。Linux 操作系统的内核名字也是"Linux"。Linux 操作系统也是自由软件和开放源代码发展中最著名的例子。

严格来讲,Linux 这个词本身只表示 Linux 内核,但在实际中人们已经习惯了用 Linux 来表示基于 Linux 内核,并且使用 GNU 工程各种工具和数据库的操作系统(也被称为 GNU/Linux)。基于这些组件的 Linux 软件被称为 Linux 发行版。一般来讲,一个 Linux 发行包包含大量的软件,比如软件开发工具(例如 GCC)、数据库(例如 PostgreSQL、MySQL)、Web 服务器(例如 Apache)、X Window、桌面环境(例如 GNOME 和 KDE)、办公软件包(例如 OpenOffice.org)、脚本语言(例如 Perl、PHP 和 Python)等等。

Linux 内核最初是由芬兰人林纳斯·托瓦兹(Linus Torvalds)在赫尔辛基大学上学时出于个人爱好而编写的。Linux 具有 UNIX 的全部功能并且是自由软件,因此受到世界各地很多计算机爱好者的喜爱,并且有大量的程序员加入到开发 Linux 核心及其周边工具的队伍当中,使得 Linux 不断完善和壮大。

5.4.2 常见 Linux 操作系统

现在常见的 Linux 操作系统都是基于某一个 Linux 版本核心的发行版本。发行版由个人、松散组织的团队,以及商业机构和志愿者组织编写。它们通常包括了其他的系统软件和应用软件,一个用来简化系统初始安装的安装工具,以及让软件安装升级的集成管理器。

现在最常见的 Linux 操作系统发行版有以下几种。

(1) Red Hat,由 Bob Young 和 Marc Ewing 在 1995 年创建,目前 Red Hat 分为三个系

列：RHEL(Redhat Enterprise Linux，也就是 Redhat Advance Server，收费版本)、Fedora Core(由原来的 Redhat 桌面版本发展而来，免费版本)、CentOS(RHEL 的社区克隆版本，免费)。

(2) Debian，或者称 Debian 系列，包括 Debian 和 Ubuntu 等。Debian 是社区类 Linux 的典范，是迄今为止最遵循 GNU 规范的 Linux 系统。Debian 最早由 Ian Murdock 于 1993 年创建，版本有三个分支(branch)：stable、testing 和 unstable。Ubuntu 严格来说不能算一个独立的发行版本，是基于 Debian 的 unstable 版本加强而来，是一个拥有 Debian 所有优点的近乎完美的 Linux 桌面系统。

(3) 红旗 Linux，是国内的红旗软件有限公司(由中国科学院软件研究所和上海联创投资管理有限公司共同组建)所推出的。包括红旗 Linux 的服务器版(Server)、工作站版(Workstation)、桌面版(Desktop)。

其他比较著名的 Linux 发行版本还有国外的 OpenSUSE(原 SUSE)、Mandriva Linux(原 Mandrake Linux)、Turbo Linux、Open Mandriva、Gentoo、Slackware Linux 等和国内的冲浪 Linux(Xteam Linux)、蓝点 Linux、雨林木风等。

5.5 手机操作系统

随着移动通信技术的飞速发展和移动多媒体时代的到来，手机作为人们必备的移动通信工具，已从简单的通话工具向智能化发展，演变成一个移动的个人信息收集和处理平台。借助操作系统和丰富的应用软件，智能手机成了一台移动终端。智能手机和传统的非智能手机的最重要区别就是智能手机具有独立的操作系统。当然手机操作系统不仅是应用在手机上，同样可以用在平板电脑等移动设备，另外一些家电例如智能电视也在使用。在手机操作系统发展的过程中，出现过 Android(谷歌)、iOS(苹果)、Windows phone(微软)、Symbian(诺基亚)、BlackBerry OS(黑莓)等著名的操作系统。当前占据市场份额最大的是 iOS 和 Android。

5.5.1 iOS 操作系统

iOS 是由苹果公司开发的手机操作系统。苹果公司最早于 2007 年 1 月 9 日的 Mac World 大会上公布这个系统，最初是设计给 iPhone 使用的，后来陆续套用到 iPod touch、iPad 以及 Apple TV 等产品上。iOS 与苹果的台式机操作系统 Mac OS X 一样，属于类 UNIX 的商业操作系统。原本这个系统名为 iPhone OS，因为 iPad，iPhone，iPod Touch 都使用 iPhone OS，所以 2010 WWDC 大会上宣布改名为 iOS(iOS 为美国 Cisco 公司网络设备操作系统注册商标，苹果改名已获得 Cisco 公司授权)。

iOS 是用 FreeBSD 和 Mach 所改写的 Darwin，是开源、符合 POSIX 标准的一个 UNIX 核心，和苹果公司的 MAC 计算机所用的 OS X 操作系统相同。

iOS 的系统架构分为 4 个层次：核心操作系统层(Core OS layer)、核心服务层(Core Services layer)、媒体层(Media layer)和可触摸层(Cocoa Touch layer)，如图 5.25 所示。

(1) 核心操作系统层。包含核心部分、文件系统、网络基础、安全特性、电源管理和一些设备驱动，还有一些系统级别的 API。

可触摸层 (UIKit框架等)
媒体层 (图像框架、音频框架、视频框架等)
核心服务层 (Foundation、电话本框架、安全框架、SQLLite、核心位置框架等)
核心操作系统层(Darwin) (文件系统、网络基础、安全特性、电源管理设备驱动等)

图 5.25　iOS 操作系统架构

(2) 核心服务层。提供核心服务，例如字符串处理函数、集合管理、网络管理、URL 处理工具、联系人维护和偏好设置等基础服务及电话本框架、安全框架、SQLLite 数据库、核心位置框架等其他服务。

(3) 媒体层。该层框架和服务依赖核心服务层，向可触摸层提供画图和多媒体服务，如音频、图片和视频等。

(4) 可触摸层。该层框架基于媒体层，包含 UIKit 框架等。

iOS 用户界面的概念基础是能够使用多点触控直接操作。控制方法包括滑动，轻触开关及按键。与系统交互包括滑动(wiping)、轻按(tapping)、挤压(pinching)及旋转(reverse pinching)。此外，通过其内置的加速器，可以令其旋转设备时改变其 y 轴以令屏幕改变方向，便于使用。屏幕的下方有一个主屏幕按键，底部则是 Dock，有 4 个用户最经常使用的程序图标被固定在 Dock 上。屏幕上方有一个状态栏能显示一些有关数据，如时间、电池电量和信号强度等。其余的屏幕用于显示当前的应用程序。启动 iPhone 应用程序的唯一方法就是在当前屏幕上单击该程序的图标，退出程序则是按下屏幕下方的 Home (iPad 可使用五指捏合手势回到主屏幕)键。在第三方软件退出后，它直接就被关闭了，但在 iOS 及后续版本中，当第三方软件收到了新的信息时，Apple 的服务器将把这些通知推送至 iPhone、iPad 或 iPod Touch 上(不管它是否正在运行中)，在 iOS 5 中，通知中心将这些通知汇总在一起。iOS 6 提供了“请勿打扰”模式来隐藏通知。在 iPhone 上，许多应用程序之间无法直接调用对方的资源。然而，不同的应用程序仍能通过特定方式分享同一个信息(如当你收到了包括一个电话号码的短信息时，你可以选择是将这个电话号码存为联络人或是直接选择这个号码拨打电话)。

iOS 内置了一些应用程序，下面对常用的应用程序进行介绍。

1. Siri

Siri 让用户能够利用语音来完成发送信息、安排会议、查看最新比分等事务。只要说出想做的事，Siri 就能帮用户办到。iOS 7 中的 Siri 拥有新外观、新声音和新功能。它的界面经过重新设计，以淡入视图浮现于任意屏幕画面的最上层。Siri 回答问题的速度更快，还能查询更多信息源如维基百科。它还可以承担如回电话、播放语音邮件、调节屏幕亮度以及其他任务。

2. FaceTime

只需轻点一下用户就能使用 iOS 设备通过 WLAN 或移动网络与其他使用苹果类设备的用户进行视频通话，虽然远在天涯感觉却像近在咫尺。

3. iMessage

提供比手机短信更出色的信息服务。用户可以通过 WLAN 或移动网络与任何使用 iOS 设备或 Mac 的用户免费收发信息，且信息数量不受限制。除了收发文本信息外，还可以收发照片、视频、位置信息和联系人等信息。

4. Safari

Safari 是一款极受欢迎的移动网络浏览器。用户不仅可以使用它的阅读器排除网页上的干扰，还可以保存阅读列表以便进行离线浏览。iCloud 标签可以跟踪各个设备上已打开的网页，因此上次在一部设备上浏览的内容可以在另一部设备上从停止的地方继续浏览。

5. 控制中心

控制中心为用户建立起快速通路，便于使用那些随时急需的控制选项和 App。可以打开或关闭飞行模式、无线局域网、蓝牙和勿扰模式，锁定屏幕的方向或调整它的亮度，播放、暂停或跳过一首歌曲，连接支持 AirPlay 的设备，还能快速使用手电筒、定时器、计算器和相机。

6. 通知中心

通知中心可让用户随时掌握新邮件、未接来电、待办事项和更多信息。一个名为“今天”的新功能可为用户总结今日的动态信息。用户可以从任何屏幕（包括锁定屏幕）访问通知中心。

7. App Store

App Store（iTunes Store 的一部分），是 iPhone、iPod Touch、iPad 以及 Mac 的服务软件，允许用户从 iTunes Store 或 Mac App Store 浏览和下载为 iOS SDK 或 Mac 开发的应用程序。为 iOS 移动设备开发的第三方软件必须通过 App Store 审核和发行，iOS 只支持从 App Store 下载和安装软件，用户可以购买收费项目和免费项目，使应用程序直接下载到 iPhone、iPod Touch、iPad 或 Mac。

5.5.2 Android 操作系统

Android，中文名通常称为“安卓”，是由 Google 公司和开放手机联盟领导开发的，一种基于 Linux 的自由及开放源代码的操作系统，主要应用于移动设备，如智能手机和平板电脑。Android 最初由 Andy Rubin 开发，主要支持手机；2005 年 8 月由 Google 收购注资；2007 年 11 月，Google 与 84 家硬件制造商、软件开发商及电信营运商组建开放手机联盟共同研发改良 Android 系统。随后 Google 以 Apache 开源许可证的授权方式，发布了 Android 的源代码。第一部 Android 智能手机发布于 2008 年 10 月。Android 逐渐扩展到平板电脑及其他产品上，如电视、数码相机、游戏机等。2011 年第一季度，Android 在全球的市场份额首次超过 Symbian 系统，跃居全球第一。

Android 的系统架构分为 4 层，如图 5.26 所示，从高层到低层分别是应用程序层、应用程序框架层、系统库层和 Linux 核心层。

图 5.26 Android 操作系统架构

1. 应用程序层

所有的应用程序都是使用 Java 语言编写的,每一个应用程序由一个或者多个活动组成,活动类似于操作系统上的进程,但是活动比进程更为灵活,与进程类似的是,活动在多种状态之间进行切换。

2. 应用程序框架层

应用程序框架层是编写 Google 发布的核心应用时所使用的 API 框架,开发人员可以使用这些框架来开发自己的应用,这样便简化了程序开发的架构设计,但是必须遵守其框架的开发原则。开发应用时都是通过框架来与 Android 底层进行交互的。

3. 系统库层

Android 包含一些 C/C++库,这些库能被 Android 系统中不同的组件使用。它们通过 Android 应用程序框架为开发者提供服务。主要包括基本的 C 库以及多媒体库以支持各种多媒体格式、位图和矢量字体、2D 和 3D 图形引擎、浏览器、数据库支持。

Android 包括了一个核心库,它提供了 Java 编程语言核心库的大多数功能。每一个 Android 应用程序都在它自己的进程中运行,都拥有一个独立的 Dalvik 虚拟机实例。Dalvik 被设计成一个设备可以同时高效地运行多个虚拟系统。Dalvik 虚拟机执行扩展名为.dex 的可执行文件,该文件针对小内存使用做了优化。同时虚拟机是基于寄存器的,所有的类都经由 Java 编译器编译,然后通过 SDK 中的 dx 工具转化成.dex 格式文件再由虚拟机执行。Dalvik 虚拟机依赖于 Linux 内核的一些功能,比如线程机制和底层内存管理机制。

4. Linux 内核层

Android 的核心系统服务基于 Linux 2.6 内核，如安全性、内存管理、进程管理、网络协议栈和驱动模型等都依赖于 Linux 2.6 内核。Linux 内核也作为硬件和软件之间的抽象层，它隐藏具体硬件细节而为上层提供统一的服务。

Android 应用程序的扩展名为 APK。APK 是 Android Package 的缩写，即 Android 安装包。通过将 APK 文件直接传到 Android 模拟器或 Android 手机中执行即可安装。APK 文件其实是 ZIP 格式，但后缀名被修改为 APK，通过 UnZip 解压后，可以看到 Dex 文件，Dex 是 Dalvik VM executes 的简称，即 Android Dalvik 执行程序，并非 Java ME 的字节码而是 Dalvik 字节码。Android 在运行一个程序时首先需要 UnZip 进行解压，解压后的 Dex 通过 Dalvik 虚拟机执行。

Android 操作系统支持多种硬件平台，包括 ARM、MIPS、X86 等。由于源代码开放的特点，其他厂家可以在基础的 Android 操作系统之上进行一定限度的优化及订制，例如国内常见的 MIUI、EMUI、Flyme 等。

Android 应用程序除了可以通过 Google 提供的网上商店下载外，也可以通过其他第三方应用市场下载，甚至可以直接复制 APK 文件进行安装，对用户来说带来了一定的便利性，但由于缺乏统一的审查机制，安全性相对欠缺。

5.6 虚拟机及 VMware 介绍

5.6.1 虚拟机概念及作用

虚拟机是通过软件模拟的具有完整硬件系统功能的、运行在一个完全隔离环境中的完整计算机系统。通过虚拟机软件，用户可以在一台物理计算机上模拟出一台或多台虚拟的计算机，这些虚拟机完全就像真正的计算机那样进行工作，例如用户可以安装操作系统、安装应用程序、访问网络资源等。对于用户而言，它只是运行在用户物理计算机上的一个应用程序，但是对于在虚拟机中运行的应用程序而言，它就像是在真正的计算机中进行工作一样。

与真实计算机相比，虚拟机具有如下优势。

(1) 完全隔离了其他的操作系统，并且保护不同类型操作系统的操作环境以及所有安装在操作系统上的应用软件和资料。

(2) 可以非常放心地在虚拟机中测试各种操作系统和应用软件，不用为了测试软件频繁安装新系统，在测试系统软件时，也不用担心自己计算机上的数据安全。因为具有复原(Undo)功能，在测试过程中出现任何问题可以随时复原。

(3) 可以做各种网络实验与网络测试，以及一些病毒、黑客攻击类的测试，不用担心真实的网络环境受到感染或攻击。

(4) 程序员很容易实现在多种环境及多个系统中进行工作以及多个系统中的数据交互。

流行的虚拟机软件有 VMware、Virtual Box 和 Virtual PC 等，它们都能在 Windows 系统上虚拟出多个计算机，下面就以 VMware 为例来介绍虚拟机的使用方法。

5.6.2 VMware 介绍

启动 VMware 后，出现如图 5.27 所示的初始界面(VMware Workstation 12 版本)。首先需要创建虚拟机，然后在所创建的虚拟机内安装操作系统。在使用 VMware 过程中，称运行 VMware 软件的计算机为主机。

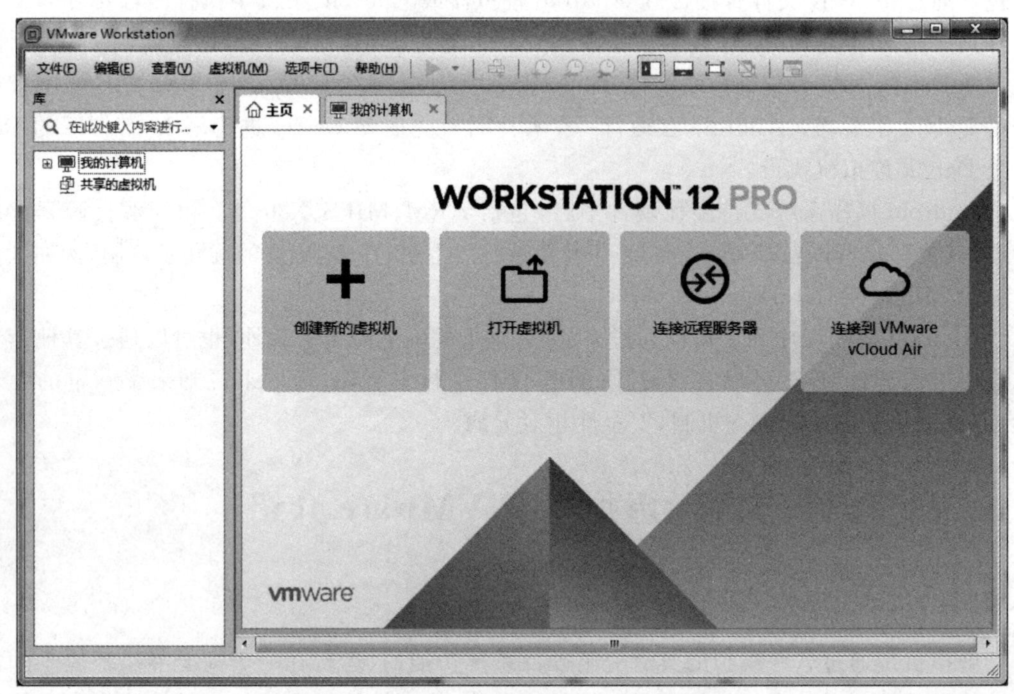

图 5.27 VMware 初始界面

1. 创建虚拟机

在图 5.27 中起始页里单击“创建新的虚拟机”或者在菜单中选择“文件|新建虚拟机”命令，然后根据提示进行相应的设置即可创建。在创建虚拟机过程中，需要预先指定虚拟机将要安装的操作系统，如图 5.28 所示。

2. 安装操作系统

在虚拟机中安装操作系统，和在真实的计算机中安装没有什么区别，但在虚拟机中安装操作系统，可以直接使用保存在主机上的安装光盘镜像(或者软盘镜像)作为虚拟机的光驱(或者软驱)，对于光盘和软盘只需要在设备设置对话框当中设置是使用镜像还是物理设备。

通常现在安装操作系统都是从光盘安装，把操作系统安装光盘插入光驱(或者镜像文件)，然后启动该虚拟机，就可以进入操作系统的安装。

在虚拟机中安装完操作系统之后，为了更好地使用虚拟机中的操作系统，还需要在虚拟机的操作系统中安装 VMware Tools，对于不同的操作系统有不同的 VMware Tools，用户根据自己在虚拟机中安装的操作系统进行选择。

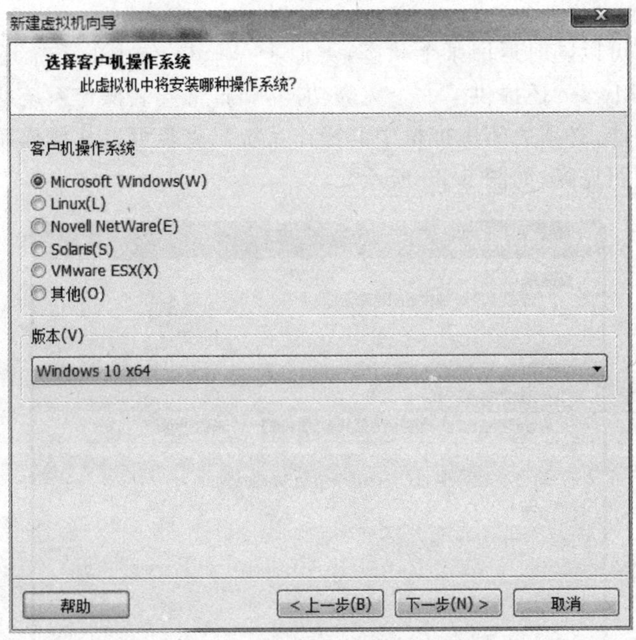

图 5.28 客户操作系统选择

3. 虚拟机快照

如果想保存某个虚拟机的状态,可以使用快照功能。可以单击工具栏上的"快照"按钮,或者通过菜单选择,也可以按 Ctrl+M 快捷键,进入"快照管理器",如图 5.29 所示,单击"创建快照"按钮创建一个快照。创建快照后,可以随时从其他状态返回至快照状态。

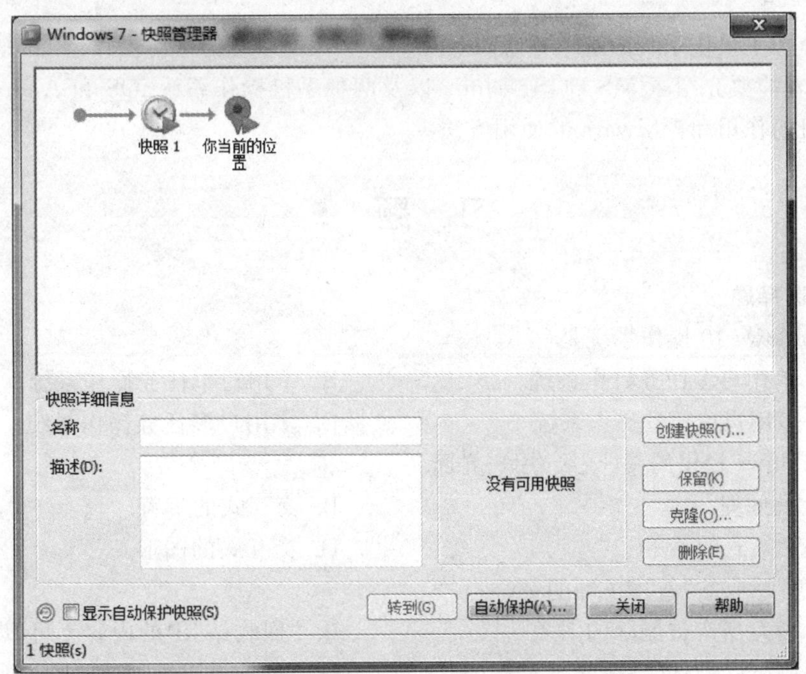

图 5.29 快照管理器

4. 虚拟机克隆

快照功能虽然可以随时返回某个状态,类似于 Windows 中的系统还原功能,但是不能脱离原虚拟机。VMware 还提供了一个克隆功能,和日常安装操作系统的 Ghost 功能相似。

要使用克隆功能,必须关闭虚拟机中的操作系统。克隆可以从操作系统当前状态克隆,也可以从某一个快照克隆,如图 5.30 所示。

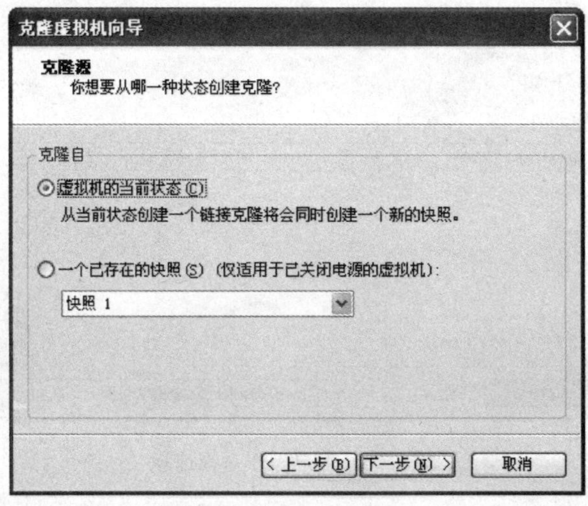

图 5.30　虚拟机克隆

本 章 小 结

本章介绍了操作系统的基本概念,以 Windows 操作系统为例对操作系统的功能做了详细描述,接着简要介绍了 MS-DOS、Linux 以及两种手机操作系统 iOS 和 Android,最后阐述了虚拟机的作用和 VMware 的使用方法。

习　题　5

5.1　选择题

1. Windows 10 操作系统是(　　)。

   A. 单用户多任务操作系统　　B. 单用户单任务操作系统
   C. 多用户单任务操作系统　　D. 多用户多任务操作系统

2. Windows 提供的是(　　)用户界面。

   A. 批处理　　B. 交互式的字符
   C. 交互式的菜单　　D. 交互式的图形

3. 关于"回收站"叙述正确的是(　　)。

   A. 暂存所有被删除的对象　　B. "回收站"中的内容不可以恢复
   C. 清空后仍可以恢复　　D. "回收站"的内容不占用硬盘

4. 关于桌面的不正确的说法是(　　)。

A. 它是指 Windows 所占据的屏幕空间　　B. 桌面即窗口

C. 它的底部有任务栏　　D. 它上面有系统文件的快捷图标

5. 在 Windows 的资源管理器中不允许(　　)。

A. 一次删除多个文件　　B. 同时选择多个文件

C. 一次复制多个文件　　D. 同时打开多个文件夹

6. Windows 任务栏中存放的是(　　)。

A. 系统正在运行的所有程序　　B. 系统保存的所有程序

C. 系统前台运行的程序　　D. 系统后台运行的程序

7. 关于磁盘格式化的说法,错误的是(　　)。

A. 在"我的电脑"窗口,单击盘符,从"文件"菜单中选择"格式化"命令

B. 在"我的电脑"窗口,右击盘符,单击快捷菜单中的"格式化"命令

C. 格式化时会撤销磁盘的根目录

D. 格式化时会撤销磁盘上原来存有的信息(包含病毒)

8. Windows 对文件的组织结构采用(　　)。

A. 树状　　B. 网状　　C. 环状　　D. 层次

9. 下列各带有通配符的文件名中,能代表文件 XYZ. TXT 的是(　　)。

A. ＊Z. ?　　B. X＊. ＊　　C. ? Z. TXT　　D. ?. ?

10. 在 Windows 系统中,按(　　)键可以获得联机帮助。

A. Esc　　B. Ctrl　　C. F1　　D. F12

11. 只显示 A 盘当前目录中文件主名为三个字符的全部文件的命令(　　)。

A. DIR .???　　B. DIR ???. ＊

C. DIR A: ＊.???　　D. DIR ＊. ＊

12. 要选定多个不连续的文件(文件夹),要选按住(　　)。

A. Alt 键　　B. Ctrl 键　　C. Shift 键　　D. Ctrl＋Alt 键

13. 常见的手机操作系统有(　　)。

A. Android　　B. OSI　　C. iOS　　D. Linux

5.2 填空题

1. 若选定多个连续文件,应先单击选定第一个文件,然后按(　　)键,再单击要选定的最后一个文件;若要选定多个不连续的文件,可以在按(　　)键的同时分别单击其他文件。

2. 将当前窗口的内容复制到剪贴板的快捷键是(　　);复制整个屏幕内容到剪贴板的快捷键是(　　)。

3. 使用(　　)可以使用户迅速执行程序、打开文档和浏览系统资源。

4. 剪切、复制、粘贴的快捷键分别是(　　)、(　　)、(　　)。

5. 删除"开始"菜单或"程序"菜单中的程序,只删除了该程序的(　　)。

5.3 简答题

1. 简述操作系统的主要功能。

2. 常见操作系统有哪些类型?

3. 文件与文件夹的概念。

4. 简述 Windows 中文件通配符的概念和用法。

5. 文件路径中的相对路径与绝对路径的区别。

6. 简述 Windows 中的“开始”按钮和“任务栏”的功能。

5.4 操作题(以下习题没有特别说明均为在 Windows10 系统中)

1. 新建文件夹

要求：

在 D 盘根目录下创建“计算机基础”文件夹，在此文件夹下建立“音乐”“图片”“文档”和“其他”4 个子文件夹。

2. 查找文件

要求：(1)在 C 盘中查找名为 QQ. exe 文件；(2)在磁盘中查找文件名包含 img 的 JPG 格式文件。

3. 创建快捷方式

要求：在桌面上建立题 2 中找到的 QQ. exe 文件的快捷方式。

4. 文件复制与剪切

要求：把题 2 中找到的 QQ. exe 文件复制到题 1 中创建的“其他”文件夹下，把题 2 中所有找到的 JPG 格式文件剪切到题 1 中创建的“图片”文件夹下。

5. 设置屏幕保护

要求：设置为“字幕显示”，内容为“你好”。

6. 设置文件共享

要求：把题 1 中创建的“计算机基础”文件夹设置为对所有用户只读共享。

7. 创建用户

要求：创建名为“测试员”的受限类型用户，并添加密码 test。

8. DOS 命令使用

要求：使用 dir 命令列举出 C 盘下(包含子目录)所有的 Word 文档(扩展名为 doc)。

9. 修改系统时间

要求：把当前系统时间改为 2000. 01. 01，然后改回当天日期。

10. 任务栏使用

要求：设置任务栏隐藏与显示；把桌面上任一快捷方式放置到快速启动栏。

11. 更改桌面图标

要求：更改“我的电脑”和“回收站”的图标为自己任意喜欢的图标；然后改回。

12. 输入法管理

要求：如果输入法中有“智能 ABC”输入法则把它删除然后重新添加，否则直接添加该输入法。

13. 程序使用

要求：打开画图程序，在其中画一幅画，然后保存，并设置为桌面背景。

14. 鼠标属性设置

要求：设置鼠标按钮的双击速度为你满意的速度，并测试通过。

15. 键盘属性设置

要求：设置键盘属性。字符重复速度为最短，重复率为最快，光标闪烁频率为中间值。

16. 屏幕分辨率设置

要求：设置屏幕分辨率为1024×768或800×600或640×480，最后恢复到初始状态。

17. 文件安装与卸载

要求：从网上下载QQ最新版程序或其他需要安装的程序，安装后再通过控制面板的"添加/删除程序"卸载。

18. Windows自带防火墙软件设置

要求：启用Windows自带的防火墙软件，并把QQ程序添加到例外当中。

第6章　算法与程序设计

计算机软件的开发离不开算法与程序设计。算法(algorithm)是解决问题的一系列步骤的总称。在算法的基础上,使用程序设计语言设计程序,是开发软件必经的步骤。本章介绍算法的基础知识、程序设计与程序设计语言的基本知识,然后以 Python 为例,介绍简单应用程序的设计过程。

6.1 算法基础

6.1.1 算法的概念

算法就是解决问题的方法和步骤。

例 6.1 求任意两个正整数 A 和 B 的最大公约数。

对于以上问题,当 A 和 B 的值比较小时,人们可以立即观察得出,比如 3 和 6 的最大公约数是 3,但是当 A 和 B 的值比较大时,比如 2345671232 和 45678901234 的最大公约数就不是一般人一眼能看出来的。为此,古希腊数学家欧几里得(Euclid)提出了一个求任意两个正整数最大公约数的通用方法:

第一步,比较 A 和 B 的大小,将较大的数设为 A,较小的数设为 B;

第二步,将 A 除以 B,得到余数 C;

第三步,如果 C 为 0,则最大公约数就是 B;否则将 B 赋值给 A,C 赋值给 B,重复进行第二步、第三步。

以上三步就构成了求最大公约数的算法,被称为“辗转相除法”或“欧几里得算法”。

6.1.2 算法的性质

算法是有穷步骤的集合,这些步骤确定了解决某类问题的一个运算序列。对于该类问题的任何初始输入值,它都能一步一步地执行计算,经过有限步骤后终止计算并产生计算结果。归纳起来,算法具有如下一些性质。

1. 算法名称

为了便于描述和交流,对于经典的算法都会有一个名称。比如例 6.1 中求最大公约数的算法被命名为“欧几里得算法”或“辗转相除法”。

2. 输入

算法一般应有一些输入的数据或初始条件。如例 6.1 中,辗转相除法必须输入 A 和 B 的值才能求出两个具体数的最大公约数。

3. 输出

算法对输入数据进行运算处理后,应该有一个或多个运算结果作为输出。例 6.1 中如果输入 A、B 的值分别为 12 和 8,那么算法的输出为 4(即 12 和 8 的最大公约数)。

4. 有效性

算法的每一步都是可执行的,人们用纸和笔做有限次计算后,应该能得到运算结果。比如用辗转相除法求 12 和 8 的最大公约数,可以由以下 5 步完成:

(1) A=12,B=8;

(2) 计算 A/B,即 12/8 商 1 余 4,即得 C=4;

(3) 因为 C 不等于 0,则将 B 的值赋给 A,即 A=8,将 C 的值赋给 B,即 B=4;

(4) 计算 A/B,即 8/4 商 2 余 0,即得 C=0;

(5) 因为 C 等于 0,那么 12 和 8 的最大公约数即为此时 B 的值,即 4。

5. 正确性

算法的输出结果必须是正确的。例 6.1 中,如果按照算法求得 12 和 8 的最大公约数为 3,那该算法是不正确的,只有正确的算法才有意义。

6. 有穷性

一个算法必须在执行有限操作步骤后终止。例 6.1 中,当 A=12,B=8 时,算法执行 5 步后即终止。当然,如果求两个大数的最大公约数,如 2345671232 和 45678901234 的最大公约数,也会在有限操作步骤内终止。

6.1.3 算法的表示

算法是解决问题的步骤,为了方便表达和交流,要用合适的载体表达出来。通常可以用自然语言、伪代码、流程图、程序设计语言、N-S 图和 PAD 图等方法表达。例 6.1 中的欧几里得算法就是用自然语言——中文来表达的。下面介绍其他几种常用的方法。

1. 伪代码

伪代码通常采用自然语言、数学公式和字母符号来描述算法的步骤,是一种接近于计算机编程语言的算法描述方法,书写方便,格式紧凑,便于向计算机程序过渡,所以人们在实际中通常都采用伪代码来描述算法。

例 6.2 欧几里得算法的伪代码描述。

```
算法开始:
输入 A,B 的值;
如果 A<B,则 swap(A,B);          //swap(A,B)表示交换 A、B 的值
C= A mod B;                      //表示将 A 除以 B 的余数赋给 C
while( C>0)                      //当 C>0 时,开始循环
{
  A=B;
  B=C;
  C=A mod B;
}                                //循环结束
输出 B 的值;
算法结束
```

此处用伪代码书写的算法包含了自然语言中文、英文单词 swap(交换)和 mod(取余)、字母和数学符号等。这样描述的算法可读性好,也比较容易转换成计算机程序。

2. 流程图

流程图是最早出现的用图形表示算法的工具,它由一些图形框和带箭头的线条组成,可以表达算法中需描述的各种操作,具有准确、直观、可读性好的特点,被广泛采用。

流程图又称为框图。其中,框用来表示指令动作或指令序列或条件判断,箭头说明算法的走向。美国国家标准化协会 ANSI 规定了一些常用的流程图符号,如表 6.1 所示。

表 6.1 标准流程图符号及含义

名　称	符　号	含　义
起止框		表示算法的开始和结束,框内一般填写"开始"或"结束"
输入输出框		表示算法的输入输出操作,框内填写需要输入输出的各项
处理框		表示算法中的各种处理操作,框内填写的是指令或指令序列
判断框		表示算法中的条件判断,框内填写判断条件
流程线		表示算法的执行流程,箭头指向流程的方向
连接点		当流程图在一个页面画不下的时候,常用它来表示相对应的连接处

算法的流程图主要由表 6.1 中的 6 种元素组合而成。

例 6.1 中的欧几里得算法用流程图表达,如图 6.1 所示。

由图 6.1 可见,流程图可以用直观的处理方案和流程表达算法的思想。作为一个程序设计者,需要学会针对问题进行算法设计,并用流程图把算法表达出来,以提高程序设计的正确性和效率。

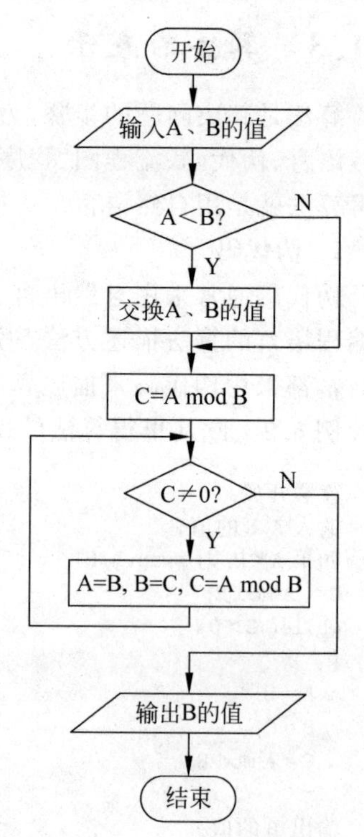

图 6.1 欧几里得算法的流程图表示

6.1.4 算法的评价

解决一个问题,通常有多种不同的方法,从而可以设计出多个不同的算法。虽然这些算法都能正确执行,但是肯定存在一定的差异。怎样评价一个算法的优劣呢?这得要从算法执行所占用计算机的运行时间和存储空间两个方面来看,很显然,执行时间短、占用存储空间少的算法是好算法;反之则为比较差一些的算法。算法分析是指通过分析算法的各个步骤得到算法执行时所用时间和存储空间的估算量。算法的优劣通常用算

法的复杂度来衡量，包括时间复杂度(Time Complexity)和空间复杂度(Space Complexity)。算法的复杂度通过算法分析获得，一般与算法所解决问题的规模有关。

1. 问题规模

问题规模一般用字母 n 表示，表示算法所处理的数据范围的大小。进行算法分析，首先要确定算法所解决问题的规模。

例如 1.5.3 节中所提到的汉诺塔问题，金片的数目 n 即为该问题的规模。例 6.1 中求正整数 m、n 的最大公约数，则 m、n 中较小的数就是该问题的规模。再比如对 n 个学生某门课程的成绩从高到低排序，学生人数 n 就是该问题的规模。

2. 时间复杂度

时间复杂度并不关心某个算法的具体执行时间，因为精确的时间估计是十分困难的，不仅与算法本身有关，还与所使用的计算机硬件、操作系统等都有关，算法的时间复杂度关心的是算法中最耗费时间的指令的执行次数。

例 6.3 求算术级数的和：$\text{sum}=1+2+\cdots+n$。

该问题中最耗费时间的是加法指令执行的次数，n 个数相加，需执行 $n-1$ 次加法，所以解决该问题的时间复杂度是 $t(n)=n-1$。

时间复杂度一般表示为 $t(n)=f(n)$，即问题规模的函数。实际中，人们对时间复杂度的函数形式本身并不感兴趣，而是关心随着问题规模的增长，时间增长率的情况，这里的增长率，称为阶。例 6.3 中 $t(n)$ 的阶是 n，则时间复杂度 $t(n)=\Theta(n)$。

又例如，如果计算出某个算法的时间复杂度函数为：$t(n)=n(n-1)/2=n^2/2-n/2$，那么 $t(n)$ 的阶是 n^2，则该算法的时间复杂度 $t(n)=\Theta(n^2)$。因为随着 n 的增长，函数式中主要增长因素是 n^2，所以考虑时间复杂度的时候，常常只考虑最主要的增长率。

通常，当解决某问题算法的时间复杂度是用多项式表示时，一般认为该算法是比较好的算法；否则就是不太好的算法。

3. 空间复杂度

空间复杂度通常指执行算法所需要的存储开销，比如用到了多少个变量等。空间复杂度一般表示为 $s(n)=f(n)$，即问题规模的函数。

例如，对 n 个学生成绩 $G_1,G_2,\cdots,G_n$ 进行排序，需把 n 个学生成绩都放到存储器中，那么解决该问题算法的空间复杂度函数为 $s(n)=n$，与时间复杂度一样，只关心空间复杂度的增长率，即空间复杂度的阶，所以此算法的空间复杂度 $s(n)=\Theta(n)$。

早期的计算机存储单元的容量小，而且价格昂贵，因此设计算法时不仅需要考虑算法的时间复杂度，而且要考虑其空间复杂度，尽量少使用存储空间。随着计算机硬件技术的发展，存储器的容量增加，价格下降，算法的空间复杂度被放到了次要的位置。有时为了设计时间复杂度较优的算法，会以牺牲空间复杂度为代价。

在评价算法时，时间复杂度和空间复杂度较低的算法是较优的算法。

6.2 程序设计语言

程序设计语言是人类与计算机交流的语言，是由字、词和语法规则构成的指令系统。人类需要计算机完成的任务必须用某种程序设计语言书写出来，称为程序，然后再将程序交给计算机去执行。程序设计语言经过多年的发展,从机器语言、汇编语言,发展到了高级语言。

6.2.1 机器语言

在计算机发展的早期,使用的程序设计语言称为机器语言。因为计算机的内部电路是由开关和其他电子器件组成的,这些器件只有两种状态,即开或关。一般情况下,“开”状态用1表示,“关”状态用0表示,计算机所使用的是由0和1组成的二进制数,所以二进制是计算机语言的基础。

为了能与计算机交流,指挥计算机工作,人们必须学会计算机语言,即要写出一串由0和1组成的二进制指令序列交给计算机执行,这时所使用的语言就是机器语言。

机器语言是面向机器的指令系统,所以计算机可以直接识别,不需要进行任何解释或翻译。机器语言是严格与机器相关的,每台机器的指令格式和代码所代表的含义都是硬性规定的,对不同型号的计算机来说,机器语言一般是不同的。由于使用的是针对特定型号的计算机语言,所以,机器语言的运算效率是所有语言中最高的。

虽然机器语言对计算机的工作既直接又高效,但是,能够使用机器语言的人还是比较少的。因为使用机器语言的人必须懂得计算机工作的原理,这对于大部分非专业人士来说是不可能的。

表6.2是一个机器语言程序,该程序的功能是实现两个整数相加。

表6.2 一个机器语言程序

机器语言指令	完成的操作
0001 0000 0010 0000	从内存单元20中取数,置于寄存器A中
0011 0000 0010 0001	寄存器A的数值与内存单元21中的数值相加,然后将和存入寄存器A中
0010 0000 0010 0010	把寄存器A的数值存入内存单元22中
0000 0000 0000 0000	结束程序运行

从以上程序可以看出,机器语言程序可读性差。另外,因为不同型号计算机的指令系统不同,所以针对一种型号计算机书写的程序,不能直接拿到另一种不同型号的计算机上运行,程序可移植性差。

6.2.2 汇编语言

汇编语言也是一种面向机器的语言,为了帮助人们记忆,它采用了符号(称为助记符)来代替机器语言的二进制码,所以又称为符号语言。

因为使用了助记符,所以用汇编语言书写的程序,计算机不能直接识别,需要一种程序将汇编语言翻译成机器语言才能在计算机上执行,这种翻译程序叫作汇编程序(Assembler)。把汇编语言程序翻译成机器语言程序的过程称为汇编。

表6.3所示是一个用汇编语言写的程序,该程序的功能是实现两个整数相加。

表 6.3 一个汇编语言程序

汇编语言指令	完成的操作
LOAD X	从内存单元 X 中取数,置于寄存器 A 中
ADD Y	寄存器 A 的数值与内存单元 Y 的数值相加,将和存入寄存器 A 中
STORE SUM	把寄存器 A 的数值存入内存单元 SUM 中
HALT	结束程序运行

汇编语言比机器语言易于读写、调试和修改,用汇编语言编写的程序与机器语言一样,具有执行效率高、占用内存少等特点,可以有效地访问和控制计算机的各种硬件设备。

但汇编语言仍依赖于具体的处理器体系结构,用汇编语言编写的程序也不能直接在不同类型处理器的计算机上运行,可移植性差。另外,要掌握好汇编语言也不容易,它要求程序员熟悉各种助记符与硬件的关系,所以,不被大多数非专业人士所接受。

6.2.3 高级语言

尽管汇编语言大大提高了编程效率,但仍然需要程序员在所使用的计算机硬件上花费大量的精力。另外,汇编语言也很枯燥,因为每条机器指令都需要单独编码。为了提高程序员的效率,把程序员的注意力从关注计算机的硬件转移到解决实际应用问题上来,导致了高级语言的产生与发展。

高级语言是一种比符号语言更自然的语言,适应于不同类型的机器。使用这类语言编写程序,可以使程序员将精力集中在寻找解决问题的方法上,而不是在复杂的计算机硬件结构上。与符号语言类似,用高级语言编写的程序也必须转换成机器语言程序,计算机才能执行。这个完成转换工作的程序称为编译程序或编译器(compiler),转换的过程称为编译。

最早出现的高级语言是 FORTRAN 语言,主要用于科学计算;随后出现的是 COBOL 语言,主要应用于商业领域;接着涌现出了很多高级语言,如:Pascal、C/C++、Java、Python 等,以适应各种不同的应用领域。

表 6.4 所示是一个用 Python 语言写的程序,该程序的功能是实现两个整数相加。

表 6.4 一个 Python 程序

Python 语句	完成的操作
x=3	被加数 x,赋值 3
y=4	加数 y,赋值 4
sum=x+y	x 加 y 的和数,存入 sum

高级语言与具体的计算机相关度低,求解问题的方法描述直观,可读性好。

6.3 程序设计过程

人们用程序设计语言书写程序的过程称为程序设计。人们用高级语言编写的程序称为源程序。源程序是文本文件,便于人们阅读和修改。计算机不能直接识别源程序,必须将源程序翻译成为机器语言表示的可执行程序,才能在计算机上运行。翻译的方式有两种:一种称为解释方式,另一种称为编译方式。每一种高级语言都配有解释器或编译器。

解释方式是由解释程序(或解释器)对源程序逐条解释,一边解释,一边执行。如图6.2所示,解释结束,程序的运行结束。

编译方式是由编译程序(或编译器)对源程序文件进行语法检查,并将之翻译为机器语言表示的二进制程序,即目标程序,如图6.3所示。

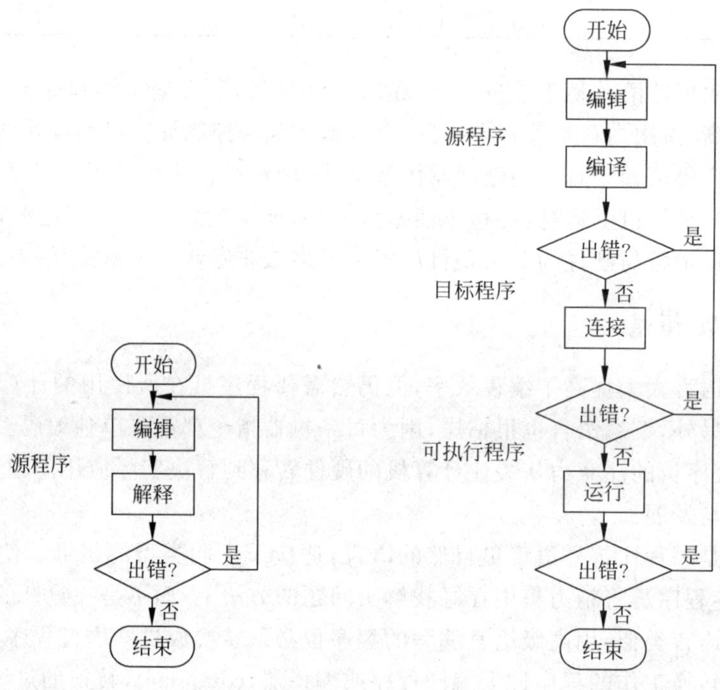

图6.2 程序的解释和执行

图6.3 程序的编译和执行

其中编辑需要用到文本编辑器,以实现源代码的输入、修改及存盘等操作,形成源程序文件。不同的高级语言源程序文件,其文件扩展名不同。例如:C语言源程序文件的扩展名为c,C++源程序文件的扩展名为cpp,Python源程序文件的扩展名为py等。

连接用到程序设计语言的连接器。连接将编译得到的目标程序与系统提供的库文件代码结合生成可执行程序。

解释方式和编译方式的主要区别有以下三点。

(1)编译方式是一次性地完成翻译,一旦成功生成可执行程序,则不再需要源代码和编译器即可执行程序;解释方式在每次运行程序时都需要源代码和解释器。

(2)解释方式执行需要源代码,所以程序纠错和维护十分方便;另外,只要有解释器负责解释,源代码可以在任何操作系统上执行,可移植性好。

(3)编译所产生的可执行程序执行速度比解释方式执行更快。

6.4 程序设计方法

程序设计的常用方法有结构化程序设计(Structured Programming)方法和面向对象的程序设计(Object-oriented Programming)方法。

6.4.1　结构化程序设计方法

结构化程序设计方法是20世纪70年代由著名的计算机科学家E. W. Dijkstra提出来的。它是指按照层次化、模块化的方法来设计程序，从而提高程序的可读性和可维护性。其主要思想如下。

(1) 程序模块化。是指把一个复杂的程序分解成若干个部分，每个部分称为一个模块。通常按功能划分模块，使每个模块实现相对独立的功能，使模块之间的联系尽可能地简单。

(2) 语句结构化。是指每个模块都用顺序结构、选择结构或循环结构来实现流程控制。

顺序结构是指顺序执行的结构，即按照程序语句行的书写顺序，逐行执行程序，如图6.4所示，先执行语句A，再执行语句B，然后执行语句C。

选择结构又称为分支结构，根据条件成立与否决定执行哪个分支，如图6.5所示，当条件成立时，执行语句A，当条件不成立时执行语句B，二者选一执行。

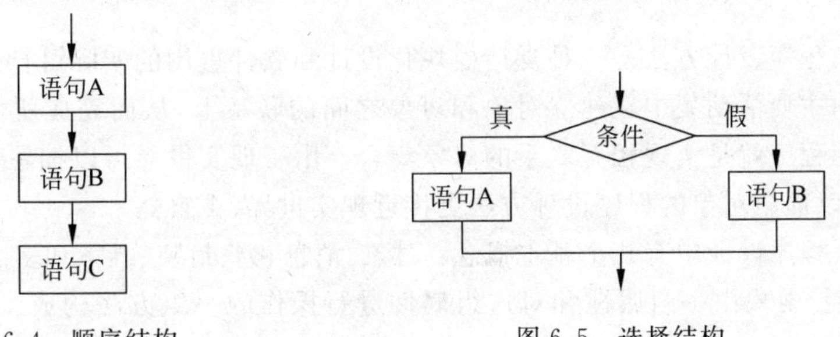

图6.4　顺序结构　　图6.5　选择结构

循环结构又称为重复结构，根据给定的条件，决定是否重复执行某段程序。循环结构有两种：对先判断条件，后执行语句(称为循环体)的称为当型循环结构，如图6.6所示，当条件成立时，执行循环体，当条件不成立时，退出循环；对先执行循环体后判断条件的称为直到型循环结构，如图6.7所示，先执行一次循环体，然后再判断条件，条件成立时继续执行循环体，直到条件不成立时，退出循环。

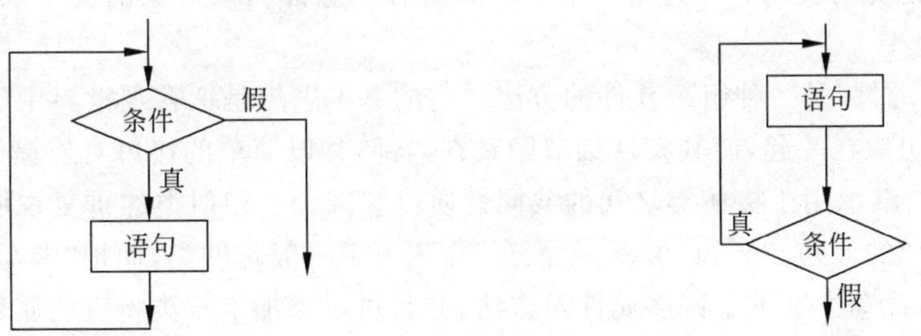

图6.6　当型循环结构　　图6.7　直到型循环结构

(3) 自顶向下、逐步求精的设计过程。自顶向下是指将复杂的、大的问题划分为小问题，找出问题的关键和重点所在，然后用精确的思维定性和定量地去描述问题。逐步求精是将现实世界的问题经抽象转化为逻辑空间或求解空间的问题，复杂问题经抽象化处理变为相对比较简单的问题，经若干步抽象(精化)处理，直到求解域中只包含比较简单的编程问题，利用三种基本程序结构即可实现。

(4) 限制使用转向语句,如 goto 语句。因为滥用转向语句将使程序流程无规律,程序可读性差。

结构化程序设计方法的优点有:第一,程序易于理解、使用和维护。程序员采用结构化编程方法,便于控制、降低程序的复杂性,因此容易编写程序。便于验证程序的正确性,结构化程序清晰易读,可理解性好,程序员能够进行逐步求精、程序证明和测试,以确保程序的正确性,程序容易阅读并被人理解,便于用户使用和维护。第二,提高了编程工作的效率,降低了程序的开发成本。由于结构化编程方法能够把错误控制在最低限度,因此能够减少调试和查错的时间。结构化程序是由一些为数不多的基本结构模块组成,这些模块甚至可以由机器自动生成,从而极大地减轻了编程工作量。因此,结构化程序设计方法得到了广泛应用。

支持结构化程序设计的程序设计语言有:Pascal 语言和 C 语言等。

6.4.2 面向对象程序设计方法

面向对象程序设计方法是一种支持模块化设计和软件重用的实际可行的编程方法。它把程序设计的主要活动集中在建立对象和对象之间的联系上,从而完成所需要的计算。一个面向对象的程序就是实现相互联系的对象集合。由于现实世界可以抽象为对象和对象联系的集合,所以面向对象的程序设计方法更接近现实世界、更自然。

面向对象程序设计中有几个基本概念:对象、消息、类、封装、继承和多态性。

(1) 对象。对象由一组属性和对这组属性进行操作的一组方法构成。其中,属性描述对象的静态特征,如一个学生对象由学号、姓名、性别、年龄、籍贯等属性来描述;方法描述对象的动态特征,如学生注册、改名、登记成绩、打印输出等都是对学生对象的属性进行操作。

(2) 消息。对象是面向对象程序设计的基本要素。通过向对象发送消息来处理对象。每个对象根据消息的性质来决定要采取的行动,即响应一个消息。

(3) 类。类是数据抽象和信息隐藏的工具。类是具有相同属性和方法的一组对象的抽象描述。对象是类的实例。发送给一个对象的所有消息都在该对象的类中来定义,并以方法来描述。

(4) 封装。封装是一种组织软件的方法。它的基本思想是把客观世界中联系紧密的元素及相关操作组织在一起,使其实现细节隐藏在内部,并以简单的接口对外提供服务。

(5) 继承。继承用于描述类之间的共同性质。它减少了相似类的重复说明。体现出了一般化及特殊化的原则。例如,可以把“汽车”作为一个一般化的类,而把“卡车”作为一种更具体的类,它从汽车类继承了许多属性及方法,并且可以添加卡车类特有的属性和方法。

(6) 多态性。是指相同的语句组可以代表不同类型的实体或对不同类型的实体进行操作。

用面向对象程序设计方法编写的程序,其结构与求解的实际问题的结构基本一致,具有很好的可读性和可维护性。另外,利用继承、多态、模板等机制,程序设计者能够很好地实现代码重用,极大地提高了设计程序的效率。目前,面向对象程序设计方法已成为主流的程序设计方法,在软件开发过程中被广泛使用。

支持面向对象的程序设计语言有 C++语言、Java 语言、Python 语言等。

6.5　程序设计语言基本要素

程序设计语言也像自然语言一样，由字、词和语法规则构成。不同的程序设计语言，其字、词和语法规则也不一样。本节以 Python 语言为例，简要叙述程序设计语言的基本要素：数据类型、常量和变量、运算符与表达式、输入输出、流程控制语句、函数、注释等。

6.5.1　Python 语言简介

Python 是一种面向对象的解释型计算机程序设计语言，由荷兰人 Guido van Rossum 于 1989 年圣诞期间开始设计，并于 1991 年推出第一个公开发行版本。

2000 年 10 月，Python 2.0 正式发布，解决了其解释器和运行环境中的诸多问题，开启了 Python 广泛应用的新时代。2010 年，Python 2.x 系列发布了最后一版，其主版本号为 2.7，用于终结 2.x 系列版本的发展，并且不再进行重大改进。

2008 年 12 月，Python 3.0 正式发布，该版本在语法层面和解释器内部做了很多重大改进，解释器内部采用完全面向对象的方式实现。其代价是 3.x 系列版本代码无法向下兼容 Python 2.0 系列的语法，所有基于 Python 2.0 系列版本编写的库函数都必须修改后才能被 Python 3.0 系列解释器识别运行。

2012 年推出版本 3.3，2014 年推出版本 3.4，2015 年推出版本 3.5，2016 年推出版本 3.6，2017 年 12 月 19 日推出的最新版本是 3.6.4。

Python 是纯粹的自由软件，是开源项目的优秀代表，其解释器的全部源代码都是开源的，可以在 Python 语言的网站(https://www.python.org/)上下载。

6.5.2　Python 开发环境配置

Python 语言解释器是一个轻量级的小尺寸软件，支持交互式和批量式两种编程方式，可以在 Python 语言主网站上下载，文件大小为 25～30MB，下载网址为：https://www.python.org/downloads/

打开网页，进入如图 6.8 所示的下载页面。

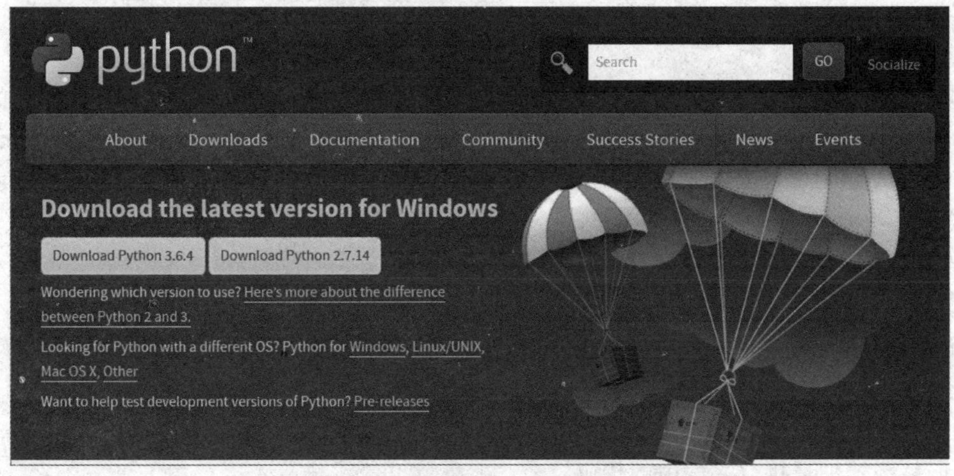

图 6.8　Python 下载页面

根据所用的操作系统，在图 6.8 中选择对应的 Python 3.x 系列安装程序。在图中单击 Download Python 3.6.4 即可下载 Python 最新的稳定版本，随着 Python 语言的发展，还会有更新的稳定版本出现。本书内容以 Windows 操作系统版本 Python 3.6.4 为例进行安装和环境配置。其他操作系统请打开图中下部的相应链接进行选择。

双击如图 6.9 中所下载的 python-3.6.4.exe 程序文件，安装 Python 解释器，出现如图 6.10 所示的安装程序引导过程启动页面，勾选 Add Pathon 3.6 to PATH 复选框，单击 Install Now，出现图 6.11 所示的安装页面，安装结束后，出现图 6.12 所示的安装成功页面。

python-3.6.4.exe	2017/12/21 15:15	应用程序	29,936 KB
QuickTimeInstaller.exe		应用程序	40,963 KB
rj_bg4324.exe		应用程序	3,082 KB
rj_qv9228(1).exe		应用程序	2,986 KB
rj_qv9228.exe		应用程序	2,986 KB
setup0759_mp4.exe	2014/7/14 9:32	应用程序	2,467 KB

文件说明: Python 3.6.4 (32-bit)
公司: Python Software Foundation
文件版本: 3.6.4150.0
创建日期: 2017/12/21 15:18
大小: 29.2 MB

图 6.9 Python-3.6.4.exe 程序文件

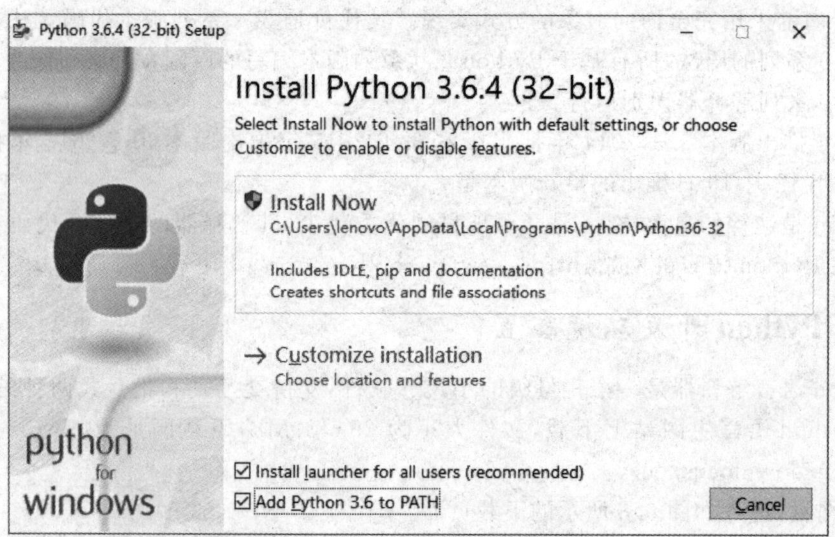

图 6.10 安装程序引导过程启动页面

Python 安装包在系统中安装一批与 Python 开发和运行相关的组件，其中最重要的两个是 Python 命令行和 Python 集成开发环境（Python's Integrated Development Environment，IDLE），如图 6.13 所示，是 Windows 开始菜单中所显示的 Python 3.6 所包含的组件。

6.5.3 Python 程序运行方式

运行 Python 程序有两种方式：交互式和文件式。

交互式是指 Python 解释器即时响应用户输入的每条代码，给出输出结果。

文件式，也称为批量式，指用户将 Python 程序写在一个或多个文件中，然后启动 Python 解释器批量执行文件中的代码。

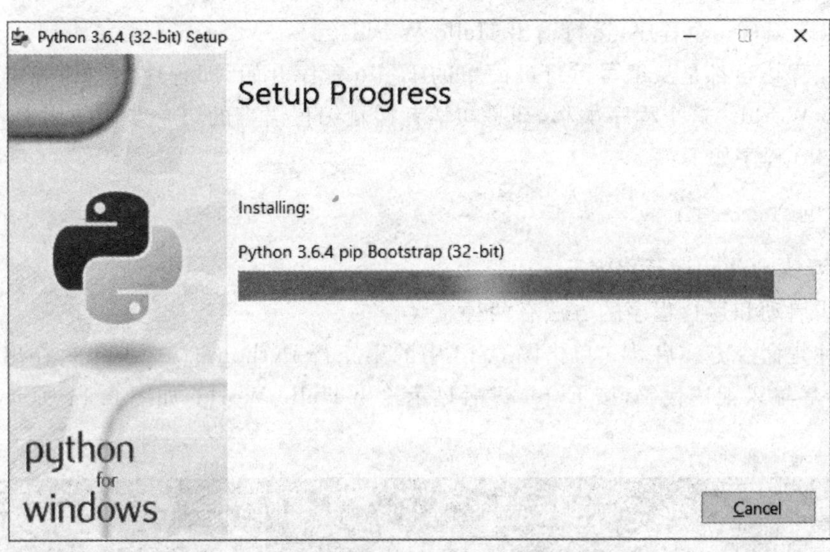

图 6.11 Python 3.6.4 安装过程

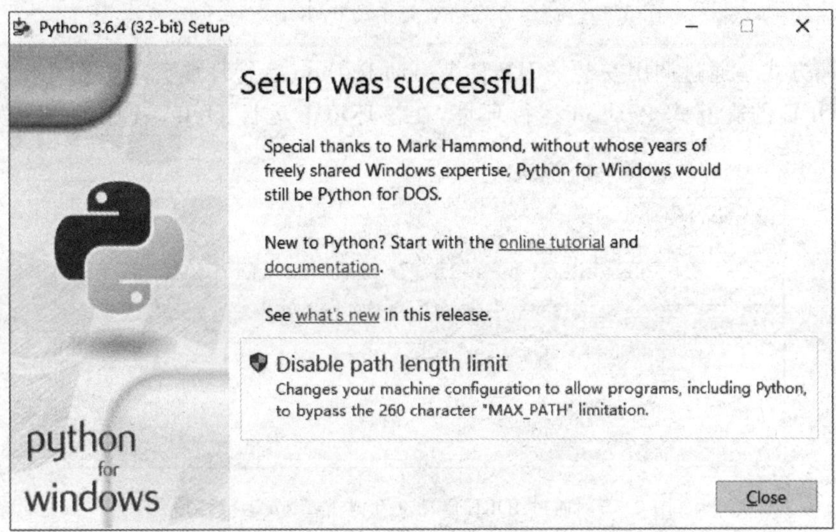

图 6.12 Python 3.6.4 安装成功页面

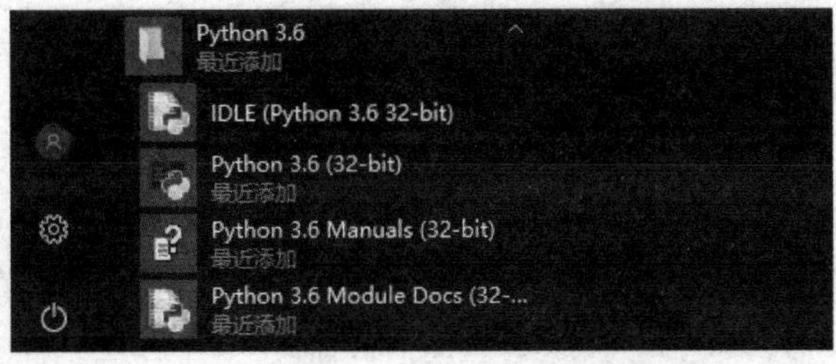

图 6.13 Python 3.6 所包含的组件

交互式一般用于调试少量代码,文件式是最常用的编程方式。

例 6.4 编写一个程序,运行输出 Hello World。

学习编程语言都是从编写运行最简单的 Hello 程序开始,即程序运行时在屏幕上打印输出 Hello World。这个程序虽小,却是初学者接触编程语言的第一步。使用 Python 语言编写的 Hello 程序如下:

```
print("Hello World")
```

1. 交互式启动和运行程序

交互式启动和运行程序的方法有两种。

第一种是命令方式启动。单击图 6.13 中的第三行 Python 3.6(32-bit),在出现的命令提示符>>>后输入上述代码,按 Enter 键后显示输出 Hello World,如图 6.14 所示。

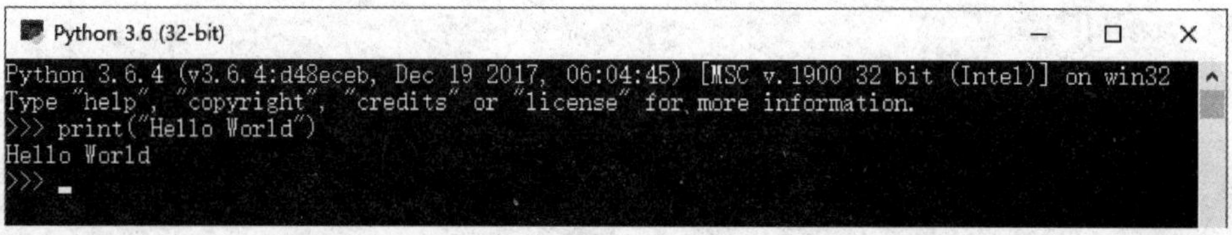

Python 3.6 (32-bit)
Python 3.6.4 (v3.6.4:d48eceb, Dec 19 2017, 06:04:45) [MSC v.1900 32 bit (Intel)] on win32
Type "help", "copyright", "credits" or "license" for more information.
>>> print("Hello World")
Hello World
>>>

图 6.14 命令方式启动交互式 Python 运行环境

第二种方式是通过调用安装的 IDLE 来启动 Python 运行环境。单击图 6.13 中的第二行,启动 IDLE 的交互式 Python 运行环境,在该环境下运行 Hello 程序的效果如图 6.15 所示。

Python 3.6.4 Shell
File Edit Shell Debug Options Window Help
Python 3.6.4 (v3.6.4:d48eceb, Dec 19 2017, 06:04:45) [MSC v.1900 32 bit (Intel)]
on win32
Type "copyright", "credits" or "license()" for more information.
>>> print("Hello World")
Hello World
>>>
Ln: 5 Col: 4

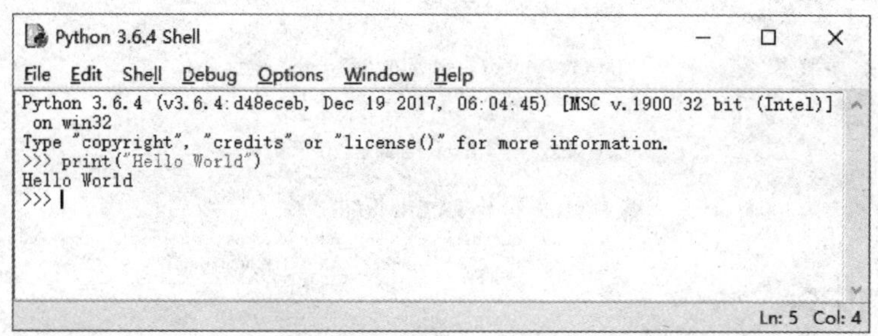

图 6.15 通过 IDLE 启动交互式 Python 运行环境

2. 文件式启动和运行程序

文件式启动和运行程序也有两种方法。

第一种方法:用文本编辑器(如 notepad 等)按照 Python 语法格式编写代码,并保存为.py 形式的文件(此处命名为 hello.py,并存入 g:盘的 python_3_6_4 文件夹)。然后,运行 Windows 的 cmd.exe 程序,在命令提示符后输入 python g:\python_3_6_4\hello.py,即可得到图 6.16 的页面。

第二种方法:打开 IDLE,在菜单中选择 File→New File 菜单项,在显示的窗口中输入代码,并保存为 hello.py,如图 6.17 所示。然后选择 Run→Run Module 菜单项运行程序,得到结果。

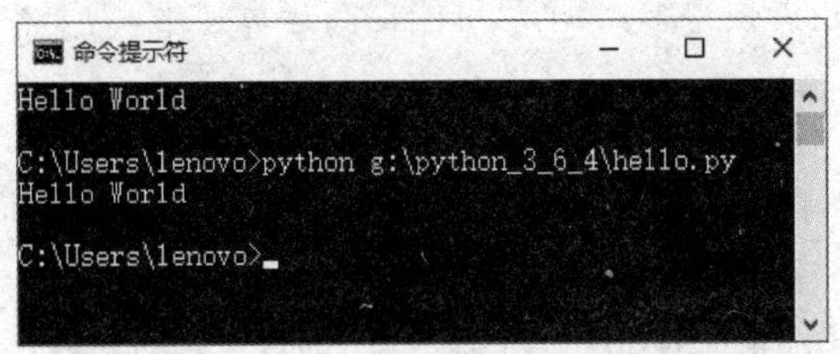

图 6.16 命令方式运行 Python 程序文件

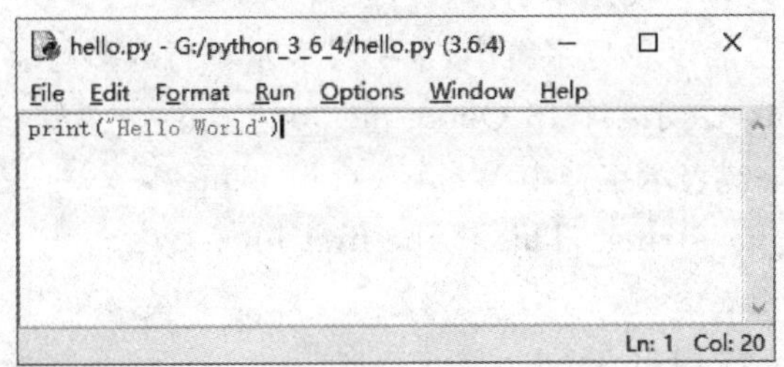

图 6.17 IDLE 方式运行 Python 程序文件

6.5.4 数据类型

数据是信息在计算机内的表现形式，也是程序的处理对象。因为不同类型的数据存储和操作方式不同，所以在高级语言程序设计中，数据都是有类型的。

从数据构造角度，数据类型分为系统定义的基本数据类型和构造数据类型。构造类型是用户根据需要定义，由相同或不同的基本数据元素组合而成的数据类型。

本节简要介绍 Python 的基本数据类型，其他类型请参见相关书籍。

1. 数字类型

数字类型是表示数字或数值的数据类型。Python 语言提供三种数字类型：整数类型、浮点数类型和复数类型。

1）整数类型

整数类型表示数学里的整数，有二进制、八进制、十进制和十六进制 4 种表示数的方式。默认状态是十进制，二进制数使用 0b(或 0B)开头，八进制数使用 0o(0O)开头，十六进制数采用 0x(0X)开头。

例如：10，0b10，0o10，0X1b 都是合法的整数。

2）浮点数类型

浮点数类型表示带小数点的数，小数部分可以是 0，但是不能缺省小数点，以区分浮点数类型和整数类型。浮点数有十进制表示和科学记数法两种表示形式。其中科学记数法使用字母 e 或 E 作为幂的符号，以 10 为基数。

例如：0.0，-3.3，88.，1.5e8，2.6E-8 等都是合法的浮点数，其中

1.5e8 相当于数学表达式 1.5×10^{8}

2.6E-8 相当于数学表达式 2.6×10^{-8}

整数和浮点数分别由 CPU 中不同的硬件逻辑完成运算，对于相同类型的操作，如加

法，前者的运算速度比后者快得多，为了尽可能提高运算速度，需要根据实际情况定义整数类型或浮点数类型。

3）复数类型

复数类型表示数学中的复数。复数的虚部通过后缀 J 或 j 来表示。复数类型中的实部和虚部的数值部分都是浮点数类型。

例如：3＋4.5J，－5.3＋6.1j，3.6E5＋1.2e-3J 都是合法的复数。

2. 字符串类型

字符串是字符的序列。它使用单引号(')，双引号(")，或三引号(''' 或 """)括起来。

其中单引号和双引号表示单行字符串，三引号表示单行或多行字符串。例如

'Quote me “on” this '表示字符串 Quote me “on” this

"What's your name?"表示字符串 What's your name?

''' This is a multi-line string. This is the first line.
This is the second line.
“What's your name?”, he asked.
He said “Bond, James Bond.”
'''

表示了字符串

This is a multi-line string. This is the first line.
This is the second line.
“What's your name?”, he asked.
He said “Bond, James Bond.”

6.5.5 常量和变量

常量是指其值和类型由其本身定义，并且不能被改变。例如，5、1.23、9.25e3 等数字，或者'This is a string'这样的字符串都是常量。

变量是代表某值的名字，是计算机中存储信息的一部分内存，其值可以变化。例如，如果希望用名字 x 代表 3，只需执行以下语句：

```
x = 3
```

其中 x 称为变量名。

变量名可以包含字母、数字、下画线和汉字等字符，但是不能以数字开头，长度没有限制，字母大小写敏感。

例如_abc，pi，x_y_z，_Abc 等都是合法的变量名。

6.5.6 运算符与表达式

运算是对数据进行加工。对基本数据类型的运算常用一些简洁的符号来表示，这些符号称为运算符或操作符。被运算的对象称为操作数。通过特定的运算表达一个值的式子称为表达式。表达式是程序设计语言中的基本语法单位，它由常量、变量、函数、运算符和括号组成。

1. 数值运算符

Python 解释器为数字类型提供了 9 个基本的运算符,如表 6.5 所示。

表 6.5 数值运算符

运 算 符	操 作 描 述	示 例	运 算 结 果
+	加法	8+2	10
-	减法	8-2	6
*	乘法	8 * 2	16
/	除法	10/4	2.5
//	整数除法	10//4	2
%	取余	10 % 4	2
-	x 的负值	-x(x 为 10)	-10
+	x 本身	+x(x 为 10)	10
**	幂	2 ** 4	16

数值运算符的优先级按以下顺序由高到低排列:①幂 **;②正(+)负(-);③乘除取余 * /%;④加减+ -。

上述 9 个运算符的运算结果可能改变数字类型,三种数字类型之间存在一种逐渐扩展的关系,即整数→浮点数→复数。因为整数可以看成是小数部分为 0 的浮点数,浮点数可以看成是虚部为 0 的复数。

三种数字类型进行数值运算的基本规则如下。

(1) 整数之间的运算,如果数学意义上的结果是整数,则运算结果是整数类型。

(2) 整数之间的运算,如果数学意义上的结果有小数,则运算结果是浮点数类型。

(3) 整数和浮点数混合运算,运算结果是浮点数类型。

(4) 整数或浮点数与复数混合运算,运算结果是复数类型。

如:6/3 结果为 2
18/5 结果为 3.6
4+3.14 结果为 7.14
3+1-2J 结果为 4-2J

2. 字符串运算符

Python 解释器为字符串类型提供了 5 个基本运算符,如表 6.6 所示。

表 6.6 字符串运算符

运 算 符	操 作 描 述	表达式示例	运 算 结 果
+	连接	'Python'+'C++'	'Python C++'
*	多次复制	'Python!' * 3	'Python! Python! Python!'
in	子串测试	'on' in 'Python'	True
[ ]	索引	str='Python', str[3]	'h'
[N:M]	切片	str='Python', str[3:5]	'ho'

3. 关系运算符与逻辑运算符

关系运算和逻辑运算的结果都是逻辑值。

关系运算符又称为比较运算符,用来比较两个操作数的大小。由关系运算符连接起来的表达式称为关系表达式。关系表达式的运算结果是一个逻辑值。

Python 提供的关系运算符见表 6.7。

表 6.7 关系运算符

运算符	操作描述	表达式示例	运算结果
==	相等	x='str'; y='stR'; x==y x=2; y=2; x==y	False True
!=	不相等	x=2; y=3; x!=y	True
<	小于	x=3; y=6; x<y	True
>	大于	x=4; y=3; x>y	True
<=	小于或等于	x=3; y=6; x<=y	True
>=	大于或等于	x=3; y=6; x>=y	False

关系运算符的优先级相同,按从左至右进行运算即可。

用逻辑运算符连接起来的式子称为逻辑表达式。Python 提供的逻辑运算符如表 6.8 所示。

表 6.8 逻辑运算符

运算符	操作描述	解释	表达式示例
not	非(取反)	True 取反值为 False,False 取反值为 True	not(3<5)值为 False
and	与	左右操作数都为 True 时,值为 True,否则值为 False	3<5 and 7<5 值为 False
or	或	左右操作数都为 False 时,值为 False,否则值为 True	3<5 or 7<5 值为 True

逻辑运算符的优先级按以下顺序由高到低排列:not,and,or。

6.5.7 输入和输出

数据的输入和输出是人机交互的基本方法。Python 语言中输入输出是通过函数来实现的。

1. 数据输入

input()函数从控制台获得用户输入,并以字符串返回结果。

如:

```
>>> Radius = input("请输入圆的半径:")
请输入圆的半径:2
>>> Radius
'2'
```

所有在键盘中输入的符号都是字符,为了把这些字符转换成所需要的数据类型,通常会使用 eval(<字符串>)函数。

如:

```
>>> eval(Radius)
2
```

eval(<字符串>)函数是 Python 语言中一个十分重要的函数,它能够以 Python 表达式的方式解析并执行字符串。如:

```
>>> x=1
>>> eval("x+1")
2
>>> eval("1.1+2.2")
3.3000000000000003
```

2. 数据输出

print()函数用于输出字符信息,也能输出变量的值。

当输出纯字符信息时,可以直接将待输出内容传递给 print()函数。如:

```
>>> print("Python is powerful!")
Python is powerful!
```

另外,也可以用 print()函数输出变量的值。如:

```
>>> print(" 半径是:", Radius)
 半径是: 2
```

6.5.8 流程控制语句

在高级语言中,程序控制结构是由流程控制语句实现的。不同的高级语言,流程控制语句的格式可能不一样。Python 语言的部分流程控制语句如下。

1. 分支语句

分支语句根据判断条件选择程序执行路径,用于实现选择结构。Python 语言提供实现单分支、二分支和多分支的语句。其中多分支语句的格式为:

```
if   <条件 1>:
  <语句块 1>
elif  <条件 2>:
  <语句块 2>
    ⋮
else:
  <语句块 N>
```

其中,if、elif、else 都是关键字。当<条件 1>为真时,执行<语句块 1>;<条件 2>为真时,执行<语句块 2>,…, else 后面不增加条件,表示前面的条件不满足时,执行<语句块 N>。

例 6.5 编写程序,根据用户输入的百分制成绩,输出成绩的等级。

```
mark = eval(input(" 请输入成绩: "))
if mark >= 90:
    print("Grade A")
elif mark >= 80:
    print("Grade B")
elif mark >= 70:
    print("Grade C")
elif mark >= 60:
    print("Grade D")
else:
    print("Failure")
```

程序运行结果如下:

```
请输入成绩: 85
Grde B
```

2. 循环语句

循环语句的作用是根据判断条件确定一段程序是否再次或多次执行,用于实现循环结构。

根据循环执行次数的确定与否,循环可以分为确定次数循环和非确定次数循环。在Python语言中,确定次数循环被称为“遍历循环”,其循环次数采用遍历结构中的元素个数来体现,由for循环语句实现;非确定次数循环通过条件判断是否继续执行循环体,由while循环语句实现。

for语句的格式如下:

```
for <循环变量> in <遍历结构>:
    <语句块>
```

其中,for和in都是关键字。可以理解为从遍历结构中逐一提取元素,放在循环变量中。对于所提取的每个元素执行一次语句块。遍历结构可以是字符串、文件、组合数据类型或range()函数等。

例6.6 编写程序,根据用户输入的N值,输出0到N－1的值。

```
N = eval(input("请输入 N 的值: "))
for i in range(N):
    print("循环第",i,"次 = ",i)
```

程序的运行结果如下:

```
请输入N 的值:3
循环第 0 次= 0
循环第 1 次= 1
循环第 2 次= 2
```

while语句的格式为:

```
while(<条件>):
    <语句块>
```

其中,while是关键字。如果条件为True,则执行<语句块>,然后继续测试条件,为True时继续执行语句块,只有当条件为False时,退出循环。

例6.7 编写程序,统计用户从键盘输入的正数个数,遇到用户输入的非正数时退出程序。

```
number = eval(input("请输入一个数: "))
count = 0
while number > 0:
    count = count + 1
    number = eval(input("请输入一个数: "))
print("正数的个数为: ", count)
```

程序的运行结果如下:

```
请输入一个数:34
请输入一个数:1
请输入一个数:3
请输入一个数:67
请输入一个数:-1
正数的个数为: 4
```

6.5.9 函数

函数又称为子程序,是以一个名字标识完成特定功能的一组代码。函数有如下两个重要作用。

(1) 任务划分。把一个复杂的任务划分为多个简单任务,并用函数来表达,使任务更易于理解,易于实现。

(2) 代码重用。各种复杂的任务常常包含一些完全相同或非常相近的简单任务。把这些简单任务编成独立的函数,由各大任务调用,避免重复编程。

函数是一种功能抽象。对函数使用不需要了解函数内部实现,只需了解函数的输入输出即可调用执行。不同高级语言函数实现的语法不同。在 Python 语言里,函数分为两大类。一类是由安装包自带的函数,包括 Python 内置的函数(如 input()、print()、eval()等)、Python 标准库中的函数(如 math 库中的 sqrt()等);另一类是用户根据应用需求,自定义的函数。

Python 函数定义的一般形式如下:

```
def <函数名> (<形式参数表>):
    <函数体>
   return <返回值列表>
```

其中,def 是关键字,函数名的命名规则与变量的命名规则相同。形式参数表是执行函数时需要的参数列表,可以是零个或多个,参数之间用逗号隔开。函数体是实现函数功能的语句组。return 是关键字,用于返回值列表,并将控制权返回给调用者。

Python 函数调用的一般形式为:

```
<函数名>(<实际参数列表>)
```

例 6.8 编写程序,定义求圆面积的函数 Cir_Area,并调用函数求任意半径圆的面积。

```
#Cir_Area 函数定义开始
def Cir_Area(r):
    return 3.14 * r * r
#Cir_Area 函数定义结束

rr = eval(input("请输入半径: "))
while(rr >= 0):
    #以下语句调用了内置函数 eval(), print(), input()以及自定义函数 Cir_Area()
    print("半径为",rr,"的圆的面积为: ", Cir_Area(rr))
    rr = eval(input("请输入半径: "))
print("程序运行结束")
```

程序的一次运行结果如下:

```
请输入半径: 1
半径为 1 的圆的面积为:  3.14
请输入半径: 2
半径为 2 的圆的面积为:  12.56
请输入半径: 3
半径为 3 的圆的面积为:  28.259999999999998
请输入半径: 4
半径为 4 的圆的面积为:  50.24
请输入半径: -1
程序运行结束
```

6.5.10 注释

虽然程序是由计算机执行，但是程序是由人设计的。当程序出现问题或需要改进时，需要人在理解原设计思想和设计方法的基础上进行改进或修正。这样，对设计者来说，程序是否容易理解，可读性好不好就显得十分重要了。设计可读性好的程序的一个基本方法就是在程序中添加必要的注释信息，以说明程序的基本功能和用到的主要算法等。因此，在书写程序时要加上适当的注释信息。

注释是辅助性文字，会被编译器或解释器忽略。不同的高级语言表示注释的语法是不同的。

Python 语言有两种注释方法：单行注释和多行注释。

单行注释以＃开头，多行注释以'''(3 个单引号)开头和结尾。

例 6.8 中以＃开头的行就是单行注释。

6.6 程序设计应用举例

(1) 编写程序，求任意两个正整数的最大公约数。

该问题的中文算法描述和伪代码算法描述分别如例 6.1 和例 6.2 所示。

对应算法的源程序如图 6.18 所示。

图 6.18 中，第 1 行是注释；第 2～3 行将用户输入的两个数分别赋值给变量 m 和 n；第 4～9 行将 m 和 n 中较大的数存入变量 a 中，较小的数存入变量 b 中；10～14 行是辗转相除法的实现语句；第 15 行输出结果。

程序的一次运行结果如图 6.19 所示。当用户输入的是 36 和 8 时，程序输出的最大公约数是 4。

```
1  #filename: maxyue.py
2  m=eval(input("请输入第一个数:"))
3  n=eval(input("请输入第二个数:"))
4  if m>=n:
5      a=m
6      b=n
7  else:
8      a=n
9      b=m
10 r=a%b
11 while r!=0:
12     a=b
13     b=r;
14     r=a%b
15 print(m,"与",n," 的最大公约数是：",b)
```

图 6.18 求两个数最大公约数的源程序

```
请输入第一个数:36
请输入第二个数:8
36 与 8  的最大公约数是： 4
```

图 6.19 求最大公约数的一次运行结果

(2) 编写程序，求 $n!$。

方法一：因为 $n!=1\times2\times3\times\cdots\times n$，此处重复做的是乘法操作，所以可以用循环实现。

方法二：因为

$$n!=\begin{cases}1 & \text{当 } n=0\\ n\cdot(n-1)! & \text{当 } n>0\end{cases}$$

而求 $n-1$ 的阶乘与求 n 的阶乘是性质相同且规模小 1 的问题，0! 等于 1。这种通过

一个对象自身的结构来描述或部分描述该对象,就称为递归。所以也可以用递归方法实现求 n!。

对应以上两种方法的源程序如图 6.20 所示。

第 3~7 行定义的函数 fact1 是方法一的实现；第 9~13 行定义的函数 fact2 是方法二的实现；第 17 行调用 fact1 求 m 的阶乘；第 18 行调用 fact2 求 m 的阶乘。

图 6.20 程序的一次运行结果如图 6.21 所示。

```
 1  # Filename factorial.py
 2
 3  def fact1(n):
 4      t=1
 5      for i in range(1,n+1):
 6          t=t*i
 7      return t
 8
 9  def fact2(n):
10      if n<=1:
11          return 1
12      else:
13          return n*fact2(n-1)
14
15
16  m=eval(input("请输入n的值: "))
17  print("(call fact1 )m!=",fact1(m))
18  print("(call fact2 )m!=",fact2(m))
```

图 6.20　求 n! 的源程序

```
请输入n的值: 3
(call fact1 )m!= 6
(call fact2 )m!= 6
```

图 6.21　求 n! 程序的一次运行结果

当输入的值是 3 时,调用 fact1 和 fact2 求得的 3! 都是 6。

(3) 编写程序,计算阶乘和：1!+2!+3!+⋯+n!。

源程序如图 6.22 所示,当 n 为 3 或 4 时的运行结果如图 6.23 所示。

图 6.22 中,第 1 行是注释；第 2 行定义变量 s,初始化为 0,用于存放累加和；第 3 行定义变量 t,初始化为 1,用于存放 $i(i=1,\cdots,n)$ 的阶乘；第 4 行由用户输入 n 的值；第 5~7 行求 $i(i=1,\cdots,n)$ 的阶乘,并将其累加到 s 中；第 8 行输出结果。

程序运行时,如图 6.23 所示。输入 n 的值为 3 时,则输出 1!+2!+3!=9；输入 n 的值为 4 时,则输出 1!+2!+3!+4!=33。

```
1  #filename: fact.py
2  s=0
3  t=1
4  n=eval(input("请输入n 的值: "))
5  for i in range(1,n+1):
6      t=t*i
7      s=s+t
8  print("1!+2!+...+",n,'!=',s)
```

图 6.22　求阶乘和源代码

```
请输入n 的值: 3
1!+2!+...+ 3 != 9
>>>
======================
===================
请输入n 的值: 4
1!+2!+...+ 4 != 33
```

图 6.23　求阶乘和运行结果

(4) 编写一个函数,实现本书 1.5.3 节中所述汉诺塔金片的移动。编写程序,输入汉诺塔上金片的个数,调用上述函数,输出金片移动的过程。

分析：假定宝石针上金片的个数为 n,并将金片按从小到大顺序编号为 1~n,并引入 hanno(n,A,B,C),表示 n 个金片从宝石针 A,借助于宝石针 B,移到宝石针 C 上的过程。要把如图 1-13 中第 A 号宝石针上的 n 个金片移动到第 C 号宝石针上,必须把置于最底下的最大的第 n 个金片从 A 号宝石针上移到 C 号宝石针上,为此,得先把第 1~$n-1$ 个金片从 A 号宝石针移到 B 号宝石针。

将 $n-1$ 个金片从宝石针 A,借助于宝石针 C,移到宝石针 B 上的问题,与原问题是性质相同的,可以采用同样的方法来解,只是规模小 1,所以该问题是一个典型的递归问题。可以定义一个递归函数 hanno(a,b,c,n)来实现 n 个金片的移动。源程序如图 6.24 所示。

当 n 为 3 时的运行结果如图 6.25 所示。即将 3 个金片从 A 针移动到 C 针,需要按图示的步骤才能完成移动。

```
#filename: hanno.py
def hanno(a,b,c,n):
    if n==1:
        print(a,'->',c)
    else:
        hanno(a,c,b,n-1)
        print(a,'->',c)
        hanno(b,a,c,n-1)

n=eval(input("请输入盘片的数目: "))
hanno('A','B','C',n)
```

图 6.24　汉诺塔源代码

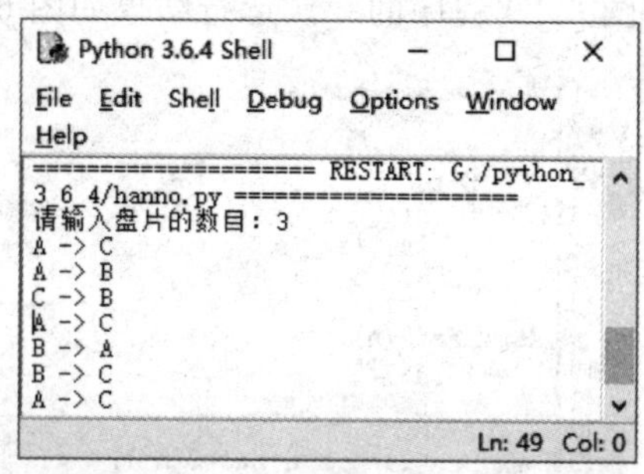

图 6.25　汉诺塔程序运行结果

本 章 小 结

算法(algorithm)是解决问题的一系列步骤的总称。

算法具有的性质包括：算法名称、输入、输出、有效性、正确性和有穷性。

算法可以用自然语言、伪代码、流程图、程序设计语言、N-S 图、PAD 图等方法表达。

算法的优劣通常用算法的复杂度来衡量,包括时间复杂度和空间复杂度。

程序设计语言是人与计算机交流的工具,是由字、词和语法规则构成的指令系统。

程序设计语言经过多年的发展,经历了从机器语言、汇编语言到高级语言的发展过程。

程序设计的常用方法有结构化程序设计方法和面向对象的程序设计方法。

程序设计语言一般包括：数据类型、变量、常量、运算符、表达式、流程控制语句、函数、注释等主要元素。

Python 语言是一种面向对象的解释型程序设计语言,可以采用交互式和文件式两种方式运行 Python 程序。

习　题　6

6.1　选择题

1. 以下不是标准流程图符号的是(　　)。

A. 处理框　　B. 流程线　　C. 判断框　　D. 大括号

2. Python 源程序文件的扩展名是(　　)。

A. c　　B. cpp　　C. py　　D. exe

3. 以下不属于计算机程序设计语言的是(　　)。

A. Python　　B. Java　　C. C++　　D. ASCII

4. 计算机硬件能直接识别执行的是(　　)。

A. 符号语言　　B. 机器语言　　C. 高级语言　　D. 汇编语言

5. 以下 Python 表达式的值为 True 的是(　　)。

A. 3<5 and 5<7　　B. not(3<5)　　C. 3<5 and 5>7　　D. 3>5 or 5>7

6. 以下不是 Python 常量的是(　　)。

A. "Hello"　　B. 123　　C. 3.14159　　D. ABC

6.2 填空题

1. 算法的优劣通常用(　　)和(　　)来衡量。

2. 程序设计语言经过多年的发展,经历了从机器语言、(　　)到(　　)的发展过程。

3. 必须将高级语言源程序翻译成机器语言表示的目标程序,计算机才可执行。翻译的方式有两种,分别称为(　　)和(　　)。

4. 程序设计的常用方法有(　　)和(　　)。

5. 语句结构化是指每个模块都用(　　)、(　　)或(　　)来实现流程控制。

6. 程序设计语言是人类与计算机交流的语言,是由(　　)、(　　)和(　　)构成的指令系统。

6.3 简答题

1. 算法具有哪些性质?

2. 结构化程序设计的主要思想是什么?

3. 简述程序设计语言的基本要素。

6.4 编程题

1. 编写程序,用户从键盘输入一行字符,统计并输出其中英文字符、数字、空格和其他字符的个数。

2. 编写程序,计算一元二次方程 $ax^2+bx+c=0$ 的根。

3. 编写程序,计算输出 Fibonacci (斐波那契)数列的前 n 项。Fibonacci 数列是形如以下的数列:0,1,1,2,3,5,8,13,21,…。

4. 编写程序,求 1000 以内的完数。所谓完数,是指一个自然数恰好等于它的所有真因子之和。例如,因为 6=1+2+3,所以 6 是完数。

5. 编写 isOdd()函数,参数为整数,如果参数为奇数,返回 True,否则返回 False。

6. 编写 isPrime()函数,参数为整数。如果参数是素数,返回 True,否则返回 False。素数是指除了 1 和其本身,没有其他因子的大于 1 的整数。如 2,3,5,7,11,13 等都是素数。

第7章 数据库技术

数据库技术作为计算机科学与技术的一个重要分支，经历了近50年发展，已渗透到信息社会的各行各业。在当今激烈竞争的市场环境下，信息资源不仅是企业的重要财富，更是企业能在社会立足的关键因素。如何能够及时并准确地获取与企业运营相关的数据并对它们进行有效管理，如何在海量信息中挖掘出有价值的信息支持企业的决策行为，已成为各大企业的重要研究课题。数据库技术正是这一研究课题的必要技术手段之一。

7.1 数据库技术概述

7.1.1 数据处理的发展历史

世间万物皆有其特性和发展规律。信息就是客观事物的状态和运动特征的一种普遍形式，是以物质介质为载体，传递和反映世界各种事物存在方式和运动状态的表征，是事物现象及其属性标识的集合。信息是一种有价值的资源。就像人不能没有空气和水一样，人类也离不开信息。例如，某超市的营业时间为9:00 a.m.至9:00 p.m.。人们获悉这条信息后，不会选择在早上9点前或晚上9点后去超市购物。由此可见，信息在人类社会活动占据着非常重要的地位。所以有“物质、能量和信息是构成世界的三大要素”的说法。

信息可以存储、传输和还原再现。人们常通过一些媒介来表现信息，例如文字、声音、图像等，这些媒介被称为数据。数据是信息表现的载体，信息是数据的内涵。两者既紧密联系又相互区别。

因为信息是用数据表示的，所以为了在大量原始数据上获取有价值的能提供决策依据的信息，必须进行数据处理。数据处理是对各种数据进行收集、存储、整理、分类、统计、加工、利用和传播等一系列活动的统称，是一个将数据转换成信息的过程。

计算机自1946年诞生至今，硬件和软件技术在不断发展，同时也推动了数据处理方式的不断变化，数据处理经历了人工管理、文件系统到数据库系统的发展过程，如图7.1所示。

20世纪50年代中期以前，计算机的软硬件均不完善。在硬件方面，无外存或只有磁带外存，输入输出设备简单；在软件方面，当时还没有操作系统，也没有可对数据进行管理的

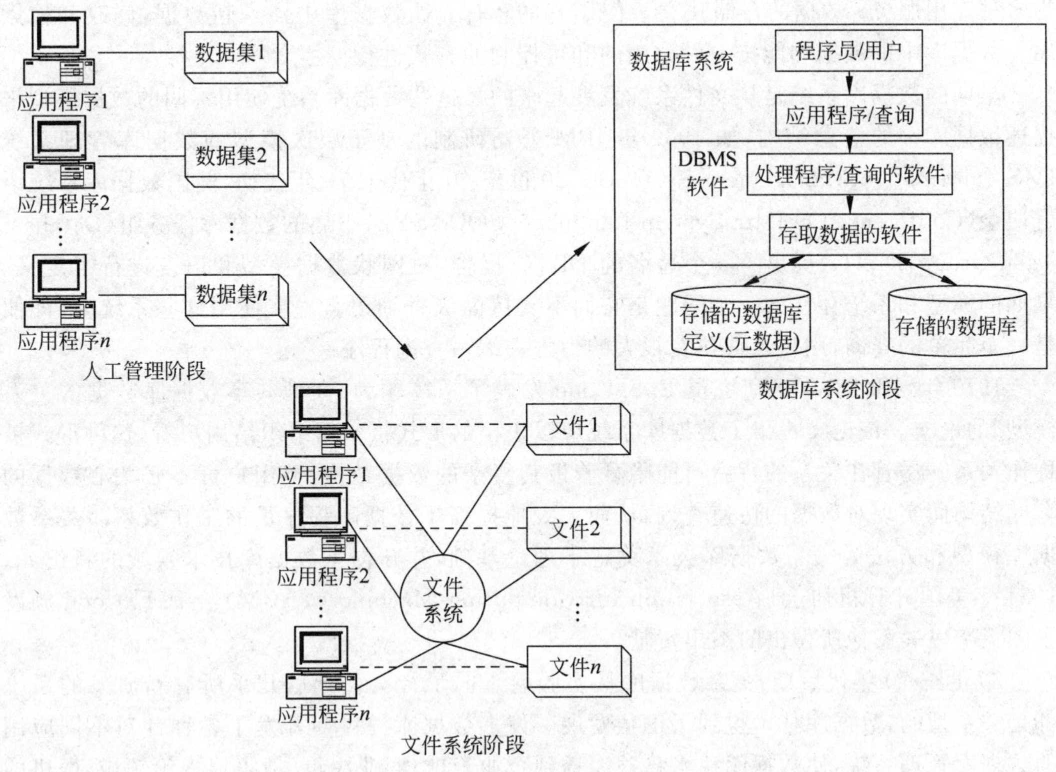

图 7.1 数据处理的发展过程

软件系统。计算机主要用于科学计算。数据的组织是面向应用的。各个应用使用独立的程序,且数据是程序的组成部分。如要修改数据必须修改程序。在进行数据处理时,数据随程序一起送入内存,用完后全部撤出计算机,不能保留。因此不同应用之间存在着大量重复的数据,数据无法共享。

20 世纪 50 年代后期到 60 年代中期,计算机的存储技术得到了很大的发展,大容量存储设备——硬盘的出现不仅提高了计算机的输入输出能力,也大大推动了软件技术的发展。操作系统和高级程序语言的出现使数据处理登上了一个新的台阶。操作系统中的文件系统以文件方式对数据进行统一的管理。数据以文件形式存储在外存。操作系统为用户使用文件提供了友好界面,程序员通过文件名就可以实现对数据的存储和操纵。因此,各个应用程序可以文件为单位共享数据,数据和程序间有了一定的独立性。但是,不同应用程序所需数据有一部分相同时,仍需建立各自的数据文件而不能共享,这就导致了数据维护困难,数据冗余(即相同的数据重复存储)大量存在,数据一致性难以保证。

到了 20 世纪 60 年代后期,随着计算机在数据管理领域应用的日渐普遍,要处理的数据量急剧膨胀,要联机实时处理的业务不断增多,使人们对数据共享提出了更迫切的要求。计算机硬件技术的飞速发展使得硬件价格大幅下降,而软件价格在系统中的比重日益上升,研制和维护应用程序所需的成本相对增加。为了降低软件的研发和维护费用,人们希望程序和数据具有较高的独立性,当数据的逻辑结构改变时,不会影响应用程序。在这样的需求背景下,数据库技术应运而生。

数据库是存储在计算机里的相关数据的集合,这些数据是结构化的,无害且不冗余,并为多种应用服务；数据的存储独立于使用它的程序；往数据库中插入新数据，修改和检索原有数据库中的数据均能按一种公用的和可控制的方式进行。

早期的数据库系统是从文件系统发展起来的。这些数据库系统使用不同的数据模型来描述数据库中的信息结构，如1969年IBM公司研制的基于层次模型的数据库管理系统IMS(Information Management System)。20世纪60年代末70年代初，美国数据库系统语言协会(Conference On Data System Language，CODASYL)下属的数据库任务组(Database Task Group，DBTG)提出了一个著名的DBTG报告，对网状数据模型和语言进行了定义。早期的模型和系统存在的一个问题是它们不支持高级查询语言。在使用这些系统时，即便是一个简单的查询，用户也得花费很大的力气去编写查询程序。

1970年，IBM公司的研究员E. F. Codd发表了一篇题为“大型共享数据库数据的关系模型”的论文。该论文提出了数据库系统应以表格的形式将数据组织给用户看，这种形式被称作关系。尽管在关系的背后可能隐藏着极其复杂的数据结构，但用户可不必关心数据的存储结构而实现对数据的快速查询，从而大大地提高了数据库程序员的工作效率。关系数据库模型和方法为关系数据库技术奠定了理论基础，并开创了数据库技术领域的新纪元。1981年美国计算机协会(Association for Computing Machinery，ACM)给E. F. Codd颁发了图灵奖以表彰他所做出的杰出贡献。

20世纪70年代后期，关系数据库从实验室走向了社会。此后几乎所有新研发的系统都是关系型的，数据库技术得到了迅猛发展。许多数据库提供商开发了各种针对不同应用的数据库管理系统，使数据库技术日益渗透到企业管理、商业决策、情报检索等领域，微机的普及进一步推动了其走向更广大的用户群，数据库技术成为了实现和优化信息管理的有效工具。

进入21世纪，随着计算机网络技术的发展，人们对数据的联机处理提出了进一步的要求。Internet使数据库技术的重要性得到了充分的放大。一些新的领域如计算机集成制造、计算机辅助设计、地理信息系统等对数据库提出了新的需求，它们为数据库的应用开辟了新的天地，同时也直接推动了数据库技术的革新和发展。

总之，没有数据库技术，人们在浩瀚的信息世界中将显得手足无措。

7.1.2 数据库技术的应用领域

数据库技术的应用领域非常广泛，对现代社会的渗透可谓无孔不入。大到公司、大型企业或是政府部门，小到家庭或个人，都需要使用数据库技术来存储和管理数据信息。

传统数据库中的很大一部分用于商务领域，如证券行业、银行、销售部门、公司或企业单位，以及学校、医院、国家政府部门、国防军工领域、科技发展领域等。以银行为例，银行中大量的客户资料、客户资金、每一笔交易的流水都是重要的数据，通过把这些数据存储在数据库中，就可以方便地对这些数据进行查询和管理，包括随时根据一定的条件把数据从数据库中调阅出来，客户取钱后，把原有的资金余额扣减了取款金额后再存储到数据库中等，通过数据库技术的支持，使数据的管理更加易于操作，处理效率更高。

随着信息时代的发展，数据库技术的应用领域也进一步拓宽了，其中包括多媒体数据库、移动数据库、空间数据库、信息检索系统、专家决策系统等。

7.1.3 数据库技术的相关学科

在计算机世界里,数据库技术已成为数据存储、信息管理、资源共享的最有效、最先进的工具。数据库技术是一门涉猎甚广的学科。要想打开这扇技术大门进入这一领域,必须要先掌握计算机科学的一些基础理论知识,包括程序设计语言、算法设计与分析、计算机组成原理基础、数据结构、操作系统基础、离散数学、计算机网络和软件工程等。

7.1.4 数据库技术发展的新方向

关系数据库走出实验室走向商业领域并取得了巨大的成功,这也刺激了其他领域对数据库技术需求的迅速增长。然而,传统的关系数据库并不能完全满足新领域所提出的数据管理需求。例如,多媒体数据的形式和操作都比传统的数据要复杂。新的挑战带来了新的发展契机。新一代数据库技术的研发促进了数据库技术与其他学科的结合并涌现出各种新型的数据库,如:数据库技术与多媒体技术相结合的产物——多媒体数据库,数据库技术与分布式处理技术相结合的产物——分布式数据库,数据库技术与移动计算技术相结合的产物——嵌入式移动数据库,数据库技术与 Web 技术相结合的产物——Web 数据库,数据库技术与人工智能相结合的产物——演绎数据库,数据库技术与地理信息系统相结合的产物——空间数据库,等等。

总之,无论被应用在哪一个领域,新一代数据库系统必须要支持数据管理、对象管理和知识管理,必须保持或继承关系数据库系统的技术,必须对其他系统开放。这是经过多年的研究和讨论后学术界与产业界对新一代数据库系统应具备的基本特征达成的共识。

7.2 数据库管理系统

数据库管理系统(Database Management System,DBMS)是一种操纵和管理数据库的软件系统。它位于用户和操作系统之间,用于建立、使用和维护数据库,并对数据库进行统一的管理和控制,以保证数据的安全性和完整性。DBMS 提供了良好的接口界面供用户访问数据库中的数据,方便地定义和操纵数据以及进行多用户下的并发控制和数据库恢复。通过 DBMS,多个应用程序和用户可用不同的方法在同时或不同时刻去建立、修改和查询数据库。

7.2.1 数据库管理系统的功能与结构

DBMS 是由众多程序模块组成的大型软件系统,由软件厂家提供。不同的 DBMS 产品虽然实现的软硬件基础有所差异,大型系统功能较强而小型系统功能较弱,但基本具备以下功能。

1. 数据定义

DBMS 提供了数据定义语言(Data Definition Language,DDL)。用它书写的数据库的逻辑结构、完整性约束和物理储存结构被保存在内部的数据字典(Data Dictionary,DD)中,作为数据库的各种数据操作(如查找、修改、插入和删除等)和数据库维护管理的依据。

2. 数据操纵

DBMS 提供了数据操纵语言(Data Manipulation Language,DML),用户可通过使用 DML 实现对数据的查找、修改、插入和删除。

3. 数据的组织、存储和管理

DBMS 对各种数据进行分类,并提供各种数据在外围储存设备上的物理组织与存取方法。

4. 数据库运行管理

在数据库运行时 DBMS 对所有操作实施管理和监控,一方面要保证用户事务的正常运行,另一方面要保证数据库的安全性和数据的完整性。这些功能由 DBMS 提供的数据控制语言(Data Control Language,DCL)来完成。

5. 数据库的建立与维护

DBMS 提供了数据库初始数据的输入、转换程序以及为数据库管理员提供日常维护的软件工具包括工作日志、数据库备份、数据库重组以及性能监控等程序。

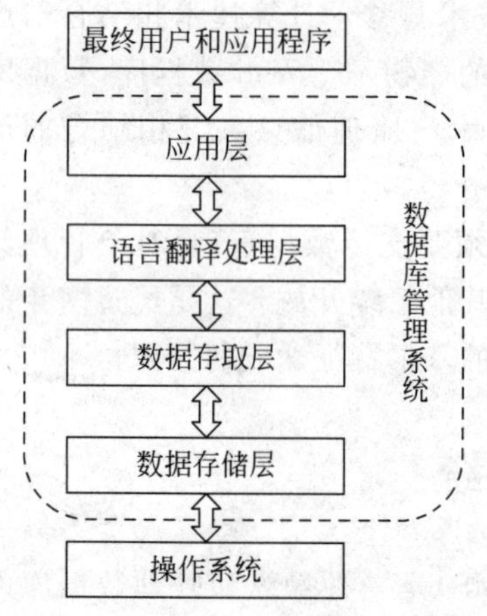

图 7.2 数据库管理系统的层次结构

根据处理对象的不同,数据库管理系统的层次结构由高级到低级可分为应用层、语言翻译处理层、数据存取层和数据存储层,如图 7.2 所示。

1. 应用层

应用层是 DBMS 与终端用户和应用程序的界面层,处理的对象包括各种各样的数据库应用,如一些应用程序、最终用户通过应用接口发来的事务请求等。

2. 语言翻译处理层

语言翻译处理层处理的对象是数据库语言。该层对数据库语言的各类语句进行语法分析、视图转换、授权检查、完整性检查和查询优化等。通过调用下层的基本模块,生成可执行代码,并运行代码,完成上一层的事务请求。

3. 数据存取层

数据存取层处理的对象是单个记录。它将上一层基于集合的操作转换为基于单记录的操作。这些操作包括扫描、排序、记录的查找、插入、修改、封锁等,并完成数据记录的存取、存取路径的维护、并发控制、事务管理等工作。

4. 数据存储层

数据存储层处理的对象是数据页和系统缓冲区,使用操作系统提供的基本存取方法执行数据物理文件的读写操作。

7.2.2 常见的数据库管理系统及其特点

目前市场上应用最广泛的是关系型数据库管理系统,商业化的代表产品有 IBM DB2、Oracle、Microsoft SQL Server、Microsoft Access、Sybase、MySQL 等多种,它们的特点和适用范围都有所区别。

IBM DB2 和 Oracle 一直是大型数据库应用领域的两大竞争产品,由于价格较为昂贵,

一般小公司或政府办公部门不采用这类产品，主要应用在银行、保险、电信等大型企业中，也号称是企业级数据库，它们的优点在于性能高、故障率低、扩展能力强。这些数据库一般安装在 MAIN FRAME 或 UNIX 机器上。

Microsoft SQL Server 和 Microsoft Access 都是微软公司推出的产品，一般只能安装在 Windows 操作系统上。其中，Microsoft SQL Server 使用 Transact-SQL 语言完成数据操作。为打开市场，微软公司一直计划增强 SQL Server 对非 Windows 操作系统的支持。该产品具有开发维护简单，价格低廉的优点，一般应用于对性能与故障率要求不高的政府部门和中小型企业中。而 Microsoft Access 是集成在 Microsoft Office 里的在 Windows 环境下非常流行的桌面型数据库管理系统。使用 Microsoft Access 无须编写任何代码，只需通过直观的可视化操作就可以完成大部分数据管理任务。它具有界面友好、易学易用、开发简单、接口灵活等特点。

Sybase 首先提出 Client/Server 数据库体系结构的思想，可在 UNIX 或 Windows NT 平台上客户机/服务器环境下运行。它介于大型与小型产品之间，可作为一个中间的可选方案。

值得一提的是 MySQL 数据库，因其拥有体积小、速度快、成本低、开放源码等特点而被 Internet 上的许多中小型网站所采用。

7.3 数据库系统

7.3.1 数据库系统的组成

数据库系统(Database Systems，DBS)，是在计算机中为实现数据的有组织存储、管理、访问和维护而引入数据库技术后的系统构成。数据库系统一般由以下几个部分组成，如图 7.3 所示。

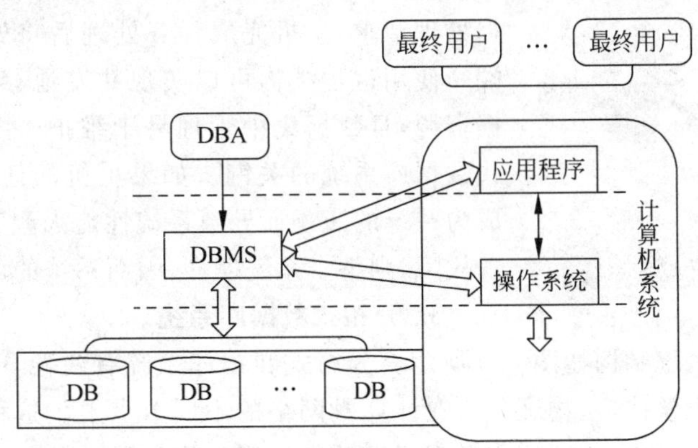

图 7.3 数据库系统的组成

1. 数据库

数据库(Database)即存储在磁带、磁盘、光盘或其他外存介质上并按一定结构组织在一起的相关数据的集合，是数据库系统的基础。

2. 数据库管理系统

数据库管理系统(DBMS)是一种能描述、管理、维护数据库并提供数据插入、修改、删除和检索操作的软件系统,是数据库系统的核心。

3. 计算机系统

计算机系统包括数据库赖以存在的硬件设备,为DBMS提供支持的操作系统,以及一些为方便用户使用数据库和提高系统开发效率的应用程序。

4. 数据库管理员

数据库管理员(DBA)由一个或一组专业人士来担任,负责为存取数据库的用户授权,协调和监督用户对数据库和数据库管理系统的使用,维护系统的安全性和确保系统的正常运作。

5. 最终用户

最终用户是数据库的主要使用者,他们会对数据库提出查询和更新等操作要求。

7.3.2 数据库系统的分类

从数据库最终用户角度看,数据库系统按照体系结构的不同可分为单用户数据库系统、主从式数据库系统、分布式数据库系统和客户/服务器(C/S)结构的数据库系统。

1. 单用户数据库系统

单用户结构的数据库系统的应用程序、数据库管理系统和数据都装在一台计算机上,被一个用户独占。其优点是结构简单,数据易于管理和维护。但不同计算机之间不能共享数据。

2. 主从式数据库系统

主从式数据库系统的结构如图7.4所示,在主从式数据库系统里,一个主机连接多个终端的用户,应用程序、数据库管理系统和数据都集中存放在主机上,多个用户可以通过不同的终端向主机发出数据处理请求,主机完成任务处理后将处理结果返回给终端。使用这种结构可以实现并发地存取数据库,共享数据资源,且数据集中管理易于维护。主机的性能是主从式数据库系统的关键。如果主机的任务过于繁重,容易成为系统的瓶颈而导致系统性能大幅下降。一旦主机出现故障,则整个系统瘫痪,因而系统的可靠性不高。

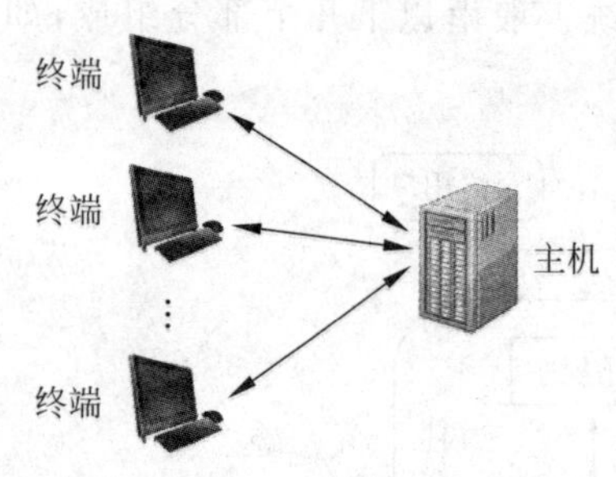

图7.4 主从式数据库系统

3. 分布式数据库系统

分布式数据库系统结构如图7.5所示。分布式数据库系统有两种,一种是数据库中的数据在逻辑上是一个整体,但物理分布在计算机网络的不同节点上。这种系统只适用于用途比较单一的,例如在不大的单位或者部门里的数据库应用。另一种分布式数据库系统无论是逻辑上还是物理上都是分布的,各个子系统是相对独立的,适用于多用途、差异大的数据库和大范围的数据库集成。分布式数据库系统是计算机网络发展的必然产物,它满足了跨地域的公司或组织对数据库应用的需求。但数据的分布存储给数据的处理、管理和维护带来了一定的困难,系统的效率往往受到计算机网络状态的制约。

4. C/S 结构的数据库系统

C/S 结构的数据库系统如图 7.6 所示。在 C/S 结构的数据库系统里，由网络中一个或多个节点上的计算机负责执行 DBMS 功能，这些计算机称为数据库服务器。其他节点上的计算机安装 DBMS 的外围应用开发工具支持用户的应用，称为客户机。当用户通过客户机发出数据处理请求时，这些请求被传送到数据库服务器。数据库服务器进行处理后，将结果通过客户机返回给用户。这种系统具有较高的性能和负载能力以及更强的可移植性，可在多种不同的软硬件平台上使用多种不同的数据库开发工具来构建。

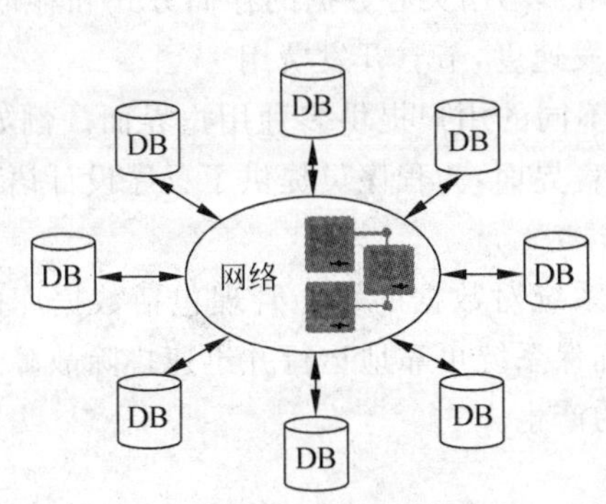

图 7.5　分布式数据库系统

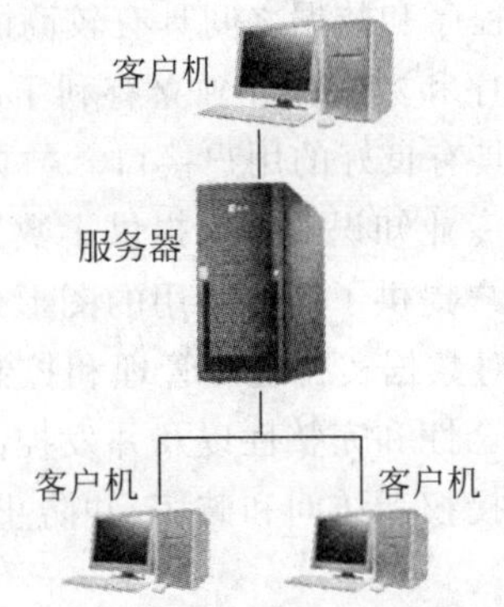

图 7.6　C/S 结构的数据库系统

7.3.3　数据库系统的特点与功能

数据库系统是在文件系统的基础上发展起来的，但它们之间又有着本质的区别。

文件系统是操作系统中负责管理辅助存储器上的数据的子系统。在文件系统中，数据根据其内容、结构和用途被组织成相互独立的文件。文件是面向应用的，每一个文件都属于一个特定的应用程序。不同的应用程序独立地定义和处理自己的文件。因此，文件系统存在以下几点不足之处。

(1) 数据共享性差，冗余度大。因为文件与应用程序紧密相关，所以相同的数据集在不同的应用程序中会被重复定义和存储，无法共享。

(2) 数据不一致性。因为相同的数据在不同的文件中重复存储，而这些文件又是相对独立的，若在某个文件中修改了某数据，而在另一存储该数据的文件中没有进行同样的修改，就会造成数据的不一致。

(3) 数据独立性差。文件是为某一特定的应用服务的，随着应用环境和需求的变化，文件结构可能要被修改，如扩充字段的长度，改变字段的表示格式等。文件结构一旦改变，应用程序无可避免要修改。此外，应用程序如发生改变也有可能影响文件的定义。

(4) 数据结构化程度低。文件与文件之间是相对独立的，缺乏对现实世界中事物间联系的描述能力，很难从整体上对数据进行组织以适应不同的应用需求。

(5) 数据缺少统一管理。文件系统在数据的结构、编码、表示格式、命名以及输出格式等方面不易做到规范化、标准化，数据安全和保密性较差。

针对文件系统的缺点而发展出来的数据库系统是以统一管理和共享数据为目标的。在数据库系统中，数据不再面向某个应用，而是作为一个整体来描述和组织并由 DBMS 来进

行统一的管理,因此数据可被多个用户多个应用程序共享。它具有以下特点与功能:

(1) 数据结构化。采用一定的数据模型,不仅描述了数据本身的特点,而且描述了数据之间的联系。

(2) 实现数据共享。以数据为中心组织数据,全盘考虑所有用户的应用需求形成综合性的数据库,供不同的应用共享。

(3) 数据冗余度小。不同的应用程序根据处理要求,从数据库中获取需要的数据,这样就减少了数据的重复存储,有利于维护数据的一致性。

(4) 程序和数据之间具有较高的独立性。用户不用关心数据的存储方式和存取路径等细节。程序和数据相互独立有利于加快软件开发速度,节省开发费用。

(5) 具有良好的用户接口。数据库系统为不同的用户提供多种用户界面。例如:为具备数据库专业知识的用户提供了数据库查询语言界面,为程序员提供了程序设计语言界面,为普通用户提供了简单易用的图形化界面。

(6) 对数据实行统一管理和控制。数据库系统对数据的统一管理包括数据库的恢复、数据的安全性和完整性以及并发控制等,能够确保系统可靠地运行并迅速排除故障,保护数据不受非授权者访问和破坏,并防止错误数据的产生。

7.4 关系数据库的建立

从 1970 年"关系数据库之父"E. F. Codd 首次提出数据库的关系模型后,因为关系模型具有坚实的数学理论基础且简单明了,所以一经推出就受到了学术界和产业界的高度重视和广泛响应,迅速成为数据库市场的主流并保持其市场统治地位至今。虽然目前数据库领域的研究融合了许多其他领域的技术成果,但这些研究工作大都是以关系模型为基础的。

7.4.1 关系数据库基础

模型是现实世界当中事物特征的抽象与模拟。例如,建筑界使用的沙盘就是对建筑物结构和地理位置的模拟。数据模型是模型的一种,它是现实世界当中事物的数据特征的抽象和模拟。关系模型是一种容易被人理解的数据模型,它和其他数据模型一样,由数据结构、数据操作和数据完整性约束这三部分组成,是关系数据库系统实现的理论基础。

1. 关系模型的数据结构

在信息世界中,将客观存在的并且可以相互区别的事物称为实体。例如,学生 A 是一个实体,学生 B 也是一个实体,同一个班的所有学生构成了一个实体集。

实体所具有的特征称为属性。例如,学生可由学号、姓名、性别、班级等属性来描述。不同的实体依靠不同的属性值来区分。每个属性的取值范围称为值域。例如,性别这个属性的值域为"男/女"。在实体的所有属性集中,能唯一区分每一个实体的最小属性集合称为键。例如,每个学生的学号都不可能相同,因此学号是学生的键。

实体间的联系对应了现实世界中事物间的联系。实体间联系的类型有三种:一对一联系、一对多联系和多对多联系。例如学校与校长之间、系和系主任之间是一对一联系;班级和学生之间、院系和教师之间是一对多联系;学生与课程之间、课程与教师之间是多对多

联系。

在关系模型中，无论是实体还是实体与实体间的联系均用关系(Relation)来表示。每个关系的数据结构是一个规范化的二维表，例如表7.1～表7.3分别列出了"学生"关系、"课程"关系和"成绩"关系。在一个二维表中，每一行称为元组，也叫记录；每一列是一个属性，也称为字段。关系中元组的一个属性值称为分量。

表7.1 "学生"关系

属性(字段)

身份证号码	学号	姓名	性别	班级
145862332	201010252	王东	男	10级法学1班
156335542	201015520	李浩男	男	10级法学1班
156575526	201055525	李惠	女	10级法学2班
123435635	201056463	孙倩	女	10级法学2班

元组

分量

表7.2 "课程"关系

课程号	课程名	学时	学分
1024	计算机基础	64	2.5
1025	高等数学	128	5

表7.3 "成绩"关系

学号	课程号	成绩
201010252	1024	85
201056463	1025	76

在关系中能唯一区分每一个元组的最小属性集合称为候选键。例如，如果用身份证号码、学号、姓名、性别、班级等属性来描述学生，那么除了学号之外，由于身份证号码的唯一性，可以通过身份证号码来唯一确定每个元组，因此，学号和身份证号码都是该关系的候选键。每个关系至少要有一个候选键。一般从候选键中选取其中一个作为主键来区分元组。若关系A中的一个属性或属性集是关系B的候选键，则将该属性或属性集称为A的外键。例如，在"成绩"关系中"学号"属性是"学生"关系的候选键，因此"学号"是"成绩"关系的外键。

在进行数据库设计时，常把关系形式化地表示为：

关系名(字段1，字段2，…，字段n，…)

例如，前面描述的"学生"关系，其关系模式可表示成：学生(身份证号码，学号，姓名，性别，班级)。为了设计时一目了然，常常会在主键底下加上下画线，如学生(身份证号码，<u>学号</u>，姓名，性别，班级)。

关系模式相当于一个表的抽象框架，是相对稳定的。当往框架里填入具体的数据之后，每一个元组称为关系实例。关系实例会随着数据的插入、删除和修改而经常变化。

在关系模型中对关系作了一些规范化的限制，要求数据库中的关系必须满足以下性质。

(1) 元组有限性，即二维表中行的个数是有限的。由于计算机系统硬件设备的限制，在数据库技术中提到的关系是指有限的关系。

(2) 元组各异性，即每个元组均不能相同。因为现实生活当中不存在完全相同的两个实体。将同一个实体在一个表中重复存储两次也是没有意义的。

(3) 元组次序任意性，即二维表中行的次序可以任意交换。关系是一个集合，集合中的元素不考虑次序。关系实例排序的先后不会影响关系的实际含义。而且，在实际的应用当中，为了加快检索速度，提高数据处理的效率，经常会对关系中的元组进行排序。这将会打乱元组的初始顺序，但对关系不会产生任何影响。

(4) 字段各异性，即在一个二维表中不能存在相同的属性名。重复地描述一个实体的某一特征是没有意义的。

(5) 字段同质性，即二维表中同一列中的数据必须是同一种数据类型和来自同一个值域。如在“成绩”关系中，课程号的取值范围为：1000～1099。1024 指的是“计算机基础”这门课，但不能将课程号取值为“计算机基础”。

(6) 字段次序任意性，即在定义一个关系模式时，其字段的先后次序不会影响关系的实际意义。但关系模式一旦定义之后，不能随意地调换字段在元组中的顺序，否则，会引起歧义。如在上述定义的“学生”关系模式下，不能将元组(132552537，201018875，男，张伟，10级法学 1 班)插入，这将意味着存在性别为“张伟”、姓名为“男”的实体。

(7) 分量原子性，即关系中每一个元组的分量都是不可分割的数据项，不允许表中有表。在现实生活中经常会像图 7.7(a)这样组织数据，但这不符合关系的规范化定义。在设计数据库的过程当中，如遇到这种情况，必须要将表中嵌套的表拆分，直到每个元组的分量都不能再分为止，如图 7.7(b)所示。

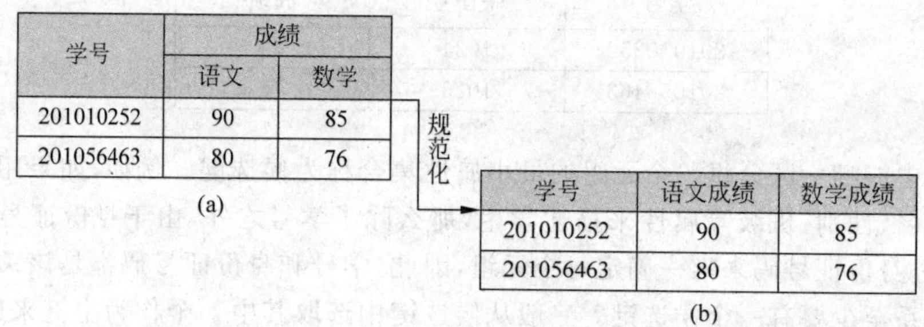

学号	成绩	
	语文	数学
201010252	90	85
201056463	80	76

(a)

学号	语文成绩	数学成绩
201010252	90	85
201056463	80	76

(b)

图 7.7 关系的规范化

在关系模型中，实体与实体之间的联系是通过在其对应关系中包含相同的字段来实现的。例如，在“学生”与“课程”之间存在着多对多的联系，一个学生可以选修多门课程，一门课程可以由多个学生同时选修。多对多联系实际上是两个一对多联系的组合。在实际应用中，任何多对多的联系都要拆成多个一对多的联系来处理。因此，可以定义下列关系模式来描述学生选修课程这一事件。

学生(身份证号码，学号，姓名，性别，班级)

课程(课程号，课程名，学时，学分)

成绩(学号，课程号，成绩)

其 E-R 图[①]如图 7.8 所示。

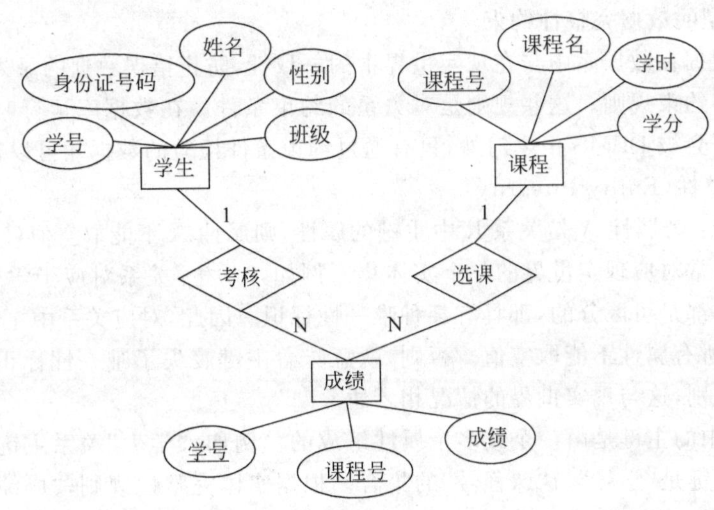

图 7.8　学生选课的 E-R 图

从图 7.8 可看出，在“学生”与“成绩”之间存在着一对多的联系，一个学生可以选修多门课程，因而有多个成绩记录，而每一条成绩记录只能属于某个学生。同样地，在“课程”与“成绩”之间存在着一对多的联系，一门课程可以由多个学生同时选修，因而有多个成绩记录，而每一条成绩记录只能与某一门课程相关。在“成绩”关系中，“学号”是外键，“课程号”也是外键。同时，“学号”与“课程号”的组合又构成了“成绩”关系的主键。由此可见，外键实现了实体间的联系。通过外键“课程号”，可以在“课程”关系中找到某课程的学分；通过外键“学号”，可以在“学生”关系中找出对应的学生姓名。因此，要进行诸如“王东同学已经获得多少学分”的统计只需要经过一定的关系运算就可以实现了。

在解决实际问题时，可以将问题所涉及的实体以及实体和实体之间的联系用关系模型来描述，这样就会得到一系列和问题相关的关系模型。这些关系模型的集合组成了一个关系数据库模式。关系数据库模式是一个抽象的框架，是搭建一个关系数据库的基础。当关系实例被填入后，这些关系实例的集合就组成了关系数据库实例。

2. 关系模型的数据操作

与非关系数据模型的基于记录的操作方式不同，在关系模型中操作的对象和结果都是集合。在关系模型中的数据操作可分为数据查询与数据更新(即插入、删除和修改)两大类。关系操作是以关系代数和关系演算为理论基础的，并通过 DBMS 提供的数据定义和数据操纵功能来实现。关系代数使用关系的运算来表达查询要求，关系演算使用谓词来表达查询要求，两者均为抽象的查询语言，在表达能力上是完全等价的。

在实际的应用当中，关系语言的非过程化程度非常高，即用户只需提出数据操作要求，具体的存取路径由 DBMS 来选择并负责优化，用户不必考虑其中的细节。常使用一种介于关系代数和关系演算之间的语言——结构化查询语言 SQL 来实现查询功能。本节的最后

---

① 在设计数据库时常用 E-R 图来表示实体及其联系。在 E-R 图中，矩形表示实体，椭圆形表示实体的属性，菱形表示实体间的联系。

一部分将有详细的介绍。

3. 关系模型的数据完整性约束

为了维护数据在数据库中与在现实世界中的一致性，防止错误数据的录入，关系模型提供了三类完整性约束规则。这些规则是对关系的约束条件。在数据库运行时，不符合这些约束条件的数据会被 DBMS 拒之门外，只有通过约束条件检验的数据才可以被录入。

1）实体完整性(Entity Integrity)

该规则规定：若属性 A 是关系 R 中主键的属性，则属性 A 不能取空值(NULL)。

一个关系通常对应现实世界的一个实体集。例如，“学生”关系对应于学生的集合。现实世界中的实体都是可区分的，都具有某种唯一性标识。因此，对应关系中主键作为唯一性标识，其包含的所有属性不能取空值。否则，就意味着主键丧失了唯一性标识的作用，导致某个实体不可识别，这与现实世界的情况相矛盾。

注意，关系中的主键是由一个或多个属性组成的。例如，“学生”关系主键为“学号”，而“成绩”关系的主键是“学号”与“课程号”的集合。根据实体完整性规则，“成绩”关系中无论是“学号”还是“课程号”，都不允许出现空值。

实体完整性规则有利于防止数据库中出现非法的不符合语义的数据。

2）参照完整性(Referential Integrity)

现实世界中的实体之间往往存在着某种联系，在关系模型中实体及实体间的联系都是用关系来描述的。这样就自然存在着关系与关系间的引用。这种引用通过外键来实现。在前述的例子中，有以下两个关系：

课程(课程号，课程名，学时，学分)

成绩(学号，课程号，成绩)

其中，“成绩”关系中“课程号”是“课程”关系的主键，因此，“课程号”是“成绩”关系的外键。“成绩”关系引用了“课程”关系，“成绩”关系的“课程号”属性需要参照“课程”的主键。若在“成绩”关系中出现元组(201010252，1024，85)，意味着学号为 201010252 的学生选修了课程号为 1024 的课程，那么，课程号为 1024 的课程必须在“课程”关系中出现，否则这位学生就选修了一门不存在的课程，这与事实不符。反之，在“课程”关系中出现的课程，并不一定会出现在“成绩”关系中，因为事实上存在开设了课程但没有学生选修的情况。

若关系 A 中的某属性集是关系 B 的主键，则称 A 为参照关系，B 为被参照关系。因此，“成绩”关系是参照关系，“课程”关系是被参照关系。

参照完整性规则规定：参照关系 A 中外键的取值要么为空，要么为被参照关系 B 中某元组的主键值。简单地说，关系 A 的外键的取值不为空时，根据该取值去关系 B 中寻找，必须能找到一个相符合的元组。

参照完整性规则约束了关系之间不能引用不存在的实体，防止数据库在实现实体间的联系时引用错误。在数据库运行时，若相关实体的数据发生更新，DBMS 依照已定义的参照关系检测数据更新操作的合法性，从而保证数据的一致性。

3）用户自定义完整性(User-defined Integrity)

实体完整性和参照完整性是关系模型必须满足的基本规则，在设计关系模式时定义并由 DBMS 自动支持，适用于任何关系数据库系统。除此之外，用户还可根据应用环境的需要，自定义一些数据的约束条件。

用户自定义完整性就是用户针对某一具体应用环境而添加的约束规则。

例如,如果考试采用百分制,用户可以定义一条规则,规定每门课的成绩必须为0～100,否则不允许录入;在"学生"关系中的"性别"属性,用户可以定义一条规则,规定"性别"的取值必须是"男"或者"女"。用户自定义完整性后,由系统承担检验与纠错工作。如此一来,用户不必在应用程序中添加额外的代码去检查数据完整性,既减轻了工作量,又可确保数据的正确录入。

7.4.2 关系数据库在Access中的实现

在完成了关系模型的设计之后,就可以选择开发环境和工具实现数据库。对于初入门者,具有良好图形界面、简单易用的Access是个不错的选择。

Microsoft Access是面向个人用户及小型公司的数据库开发工具。它提供了多种向导、生成器、模板,把数据存储、数据查询、界面设计、报表生成等操作规范化,可方便地建立功能完善的数据库管理系统。即使是不懂得编程的普通用户,也可以轻易地完成大部分数据管理的任务。

下面以7.4.1小节的例子为设计基础,创建"选课管理数据库"来说明使用Access进行数据管理和应用的步骤(注意:本章以Access 2010为例)。

1. 创建Access数据库

安装了Office 2010之后,可以在操作系统的"开始"菜单里找到处于Microsoft Office组中的Microsoft Access 2010的快捷方式并单击打开,会出现如图7.9所示的界面。

图7.9 创建Access数据库

创建Access数据库有两种方法。

第一种方法是利用系统提供的模板进行创建。Access 2010包含一套经过专业化设计的数据库模板,可用来跟踪联系人、任务、事件、学生和资产以及其他类型的数据。每个模板包含了预定义表、窗体、报表、查询、宏和关系。如果这些模板符合需求,则可以利用系统现有的设计开始工作。在图 7.9 所示的界面上“新建”选项卡中选择符合设计需求的数据库模板后按照向导的指示操作下去即可。

第二种方法是先创建一个空白数据库,然后再逐步添加表等其他对象。如果在系统提供的模板里找不到符合设计需求的模板就使用这种方法。单击图 7.9 处的“可用模板”组中的“空数据库”,在窗口右侧区域输入数据库的名称,选择存放路径之后单击“创建”按钮即可。

创建数据库后会生成一个.accdb 后缀的文件。

2. 创建表结构

表对应着关系模型中的关系,是 Access 数据库中最基本的对象。一个数据库包含若干个表,数据都是存储在表里面,对数据的一切操作都是基于表进行的。

首先要建立表的结构,然后才可以往表里面输入数据。建立表结构的方法有几种,其中最常用的方法是使用“设计视图”,步骤如下。

1) 创建表

在“创建”选项卡中的“表格”组里单击“表设计”(如图 7.10 所示),进入“表设计”视图,如图 7.11 所示。

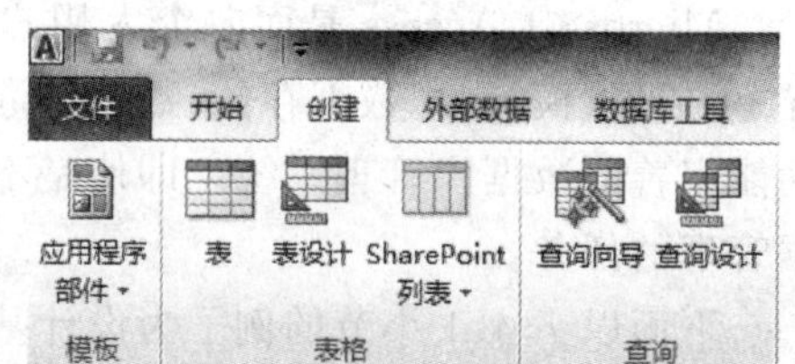

图 7.10　创建表

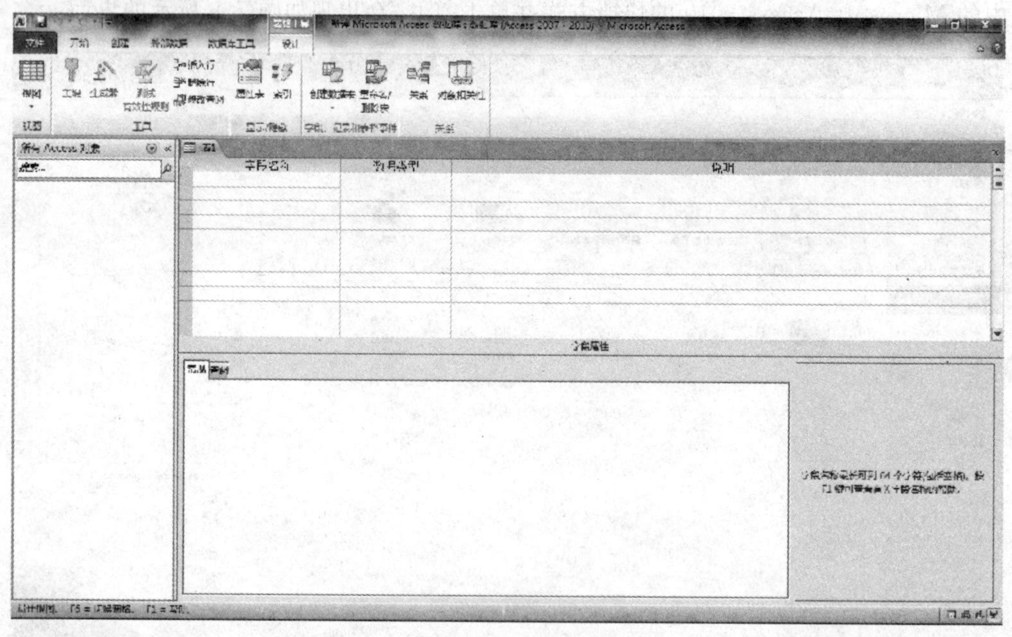
图 7.11　“表设计”视图

2) 定义表的字段名称、数据类型及字段属性。

在 Access 中,字段的命名规则如下:

- 字段名长度为 1~64 个字符。
- 字段名可以包含字母、汉字、数字、空格和其他字符。

- 字段名不能包含句号(.)、叹号(!)、方括号([])、先导空格或不可打印的字符,如回车。

除了要根据命名规则定义字段的名称外,还必须为关系的属性定义合适的数据类型。数据类型决定用户所能保存在该字段中值的种类。Access 提供了非常丰富的数据类型:文本、备注、数字、日期/时间、货币、自动编号、是/否、OLE 对象、超级链接、查阅向导等(见表 7.4)。

表 7.4 Access 提供的数据类型及其使用方法

数据类型	使用说明	大小
文本	文本或文本与数字的组合,例如地址;也可以是不需要计算的数字,例如学号、电话号码、身份证号码或邮编	最多 255 个字符 Microsoft Access 只保存输入到字段中的字符,而不保存文本字段中未用位置上的空字符。设置"字段大小"属性可控制输入字段的最大字符数
备注	用于长度超过 255 个字符或使用格式为文本格式的文本,例如简历、备注或说明	最多 1GB 字符或 2GB 存储空间(每个字符占 2B),可在一个控件中显示 65 535 个字符
数字	可用来进行算术计算的数字数据,涉及货币的计算除外(使用货币类型)。设置"字段大小"属性定义一个特定的数字类型	1B、2B、4B 或 8B,与"字段大小"属性定义有关。16B 用于"同步复制 ID",其中 B 为 Byte
日期/时间	用于存储日期和时间值	8B
货币	货币值。使用货币数据类型可以避免计算时四舍五入。精确到小数点左方 15 位数及右方 4 位数	8B
自动编号	在添加记录时自动插入的唯一顺序(每次递增 1)或随机编号	4B。用于"同步复制 ID"时为 16B
是/否	字段只包含两个值中的一个,例如"是/否""真/假""开/关"	1b(即 1bit)
OLE 对象	在其他程序中使用 OLE 协议创建的对象(例如 Microsoft Word 文档、Microsoft Excel 电子表格、图像、声音或其他二进制数据),可以将这些对象链接或嵌入到 Microsoft Access 表中。必须在窗体或报表中使用绑定对象框来显示 OLE 对象	最大可为 1GB(受磁盘空间限制)
超级链接	存储超级链接的字段。超级链接可以是 UNC 路径或 URL,还可以链接到存储在数据库中的 Access 对象	最多 1GB 字符或 2GB 存储空间(每个字符占 2B),可在一个控件中显示 65 535 个字符
附件	图片、图像、二进制文件和 Office 文件	对于压缩附件为 2GB。对于未压缩附件大约为 700KB,具体取决于附件的可压缩程度
计算	用于显示根据同一表中的其他数据计算而来的值,可以使用表达式生成器来创建计算	
查阅向导	创建允许用户使用组合框选择来自其他表或来自值列表中的值的字段。在数据类型列表中选择此选项,将启动向导进行定义	与主键字段的长度相同,且该字段也是"查阅"字段;通常为 4B

在“设计”视图中,当选择表里某一字段时,“字段属性”区会依次显示出该字段的相应属性。字段的属性描述了字段所具有的特征。不同的字段类型有不同的属性描述。在此介绍几种常用的属性。

• 字段大小

“字段大小”属性用于控制数据类型为“文本”或“数字”的字段的使用空间大小。

对于“文本”类型的字段,其取值范围是 0～255,默认值为 255,可以根据字段要保存信息的长度选择取值范围内的整数;例如,可将“学生”表中“性别”字段的“字段大小”设置为 1。

对于“数字”型的字段,可以单击“字段大小”属性框,然后单击右侧的向下箭头按钮,并从下拉列表中选择一种类型,例如,可将“成绩”表中“成绩”字段的“字段大小”设置为“小数”,还可进一步设置“小数位数”为 1(对于成绩只显示到小数点后一位)。

要注意的是,在字段值录入之后,改变字段大小属性有可能会导致丢失部分数据。

• 格式

“格式”属性用来决定数据的打印方式和屏幕显示方式,不同数据类型的字段,其格式选择有所不同。格式属性只影响值的显示方式,不影响值在表中的具体保存。如果要让数据按照输入时的格式显示,则不要设置“格式”属性。

• 默认值

在一个数据库中,有些字段的某种取值会经常出现。例如,“学生”表中“性别”字段只有“男”和“女”两种取值,这种情况就可以选择其中一种取值作为默认值,以减少数据输入的工作量。在设置“默认值”属性时,要注意默认值必须与该字段的数据类型相匹配,否则会出现错误。

• 有效性规则

通过定义“有效性规则”属性可以设置用户自定义完整性规则,若用户输入数据,系统会根据已设置的有效性规则来决定是否允许该数据的输入,从而防止非法数据输入到表中。对于不同的数据类型,有效性规则的形式有所不同。

对于“文本”类型的字段,可以限制文本字符的输入个数或者设置字段的值域,例如“学生”表中“性别”字段的“有效性规则”属性可设为“="男" or ="女"”。

对于“数字”类型字段,可以将数据限定在一定范围内,例如,“成绩”表中“成绩”字段的“有效性规则”属性可设为“>=0 and <=100”。

对于“日期/时间”类型的字段,可以将数值限制在一定的日期范围内。

• 必填字段

在数据录入时,除了主键和索引字段之外,其他字段在默认的情况下是允许空值的。利用“必填字段”属性可以保证在数据录入时字段不能为空,必须要有数据。例如,可将“学生”表中“姓名”和“性别”字段的“必填字段”属性设为“是”,保证每个学生的姓名和性别都是可知的。

3. 设置表的主键

选定了字段后单击“设计”选项卡中“工具”组里的“主键”命令,可为表设置主键。若主键包含多个字段,设置主键的时候先选中一个字段,再按住 Ctrl 键选其他字段。

在“选课管理数据库”中，分别建立“学生”“课程”和“成绩”的表结构，如图 7.12 所示。

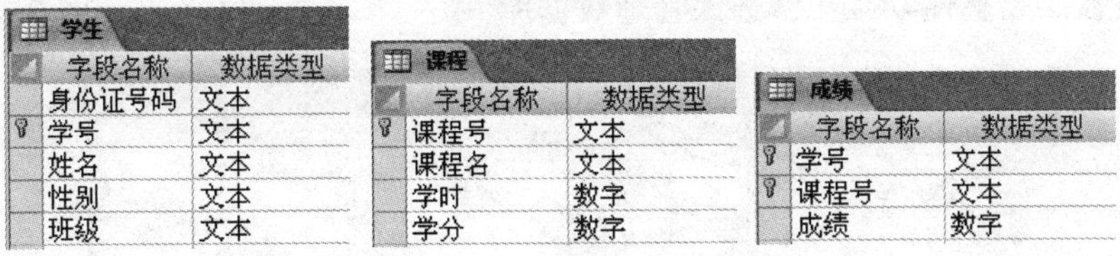

学生

字段名称	数据类型
身份证号码	文本
学号	文本
姓名	文本
性别	文本
班级	文本

课程

字段名称	数据类型
课程号	文本
课程名	文本
学时	数字
学分	数字

成绩

字段名称	数据类型
学号	文本
课程号	文本
成绩	数字

图 7.12　“学生”“课程”和“成绩”的表结构

4. 建立表间的关系

根据关系模型设计阶段的 E-R 图来建立表间的关系，实现数据库表的参照完整性。创建表间关系的步骤如下。

(1) 在“数据库工具”选项卡中的“关系”组里单击“关系”按钮，接着在“关系工具”的“设计”选项卡中单击“关系”组中的“显示表”按钮，如图 7.13 所示，打开“显示表”对话框。

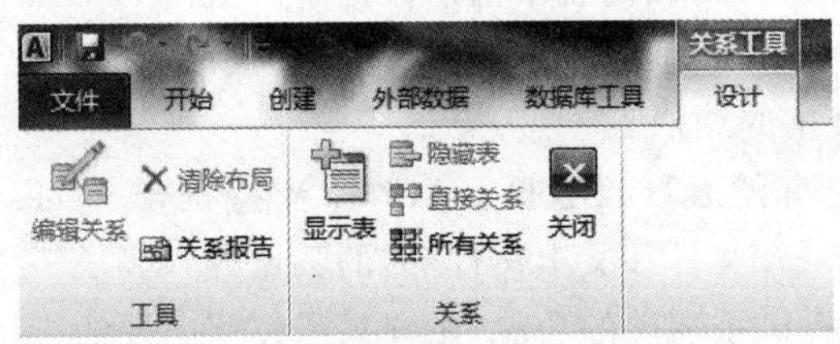

图 7.13　“关系工具”选项卡

(2) 在“显示表”对话框中选择要建立关系的表，再单击“添加”按钮加入到关系中，然后关闭“显示表”对话框。要确保添加进来的表不处于编辑的状态。

(3) 将被参照关系的表的主键拖动到参照关系的表的外键上。这时屏幕会显示“编辑关系”对话框，如图 7.14 所示，检查显示在两个列中的字段名称以确保正确性。

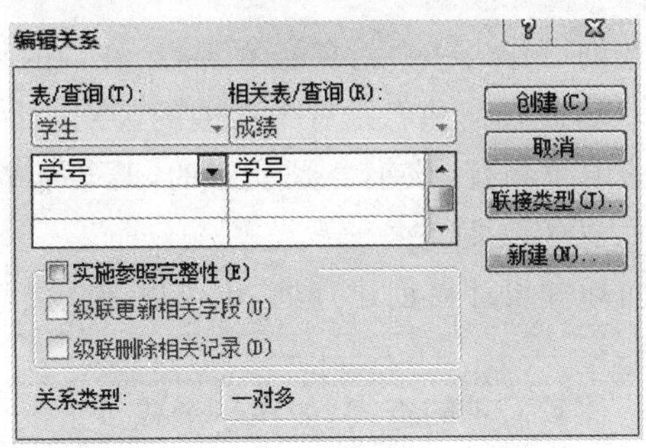

图 7.14　“编辑关系”对话框

(4) 在“编辑关系”对话框中，单击“实施参照完整性”复选框，并根据需求决定是否选取“级联更新相关字段”和“级联删除相关记录”，然后单击“创建”按钮。

(5) 表间关系建好后，如果是一对一联系，外键一方表示为钥匙符号；如果是一对多联系，外键一方表示为无限符号。

(6) 所有的表间关系建好后，就可退出关系窗口。

注意，在 Access 中只能对同一个数据库中的表建立表间关系；建立表间关系时，相关的字段必须具有相同的数据类型和大小。

为实施参照完整性，可定义“选课管理数据库”中三个表之间的关系如图 7.15 所示。

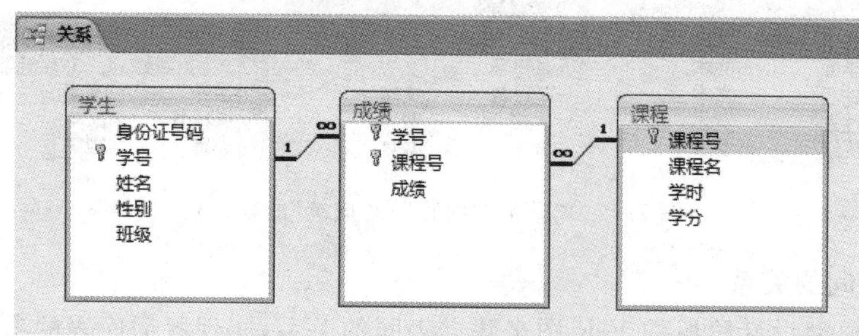

图 7.15 “选课管理数据库”的表间关系

5. 向表中输入数据

在建立了表结构之后，就可以向表中输入数据了。双击 Access 左侧的“所有表”窗口中带表格图标的表名，即可进入该表的“数据表”视图。向表中输入数据以及记录的增加、删除、筛选等操作与 Excel 中的相似。

此外，还可以利用已有的表导入数据。Access 支持符合 Access 输入输出协议的文件类型(如 Access 文件、Excel 文件和文本文件等)的数据导入到 Access 数据库。“外部数据”选项卡中“导入”命令组提供了相关的功能，用户只需按照向导的指示操作即可。

7.4.3 数据查询与 SQL

使用数据库技术不仅可实现数据的集中管理，还能快速响应用户对数据操作的请求。数据查询是主要的数据操作之一，其要求系统根据给定的条件，从数据库的一个或多个表中筛选出符合条件的记录供用户浏览或分析。通过数据查询，也可以完成大量的数据插入、修改和更新。

在 Access 数据库中，查询可作为一个对象独立保存，查询的结果显示成表的形式，像表一样，使用不同的名字来标识，但查询和表是有本质上的区别的：查询可基于一个表或多个表；查询是符合一定条件的记录集合，该集合是动态的，既会随着查询条件的更改而变化，也会随着基于的表的更改而发生改变。

在 Access 中，可使用向导和设计器创建查询，也可以建立灵活的 SQL 查询。

1. 使用向导创建查询

使用向导可以实现一些比较简单的查询，如在一个或多个表中查询指定字段，对部分或全部记录进行总计，计数或求平均值等。

例 7.1 在“选课管理数据库”中查询学生的基本情况，包括学生的学号、姓名和性别，其步骤如下。

(1) 在“创建”选项卡中“查询”组里单击“查询向导”按钮，打开“新建查询”对话框，如图 7.16 所示。

(2) 在“新建查询”对话框中选择“简单查询向导”并单击“确定”按钮。

(3) 在“简单查询向导”对话框“可用字段”列表里选择“学号”并单击 [>] 按钮将“学号”字段添加到“选定字段”列表里。用同样操作添加“姓名”和“性别”字段，如图 7.17 所示。

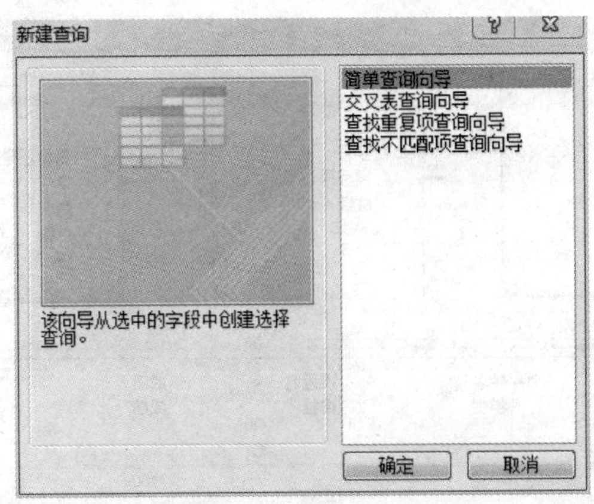

图 7.16 “新建查询”对话框

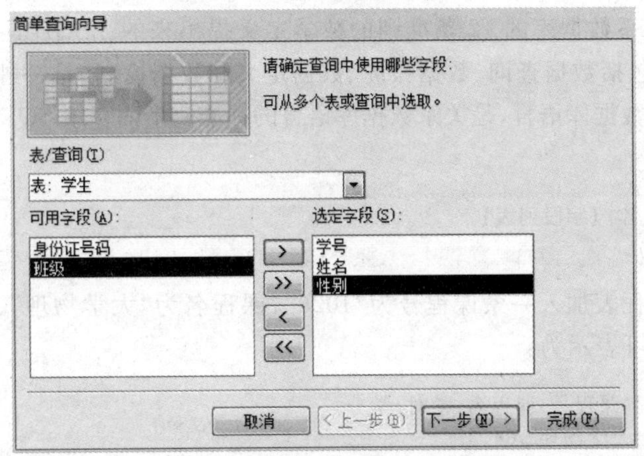

图 7.17 “简单查询向导”对话框

(4) 单击“下一步”按钮,输入查询指定标题“学生基本情况”,单击“完成”按钮,就可以完成该查询的创建并看到查询结果。

2. 使用设计器创建查询

使用查询设计器可以自定义查询条件,实现一些稍微复杂的查询。

例 7.2 在“选课管理数据库”中查询学生选课并通过考试的情况,输出学生的学号、姓名和考试及格的课程名,并按照学号的升序排列,查询以“选课并通过的名单”命名。其步骤如下:

(1) 在“创建”选项卡中“查询”组里单击“查询设计”按钮,打开“显示表”对话框,添加“学生”表、“课程”表和“成绩”表。

(2) 在查询设计视图的设计网格中设置如图 7.18 所示的参数。

(3) 在“查询工具”的“设计”选项卡中的“结果”组里,单击“运行”按钮查看查询结果。

(4) 单击工具栏的“保存”按钮,将查询保存为“选课并通过的名单”。

3. 使用 SQL 视图创建查询

SQL(Structured Query Language)是 1974 年由 IBM 公司的 Ray Boyce 和 Don Chamberlin

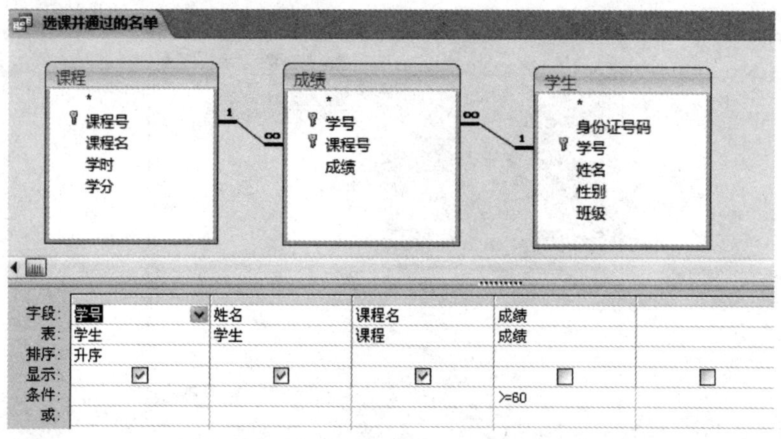

图 7.18　使用设计器创建查询

依据 E. F. Codd 关系数据库的 12 条准则的数学定义提出来的。SQL 具有简单的关键字语法和强大的功能,包括数据查询、数据操纵、数据定义和数据控制,是一种综合的、通用的、高度非过程化的关系数据库语言,是关系数据库语言的标准。下面介绍 SQL 中最常用的语句。

1) 增加记录

```
INSERT INTO <表名> (字段列表)
VALUES (值列表)
```

例 7.3　往课程表加入一条课程号为"1026"、课程名为"大学物理"、学时为 64、学分为 3 的记录,其 SQL 可表示为:

```
INSERT INTO 课程(课程号,课程名,学时,学分)
VALUES ('1026','大学物理',64,3);
```

或

```
INSERT INTO 课程
VALUES ('1026','大学物理',64,3);
```

注意,使用 INSERT INTO 语句向表中追加单个记录时,应指定每一个将被赋值的字段名,并且要给出该字段的值,如对表中所有字段赋值,则可省略字段名。如果没有指定每个字段的值,则在缺少值的列中插入默认值或 NULL 值。插入的记录将追加到表的末尾。

2) 修改记录

```
UPDATE <表名>
SET 字段名 = 表达式
[WHERE <行选择说明>]
```

例 7.4　将成绩表里所有记录的成绩字段增加 5,其 SQL 可表示为:

```
UPDATE 成绩
SET 成绩 = 成绩 + 5;
```

也可以指定条件进行修改。

例 7.5　将课程表里课程名为"计算机基础"的课程改名为"大学计算机基础",其 SQL

可表示为：

```
UPDATE 课程
SET 课程名 = '大学计算机基础'
WHERE 课程名 = '计算机基础';
```

3) 删除记录

```
DELETE FROM <表名>
[WHERE <行选择说明>]
```

例 7.6 删除成绩表里的所有记录，其 SQL 可表示为：

```
DELETE *
FROM 成绩;
```

注意，* 表示所有字段。

也可以指定条件进行删除。

例 7.7 在课程表中删除课程号为"1024"的记录，其 SQL 可表示为：

```
DELETE *
FROM 课程
WHERE 课程号 = '1024';
```

4) 查询记录

```
SELECT <字段列表> FROM <表列表>
[INTO <新表名>]
[WHERE <行选择说明>]
[GROUP BY <分组说明>]
[HAVING <组选择说明>]
[ORDER BY <排序说明>]
```

(1) 查看所有记录。

例 7.8 在"选课管理数据库"中查询课程表的全部记录情况，其 SQL 可表示为：

```
SELECT *
FROM 课程;
```

(2) 投影查询：投影查询就是允许用户显示指定的列。

例 7.9 在学生表中查询学生的学号、姓名和性别，其 SQL 可表示为：

```
SELECT 学号,姓名,性别
FROM 学生;
```

(3) 条件查询：在查找特定条件的数据时，可以使用 WHERE 子句指定条件。

例 7.10 在成绩表中查找不及格的学生的学号，其 SQL 可表示为：

```
SELECT 学号
FROM 成绩
WHERE 成绩< 60;
```

若条件较多，条件之间可以使用逻辑运算符(NOT、AND、OR)以及括号进行连接。

例 7.11 在成绩表中查找课程号为 1026 的不及格的学生学号,其 SQL 可表示为:

```
SELECT 学号
FROM 成绩
WHERE 成绩< 60 AND 课程号 = '1026';
```

查询的条件限制在某个范围时,除了可以用 AND 来连接两个不等式条件之外,还可以使用 BETWEEN…AND…的结构。

例 7.12 在成绩表中查找成绩在[60,80]这个区间内的记录,其 SQL 可表示为:

```
SELECT *
FROM 成绩
WHERE 成绩 BETWEEN 60 AND 80;
```

同理,不在某个区间之内可以使用 NOT BETWEEN…AND…的结构。

若查询的范围是一个具有有限个数值的集合,则可以使用 IN 关键字。

例 7.13 在成绩表中查找成绩为{60,70,80}的学生,其 SQL 可表示为:

```
SELECT *
FROM 成绩
WHERE 成绩 IN (60,70, 80);
```

同理,不在这个集合之内可以使用 NOT IN 表示。

(4) 模糊查询:在查询信息时,若某些条件不能具体给出,可以使用 LIKE 关键字结合通配符进行模糊查询。Access 支持的通配符及其含义如表 7.5 所示。

表 7.5 Access 通配符及其含义

通配符	含义
%	包含 0 个或多个字符
_	包含 1 个字符
[]	指定范围,如[a-d]代表 a、b、c 和 d
[^]	不属于指定的范围,如[^a-d]代表排除了 a、b、c 和 d 以外的其他字符

例 7.14 显示学生表中姓“马”的同学的基本信息,其 SQL 可表示为:

```
SELECT *
FROM 学生
WHERE 姓名 LIKE '马%';
```

例 7.15 若要查找的马姓同学的姓名只有两个字,则可将上述 SQL 改为:

```
SELECT *
FROM 学生
WHERE 姓名 LIKE '马_';
```

(5) 空值查询:在 SQL 语句中可以使用 IS NULL 或 IS NOT NULL 来判断字段是否为空。

例 7.16 将成绩表中有成绩的记录显示出来,其 SQL 可表示为:

```
SELECT *
FROM 成绩
```

```
WHERE 成绩 IS NOT NULL;
```

(6) 排序查询：在查询时，若要结果按照某个字段排序显示，则用 ORDER BY 子句。

例 7.17　在"选课管理数据库"中查询学生的基本情况(包括学生的学号、姓名和性别)，结果按照学号的降序排列，其 SQL 可表示为：

```
SELECT 学号,姓名,性别
FROM 学生
ORDER BY 学号 DESC;
```

若将 DESC 改成 ASC 或者不写，则查询结果会根据 ORDER BY 后面的字段升序排列。

ORDER BY 后面可以跟一个列表来实现多级排序。

例 7.18　在学生表中查询学生的基本情况，并按性别的升序显示结果；对于性别相同的记录，再按学号的降序进行排列，其 SQL 可表示为：

```
SELECT *
FROM 学生
ORDER BY 性别 ASC,学号 DESC;
```

(7) TOP 查询：在实现排序的查询中，若只显示满足条件的前几条记录，可以使用 TOP 关键字。

例 7.19　在成绩表中查找课程号为 1026 的成绩最高的前 3 名学生的学号，其 SQL 可表示为：

```
SELECT TOP 3 学号
FROM 成绩
WHERE 课程号 = '1026'
ORDER BY 成绩 DESC;
```

(8) 统计查询：在 SQL 中常用的统计函数如表 7.6 所示。

表 7.6　统计函数及其含义

统计函数	含义
COUNT(字段名)	统计特定列中的记录个数(若字段名写成 *，则统计的是选择的记录个数)
SUM(字段名)	求总和
AVG(字段名)	求平均值
MAX(字段名)	求最大值
MIN(字段名)	求最小值

例 7.20　求学号为 201010252 的学生所有课程的平均成绩，其 SQL 可表示为：

```
SELECT AVG(成绩)
FROM 成绩;
WHERE 学号 = '201010252';
```

在进行统计时，还可以使用 DISTINCT 关键字来排除重复行，如例 7.21。

例 7.21　若要统计成绩表中有多少个学生的信息，其 SQL 可表示为：

```
SELECT COUNT(DISTINCT 学号)
FROM 成绩;
```

注意,利用 SELECT 语句进行统计时统计值是没有列名的,若要给统计值加上列名,可以在统计函数(字段名)后面加上“AS 列名”。例如,上例可以写成

```
SELECT COUNT(DISTINCT 学号) AS 学生人数
FROM 成绩;
```

(9) 分组查询:在查询时,可使用 GROUP BY 对结果进行分组显示,注意,分组的标准一定要有意义。

例 7.22 统计成绩表中各学生所选科目的平均分,其 SQL 可表示为:

```
SELECT AVG(成绩)
FROM 成绩
GROUP BY 学号;
```

在分组之后,可以使用 HAVING 关键字来指定分组之后的条件。

例 7.23 统计成绩表中各学生所选科目的平均分,并显示平均分不及格的学生学号,其 SQL 可表示为:

```
SELECT 学号
FROM 成绩
GROUP BY 学号
HAVING AVG(成绩)< 60;
```

(10) 多表连接查询:很多情况下,查询的问题需要将多个表的数据融合在一起才能找到答案,这时就需要进行多表连接查询。

例 7.24 查找选修了 1026 课程的学生学号及姓名,由于成绩表中记录了选课关系,而学生的姓名在成绩表中没有记录,但可以通过学号在学生表中找到,因此,该问题涉及成绩表和学生表的连接,其 SQL 可表示为:

```
SELECT 成绩.学号,姓名
FROM 成绩,学生
WHERE 课程号 = '1026' AND 成绩.学号 = 学生.学号;
```

或

```
SELECT 学生.学号,姓名
FROM 成绩,学生
WHERE 课程号 = '1026' AND 成绩.学号 = 学生.学号;
```

注意,在上例中,由于学生表和成绩表都有学号字段,因此查询时必须指明学号字段所属表的名称。

该查询还可以使用嵌套的方式实现:

```
SELECT 学号,姓名
FROM 学生
WHERE 学号 IN (
  SELECT 学号
  FROM 成绩
  WHERE 课程号 = '1026');
```

在 Access 中 SQL 查询是功能最强大的查询方式，使用向导和设计器创建的查询都可以通过单击“开始|视图|SQL 视图”选项查看由系统自动生成的 SQL 代码。用户也可以编写代码创建 SQL 查询来完成一些复杂的、向导和设计器无法实现的查询工作。建立 SQL 查询的步骤如下。

① 在“创建”选项卡中“查询”组里单击“查询设计”按钮，如图 7.19 所示，打开“显示表”对话框，添加要查询的表(也可以不添加)。

② 在查询窗口空白处右击，打开快捷菜单并单击“SQL 视图”，如图 7.20 所示。

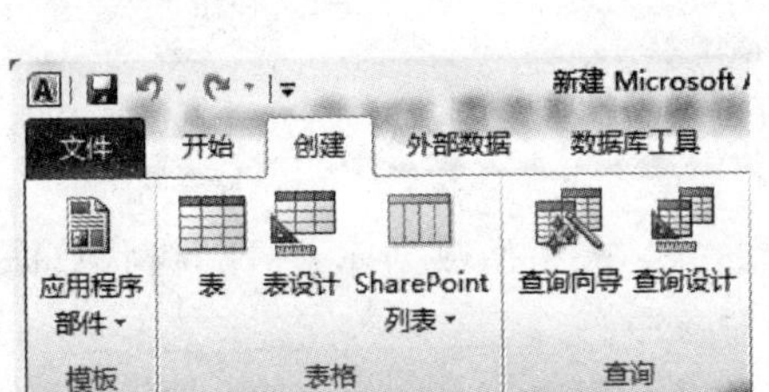

图 7.19 打开“查询设计”

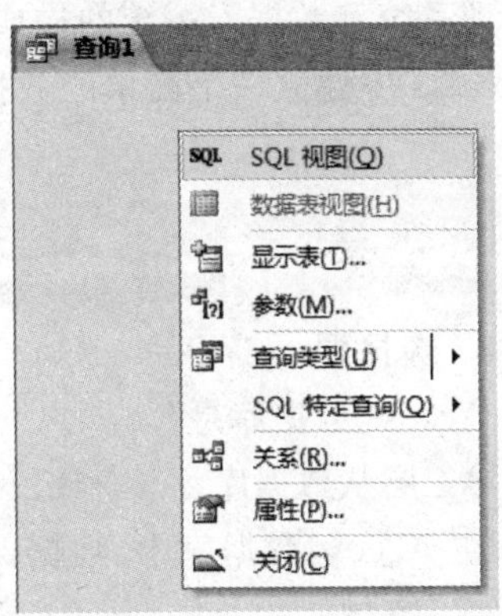

图 7.20 打开 SQL 视图

③ 在 SQL 视图中查询编辑区输入合法的 SQL 语句。如果存在语法错误，系统会在运行时报错。

④ 在“查询工具”的“设计”选项卡中的“结果”组里，单击“运行”按钮查看查询结果，如图 7.21 所示。

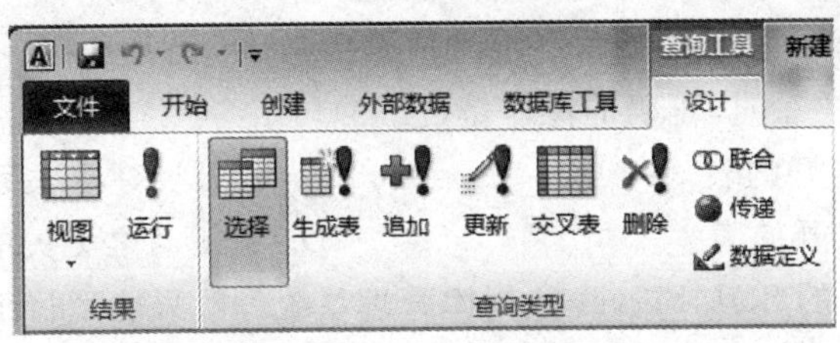

图 7.21 运行 SQL 查询

⑤ 如要保存此查询，可单击工具栏的“保存”按钮，输入查询名并保存。

注意：在默认情况下，如果打开的数据库不是位于受信任位置，或者未选择信任该数据库，则 Access 禁止运行所有操作查询，包括追加查询、更新查询、删除查询或生成表查询。如果在尝试运行某个动作查询时系统好像没有什么反应，可查看 Access 状态栏中是否显示“此操作或事件已被禁用模式阻止”的消息，或出现如图 7.22 所示的安全警告。发生此类情况时，可通过单击消息栏上的“启用内容”按钮使活动内容能够运行。

图 7.22 Access 禁用数据库内容的安全警告

本章小结

数据库技术已经应用到人类社会活动的各个领域,其理论体系颇具规模。

本章以数据处理发展的历史为背景,介绍了数据库相关的基本概念,帮助读者了解数据库技术被广泛应用的原因以及具备数据库知识的必要性。

学习本章时,要掌握数据库、数据库管理系统和数据库系统三者的区别与联系;了解数据库管理系统和数据库系统的构成与功能;重点掌握关系数据库的基本理论与 SQL,并能够在 Access 中建立一个简单的数据库以及使用 SQL 实现数据操作。

习 题 7

7.1 选择题

1. Access 数据库是(　　)。

   A. 层状数据库　　B. 网状数据库　　C. 关系型数据库　　D. 树状数据库

2. 在 Access 数据库中,数据保存在(　　)对象中。

   A. 窗体　　B. 查询　　C. 报表　　D. 表

3. Access 数据库文件的扩展名是(　　)。

   A. dbf　　B. dbt　　C. mdf　　D. accdb

4. Access 数据库中的“一对多”指的是(　　)。

   A. 一个字段可以有许多输入项

   B. 一条记录可以与不同表中的多条记录相关

   C. 一个表可以有多个记录

   D. 一个数据库可以有多个表

5. 创建表之间的关系时,正确的操作是(　　)。

   A. 关闭当前打开的表　　B. 打开要建立关系的表

   C. 关闭所有打开的表　　D. 关闭与之无关的表

6. Microsoft 公司的 SQL Server 数据库管理系统一般只能运行于(　　)。

   A. Windows 平台　　B. UNIX 平台　　C. Linux 平台　　D. NetWare 平台

7.2 填空题

1. 数据库系统具有(　　)、(　　)、(　　)、数据粒度小、独立的数据操作界面、由 DBMS 统一管理等优点。

2. 在文件管理阶段,文件之间是相互(　　)的,在数据库管理阶段,文件之间是相互(　　)的。

3. 域是实体中相应属性的(　　),性别属性的域包含有(　　)个值。

4. 实体之间的联系类型有三种,分别为(　　)、(　　)和(　　)。

5. 若实体 A 和 B 是一对多的联系,实体 B 和 C 是一对多的联系,则实体 A 和 C 是(　　)的联系。

6. 顾客购物的订单和订单明细之间是(　　)的联系。

7. 学生关系中的班级号属性与班级关系中的班级号主键属性相对应，则班级号为学生关系中的(　　)。

8. 若一个关系为 R(学生号，姓名，性别，年龄)，则(　　)可以作为该关系的主键。

9. 关系数据库系统中表与表之间的联系是通过定义的(　　)和(　　)实现的。

7.3　简答题

设"社团—学生"数据库要记录学生的学号、姓名、性别、出生日期等信息；要记录社团的编号、名称、活动地点等信息；还要记录学生参加社团的加入时间。

1. 请根据题意画出 E-R 图。

2. 请将 E-R 图转换成关系模式。

7.4　操作题

1. 在 Access 中建立 8.3 题的"社团—学生"数据库，建立表间关系，并往各表插入一些数据。

2. 在"社团—学生"数据库中使用 SQL 在学生表中。

(1) 插入一条记录，如('1536'，'张丽'，'女'，NULL)。

(2) 修改(1)中插入的记录，把学生名称改为'李楠'。

(3) 把(2)修改后的记录删除。

3. 在"社团—学生"数据库实现以下查询。

(1) 查看学生表里的全部记录。

(2) 在学生表中查询学生的学号、姓名和性别。

(3) 在学生表中查找 1993 年之前出生的学生的学号。

(4) 在学生表中查找 1993 年之前出生的女同学的学号。

(5) 在学生表中查找 18～21 岁的学生的学号和姓名。

(6) 在学生表中查找张姓同学的学号和姓名。

(7) 在学生表中查找出生日期为空的学生学号和姓名。

(8) 在学生表中查询学生的基本情况，按性别的升序显示结果；对于性别相同的记录，再按学号的降序进行排列，只显示前 5 名同学的情况。

(9) 统计每个学生参加社团的数目，显示学生的学号及其参加社团数。

(10) 统计每个社团拥有的学生数量，显示社团编号、社团名称以及其学生人数。

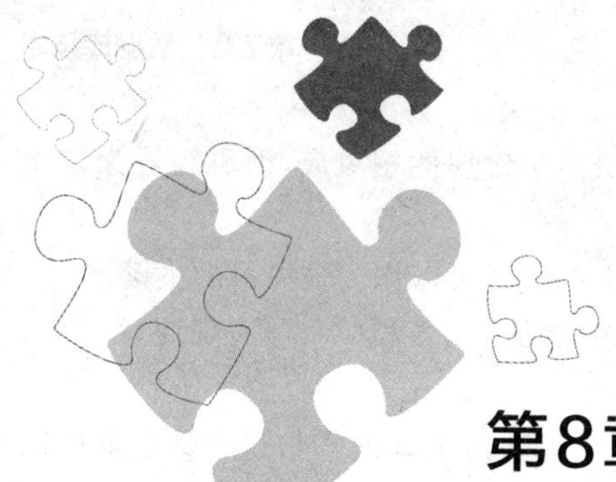

第8章 计算机网络

在信息化社会中，越来越多的应用领域需要将一定地理范围内的计算机联合起来进行工作，从而促进了计算机（computer）和通信（communication）这两种技术紧密的结合，形成了计算机网络（computer networks）这门学科。计算机网络在当今社会经济中起着重要的作用，对人类社会进步做出了巨大的贡献。本章主要介绍计算机网络的概念、网络的体系结构（network architecture）、互联网（Internet）技术和 TCP/IP（Transmission Control Protocol/Internet Protocol）等知识。

8.1 概 述

8.1.1 网络的定义

计算机网络是把分布在不同地点且具有独立功能的多个计算机系统通过通信设备和线路连接起来，在网络软件的支持下实现彼此之间数据通信和资源共享的系统。即一个计算机网络首先要有两台或两台以上具备独立功能的计算机，并且这些计算机之间通过有线或无线介质相互连接，按照某种约定和规则能够进行信息交换，最终实现连入网络的软、硬件资源的共享。图 8.1 所示是用网络实现资源共享的简单示例。将 2 台打印机、4 台计算机通过共享器连接起来后，4 台计算机可以共享网络里的 2 台打印机，从而实现了硬件资源的共享。

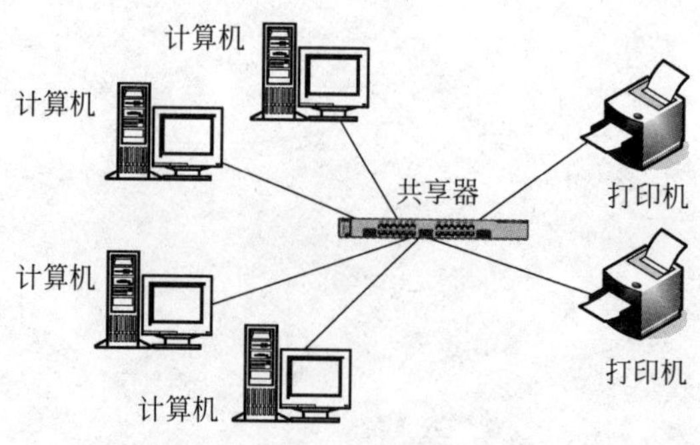

图 8.1 用网络实现打印机共享

8.1.2　网络的发展历史

计算机网络的发展，经历了从简单到复杂的发展过程，大体上可分为远程终端联机阶段、计算机网络阶段、网络互连阶段和信息高速公路 4 个阶段。

1. 远程终端联机阶段

远程终端联机阶段是计算机网络发展的初级阶段。在此阶段，一台计算机和许多终端相连，多个用户可以通过不同的终端共享一台计算机，如图 8.2 所示。

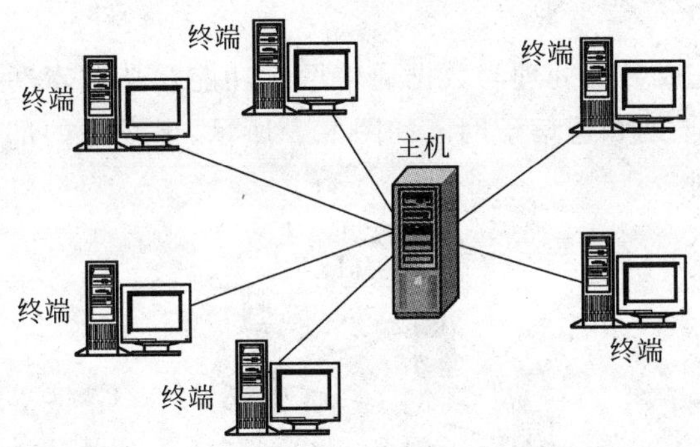

图 8.2　多个终端共享主机资源

2. 计算机网络阶段

1968 年，美国国防部高级研究计划署(Advanced Research Projects Agency，ARPA)提出研制 ARPANET 的计划，1969 年建成 4 个节点的实验网。随后的几年间，ARPANET 迅速发展，连入的主机数很快超过 100 台，地理范围不断扩大。ARPANET 是世界上第一个实现了以资源共享为目的的计算机网络，所以往往将 ARPANET 作为现代计算机网络诞生的标志。

3. 计算机网络互连阶段

国际标准化组织 ISO 在 1984 年正式颁布了"开放系统互连参考模型"，使计算机网络体系结构实现了标准化。遵守相同互连标准的计算机网络可以连接起来，形成一个互连网络，以实现更大范围内计算机网络之间的通信和资源共享。图 8.3 所示是由网络 1、网络 2 和网络 3 互连起来形成的一个互连网络。

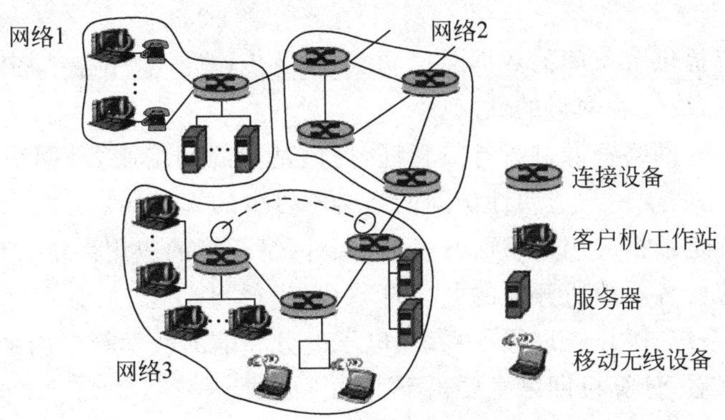

图 8.3　计算机网络互连

4. 高速计算机网络阶段

1993 年,美国宣布建立国家信息基础设施(National Information Infrastructure,NII)后,全世界许多国家纷纷制定和建立了本国的 NII,从而极大地推动了计算机网络技术的发展,使计算机网络进入了一个崭新的阶段。目前,全球以美国为核心的高速计算机互联网络(Internet)已经建立,Internet 是人类最重要的、最大的知识宝库,为人类进行远程医疗、远程通信、远程协作和电子商务提供了重要的平台。

8.1.3 网络的基本组成

计算机网络主要完成数据处理与数据通信两大功能。从逻辑功能上看,计算机网络可以分为两部分,即资源子网和通信子网。如图 8.4 所示,虚线外的部分称为资源子网,虚线内的部分称为通信子网。

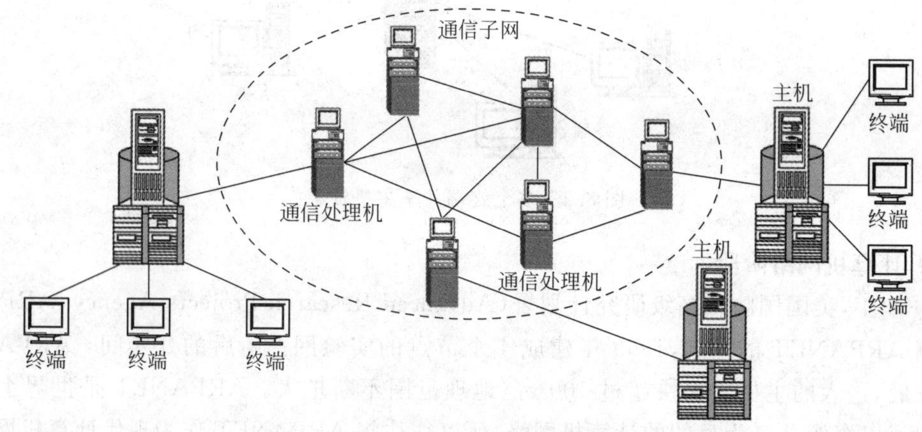

图 8.4 计算机网络的组成

资源子网由主机系统(服务器)、终端(客户机)、连接设备、各种软件资源与信息资源组成。资源子网负责全网的数据处理业务,向网络用户提供各种网络资源和网络服务。

通信子网由通信控制处理机、通信线路及其他通信设备组成,负责完成网络数据传输和转发等通信处理任务。

从系统组成上看,计算机网络主要由网络通信系统、网络操作系统和网络应用系统组成。

网络通信系统提供节点间的数据通信功能,涉及传输介质、拓扑结构以及介质访问控制等一系列核心技术,决定着网络的性能。

网络操作系统对网络资源进行有效管理,提供基本的网络服务、网络操作界面、网络安全性和可靠性等,是实现用户透明性访问网络必不可少的人机接口。

网络应用系统是根据应用要求而开发的基于网络环境的应用系统。例如银行、医院、商业、机关、宾馆等各行各业中所开发的办公自动化、生产自动化、企业管理信息系统、电子银行系统、决策支持系统、医疗管理服务系统、电子商务和辅助教学等应用系统。

从硬件组成来看,计算机网络主要由下列部件组成。

(1) 主机(host),是资源子网的关键设备,主要担负数据处理、执行网络协议、进行网络控制和管理等工作,并且包括供用户访问的数据库。

(2) 终端(terminal)或客户机,是用户访问网络的设备,主要作用是把用户输入的信息转换为适合于传送的信息并送到网络上,或把网络上其他节点通过通信线路传送来的信息转换为用户能够识别的信息。另外,智能终端还具有一定的运算、处理和管理能力。

(3) 通信控制处理机(communication control processor),是执行通信控制功能的专用计算机,主要作用是承担通信控制与管理工作,减轻主机的负担。

(4) 共享器(Sharing device),可使多个网络用户共用一条传输线访问网络,如集线器、交换机和路由器等。

(5) 调制解调器(modem),负责把计算机数字信号和模拟信号进行相互转换,借助于调制解调器可以进行远距离通信,并可实现多路复用。

(6) 通信线路(telecommunication line),是传输信息的载波媒体。

8.2 网络分类

计算机网络分类的方法有很多,从不同的角度观察网络系统,可以得到不同的分类结果。

8.2.1 按覆盖范围划分

根据网络的覆盖范围来划分,网络可分为局域网、广域网和城域网。

(1) 局域网(Local Area Network,LAN)是指覆盖范围在10km以内的网络。通常在学校、企业、大型建筑物中使用。局域网的特点是传输速度快、可靠性高。

(2) 广域网(Wide Area Network,WAN)是指城市与城市之间、国家与国家之间、城市与国家之间连接而成的网络。它所覆盖的地理范围可达几十千米、几百千米甚至遍及世界,形成国际性的远程网络。

(3) 城域网(Metropolitan Area Network,MAN)覆盖范围在局域网和广域网之间,通常是指城市内部连接而成的网络,如政府网。

8.2.2 按网络的工作模式划分

根据网络的工作模式来划分,网络可分为客户机/服务器网和对等网。

1. 客户机/服务器网

在客户机/服务器(Client/Server,C/S)网络中,使用一台计算机来协调和提供服务给网络中的其他节点。服务器提供被访问的资源,如网页、数据库、应用软件和硬件等,如图8.5所示。服务器节点协调和提供某种服务,客户机节点获取这些服务。

客户机/服务器系统广泛运用于Internet上。例如,曾经十分流行的音乐服务系统Napster使用了这种模式,音乐爱好者们通过Internet连接到Napster服务器上,可以获取Napster服务器提供的服务,从提供的歌曲列表中选取喜爱的歌曲下载播放。

客户机/服务器系统的优点:可以高效地运用于大型网络,有强大的网络管理软件监控网络活动。主要缺点是安装和维护系统的费用较高。

2. 对等网

在对等网络(Peer-to-Peer,P2P)模型中,每个节点既是客户机也是服务器。例如,一台微型计算机能够获取另一台微型计算机上的文件,同时也能为其他微型计算机提供文件,如图 8.6 所示。

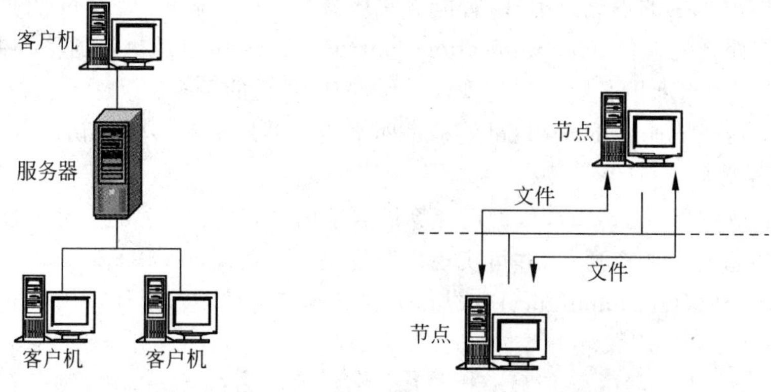

图 8.5 客户机/服务器模型

图 8.6 对等网络模型

Gnutella 是一种被广泛使用的对等系统,用户可以通过它共享各种资源,如音乐。Gnutella 与 Napster 的工作模式不同,它没有中心服务器,而是用户直接互联。

对等网络模型的优点:首先,这种网络很容易建立且造价不高;其次,在节点数低于 10 的情况下,这种小型网络通常工作良好;另外,不同于 C/S 网络模型,P2P 网络模型的操作不依赖某个单独的中心节点。但是,当节点数不断增加时,P2P 网络模型的性能有所下降,而且,没有强大的网络管理软件来监控大型网络活动。正因为如此,P2P 网络常作为机构内部的小型网络,实现网络上的文件共享。

8.3 数据传输

8.3.1 传输介质

传输介质是网络中连接收发双方的物理通路,也是通信中实际传送信息的载体。传输介质通常分为有线传输介质和无线传输介质。

1. 有线传输介质

1) 双绞线

双绞线由两根分别包有绝缘材料的铜线螺旋形地绞在一起,芯线为软铜线,线径为 0.4~1.4mm 不等,两线绞合的目的是为了减少相邻线对间的电磁干扰,可以传输模拟和数字信号。长距离传送数字信号可达几 Mb/s,短距离传送可达 1Gb/s。传输模拟信号,带宽可以到约 1MHz。传输衰减受频率影响很大,容易受干扰和噪声的影响。双绞线分为无屏蔽双绞线(Unshielded Twisted Pair,UTP)和屏蔽双绞线(Shielded Twisted Pair,STP),如图 8.7 所示。

2) 同轴电缆

同轴电缆(coaxial cable)由一根内导体铜质芯线外加绝缘层、密集网状编织导电金属屏蔽层以及外包装保护性材料组成,其结构如图 8.8 所示。同轴电缆的特点是:高带宽及良好的噪声抑制性。同轴电缆的带宽取决于电缆长度,1km 的电缆可以达到 1~2Gb/s 的数

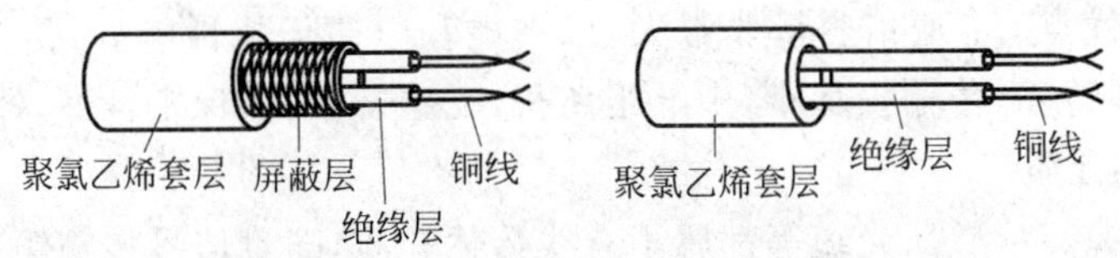

图 8.7 屏蔽双绞线和无屏蔽双绞线

据传输速率。通常，根据特性阻抗数值的不同，将同轴电缆分为 50Ω 同轴电缆和 75Ω 同轴电缆。

(1) 50Ω 同轴电缆。50Ω 同轴电缆又称为基带同轴电缆或细缆，直接传送基带数字信号，传输速率最高可达 10Mb/s。

(2) 75Ω 同轴电缆。75Ω 同轴电缆又称为宽带同轴电缆、粗缆或 CATV 电缆。常用的 CATV 电缆，在传输模拟信号时，频带高达 300～450MHz，距离可达 100km。传输数字信号时，必须将其转换成模拟信号，1bit 占 1～4Hz 的带宽，一般带宽为 300MHz 的 CATV 电缆可支持 150Mb/s 的传输速率。

3) 光缆

光缆中的光纤是光导纤维的简称，由直径 8～100μm 的细玻璃丝构成，四芯光缆剖面如图 8.9 所示。光纤通信就是以光波为载体。当光线从高折射率的介质射向低折射率的介质时，折射角将大于入射角，当折射角足够大时，就会出现反射，如图 8.10 所示，当入射角大于某个临界角时就会出现全反射。

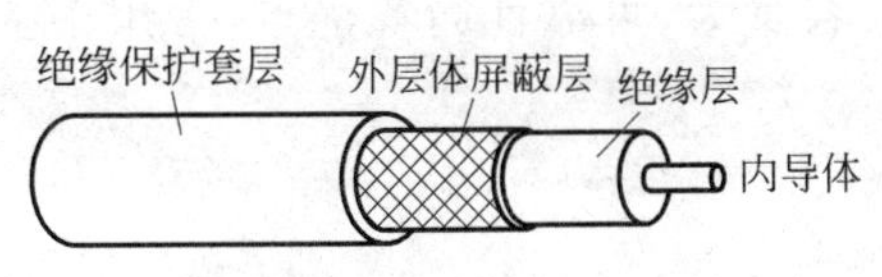

图 8.8 同轴电缆结构示意图

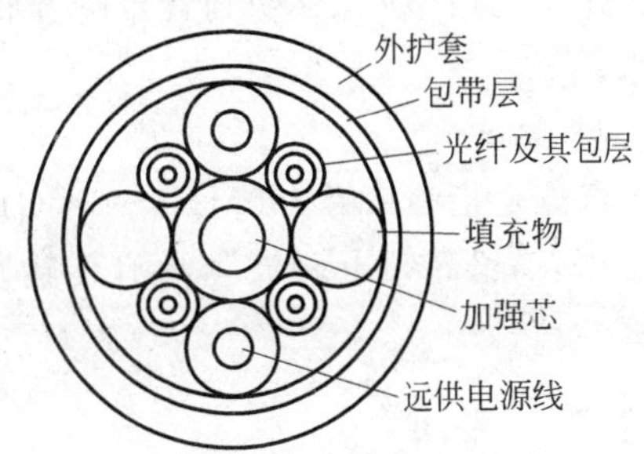

图 8.9 四芯光缆剖面图

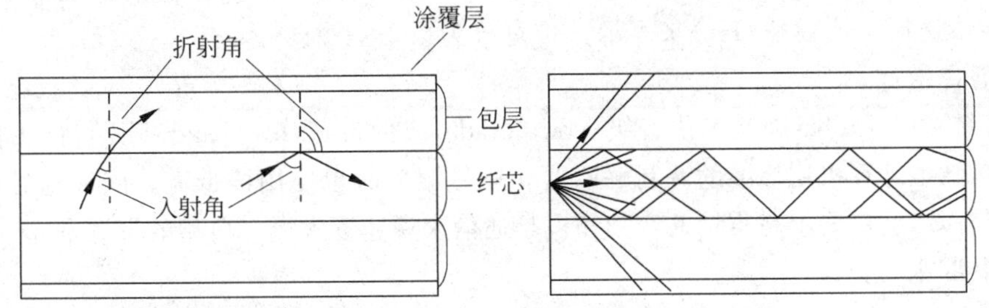

图 8.10 折射角大于入射角及光波在光纤中的传播

可以使多条不同入射角的光线在一条光纤中传输，这种光纤就称为多模光纤(multi-mode fiber)。若光纤的直径减小到只有一个光的波长，则光纤就像一根波导那样，可使光线一直向前传播，而不会产生多次反射，这样的光纤称为单模光纤(single-mode fiber)。

光纤通信的优点有：通信容量非常大，抗雷电和电磁干扰性能好，传输距离远，传输速率高，单芯可实现传输，传输损耗小，中继距离长，无串音干扰，保密性好，体积小，重量轻。

2. 无线传输介质

上述同轴电缆、双绞线、光缆等都属于有线传输介质，随着信号传输距离的增大，工程成本将增加，系统性能价格比将下降，而且线路越长，故障率也会越高。此外，线路的铺设和安装还会受到房屋和地形条件的限制。为了克服有线传输介质的缺陷，可以采用无线传输方式，利用无线电波、红外线和微波等空间电磁波传送信息，信号完全通过空间从发射器发射到接收器。

1）无线电波

无线电波的覆盖范围广，具有很强的抗干扰能力，可用性强，目前大量应用于公共调频广播和无线传输(无线调频话筒、音视频无线传输和蓝牙技术等)领域。

2）红外线

红外线通信是一种廉价、近距离、无连线、低功耗和保密性较强的无线传输方式，在无线网络接入和近距离遥控音视频设备(音视频设备红外遥控编码和红外无线话筒)等方面应用较广。红外线链路由发射器/接收器组成，发射器将电信号调制成红外光信号，接收器通过光敏元件将接收到的红外光信号解调成电信号，只要接收器处于视线范围内，不受不透光物体的遮挡，发射器与接收器之间就可以进行准确良好的通信。红外通信具有很强的方向性，几乎不受干扰信号串扰和阻塞的影响，而且安装方便，可实现 Mb/s 级别的数据传输。在实际应用中，红外线容易受到背景噪音和日光环境的影响，因此对发射机发射功率会有一定要求。

3）微波

微波是指频率为 300MHz～300GHz 的电磁波，微波频率比一般的无线电波频率高，通常也称为“超高频电磁波”，具有传输距离远、通信容量大、可靠性高等优点，常用于卫星通信。

8.3.2 带宽

带宽(bandwidth)是对通信信道容量的度量。它表示在给定时间内有多少信息通过通信信道。在数字设备中，带宽通常以 bps 表示，即每秒传输的位数。在模拟设备中，带宽通常以每秒传送周期或赫兹(Hz)来表示。带宽分为以下三类。

1. 语音带宽

语音带宽(voice band)又名语音级(voice grade)或低带宽(low bandwidth)，被用作标准的电话通信，微型计算机用标准的调制解调器和拨号服务时也使用该带宽。该带宽对传输文本文档比较有效，但对要求高质量的音频和视频通信来说速度太慢。典型的带宽是 5～96Kb/s。

2. 中带宽

中带宽(medium band)用于指定的租用线路上，连接小型机和大型机，实现长距离的数据传输，一般不用于个人通信。

3. 宽带

宽带(broad band)用于高容量传输的带宽。使用电缆或卫星连接的微型计算机及其他较特殊的高速设备使用该带宽。它能满足目前大多数通信需求，包括传输高质量的音频和

视频。典型的带宽是 1.5Mb/s。

8.3.3 协议

1. 人类活动的类比

要理解计算机网络协议(network protocol)的概念,也许一个最容易的办法是先与某些人类活动进行类比,因为人类无时无刻不在执行协议。例如,当你想要向某人询问时间的时候该怎么办?图 8.11 左半部分显示了这个典型的交互过程。

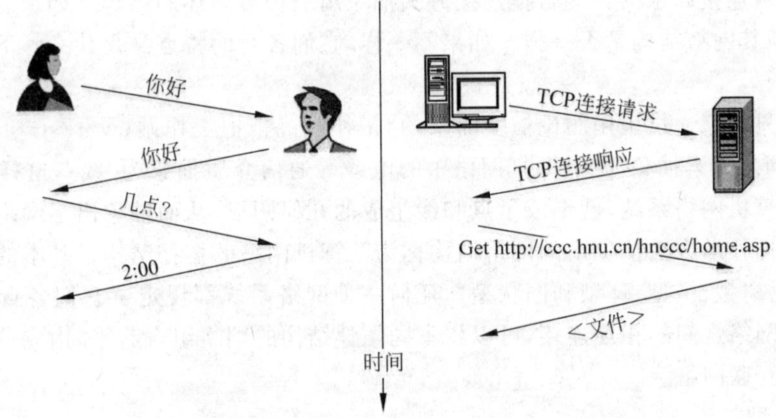

图 8.11 人类协议和网络协议的类比

对于礼貌的行为方式,人类协议要求一方首先进行问候(图 8.11 中的第一个"你好"),以开始与另一个人通信。对方的典型响应是返回一个"你好"的报文,即用一个热情的"你好"进行响应,这隐含着能够继续向那人询问时间了。对最初"你好"的不同响应(如"不要烦我!",或"我不会说中文"等)可能表明:能勉强与之通信或不能与之通信,在这种情况下,按照人类协议,发话者将不再询问时间了。有时,一个人询问的问题根本得不到任何回答,在此情况下,通常是放弃向该人询问时间的想法。注意,在人类协议中,有发送的特定报文,有根据接收到的回答报文或其他事件(如在某些给定的时间内没有回答)所采取的行动。

显然,传输和接收的报文,以及当这些报文被发送和接收或其他事件发生时所采取的行动,在一个人类协议中起到了核心作用。如果人们执行不同的协议(例如,如果一个人讲礼貌,而另一个人不讲礼貌;或一个人明白时间这个概念,而另一个人却不知道),该协议就不能互动,因而不能完成有用的工作。在网络中,该道理同样成立,为了完成一项工作,要求两个(或多个)通信实体运行相同的协议。

2. 网络协议

网络协议类似于人类协议,只不过交换报文和采取动作的实体是某些设备(如计算机、路由器或其他具有网络能力的设备)的硬件或软件组件。计算机网络中的所有活动,凡是涉及两个或多个通信的远程实体都受协议的制约。例如,在两台物理连接的计算机网络接口卡中,硬件实现的协议控制了两块网络接口卡间的"线上"比特流;端系统中的拥塞控制协议控制了发送方和接收方之间的分组发送速率。计算机网络中到处都运行着协议。

网络协议定义了在两个或多个通信实体之间交换的报文格式和次序,以及在报文传输、接收或其他事件上所采取的行动。

计算机网络广泛地使用了协议，不同的协议用于完成不同的通信任务。有些协议简单而直接，而有些协议复杂难懂。掌握计算机网络领域知识的过程就是理解网络协议的构成、原理和工作的过程。

8.4 网络拓扑结构

计算机网络是由多台独立的计算机通过通信线路连接起来的。然而，通信线路是如何把多台计算机连接起来的？能否把连接方式抽象出一种可描述的结构？如果能抽象出可描述的结构，则其网络结构是否一样？如果不一样，它们各自的特点又是什么？下面将逐步回答上述问题。

计算机科学家通过采用图论演变而来的“拓扑”方法，把工作站(workstation)和服务器(server)等网络元素抽象为“点”，把网络中的电缆等通信介质抽象为“线”，这样从拓扑学的观点来看计算机网络系统，就形成了点和线组成的几何图形，从而抽象出了网络系统的具体结构。采用拓扑学方法抽象出的网络结构称为计算机网络的拓扑结构。基本的网络拓扑结构有总线型、树型、星型、环型和网状型。任何一种网络系统都规定了它们各自的网络拓扑结构。通过网络之间的相互连接，可以将不同拓扑结构的网络组合起来，构成一个集多种结构为一体的互联网络。

1. 总线型

在总线型拓扑结构中，网络中的所有节点都直接连接到同一条传输介质上，这条传输介质称为总线，总线的两端是终结器，任何一台设备发送数据，都必须经过总线，如图 8.12 所示。使用这种结构必须解决的一个重要问题是，当几个节点同时使用总线发送数据时产生的冲突。

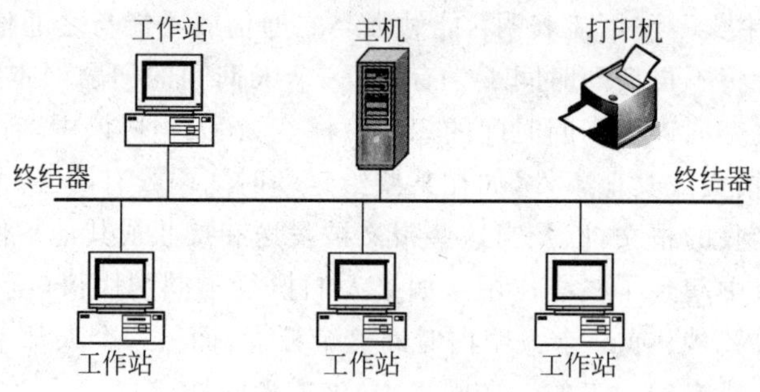

图 8.12　总线型网络拓扑结构

各个节点必须依据一定的规则分时地使用总线来传输数据，发送节点发送的数据帧沿着总线向两端传播，总线上的各个节点都能接收到该数据帧，并判断是否发送给本节点，如果是，则将该数据帧保留下来；否则，将丢弃该数据帧。

总线型拓扑结构的特点如下：

(1) 每个节点都可收到发送节点发出的信息。

(2) 故障定位困难。

(3) 任何时刻只能有一个站点发送数据。

总之，总线型结构具有费用低、端用户入网灵活的优点。缺点是一次仅能一个端用户发

送数据，其他用户必须等待，直到获得发送权。

因为布线要求简单，扩充容易，端用户失效或增删不影响全网工作，所以总线型结构在局域网技术中被普遍使用。典型的总线型网络是以太网(Ethernet)。

2. 星型

在星型拓扑结构中，每个用户节点都通过传输介质与中心节点相连，而且每个用户节点只能与中心节点交换数据。在这种结构中，由中心节点执行集中的通信控制，因此要求中心节点的功能要强，可靠性要高。图8.13是目前普遍使用的星型网络结构，处于中心位置的网络节点称为集线器(hub)。

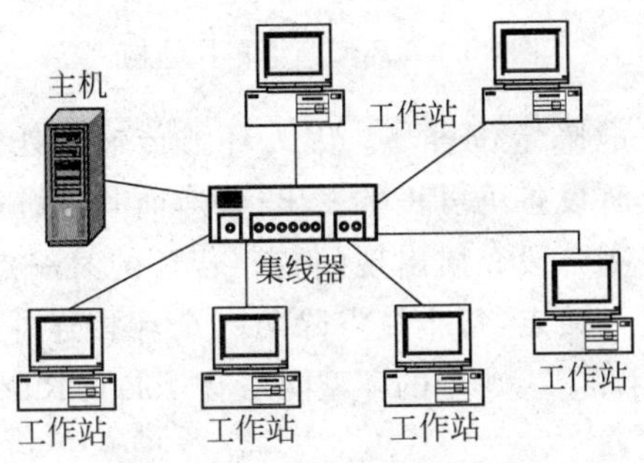

图8.13　星型网络拓扑结构

星型拓扑结构的优点是：便于集中控制，因为用户节点之间的通信必须经过中心节点。易于维护和安装。

星型拓扑结构的缺点是：对中心设备的依赖性很高，因为一旦中心设备瘫痪，整个系统便趋于瘫痪。因此，中心设备必须具有极高的可靠性。

3. 树型

树型拓扑结构如图8.14所示。每个hub与端用户的连接仍为星型结构，hub通过级联形成树。这里，hub的级联层数是有限制的，一般只能是4级级联，并因厂商不同而有所区别。

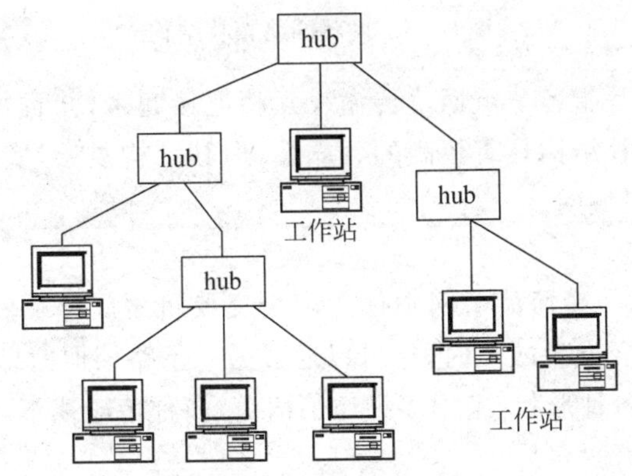

图8.14　树型网络拓扑结构

4. 环型

环型网络结构在LAN中使用较多。这种结构中的传输介质从一个端用户连到另一个端用户，直到将所有端用户连成环状，形成一个闭合的环为止，如图8.15所示。在这种结构中,数据只能进行单向传输。

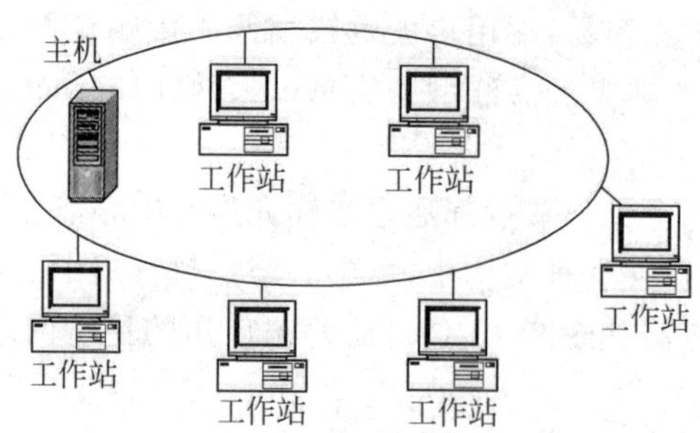

图 8.15 环型网络拓扑结构

环型结构的一个好处是故障定位容易。因为环上传输的任何数据都必须穿过所有端点,当某段介质断开时,其上游设备仍可正常发出信号,而其下游设备却没有接到任何信号,经过这样的检测就可以断定哪一段介质出现问题。若环的某一点断开,环上所有端点之间的通信就会终止。为克服这一缺点,每个端点除与一个环相连外,还连接到备用环上,当主环出现故障时,自动转到备用环上。典型的环型网络有 Token Ring 和 FDDI(Fiber Distributed Data Interface)等。

5. 网状型

网状网络结构将网络上所有节点实现点到点的连接,如图 8.16 所示。

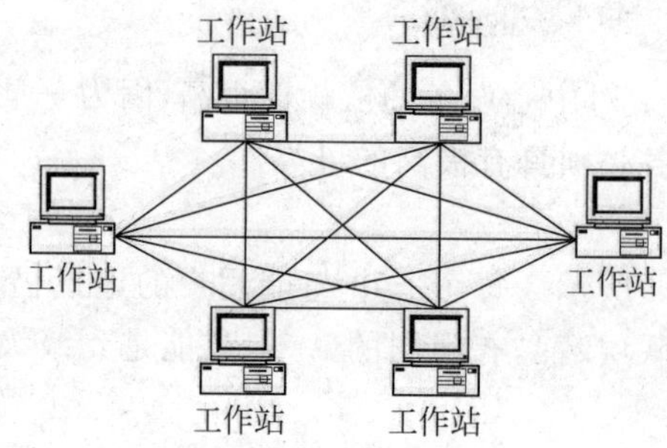

图 8.16 网状网络拓扑结构

这种拓扑结构主要是指各节点通过传输线互相连接起来,并且每一个节点至少与其他两个节点相连。网状拓扑结构具有较高的可靠性,但其结构复杂,实现起来费用较高,不易管理和维护,不常用于局域网。

网状结构的优点是:

(1) 网络可靠性高,一般通信子网中任意两个交换机之间存在着两条或两条以上的通信路径,这样,当一条路径发生故障时,还可以通过另一条路径把信息送至交换机。

(2) 网络可组建成各种形状,采用多种通信信道,多种传输速率。

(3) 网内节点共享资源容易。

(4) 可改善线路的信息流量分配。

(5) 可选择最佳路径,缩短传输延迟。

网状结构的缺点是:

(1) 控制复杂,软件复杂。

(2) 线路费用高,不易扩充。

从目前网络技术的发展和应用情况来看,总线型网络结构主要在早期的 10Mb/s Ethernet 中使用;环型结构主要在 FDDI 网络中使用,比较适合构造大型的园区网,如一些大学的校园网采用 FDDI 网络;星型网络将是今后构造网络系统的主流结构,大多数的高速网络都采用了通过交换机来连接各个节点的星型结构。交换机将数据转发和网络管理功能集成一体,便于实现网络配置、故障检测以及性能优化等网络管理功能。网状结构常用于广域网的骨干网中。

8.5 网络体系结构

计算机网络的体系结构是用层次结构设计方法设计出来的,是计算机网络层次结构及其协议的集合,或者是计算机网络及其部件所应完成的各种功能的精确定义。计算机网络的实现是在遵循这种体系结构的前提下用何种硬件或软件完成这些功能的问题。体系结构是抽象的概念,而实现是具体的计算机硬件和软件。

国际标准化组织(International Organization for Standardization,ISO)在 1977 年成立了一个分委员会来专门研究网络通信的体系结构问题,并提出了开放系统互连参考模型(Open System Interconnection/Reference Model,OSI/RM),它是一个定义异构计算机连接标准的框架结构。OSI/RM 为面向分布式应用的"开放"系统提供了基础。开放是指任意两个系统只要遵守参考模型和有关标准就能实现互连。

OSI 参考模型的系统结构是层次式的,由 7 层组成,从高层到低层依次是应用层、表示层、会话层、传输层、网络层、数据链路层和物理层,如图 8.17 所示。只要遵循 OSI/RM 标准,一个系统就可以和位于世界上任何地方也遵循这一标准的其他系统进行通信。

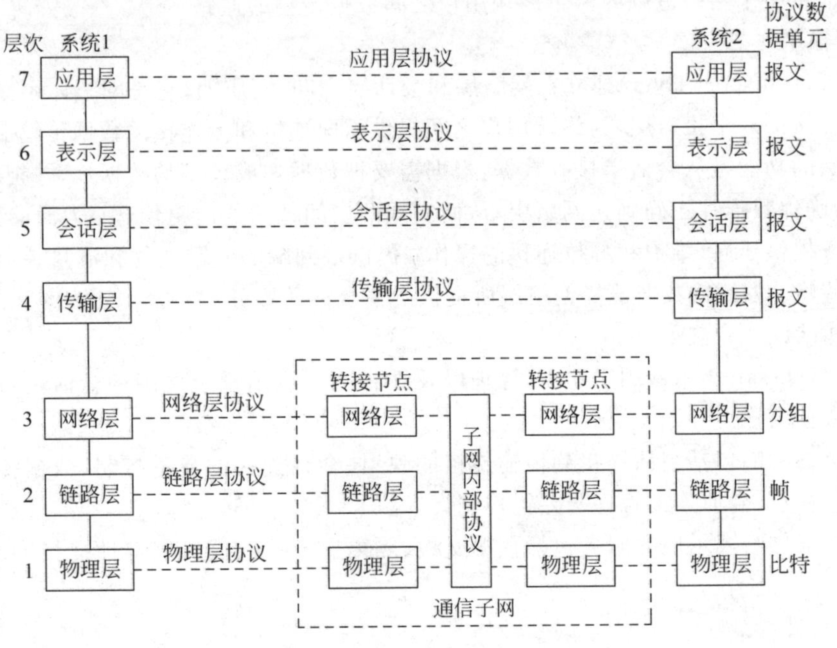

图 8.17 OSI/RM 体系结构图

在网络分层体系结构中，每一个层次在逻辑上都是相对独立的；每一层都有具体的功能；层与层之间的功能有明确的界限；相邻层之间有接口标准，接口定义了低层向高层提供的操作服务；计算机间的通信建立在相同层次的基础上。

1. 物理层

物理层(physical layer)是OSI参考模型分层结构体系最基础的一层，它建立在传输介质上，实现设备之间的物理接口。物理层要解决在连接各种计算机的传输介质上传输非结构的比特流，而不是指连接计算机的具体物理设备或具体的传输介质。物理层为建立、维护和拆除物理链路提供所需机械的、电气的、功能的和规程的特性，并提供链路故障检测指示。

物理层的功能是实现节点之间的按位(bit)传输，保证按位传输的正确性，并向数据链路层提供一个透明的比特流传输。

2. 数据链路层

数据链路层(data link layer)的主要作用是通过一些数据链路层协议和链路控制规程，在不太可靠的物理链路上实现可靠的数据传输。数据链路层的功能是实现节点间二进制信息块的正确传输，检测和校正物理链路产生的差错，将不可靠的物理链路变成可靠的数据链路。

在数据链路层中，需要解决的问题包括信息模式、操作模式、差错模式、流量控制、信息交换过程控制规程。

3. 网络层

网络层(network layer)也称为通信子网层，是高层协议与低层协议之间的界面层，用于控制通信子网的操作，是通信子网与资源子网的接口。

网络层的功能是向传输层提供服务，同时接受来自数据链路层的服务，提供建立、保持和释放通信连接的手段，包括交换方式、路径选择、流量控制等，实现整个网络系统内连接，为传输层提供整个网络范围内两个终端用户之间数据传输的通路。

4. 传输层

传输层(transport layer)建立在网络层和会话层之间，实质上，它是网络体系结构中高、低层之间衔接的一个接口层，为终端用户之间提供面向连接和无连接的数据传输服务。

传输层的功能是从会话层接收数据，根据需要把数据切成较小的数据片，并把数据传送给网络层，确保数据片正确到达网络层，从而实现两层间数据的透明传送；为面向连接的数据传输服务提供建立、维护和释放连接的操作；提供端到端的差错恢复和流量控制，实现可靠的数据传输；为传输数据选择网络层所提供的最合适的服务。

5. 会话层

会话层(session layer)用于建立、管理以及终止两个应用系统之间的会话，会话最重要的特征是数据交换。

会话层的功能包括会话连接到传输连接的映射、会话连接的流量控制、数据传输、会话连接恢复与释放、会话连接管理与差错控制。

会话层提供给表示层的服务包括数据交换、隔离服务、交互管理、会话连接同步和异常报告。

6. 表示层

表示层(presentation layer)向上对应用层服务，向下接受来自会话层的服务。

表示层的功能主要有不同数据编码格式的转换，提供数据压缩、解压缩，对数据进行加密、解密等。

7. 应用层

应用层(application layer)为网络应用提供协议支持和服务。应用层服务和功能因网络应用而异，主要有事务处理、文件传送、网络安全和网络管理等。

8.6 网络互连

网络可通过连接设备实现互连。典型的网络连接设备有6类：中继器、集线器、网桥、路由器、交换机和网关。

1. 中继器

中继器(repeater)又叫转发器，是物理层的互连设备，用于连接具有相同物理层协议的局域网，是局域网互连的最简单的设备。由于信号在介质的传输过程中会衰减，而衰减的信号可能会被接收方错误理解，中继器可以将经过它的信号进行再生(放大)，然后发送给网络的其余部分。图8.18所示为中继器的作用实例。

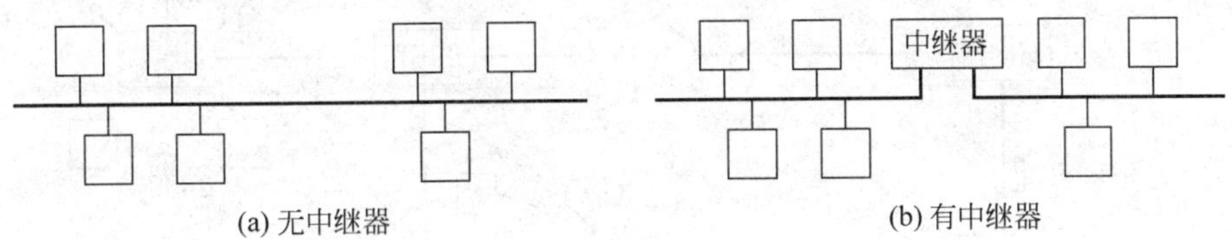

图8.18 中继器的作用实例

2. 集线器

集线器(hub)是一个多端口中继器，也是物理层的互连设备，如图8.19所示。

集线器可以通过多条传输介质连接多台网络设备，组建星型拓扑结构的局域网。集线器的基本功能是信号分发，把一个端口接收的信号向所有端口分发出去。根据端口数目的多少，集线器一般分为8口、16口和24口等几种。

图8.19 集线器示意图

3. 网桥

网桥(bridge)是数据链路层互连设备。当局域网上的用户日益增多、工作站数量日益增加时，局域网上的信息量也将随之增加，可能会引起局域网性能的下降，这是所有局域网共存的一个问题。在这种情况下，必须将网络进行分段，以减少每段网络上的用户量和信息量。将网络进行分段的设备就是网桥。网桥是一个通信控制器，它可以根据信号的目的地址来允许或阻止信号的通过：如果目的地址和发送端位于同一个网段中，则网桥不会让该信号送到其他网段，这样可以允许多对机器在同一时间进行通信。对于允许通过的信号，网桥也可以像中继器一样对信号进行再生(放大)。

如图8.20(a)所示，假设某一时刻，主机1想发信息给主机2，主机3想发信息给主机4，会发生冲突，只能主机1发给2或主机3发给4，不能同时进行主机1到2和主机3到4的信息发送，而在图8.20(b)中，可以同时实现主机1到2和主机3到4的信息发送，因为网桥检测到主机 1 和 3 发送的目的地址分别位于各自的网段中,它不会让这些信息跨越网段。

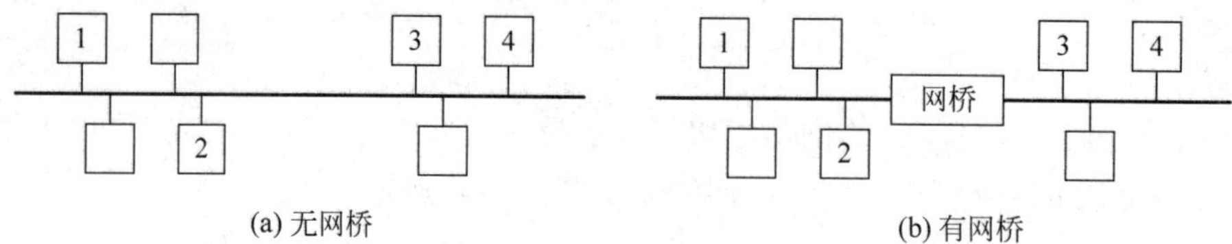

图 8.20　网桥作用示意图

4. 路由器

路由器(router)是网络层的互连设备。路由器实现网络层的互连,可以连接两个独立的网络,如局域网和城域网、局域网和广域网、广域网和广域网等,以形成互连网络。图 8.21 所示为用路由器连接起来的互连网络示意图。

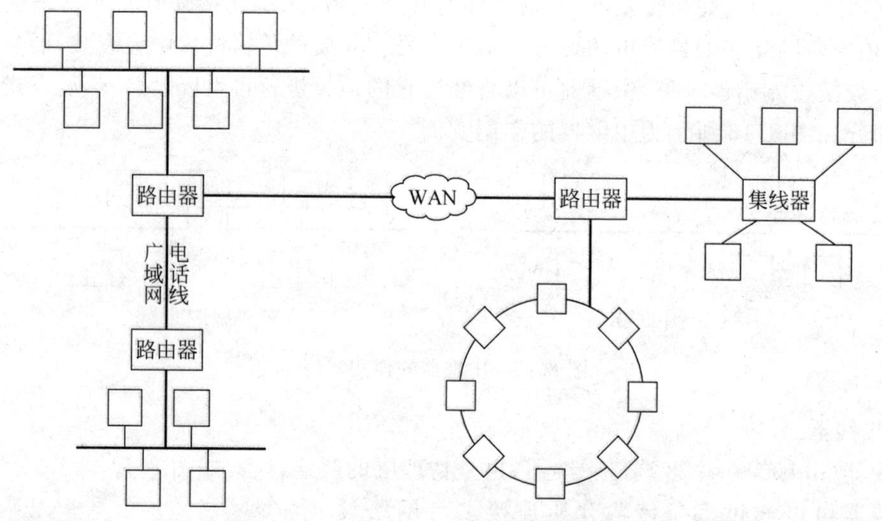

图 8.21　路由器连接起来的互连网络

5. 交换机

交换机(switch)也称为交换式集线器,是一种高性能的集线设备,外形上与集线器相似。随着交换机价格的不断降低,它已逐渐取代 hub。交换机与 hub 的不同之处在于每个端口都可以获得同样的带宽,例如对于 100Mb/s 的交换机,每个端口都可以获得 100Mb/s 的带宽,而对于 100Mb/s 的集线器,则是所有端口共用 100Mb/s 的带宽。

交换机主要工作在数据链路层或网络层,工作在数据链路层的交换机称为二层交换机。工作在网络层的交换机称为三层交换机。可用交换机将多个物理网段连接到一个大型网络上。由于交换机是用硬件实现数据交换的,所以传输的速度很快。

6. 网关

网络层以上的互连设备,统称网关(gateway)或应用网关。网关是充当协议转换器的设备,通常是安装了必要软件的计算机,允许两个网络互连并通信,其中每个网络可以使用不同的协议。按照功能,网关大致分为以下三类:

(1) 协议网关:能够将两个网络中使用不同传输协议的数据进行相互翻译转换。

(2) 应用网关：是为特定应用而设置的网关,如各种代理服务器。

(3) 安全网关：一般是使用了防火墙技术设置的网关,其用途是保护本地网络安全。

8.7 网络操作系统

网络操作系统(Network Operating System,NOS)是在网络环境下,实现对网络资源的管理和控制,并提供用户与网络资源之间接口的软件。具体来讲,网络操作系统是使连网的计算机能够方便而有效地共享网络资源,为网络用户提供各种服务的软件与协议的集合。

因为计算机网络是通过传输介质和连接设备将多个具有独立功能的计算机连接起来的系统,每台计算机都有各自的操作系统,所以网络操作系统是建立在这些操作系统之上,为网络用户提供使用网络资源的桥梁。当多个用户争用网络资源时,由网络操作系统进行协调和管理。

8.7.1 网络操作系统的分类

网络操作系统一般可以分为两类：面向任务型与通用型。面向任务型操作系统是为某一特殊网络应用要求而设计的；而通用型操作系统能够提供基本的网络服务功能,支持各个领域的应用需求。

通用型网络操作系统又可分为两类：变形级系统与基础级系统。变形级系统是在原有的单机操作系统基础上,通过增加网络服务功能而形成的；基础级系统则是以计算机硬件为基础,根据网络服务的特殊需求,直接利用计算机硬件与少量软件专门设计的网络操作系统。

纵观近年来网络操作系统的发展,经历了从对等结构向非对等结构演变的过程,如图 8.22 所示。

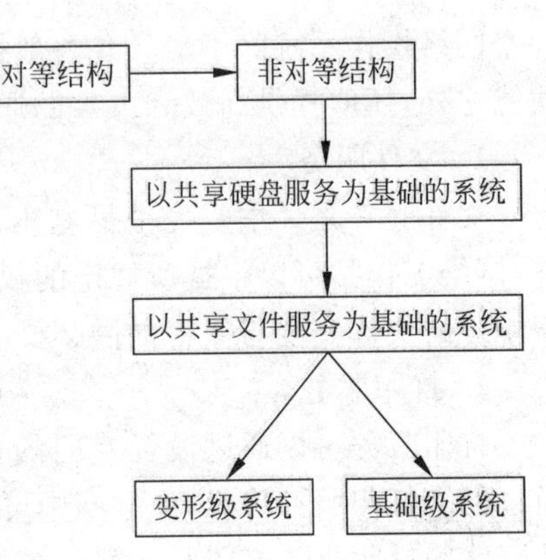

图 8.22 网络操作系统的演变过程

1. 对等结构网络操作系统

在对等结构网络操作系统中,所有连网节点的地位平等,安装在每个连网节点上的操作系统相同,连网节点的资源在原则上可以相互共享。连网节点操作系统以前后台方式工作,前台为本地用户提供服务,后台为网络用户提供服务。对等结构的网络操作系统可以提供共享硬盘、共享打印机、共享屏幕、共享 CPU 等各种资源共享服务。

对等结构网络操作系统的优点是：结构相对简单,网络中任何节点之间均能直接通信。缺点是：每个连网节点既要完成工作站的功能,又要完成服务器的功能,使连网节点的负荷较重,从而降低了连网计算机的信息处理能力。

对等网络操作系统一般应用于规模较小的网络中。

2. 非对等结构网络操作系统

在非对等结构的网络中,连网节点有了明确的分工,分别称为网络服务器(network server)和网络工作站(network workstation)。网络服务器采用高性能计算机,以集中方式管理网络中的共享资源,并为网络工作站提供服务。网络工作站一般是配置较低的微型计算机，主要为本地用户访问本地资源与网络资源提供服务。

非对等结构的网络操作系统由两部分组成，分别运行在服务器和工作站上。网络服务器是局域网的逻辑中心，服务器上运行的操作系统的功能与性能，直接决定着网络服务功能的强弱以及系统的性能与安全性，它是网络操作系统的核心。

在早期的非对等结构网络操作系统中，通常在局域网中安装一台或几台大容量的硬盘服务器，以便为网络工作站提供服务。硬盘服务器的大容量硬盘可以作为工作站的共享硬盘。硬盘服务器将共享硬盘空间划分为多个虚拟盘，分别称为专用盘、公共盘、共享盘等。

专用盘可以分配给不同的用户，用户通过网络命令将专用盘连接到自己的工作站，通过设置密码、设置盘的读写属性来保护存放在盘上的用户数据；公用盘是只读的，即只允许多个用户同时执行读操作；共享盘是可读写的，即允许多个用户同时进行读写操作。

共享硬盘服务系统的缺点是：用户每次使用服务器硬盘时，要先进行连接；用户需要使用操作系统的相关命令来建立专用盘的文件目录结构，并对文件进行维护，因此，使用不方便，系统效率低，安全性差。

基于文件服务的网络操作系统可以克服上述缺点。此类操作系统分为文件服务器和工作站软件两部分。文件服务器具有分时系统文件管理的全部功能，它支持文件的概念及标准的文件操作，提供网络用户访问文件、目录的并发控制和安全保密措施，能够对整个网络实行统一的文件管理，各工作站用户可以不参与文件管理工作。

目前的网络操作系统基本上都属于文件服务器系统，如 Microsoft 公司的 Windows NT Server、Novell 公司的 NetWare 等。

8.7.2 网络操作系统的功能

网络操作系统除了应具备一般操作系统的进程管理、存储管理、设备管理和文件管理等功能之外，还应提供高效和可靠的通信能力及多种网络服务功能。

1. 文件服务

文件服务是最重要也是最基本的网络服务功能。文件服务器以集中方式管理共享文件，网络工作站可以根据所规定的权限对文件进行读写以及其他各种操作，文件服务器为网络用户的文件安全与保密提供必要的控制。

2. 打印服务

打印服务可以通过设置专门的打印服务器完成，或者由工作站或文件服务器来担任。通过网络打印服务功能，局域网中可以安装一台或几台网络打印机，网络中所有用户都可以共享这些打印机。打印服务实现对用户打印请求的接收、打印格式的说明、打印机的配置、打印队列的管理等功能。网络打印服务器在接收用户的打印请求后，本着先到先服务的原则，对用户欲打印的文件排队打印。

3. 数据库服务

随着计算机网络的迅速发展，网络数据库服务日渐普遍。选择合适的网络数据库软件，按照 C/S 工作模式，即可开发出客户端与服务器端的数据库应用程序。客户端只需向服务器端发送查询请求，服务器端根据查询请求进行查询，并把查到的结果回送给客户端。

4. 通信服务

提供工作站与工作站、工作站与服务器之间的通信服务功能。

5. 信息服务

局域网可以通过存储转发方式或对等方式完成电子邮件服务。目前,信息服务已经发展为文字、图像、数字视频与语音数据的多媒体传输服务。

6. 分布式服务

分布式服务将网络中分布在不同地理位置的资源,组织在一个全局性的、可复制的分布式数据库中,网络中多个服务器都有该数据库的副本。用户在一个工作站上注册,便可与多个服务器连接。对用户来说,网络系统中分布在不同位置的资源是透明的,这样就可以用简单的方法去访问一个大型互连局域网系统。

7. 网络管理服务

网络操作系统提供了丰富的网络管理服务工具,可以提供网络性能分析、网络状态监控和存储管理等多种管理服务。

8.8 Internet 基础

Internet 产生于 20 世纪 70 年代后期,是美、苏冷战的结果。当时,美国国防部高级计划研究署(DARPA)为了防止苏联用核武器攻击唯一的军事指挥中枢,造成军事指挥瘫痪,导致不堪设想的后果,于 1969 年研究并建立了世界上最早的计算机网络之一 ARPANET (Advanced Research Project Agency Network)。ARPANET 初步实现了各自独立的计算机之间数据的相互传输和通信,它就是 Internet 的前身。

20 世纪 80 年代,随着 ARPANET 规模的不断扩大,不仅在美国国内有很多网络和 ARPANET 相连,世界上也有许多国家通过远程通信,将本地的计算机和网络接入 ARPANET,从而形成了世界上最大的互连网——Internet,即互联网。

本节主要介绍 Internet 的协议结构与协议簇、IP 地址、域名系统、Internet 的基本服务以及接入 Internet 的方法。

8.8.1 TCP/IP 协议结构

TCP/IP 协议是 Internet 赖以存在的基础,Internet 中计算机之间的通信必须共同遵循 TCP/IP 通信协议。TCP/IP 协议的体系结构如图 8.23 所示。从上到下,依次是应用层、传输层、网际层和网络接口层。

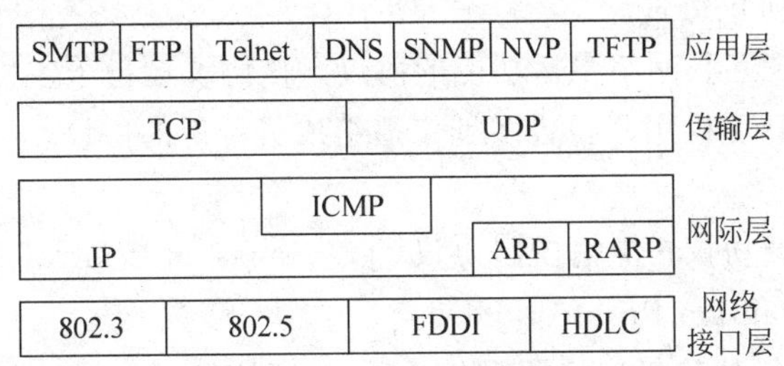

图 8.23 TCP/IP 的体系结构

1. 网络接口层

网络接口层是 TCP/IP 协议结构的最底层,它与 OSI 参考模型中的物理层和数据链路层相对应。网络接口层是 TCP/IP 与各种 LAN 或 WAN 的接口。网络接口层在发送端将上层的 IP 数据报封装成帧后发送到网络上；数据帧通过网络到达接收端时，接收端的网络接口层对数据帧拆封，并检查帧中包含的 MAC 地址。如果该地址就是本机的 MAC 地址或者是广播地址，则上传到网络层，否则丢弃该帧。

2. 网际层

网际层主要解决的是计算机到计算机之间的通信问题，其功能包括：处理来自传输层的分组发送请求，收到请求后将分组装入 IP 数据包，填充报头，选择路径，然后将数据发往适当的接口；处理数据包；处理网络控制报文，即处理路径、流量控制、阻塞等。

3. 传输层

传输层用于解决发送端计算机程序到接收端计算机程序之间的通信问题。

4. 应用层

在应用层，用户调用访问网络的应用程序，应用程序与传输层协议配合，完成数据的发送或接收。

8.8.2 TCP/IP 协议簇

1. 网络接口层协议

网络接口层上运行的是互连局域网上的协议，如以太网(Ethernet)协议、令牌环网(token ring)协议等。

2. 网际层协议

网际层包含 5 个协议：互联网协议(Internet Protocol，IP 协议)、地址解析协议(Address Resolution Protocol，ARP)、反向地址解析协议(Reverse Address Resolution Protocol，RARP)、互联网控制消息协议(Internet Control Message Protocol，ICMP)和互联网组多播协议(Internet Group Multicast Protocol，IGMP)。

IP 协议的基本任务是在 Internet 中传送 IP 数据包，具体包括数据包的传送、数据包的路由和拥塞控制等功能。另外，IP 协议还详细规定了 IP 数据包的格式。

ARP 协议负责将主机的 IP 地址转换为网络设备(如网卡)的物理地址。

RARP 协议负责将网络设备的物理地址转换为主机的 IP 地址。

ICMP 协议用于在主机之间传递控制消息，如网络通或不通、主机是否可达等诊断网络的消息都是由 ICMP 协议负责。

IGMP 协议是实现互联网组多播功能的协议。该协议运行于主机和与主机直接相连的组播路由器之间，是 IP 主机用来报告多址广播组成员身份的协议。

3. 传输层协议

传输层有两个主要协议：传输控制协议(Transmission Control Protocol，TCP)和用户数据包协议(User Datagram Protocol，UDP)。

TCP 协议提供可靠的基于连接的服务，能够保证信息无差错地从发送端应用程序传送到目的主机的应用程序。TCP 协议具有差错控制、数据包排序和流量控制等功能。

UDP 协议提供不可靠的无连接的服务。UDP 协议只负责数据包的发出，不考虑对方的接收情况。因此，UDP 速度快、可靠性低，而 TCP 的速度较慢，但可靠性较高。

4. 应用层协议

应用层为用户访问网络应用程序提供接口。目前广泛使用的主要有超文本传输协议(Hyper-Text Transfer Protocol，HTTP)、简单邮件传输协议(Simple Mail Transfer Protocol,SMTP)、文件传输协议(File Transfer Protocol,FTP)、远程登录协议 Telnet、域名系统(Domain Name System,DNS)等。

8.8.3 IP 地址

1. IP 地址结构

Internet 上计算机或路由器的每个网络接口(一般来说，一台计算机有一个接口，而一台路由器有多个接口)都有一个由授权机构分配的号码，称为 IP 地址。IP 地址能够唯一确定 Internet 上的每个网络接口。由 32 位二进制数组成的 IP 地址称为 IPv4 地址，如没有特别说明 IP 地址均指 IPv4 地址。在实际应用中，将这 32 位二进制数分成 4 段，每段包含 8 位二进制数。为了便于应用，将每段都转换为十进制数，段与段之间用“.”号隔开，称为点分十进制(dotted decimal notation)，如 202.197.96.118 就是一个用十进制表示的 IP 地址。IP 地址由网络号与主机号组成，其结构如图 8.24 所示。

网络号 (net-id)	主机号 (host-id)

图 8.24 IP 地址结构

其中，网络号用来标识一个逻辑网络，主机号用来标识网络中的一个接口。一台 Internet 主机至少有一个 IP 地址，而且该 IP 地址是全球唯一的。如果一台 Internet 主机有两个或多个 IP 地址，则该主机属于两个或多个逻辑网络。

2. IP 地址编码方案

根据不同规模网络的需要，为了充分利用 IP 地址空间，将 IP 地址分为 5 类，分别称为 A 类、B 类、C 类、D 类和 E 类地址。其中，A、B、C 三类由一个全球性的组织在全球范围内统一分配，D 类和 E 类为特殊地址。

IP 地址采用高位字节的高位来标识地址类别。IP 地址编码方案如图 8.25 所示。

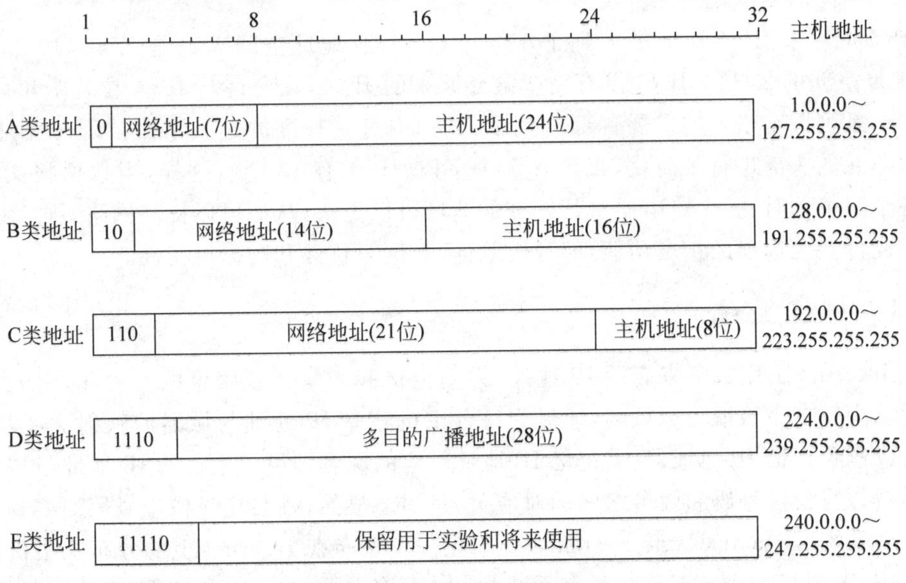

图 8.25 IP 地址的编码方案

A类地址的第1位为0，B类地址的前2位为10，C类地址的前3位为110，D类地址的前4位为1110，E类地址的前5位为11110。其中，A类、B类与C类地址为基本地址。

对于A类IP地址，其网络地址空间长度为7位，最大的网络数为126(2^7-2)，减2的原因是去掉了全0和全1两个地址，全0表示本网络，这个地址可以让机器引用自己的网络而不必知道其网络号；全1保留做循环测试(loop back test)，发送到这个地址的分组不输出到线路上，它们被内部处理并当作输入分组，这使发送者可以在不知道网络号的情况下向内部网络发送分组，这一特性也用来为网络软件查错。主机地址空间长度为24位，每个网络的最大主机数为16 777 214($2^{24}-2$)，减2的原因是全0表示本主机所连接到的单个网络地址，全1表示该网络上的所有主机。A类地址的范围是1.0.0.0～127.255.255.255。

对于B类IP地址，其网络地址空间长度为14位，最大的网络数为16 384(2^{14})，主机地址空间长度为16位，每个网络的最大主机数为65 534($2^{16}-2$)，减2的原因是全0表示本主机所连接到的单个网络地址，全1表示该网络上的所有主机。B类地址的范围是128.0.0.0～191.255.255.255。

对于C类IP地址，其网络地址空间长度为21位，最大的网络数为2 097 152(2^{21})，主机地址空间长度为8位，每个网络的最大主机数为254(2^8-2)，减2的原因是全0表示本主机所连接到的单个网络地址，全1表示该网络上的所有主机。C类IP地址的范围是192.0.0.0～223.255.255.255。

D类地址是多播地址，主要是给Internet体系结构委员会(Internet Architecture Board，IAB)使用。D类地址的范围是224.0.0.0～239.255.255.255。

E类IP地址保留用于实验和将来使用。E类IP地址的范围是240.0.0.0～247.255.255.255。

3. IPv6

IPv4是Internet的核心协议，是20世纪70年代设计的，从计算机本身发展以及从Internet规模和网络传输速率来看，IPv4已经不能满足时代的要求，最主要的问题就是32位的IP地址不够用。为了解决这个问题，可以采取几种方案，但最好的办法就是采用具有更大地址空间的下一代网际协议IPv6。

IPv6把原来IPv4地址扩大到了128位(bit)，其地址空间大约是3.4×10^{38}，是原来IPv4地址空间的2^{96}倍。IPv6没有完全抛弃原来的IPv4，且允许与IPv4在若干年内共存，它使用一系列固定格式的扩展首部取代了IPv4中可变长度的选项字段。IPv6对IP数据报协议单元的头部进行了简化，仅包含7个字段(IPv4有13个)，这样，当数据报文经过中间的各个路由器时，各个路由器对其处理的速度可以更快，从而可以提高网络吞吐率。IPv6内置了支持安全选项的扩展功能，如身份验证、数据完整性和数据机密性。

8.8.4 域名系统

在Internet上用数字来表示IP地址，人们记忆起来是比较困难的。为此，引入了域名的概念。为每台主机取一个域名，通过为每台主机建立IP地址与域名的映射关系，用户在网上可以避免记忆IP地址，只需记忆IP地址对应的域名即可。主机的IP地址与域名的对应关系就像身份证号码和姓名之间的对应关系一样，显然，姓名比身份证号码更容易记忆。

域名系统(Domain Name System，DNS)是一个遍布在Internet上的分布式主机信息数据库系统，采用C/S模式工作。域名系统的基本任务是将文字表示的域名，如：www.scut.

edu.cn 翻译成 IP 协议能够理解的 IP 地址格式,如 202.192.96.115,亦称为域名解析。域名解析的工作通常由域名服务器来完成。

1. DNS的分级结构

要把计算机接入 Internet,一般必须获得唯一的 IP 地址和对应的域名。按照 Internet 上的域名管理规定,入网的计算机应该具有下列结构的域名:

主机名.机构名.网络名.顶级域名

与 IP 地址的格式类似,域名各部分之间也用"."隔开。例如华南理工大学的 Web 服务器域名为:

www.scut.edu.cn

其中,www 表示这台主机的名称,scut 表示华南理工大学,edu 表示教育科研网,cn 表示中国。

DNS 负责对域名的转换,为了提高效率,Internet 上的域名采用了一种由上到下的层次结构。位于最顶层的称为顶级域名。

顶级域名目前采用两种划分方式即以所从事的行业领域划分和以国别划分。以所从事的行业领域划分的顶级域名见表 8.1;以国家或地区划分的顶级域名见表 8.2。

表 8.1 部分行业领域的顶级域名

行业名	域名	行业名	域名
商业	.com	教育机构	.edu
军事部门	.mil	民间团体或组织	.org
政府机构	.gov	网络服务机构	.net

表 8.2 部分国家或地区的顶级域名

国家或地区	域名	国家或地区	域名
澳大利亚	.au	中国	.cn
印度	.in	韩国	.kr
巴西	.br	德国	.ge
意大利	.it	新加坡	.sg
加拿大	.ca	法国	.fr
日本	.jp	英国	.uk

美国没有自己的国别顶级域名,通常见到的是采用行业领域的顶级域名。相对于国别顶级域名,行业领域的顶级域名称为国际域名。

顶级域名由 Internet 网络管理中心负责管理。在国别顶级域名下的二级域名由各个国家自行确定。我国顶级域名.cn 由中国互联网络信息中心(China Internet Network Information Center,CNNIC)负责管理,在 cn 下可由经国家认证的域名注册服务机构注册二级域名。我国将二级域名按照行业类别或行政区域划分。行业类别大致分为:科研机构(.ac)、商业企业(.com)、教育机构(.edu)、政府部门(.gov)、网络机构和中心(.net)等。行政区域二级域名适用于各省、自治区、直辖市,共 30 多个,采用省市的简称,如北京市(.bj)、

广东省(.gd)等。

2. 域名的解析过程

域名和IP地址之间是一一对应的。DNS是TCP/IP协议中应用层的一种服务。IP地址是网络层中的信息，是Internet上唯一可以识别的地址格式，所以，当以域名方式访问某台远程主机时，DNS首先将域名翻译成对应的IP地址，通过IP地址与该主机联系。

一般情况下，当用户申请了域名，该域名的使用将是长期不变的，而IP地址由于结构调整、网络重新规划等原因可能会经常发生变动。为了保证二者对主机识别的一致性，DNS要能够跟踪这种变化，并进行二者之间的翻译，即使IP地址发生了变化，通过域名仍能找到原来的主机。这一工作由域名服务器来完成。

DNS也是一个分布式的主机信息数据库，采用C/S模式工作。DNS数据库是一个类似于文件系统的树状结构。域名服务器除了负责域名到IP地址的解析外，还必须具有与其他域名服务器通信的能力。一旦自己不能进行域名解析，也能够知道如何去联络其他域名服务器，以完成域名解析工作。

域名服务器的组织采用层次化的分级结构。每个域名服务器只对域名系统一部分内容进行管理，即只包含整个域名数据库的一部分信息。例如，根服务器用来管理顶级域名，不负责对顶级域名下的三级域名进行管理，但根服务器一定能够找到所有二级域名服务器。

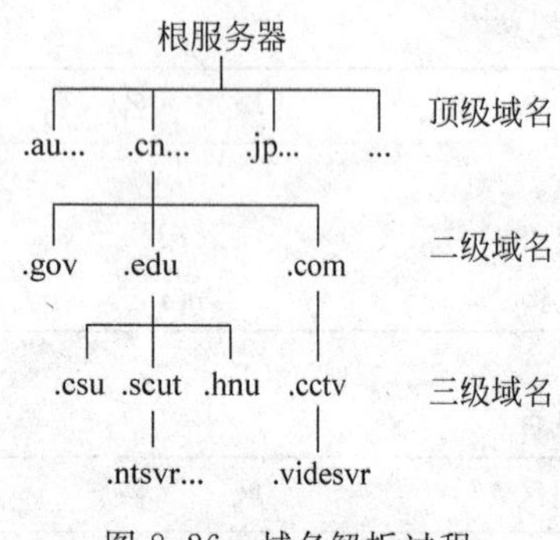

图8.26　域名解析过程

当用户使用域名访问Internet上的某台主机时，首先由本地域名服务器负责解析，如果找到对应的IP地址，返回给客户端，否则，本地域名服务器以客户端的身份，向上一级域名服务器发出请求，上一级域名服务器会在本级管理域名中进行查询，如果找到，则返回；否则，再向更高一级的域名服务器发出查询请求，依次进行下去，直到找到目标主机的IP地址为止。如图8.26所示，如果计算机ntsvr.scut.edu.cn要访问另一台计算机videsvr.cctv.com.cn，则由本地域名服务器开始依次向上查找，在顶级域名.cn下找到.com，再向下依次找到.cctv和目标主机.videsvr，最终将解析后的IP地址返回给ntsvr。

为了提高解析效率，减少查询开销，每个域名服务器都维护一个高速缓存，存放最近解析过的域名和对应的IP地址。这样，当用户下次再查找该主机时，可以跳过某些查找过程，直接从高速缓存中查找到该主机的IP地址，极大地缩短了查找时间，加快了查询过程，同时也减轻了根域名服务器的查找负担。

8.8.5　Internet的基本服务

目前，Internet提供的服务很多，其中基本服务有Web服务、文件传输、远程登录、电子邮件、IP电话和网上寻呼等。

1. 万维网WWW

万维网即WWW(World Wide Web，Web)，是以超文本标记语言(Hypertext Markup Language，HTML)与超文本传输协议(Hypertext Transfer Protocol，HTTP)为基础，能够以十分友好的接口提供Internet信息查询服务的多媒体信息系统。这些信息资源分布在全

球数百万个 WWW 服务器(或称 Web 站点)上,并由提供信息的专门机构进行管理和更新。用户通过一种称为 Web 浏览器的软件,可以浏览 Web 站点上的信息,并可单击标记为“链接”的文本或图形,随心所欲地转换到世界各地的其他 Web 站点,访问其上丰富的信息资源。

2. 文件传输 FTP

FTP 是 Internet 上使用得最广泛的文件传送协议。FTP 能够屏蔽计算机所处位置、连接方式以及操作系统等细节,使 Internet 上的计算机之间实现文件的传送。用户登录到远程计算机上,搜索需要的文件或程序,然后下载到本地计算机,也可以将本地计算机上的文件上传到远程计算机上。

无论是 UNIX 还是 Windows 操作系统,都包含 FTP 协议。FTP 采用客户机/服务器工作方式,用户计算机称为客户机,远程提供 FTP 服务的计算机称为 FTP 服务器。FTP 服务是一种实时联机服务,用户在访问 FTP 服务器之前需要进行注册。不过,Internet 上大多数 FTP 服务器都支持匿名服务,即以 anonymous 作为用户名,以任何字符串或电子邮件地址作为登录口令。匿名用户一般只能获取文件,不能在远程计算机上建立文件或修改已存在的文件,通常对获取文件也有一定的限制。

目前,利用 FTP 传输文件的方式主要有三种:FTP 命令行、浏览器和 FTP 下载工具。

(1) FTP 命令行。UNIX 操作系统中有丰富的 FTP 命令集,能够方便地完成文件传送操作。

(2) 浏览器。IE 浏览器和 Navigator 浏览器中都带有 FTP 程序模块,因此可以在地址栏中直接输入 FTP 服务器的 IP 地址或域名,浏览器将自动调用 FTP 程序完成连接。当连接成功后,浏览器界面显示出该服务器上的文件夹和文件名列表。

(3) FTP 下载工具。FTP 工具软件同时具有远程登录,对本地计算机和远程服务器的文件和目录进行管理,以及相互传送文件等功能;而且 FTP 下载工具还具有断点续传功能,当网络连接意外中断后,可继续进行剩余部分的传输,提高了文件下载速率。常用的 FTP 下载工具是 CuteFTP,它是一个共享软件,功能强大,支持断点续传、上传、文件拖放等。

3. 远程登录 Telnet

Telnet 采用客户机/服务器工作方式。进行远程登录时需要满足以下条件:在本地计算机上必须装有包含 Telnet 协议的客户程序;必须知道远程主机的 IP 地址或域名;必须知道登录用户名和密码。Telnet 远程登录服务分为以下 4 步:

(1) 本地计算机与远程主机建立 TCP 连接;

(2) 将本地计算机上输入的用户名和密码以及以后输入的任何命令或字符串转换成 NVT(Net Virtual Terminal)格式传送到远程主机;

(3) 将远程主机输出的 NVT 格式的数据转换成本地数据格式送回本地终端,包括输入命令回显和命令执行结果;

(4) 最后,本地计算机撤销与远程主机的 TCP 连接。

世界上有许多图书馆都通过 Telnet 对外提供联机检索服务,一些政府部门和研究机构也将它们的数据库对外开放,供用户通过 Telnet 查询。当然,要在远程计算机上登录,首先要成为该系统的合法用户,应有相应的用户名和密码。一旦登录成功,用户便可使用远程计算机对外开放的全部信息和资源。

4. 电子邮件

电子邮件(Electronic mail,E-mail)是一种利用计算机网络交换电子信件的通信手段,是互联网上使用最多和最受欢迎的一种服务。电子邮件将邮件发送到收信人的邮箱中,收信人可随时进行读取。电子邮件不仅使用方便,而且还具有传递迅速和费用低廉的优点。电子邮件不仅能够传递文字信息,还可以传递图像、声音和动画等多媒体信息。

(1) 电子邮件收发过程。电子邮件系统采用客户机/服务器工作模式,由邮件服务器端和邮件客户端两部分组成。邮件服务器端包括接收邮件服务器和发送邮件服务器两种类型。发送邮件服务器使用 SMTP 协议,当用户发出一封电子邮件时,邮件服务器按照邮件地址送到收信人的接收邮件服务器中。接收邮件服务器为每个电子邮件用户开辟了一个专用硬盘空间,用于暂时存放收到的邮件信息。当收信人将自己的计算机连接到接收邮件服务器并发出接收指令后,通过邮局协议(Post Office Protocol Version3,POP3)或互联网邮件访问协议(Internet Mail Access Protocol,IMAP)读取电子信箱内的邮件。

(2) 电子邮件地址。每一个电子邮箱都有一个 E-mail 地址。Internet 上的 E-mail 地址统一格式如下:

收信人邮箱名@邮箱所在的主机名

其中,符号@读作 at,表示“在”的意思。收信人邮箱名是用户在向电子邮件服务机构注册时获得的用户名,它必须是唯一的。例如,xhy@scut.edu.cn 就是一个用户的 E-mail 地址,它表示华南理工大学邮件服务器上的用户名为 xhy 的 E-mail 地址。

(3) 电子邮件客户端软件。常用的电子邮件客户端软件有 Microsoft 公司的 Outlook Express、高通的 Eudora 以及国内开发的非商业软件 Foxmail 等。

目前,电子邮件客户端几乎可以运行在任何硬件与软件平台上。它们所提供的功能基本相同,都可以完成以下操作:建立和发送电子邮件;接收、阅读和管理邮件;账号、邮箱和通信录管理等。

(4) 电子邮件格式。电子邮件由两部分组成,即信封和内容。RFC822[①] 只规定了邮件内容中的首部格式,而对邮件的主体部分则让用户撰写。首部包含发信人的地址、收信人的地址、邮件主题、邮件发送的日期和时间等。用户写好首部后,邮件系统将自动将信封所需的信息提取出来并写在信封上。电子邮件系统根据邮件信封上的收信人地址等信息来传输邮件。用户在从自己的信箱中读取邮件时才能见到邮件的内容。

(5) 邮件账号的设置。要发送和接收电子邮件,首先要有一个合法的邮件账号。当前邮件账号主要有两种类型:收费账号和免费账号。收费邮件账号要求使用者每年交纳一定费用,一般邮箱较大,安全保密性较好,如单位内的收费邮箱。当前提供免费邮件的服务较多,各大门户网站都能申请到,不过安全保密性较差,经常有一些垃圾邮件入侵。

5. IP 电话

IP(Internet Phone)电话又称为网络电话,狭义上是指通过互联网打电话,广义上则包

① RFC(request for comments)是一系列以编号排定的文件。文件收集了有关 Internet 的相关资讯,以及 UNIX 和 Internet 社群的软件文件。目前 RFC 由 ISOC(Internet society)赞助发行。

括语音、传真、视频传输等多项电信业务。

IP 电话通话方式有三种：计算机与计算机、计算机与电话机、电话机与电话机。

能打网络电话的计算机必须是一台能上互联网的计算机，同时要装有声卡、扬声器和麦克风，并且安装了 IP 电话软件，如 Microsoft 的 NetMeeting、国内开发的 E_话通等。这样，通信双方约定时间，同时上网就可以进行通话了。

电话机用户应当具备拨号到本地网络的 IP 电话网关的功能。IP 电话网关其实是一台通过专线与 Internet 相连的主机，通常由电信公司建立，提供 IP 电话接入服务。计算机方呼叫远端电话的过程为：先通过 Internet 登录到 IP 电话网关，进行账号确认，提交被叫号码，然后由网关完成呼叫。电话呼叫远端计算机的过程为：计算机应当向 Internet 提供一个固定的地址，并且在电话所在的网关上进行登记，电话向网关呼叫，通过网关自动呼叫被叫计算机（计算机保持开机）。

电话机用户通过本地电话拨号连接到本地的 IP 电话网关，输入账号、密码，确认后键入被叫号码，使本地 IP 电话网关与远端的 IP 电话网关进行连接，远端的 IP 电话网关通过当地的电话网呼叫被叫用户，从而完成电话机用户之间的通信。

6. 网上寻呼

网上寻呼可以及时地传送文字信息、语音信息、聊天和发送文件。

要使用网上寻呼，首先要在计算机中安装一个寻呼软件，通过软件登录到网络寻呼服务器，提出申请并获得一个唯一的寻呼号码。有了寻呼号码后，就能寻找并添加网友，别人也可以添加你为好友。可以通过网上寻呼与在线的朋友发消息和聊天等，这些操作都是即时的。

国内的网上寻呼，首推腾讯 QQ，它是深圳市腾讯计算机系统有限公司开发的，基于 Internet 的中文即时寻呼软件。通过使用 QQ 实现与好友进行交流，信息即时发送，即时回复；QQ 还具有 BP 机网上寻呼、手机短信服务、聊天室、语音邮件、视频电话等功能。

8.8.6 Internet 的接入

Internet 服务提供商（Internet Service Provider，ISP）是众多企业和个人用户接入 Internet 的桥梁。当计算机连接 Internet 时，它并不是直接连接到 Internet，而是采用某种方式与 ISP 提供的某一种服务器连接起来，通过它再接入 Internet。

根据经营业务范围的不同，ISP 有很多类型。其中，主干网 ISP 从事高速长距离回路的接入服务，通常采用大型高速路由器和转接器来提供服务。

目前，中国经营主干网的 ISP 有：中国公用计算机互联网（ChinaNET）、中国教育和科研计算机网（CERNET，其拓扑图如图 8.27 所示）、中国科技网（CSTNET）等。它们拥有自己的国际信道和基本用户群。其他的 Internet 服务提供商属于二级 ISP，这些 ISP 基本上都是经 ChinaNET 接入 Internet。按 ISP 提供的增值业务，ISP 大致可以分为两大类，一类是以接入服务为主的接入服务提供商（Internet Access Provider，IAP），另一类是以信息内容为主的内容服务提供商（Internet Content Provider，ICP）。

终端用户接入网络的方式可以分为以下三种。

1. 住宅接入

住宅接入（residential access）是指将居民家里的计算机接入互联网。住宅接入可以采用以下接入形式。

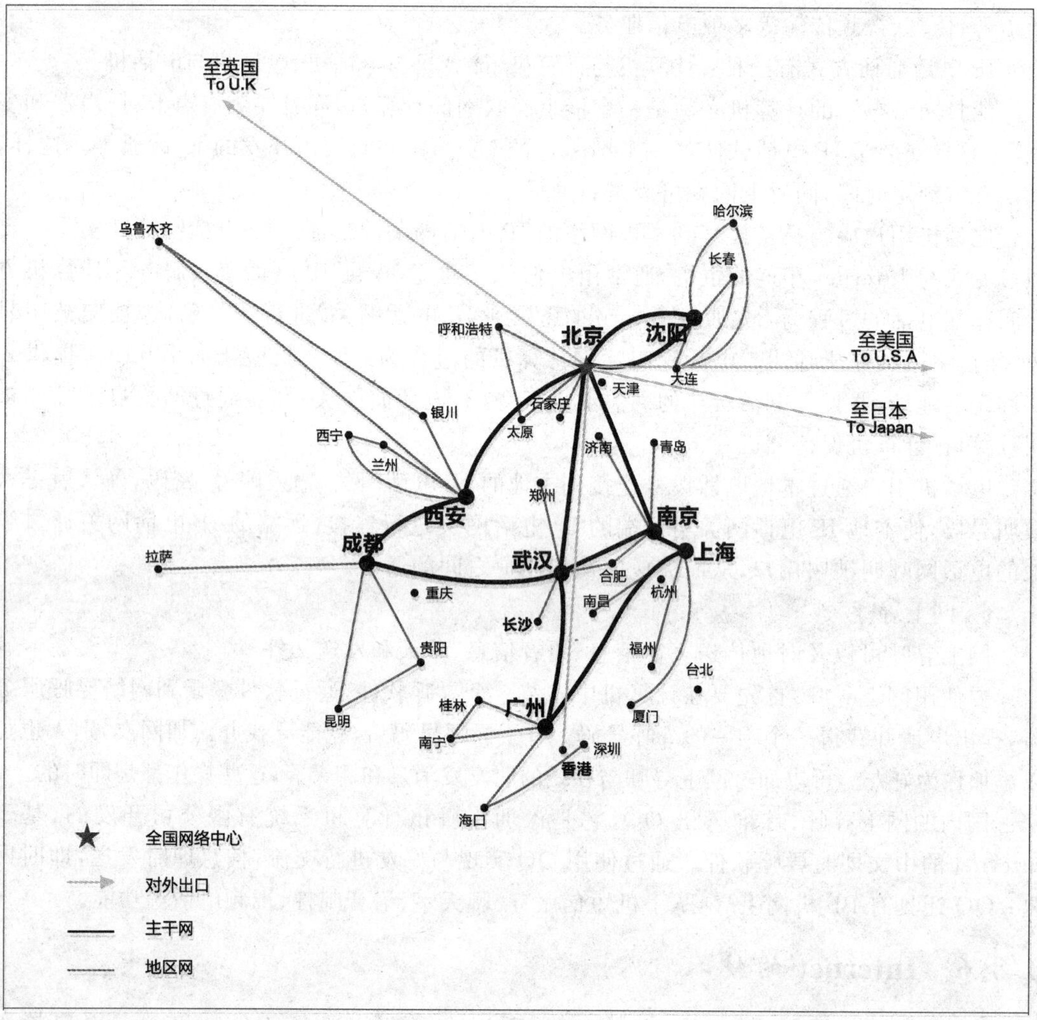

图 8.27　CERNET 拓扑图

1）电话拨号接入

电话拨号接入的方式是通过电话线，将用户的计算机与网络服务商的主机连接起来。电话拨号接入 Internet 方式需要的硬件有：一台计算机、一条直拨电话线和一个调制解调器。安装好硬件后，再找一个提供拨号上网服务的 ISP，获取上网的用户名、密码等信息，就可以通过电话线拨号上网了，如图 8.28 所示。

图 8.28　电话拨号接入

拨号上网是使用电话线传输信息，在上网的同时无法接听或拨打电话。另外，拨号上网的传输速率较低，进行大数据量的文件传输时无法保证质量。

2）ISDN 接入

ISDN 的中文名称是综合业务数字网（Integrated Services Digital Network）。中国电信将其称为“一线通”。用户利用普通的电话线可以同时享受语音、数据、视频等丰富多彩的数字通信服务，即在一条电话线上实现一边上网一边打电话。

虽然是普通的电话线，但它提供给用户的却是两个标准的 64Kb/s 的数字信道，其最高的上网速率可以达到 128Kb/s，是普通 Modem 的 2～3 倍。

ISDN 接入方式所需的硬件有：一台计算机、普通电话线、ISDN Modem 等。硬件安装好后，再找一个提供 ISDN 上网服务的 ISP，办好上网手续后，即可上网，如图 8.29 所示。

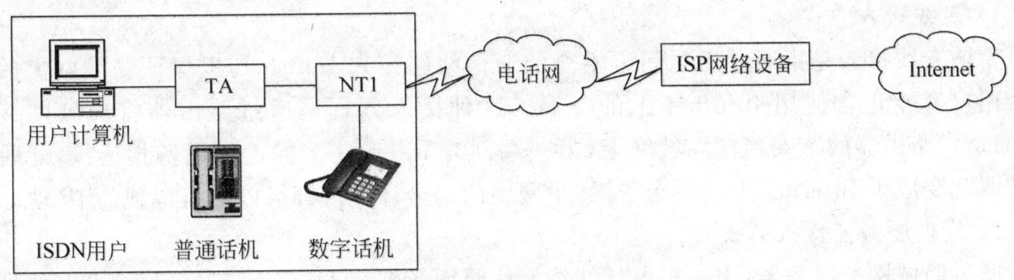

图 8.29 ISDN 接入示意图

ISDN 比普通拨号方式安装费用要高，但 ISDN 的包月费用稍低、传输速率较高以及一线通等优点，使它在普通的电话拨号方式之外，成为用户入网比较理想的选择。

3）ADSL 接入

ADSL 的中文名称是非对称数字用户线路（Asymmetric Digital Subscriber Line），它是一种上、下行不对称的高速数据调制技术，提供下行 6～8Mb/s、上行 1Mb/s 的上网速率。它以铜线为传输介质，采用先进的数字调制技术和信号处理技术，在普通电话线上传送电话业务的同时还可以给用户提供高速宽带数据业务和视频服务。

ADSL 接入方式所需硬件有：一台计算机、一块网卡、普通电话线、分频器和 ADSL Modem 等。硬件安装好后，再找一个提供 ADSL 上网服务的 ISP，办好上网手续后，即可上网，如图 8.30 所示。

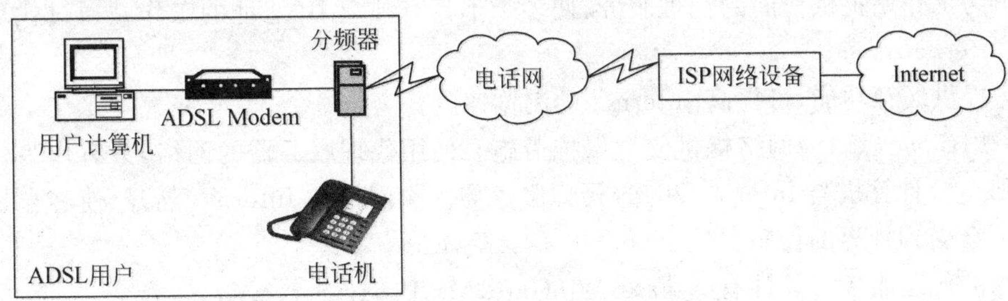

图 8.30 ADSL 接入示意图

2. 公司接入（company access）

在公司和大学校园，终端用户组成了局域网。将局域网接入 Internet 后，局域网的每台计算机安装和设置网络后，即可上网，如图 8.31 所示。

将局域网接入 Internet 有专线接入方式和使用代理服务器接入方式两种方案。

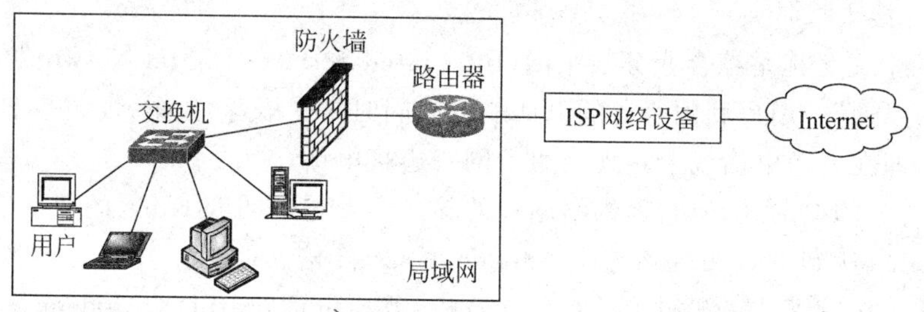

图 8.31　局域网接入示意图

1）专线接入方式

所谓专线接入是指通过相对固定不变的通信线路接入 Internet，以保证局域网上的每一个用户都能正常使用 Internet 上的资源。这种接入方式是通过路由器将局域网接入 Internet。路由器的一端接在局域网上，另一端则与 Internet 上的连接设备相连接，此时的局域网就变成了 Internet 上的一个子网，子网中的每台计算机都可以拥有单独的 IP 地址。

2）代理服务器接入方式

通过局域网的服务器，由一根电话线或专线将服务器与 Internet 连接，局域网上的每台主机通过代理服务器共享服务器的 IP 地址访问 Internet。这种方式需要有代理服务器。

代理服务器是一种非常重要的 Internet 接入技术，其作用是代理网络用户去取得网络信息。

代理服务器位于用户端系统与服务器之间，对于服务器而言，代理服务器是客户机，它向服务器提出各种服务申请；对于用户端系统而言，代理服务器则是服务器，它接收用户端系统提出的申请并提供相应的服务。也就是说，用户端系统访问 Internet 时所发出的请求不再直接发送到远程服务器，而是被送到了代理服务器上，代理服务器会检查本机的缓冲区内有无需要的信息，若有，就直接发送给用户端系统；否则，就向远程的服务器提出相应的申请，接收远程服务器提供的数据并保存在自己的缓冲区内，然后用这些数据对客户机提供相应的服务。

代理服务器的主要功能包括：

(1) 为工作站提供访问的代理服务，使多个不具有独立 IP 地址的工作站通过代理服务器使用 Internet 服务。

(2) 提供缓存功能，可提高 Internet 的浏览速度。

(3) 用作防火墙，为网络提供安全保护措施。使用代理服务器的网络，只有作为代理服务器的那一台计算机与 Internet 相连，代理服务器内部网络与 Internet 隔开，使客户机的内部资源不会受到外界的侵犯。

常用的代理服务器软件有 Sygate，WinGate，MS Proxy Server 等。

3. 无线接入

通过无线接入（wireless access）Internet 的方式主要有两大类：无线局域网接入（wireless LAN access）和广域无线接入网接入（wide-area wireless access network）。

在无线局域网接入中，无线用户与位于几十米半径内的无线接入点（Access Point，AP）通信，彼此传输/接收分组。无线接入点通常与有线的 Internet 相连，为无线接入点覆盖范围内的合法无线用户提供访问 Internet 的服务。

在无线局域网接入时，用户端使用计算机和无线网卡，服务器端则使用无线信号发射装置（AP）提供连接信号，如图 8.32 所示。

当通过无线局域网技术访问 Internet 时，通常需要位于无线接入点的几十米半径之内。对于家庭接入、咖啡店接入，或更为一般的，围绕一座建筑物的接入，是可行的。但是当坐在海滩上或位于行驶汽车中而需要接入 Internet 时，采用这种方法则不可行，此时可以采用下述广域无线接入网接入。

图 8.32　无线局域网接入示意图

在广域无线接入网接入中，漫游的 Internet 无线用户利用移动电话基础设施接入 Internet。电信提供商建立的基站，可以为数万米半径范围内的无线用户提供服务。

采用广域网接入时，用户端需要购买额外的卡式设备（PC 卡），将其直接插在计算机的 PCMCIA 槽或 USB 接口上，实现无线上网。服务端则是由中国移动或中国联通等服务商提供接入服务，如 GPRS 或 CDMA，如图 8.33 所示。

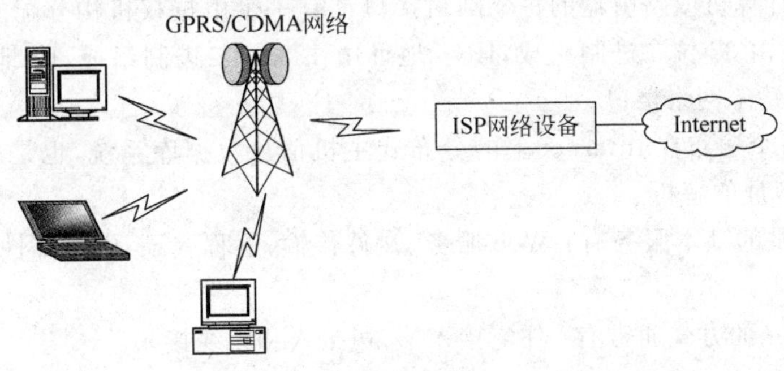

图 8.33　广域无线接入网接入示意图

采用广域无线接入时，只要手机有信号并开通数字服务的地区都可以使用，其缺点是速度比较慢。

本章小结

计算机网络是把分布在不同地点且具有独立功能的多个计算机系统通过通信设备和线路连接起来，在网络软件的支持下实现彼此之间数据通信和资源共享的系统。

计算机网络的发展经历了 4 个阶段：远程终端联机系统阶段、计算机网络阶段、计算机网络互连阶段、高速计算机网络阶段。

计算机网络主要完成数据处理与数据通信两大功能。从逻辑功能上看，计算机网络可以分为两部分，即资源子网和通信子网。

根据网络的覆盖范围来划分，网络可以分为局域网、城域网和广域网。根据网络的工作模式来划分，网络可以分为客户机/服务器网和对等网。

传输介质是网络中连接收发双方的物理通路，也是通信中实际传送信息的载体。传输介质通常分为有线传输介质和无线传输介质。有线传输介质包括双绞线、同轴电缆和光缆。

无线传输介质有短波、微波、卫星、红外线和激光等。通信信道的容量用带宽度量。

网络协议定义了在两个或多个通信实体之间交换的报文格式和顺序，以及在报文传输、接收或其他事件方面所采取的动作。

网络拓扑结构是指一个网络中各个节点之间互联的几何图形，即指各个节点之间的连接方式。基本的网络拓扑结构有总线型、树型、星型、环型和网状型。

计算机网络的体系结构是用层次结构设计方法设计的计算机网络的层次结构及其协议的集合。国际标准化组织提出了 OSI/RM，它是一个定义异构计算机连接标准的框架结构。

根据网络进行互联所在层次的不同，所用的互联设备也不同。常用的互联设备有中继器、集线器、网桥、路由器、交换机和网关。

网络操作系统是在网络环境下，实现对网络资源的管理和控制，并提供用户与网络资源之间接口的软件。

TCP/IP 是 Internet 赖以存在的基础，Internet 中计算机之间通信必须共同遵循 TCP/IP 通信协议。TCP/IP 的体系结构分为 4 层，从上到下依次为应用层、传输层、网际层和网络接口层。

Internet 上计算机或路由器的每个网络接口都有一个由授权机构分配的号码，称为 IP 地址。IPv4 地址由 32 位二进制组成，IPv6 地址由 128 位二进制组成，IP 地址能够唯一标识 Internet 上的每个网络接口。

DNS 既是一个遍布在 Internet 上的分布式主机信息数据库系统，也是应用层的协议，完成域名到 IP 地址的解析。

Internet 提供的基本服务有：Web 服务、文件传输、远程登录、电子邮件、IP 电话、网上寻呼等。

接入 Internet 的方式通常有：住宅接入、公司接入和无线接入。

习 题 8

8.1 选择题

1. 计算机网络最突出的优点是(　　)。

   A. 存储容量大　　B. 精度高　　C. 共享资源　　D. 运算速度快

2. 在下列网络拓扑结构中，所有数据信号都要使用同一条电缆来传输的是(　　)。

   A. 总线结构　　B. 星型结构　　C. 网状型结构　　D. 树型结构

3. 在计算机网络中，通常把提供并管理共享资源的计算机称为(　　)。

   A. 服务器　　B. 工作站　　C. 网关　　D. 网桥

4. 下面互连设备中，数据链路层的互连设备是(　　)。

   A. 集线器　　B. 网桥　　C. 路由器　　D. 网关

5. UDP 和 TCP 都是(　　)层协议。

   A. 物理　　B. 数据链路　　C. 网络　　D. 传输

6. 一个 IPv4 地址由(　　)位二进制组成。

   A. 8　　B. 16　　C. 32　　D. 64

7. HTTP 是一种(　　)。

A. 高级程序设计语言　　B. 超文本传输协议

C. 域名　　D. 网络地址

8. 下列是非法 IP 地址的是(　　)。

A. 192.118.120.6　　B. 123.137.190.5

C. 202.119.126.7　　D. 320.115.9.10

9. 下面用来衡量通信信道容量的是(　　)。

A. 协议　　B. IP 地址

C. 数据包　　D. 带宽

10. Novell 网采用的网络操作系统是(　　)。

A. NetWare　　B. DOS

C. OS/2　　D. Windows NT Server

11. 对一座办公楼内某实验室中的微机进行联网,按网络覆盖范围来分,这个网络属于(　　)。

A. WAN　　B. LAN　　C. NAN　　D. MAN

12. 路由选择是 OSI 模型中(　　)的主要功能。

A. 物理层　　B. 数据链路层　　C. 传输层　　D. 网络层

13. 下列用来传输文件的协议是(　　)。

A. HTTP　　B. Telnet　　C. FTP　　D. DNS

14. 下列传输介质中,数据传输能力最强的是(　　)。

A. 电话线　　B. 光纤

C. 同轴电缆　　D. 双绞线

15. 调制解调器(Modem)的功能是实现(　　)。

A. 模拟信号与数字信号的相互转换　　B. 模拟信号的放大

C. 数字信号的编码　　D. 数字信号的整型

16. 主机域名 www.scut.edu.cn 由 4 个子域组成,其中(　　)子域是最高层域。

A. www　　B. scut　　C. edu　　D. cn

8.2 填空题

1. 从逻辑功能上看,计算机网络可以分为两部分,即(　　)和(　　)。

2. 根据网络的工作模式来划分,网络可分为(　　)和(　　)。

3. 有线传输介质通常有(　　)、(　　)和(　　)。

4. 基本的网络拓扑结构主要有(　　)、(　　)、(　　)、(　　)和(　　)。

5. 网络操作系统一般可以分为两类:(　　)和(　　)。

6. 通过无线接入 Internet 的方式主要有两大类:(　　)和(　　)。

7. TCP/IP 的体系结构分为 4 层,从上到下依次为(　　)、(　　)、(　　)和(　　)。

8. 网络协议定义了在两个或多个通信实体之间交换的(　　)和(　　),以及在报文传输、接收或其他事件方面所采取的动作。

9. 顶级域名目前采用两种划分方式:以(　　)划分和以(　　)划分。

10. 按功能,网关大致分为三类:(　　)、(　　)和(　　)。

8.3 简答题

1. 简述 ISO 的 OSI/RM 参考模型的组成及各层的主要功能。
2. 常用的网络互联设备有哪些？它们是在网络的哪一层实现互联？
3. Internet 上的主要应用有哪些？
4. 简述域名与 IP 地址的区别与联系。
5. 简述 IP 地址的编码方案。
6. 简述网络中代理服务器的主要功能。

第9章 信息安全

最近几十年中,企业对信息安全的需求经历了两个重要变革。在广泛使用数据处理设备之前,企业主要是依靠物理和行政手段来保证重要信息的安全。采用的物理手段如将重要的文件放在上锁的文件柜里,采用的行政手段如对雇员实行检查制度等。很显然,由于计算机的应用,需要有自动工具来保护存放于计算机中的文件和其他信息的安全。在计算机系统里,用来保护数据和阻止黑客的工具一般称为计算机安全。

影响安全的第二个变革是分布式系统、终端用户与计算机之间以及计算机与计算机之间传送数据的网络和通信设施的应用。在信息传输时,需要有网络安全措施来保护数据传输。

上述两种形式的安全没有明确的界限。例如,对信息系统最常见的攻击就是计算机病毒,它可能先感染磁盘,然后才加载到计算机上,从而进入系统;也可能是通过 Internet 进入系统。无论是哪一种情况,一旦病毒驻留在计算机系统中,就需要内部的计算机安全工具来检查病毒并恢复数据。

本章主要介绍信息安全的基本概念及基本技术,主要内容包括密码技术、防火墙技术、防病毒技术、入侵检测技术,最后简述与计算机及网络相关的法律法规、计算机知识产权保护等相关知识。

9.1 信息安全的基本概念

9.1.1 信息安全特征

假定 Alice 和 Bob 是一对情侣,希望进行“安全地”通信。Alice 希望即使他们在一个不安全的媒体上进行通信,入侵者能够在该媒体上截获 Alice 传输给 Bob 的报文,却只有 Bob 能够明白她所发送的报文。Bob 想确认从 Alice 接收到的报文确实是由 Alice 所发送的,Alice 同样要确认和她通信的人的确就是 Bob。Alice 和 Bob 还要确保其报文的内容在传输过程中没有被篡改。针对以上问题,一般认为安全通信(secure communication)应具有下列特性。

1. 机密性

机密性(confidentiality)是仅有发送方和预定的接收方能够理解传输的报文内容。因为入侵者可以截取到报文,这必须要求报文在一定程度上进行加密(encrypted),即进行数据伪装,从而使得入侵者不能解密(decrypted)截获到的报文。机密通信通常依赖于密码技术。例如,Alice发给Bob的信息,应该只有Bob能读懂信息的内容,其他人即使截获到了该信息,也不可读。

2. 身份验证

身份验证(authentication)是发送方和接收方都应该能够证实通信过程所涉及的另一方,确信通信的另一方确实具有他们所声称的身份。人类面对面的通信可以通过视觉轻松地来解决。当通信实体在不能看到对方的媒体上交换信息时,身份验证就不是那么简单了。例如,Bob收到一封电子邮件,其中所包含的文本信息称这封邮件来自他的朋友Alice,Bob如何验证这封邮件确实是Alice所发?这种情况下,可以采用身份验证技术来验证通信双方的身份。

3. 完整性

完整性(integrity)是指信息在传输、交换、存储和处理过程中保持非修改、非破坏和非丢失的特性。例如,Alice发给Bob的信息内容是"Bob, I love you. Alice",而Bob收到的信息却是"Bob, I don't love you. Alice",显然,这样的通信没有保证信息的完整性。

4. 不可否认性

不可否认(non-repudiation)就是通信双方对于自己通信的行为都不可抵赖。例如,Alice发给了Bob一封信,Bob也收到了Alice的信,此时,Alice应不能抵赖说她没发这封信,Bob也不能抵赖说他没收到这封信。

5. 可用性

可用性(availability)是指合法用户在需要的时候,可以正确使用所需的信息而不会遭到服务拒绝。系统为了控制非法访问可以采取许多安全措施,但系统不应阻止合法用户对系统的使用。

6. 可控性

可控性(controllability)是指对流通在网络系统中的信息传播及具体内容能够实现有效控制的特性,即网络系统中的任何信息要在一定传输范围和存放空间内可控。

9.1.2 信息安全保护技术

信息安全强调的是通过技术和管理手段,实现和保护消息在公用网络信息系统中传输、交换和存储流通的保密性、完整性、可用性和不可抵赖性。当前采用的网络信息安全保护技术主要有两类:主动防御技术和被动防御技术。

1. 主动防御技术

主动防御技术一般采用数据加密、存取控制、权限设置和虚拟专用网络等技术来实现。

(1) 数据加密。密码技术被认为是保护信息安全最实用的方法。对数据最有效的保护就是加密,而加密的方式可用多种算法来实现。

(2) 存取控制。存取控制表征主体对客体具有规定权限操作的能力。存取控制的内容包括:人员限制、访问权限设置、数据标志、控制类型和风险分析等。

(3) 权限设置。规定合法用户访问网络信息资源的资格范围,即反映可以对资源进行何种操作。

(4) 虚拟专用网技术(Virtual Private Network,VPN)。VPN技术就是在公网的基础

上进行逻辑分割而虚拟构建的一种特殊通信环境,使其具有私有性和隐蔽性。VPN 也是一种策略,可为用户提供订制的传输和安全服务。

2. 被动防御技术

被动防御技术主要有防火墙技术、入侵检测技术、安全扫描器、口令验证、审计跟踪、物理保护及安全管理等。

(1) 防火墙(firewall)技术。防火墙是内部网与 Internet(或一般外网)之间实现安全策略要求的访问控制保护,其核心的控制思想是包过滤技术。

(2) 入侵检测系统(Intrusion Detection System,IDS)。IDS 就是在系统中的检查位置执行入侵检测功能的程序或硬件执行体,对当前的系统资源和状态进行监控,检测可能的入侵行为。

(3) 安全扫描器。它是可自动检测远程或本地主机及网络系统的安全漏洞的专用程序,可用于观察网络信息系统的运行情况。

(4) 口令验证。它利用密码检查器中的口令验证程序查验口令集中的薄弱口令。防止攻击者假冒身份登入系统。

(5) 审计跟踪。它对网络信息系统的运行状态进行详尽审计,并保持审计记录和日志,帮助发现系统存在的安全弱点和入侵点,尽量降低安全风险。

(6) 物理保护与安全管理。它通过指定标准、管理办法和条例,对物理实体和信息系统加强规范管理,减少人为管理因素不力的负面影响。

9.2 密码技术及应用

密码是一个古老的话题,早在 4000 年前,古埃及人就开始使用密码来保护传送的消息。2000 多年以前,罗马国王 Julius Caesar 就开始使用称为“恺撒密码”的密码系统。但是,密码技术的重大发展则是近代的事。特别是在 20 世纪 70 年代后期,Diffie 与 Hellmann 的开创性工作“密码学新方向”文章的发表,成为现代密码学的一个里程碑。现代密码学得到重大发展的另一个原因是现代计算机、电子通信的飞速发展及其广泛的应用。

经典的密码学是关于加密和解密的理论,主要用于保密通信。如今,密码学已得到更加深入和广泛的发展。其内容已不再是单一的加密技术,而且已被有效、系统地用于电子数据的保密性、完整性和真实性等各个方面。现代密码技术的应用已深入到数据处理过程的各个环节,主要有:数据加密、密码分析和数字签名等。

9.2.1 基本概念

密码技术使得发送方可以伪装数据,并使入侵者不能从截取到的数据中获得任何信息。接收方必须能够从伪装数据中恢复出原始数据。图 9.1 说明了一些重要术语。

假设 Alice 要给 Bob 发送一个报文。Alice 报文的最初形式(例如,“Bob, I love you. Alice”)称为明文。Alice 使用加密算法加密其明文,生成的加密报文称为密文,入侵者获得的密文是一些乱码。有趣的是,在许多现代密码系统中,加密技术是公开的,即使对于潜在的入侵者也可用。显然,如果任何人都知道数据编码的方法,则一定有一些秘密信息可以阻止入侵者解密被传输的数据,这些秘密信息就是密钥。

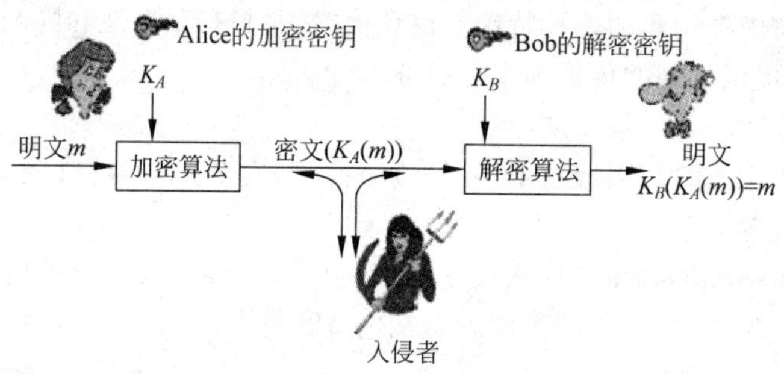

图 9.1　密码学组成部分

如图 9.1 所示,Alice 提供了一个密钥 K_A,它是一串数字或字符,作为加密算法的输入。加密算法以密钥和明文 m 为输入,生成的密文(用 $K_A(m)$表示)作为输出。类似地,Bob 为解密算法提供密钥 K_B,解密算法将密文和 Bob 的密钥作为输入,输出原始明文。即如果 Bob 接收到一个加密报文 $K_A(m)$,他可以通过计算 $K_B(K_A(m))$获得明文 m。在对称密钥密码系统(symmetric key crypto-system)中, Alice 和 Bob 的密钥是相同的并且是保密的。在公开密钥密码系统(public key crypto-system)中,使用一对密钥:一个密钥是公开的,另一个密钥是保密的。

9.2.2　对称密钥密码系统

在对称密钥密码系统中,通信双方必须事先共享密钥。当给对方发送信息时,先用共享密钥将信息加密,然后发送,接收方收到加密数据后,用共享的密钥解密信息,获得明文。图 9.2 示意了对称密钥密码体制。图中 Alice 和 Bob 使用同一个密钥 K_{A-B}进行加密和解密信息,从而实现保密通信。

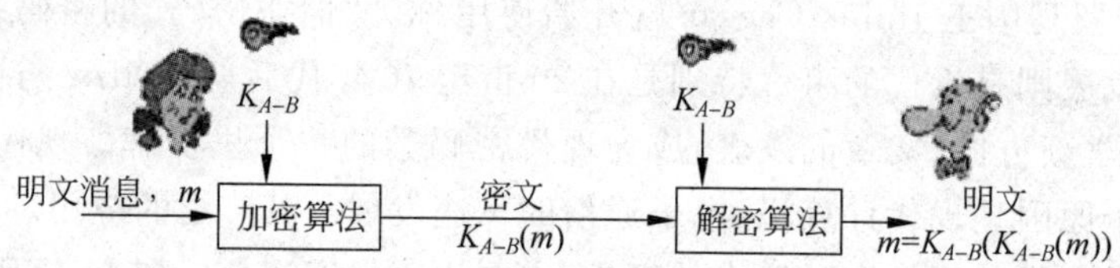

图 9.2　对称密钥密码体制

实现对称密钥的算法主要有数据加密标准(Data Encryption Standard, DES), DES 是 IBM 公司研制的, 1977 年被美国定为联邦信息标准。DES 的基本思想是在一个 56 位密钥的控制下,将按 64 位分组的明文信息加密成 64 位分组的密文信息。整个加密过程由 16 轮独立的加密循环组成,每一个循环使用一个不同的 48 位的子密钥(从密钥中产生)和加密函数,每轮只处理 64 位的一半信息。

对称密钥具有加密速度快、保密度高等优点。但是,密钥是保密通信安全的关键,发信方必须安全、妥善地把密钥分发给接收方,不能泄露其内容,如何才能把密钥安全地送到接收方,是对称密钥加密技术的突出问题。因此,此方法的密钥分发过程十分复杂,所花代价很高。多人通信时密钥的组合数量会出现爆炸性的膨胀,使密钥分发更加复杂,n 个人进行两两通信,总共需要的密钥数为 $n(n-1)/2$。通信双方必须统一密钥,才能发送保密信息。如果发信者与收信者素不相识,也就无法向对方发送秘密信息了。

9.2.3 公开密钥密码系统

公开密钥密码系统要求密钥成对使用,即加密和解密分别由两个密钥来实现。每个用户都有一对选定的密钥,一个可以公开,即公开密钥,用于加密;另一个需要保密,即秘密密钥,用于解密。公开密钥和秘密密钥之间有密切的关系。当给对方发送信息时,用对方的公开密钥进行加密,而在接收方收到数据后,用自己的秘密密钥进行解密。故该技术也称为非对称密码技术。图 9.3 示意了公开密钥密码体制。Alice 先用 Bob 的公钥加密信息,发给 Bob,Bob 用自己的秘密密钥解密信息,获得明文,从而实现保密通信。

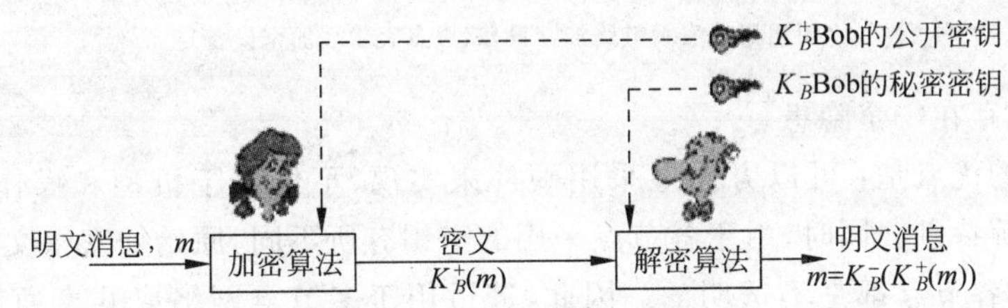

图 9.3 公开密钥密码体制

公开密钥算法主要有 RSA 算法,RSA 是美国麻省理工学院(MIT)的三位科学家 Rivest,Shamir 和 Adleman 于 1976 年提出并在 1978 年正式发表的,是第一个既能用于数据加密,也能用于数字签名的算法。RSA 的安全性是基于数论中的 Euler 定理和计算复杂性理论中的求两个大素数的乘积是容易的,但要分解两个大素数的乘积,求出它们的素因子则是非常困难的。

公开密钥密码系统的优点是:密钥少、便于管理,网络中的每一个用户只需保存自己的解密密钥,n 个用户仅需 n 对密钥;密钥分配简单,加密密钥分发给其他用户,而解密密钥则由用户自己保管。不需要秘密的通道和复杂的协议来传送密钥。公开密钥密码系统的缺点是:加密和解密速度慢。

9.2.4 计算机网络中的数据加密

现代计算机网络是按层次化结构设计的,其每一层建立在下一层的基础之上,同时又为更高一层提供服务。对等层不同节点之间的通信,主要是靠协议来完成。具体数据通信则是由某一节点的给定层向下一层传送,最终传送到物理层,通过物理介质传送给另一目标节点,然后再从底层往上传送至对应的给定层。计算机网络中的数据加密可以在 OSI 七层协议的多层上实现,从加密技术应用的逻辑位置来看,主要有链路加密和端到端加密两种方式,图 9.4 给出了网络通信中加密的两种主要形式。

1. 链路加密

这是一种面向物理层的数据加密方式。密码设备布置在两个节点的通信线路上,介于各自节点与相应的调制解调器(Modem)之间(为简单起见,图 9.4 中 Modem 只画出了一对)。加密主要是在 1、2 层进行,不同的链路采用不同的加密密钥,以免相互影响信息安全。

加密原理:当数据信息进入物理层传输时,对所有的信息加密进行保护,信息到达计算机之前必须进行解密处理才能使用。这意味着:一是链路加密主要是在物理层进行,技术要求所有节点必须是物理安全的;二是每个通信节点的主机内部的数据信息是以明文的方

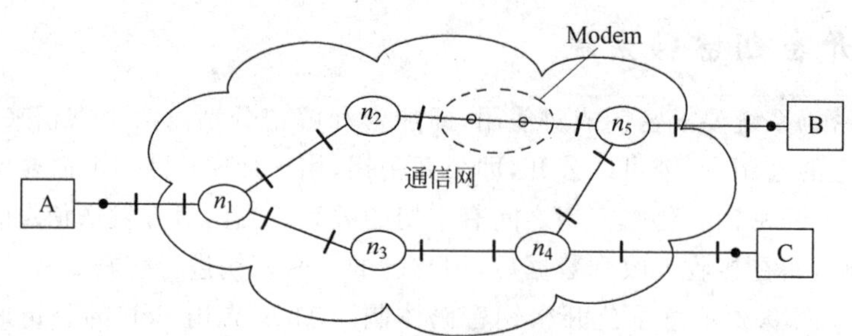

图 9.4　网络加密的两种方式示意图

（短粗黑线表示链路加密设备，黑点表示端加密设备）

式存放，明显地存在安全隐患。

链路加密的优点是：可以方便地采用硬件来实现，不依赖于机型和操作系统，具有高速、可靠、保密等特点。同时，由于各节点采用的密钥有所不同，原始加密密文从源节点到目标节点，对沿途各节点都是不透明的。因此，较适用于多节点网络或共享通信线路加密使用。缺点是中间节点不可暴露，维护节点的安全性代价较高，比如硬件开销，每个节点都要有加密器，运行维护、密钥处理开销大等。

2. 端-端加密

端-端加密属于高层加密方式，加密过程是在两个端系统上完成的。密码设备只在通信的两端设置(图 9.4 中的 A、B 或 C)，中间节点一律不设密码设备。

加密原理：源端在发送源消息之前将消息加密成密文，并以密文消息的形式经通信网传送到目的端。各端点采用相同的密码算法和密钥，数据对传送通路上的各个中间节点是保密的。换句话说，加密方式不依赖于中间节点，中间节点没有义务对其他层的协议信息进行解密，只有收端用户正确解密才能恢复明文。

端-端加密方法的优点是：用户可以随意选择加密算法，数据一直处于密文的保护之下，即使中间某条链路发生失误，也不至于影响数据安全。可以使用软硬件实现加密，因此具有灵活和安全性高等特点。其缺点是，如果收、发双方的身份暴露将导致安全通信失败。

3. 混合加密

混合加密是基于端-端加密和链路加密综合考虑的，因为端到端加密只对报文加密，报头(源/目的地址)则是明文传送，显然易受流量分析攻击，而链路加密则能较好地抵挡这种攻击。因此，为保护报头之类的敏感信息，可以采用两者混合使用的方式，如图 9.5 所示。这里，报文将被两次加密，而报头则只由链路方式加密。

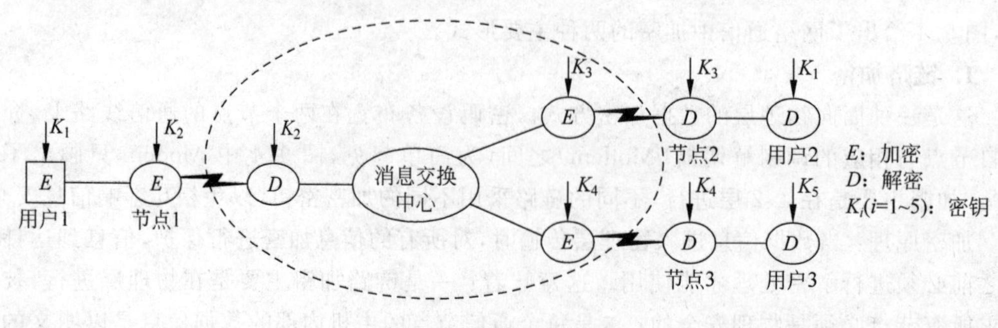

图 9.5　混合加密方式

一般来说，从成本、灵活性和安全性方面考虑，端-端加密更有优势，加密的目的是整个传输过程的数据保护。但是有些远端设备的设计不支持端-端加密方式，使用上也受一些限制。相反地，对某些远端处理设备，采用链路加密可能更合适，尤其是当链路中节点较少时，优点更突出。因此，两者可视具体情况选用或混合使用。

9.2.5 数字签名

在现实生活中，我们经常在支票、信用卡收据和信件上签名。这些签名证明我们承认或同意这些文件的内容。在数字领域，人们通常需要指出一个文件的所有者或作者，或者表明某人认可一个文件的内容。数字签名(digital signature)就是在数字领域用于实现这种功能的一种技术。数字签名可以实现消息完整性认证和身份验证。

一个数字签名方案由安全参数、消息空间、签名、密钥生成算法、签名算法、验证算法等成分构成。按接收者验证签名的方式不同，可将数字签名分为真数字签名和公证数字签名两类。如图9.6所示，在真数字签名中，签名者直接把签名消息传递给接收者，接收者无须借助于第三方就能验证签名。如图9.7所示，在公证数字签名方式中，签名者把签名消息经由被称作公证者的可信第三方发送给接收者，接收者不能直接验证签名，签名的合法性是通过公证者作为媒介来保证的，也就是说，接收者要验证签名必须与公证者合作。

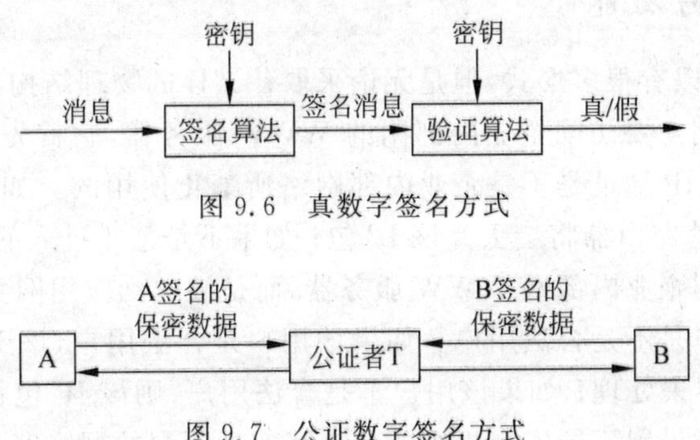

图9.6 真数字签名方式

图9.7 公证数字签名方式

数字签名算法可分为普通数字签名算法、不可否认数字签名算法、Fail-Stop数字签名算法、盲数字签名算法和群数字签名算法等。普通数字签名算法包括RSA数字签名算法、ElGmamal数字签名算法、Fiat-Shamir数字签名算法、Guillou-Quisquarter数字签名算法等。

手写签名与数字签名的主要区别在于：一是手写签名是不变的，而数字签名对不同的消息是不同的，即手写签名因人而异，数字签名因消息而异。二是手写签名是模拟的，无论哪种文字的手写签名，伪造者都容易模仿，而数字签名是在密钥控制下产生的，在没有密钥的情况下，模仿者几乎无法模仿出数字签名。

9.3 防火墙技术

防火墙是应用最为广泛的网络安全技术。在构建安全网络环境的过程中，防火墙作为第一道安全防线，正受到越来越多的关注。

9.3.1 防火墙的基本概念

防火墙是由硬件(路由器、服务器等)和软件构成的系统,用来在两个网络之间实施接入控制策略,是一种屏障,如图 9.8 所示。防火墙用来限制企业内部网与外部网之间数据的自由流动,仅允许被批准的数据通过。设置 Internet/Intranet 防火墙实质上就是要在企业内部网与外部网之间检查网络服务请求分组是否合法,网络中传送的数据是否会对网络安全构成威胁。

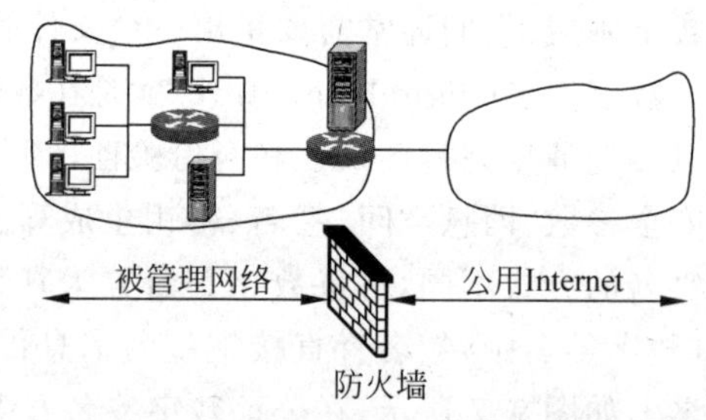

图 9.8 在被管理网络和外部网络之间放置防火墙

9.3.2 防火墙的功能

防火墙的结构可以有很多形式,但是无论采取什么样的物理结构,从基本工作原理上来说,如果外部网络的用户要访问企业内部网的 WWW 服务器,它首先是由分组过滤路由器来判断外部网用户的 IP 地址是不是企业内部网络所禁止使用的。如果是禁止进入的节点 IP 地址,那么分组过滤路由器将会丢弃该 IP 包;如果不是禁止进入的节点 IP 地址,那么这个 IP 包不是直接送到企业内部网 WWW 服务器,而是被送到应用网关,由应用网关来判断发出这个 IP 包的用户是不是合法用户。如果该用户是合法用户,该 IP 包才能送到企业内部网的 WWW 服务器去处理;如果该用户不是合法用户,则该 IP 包将会被应用网关丢弃。这样,人们就可以通过设置不同安全规则的防火墙实现不同的网络安全策略。

网络防火墙的主要功能有:控制对网站的访问和封锁网站信息的泄露;限制被保护子网的暴露;具有审计功能;强制执行安全策略;对出入防火墙的信息进行加密和解密等。

9.3.3 防火墙的基本类型

防火墙有多种形式,有的以软件形式运行在普通计算机操作系统上,有的以硬件形式单独实现,也有的以固件形式设计在路由器中。总的来说,防火墙可分为三种:包过滤防火墙、应用层网关和复合型防火墙。

1. 包过滤防火墙

包过滤防火墙允许或拒绝所接收的每个数据包。路由器审查每个数据包以便确定其是否与某一条包过滤规则匹配。过滤规则基于可以提供给 IP 转发的包头信息。包头信息中包括 IP 源地址、IP 目标地址、协议类型和目标端口等。如果包的出入接口相匹配,并且规则允许该数据包通过,那么该数据包就会按照路由表中的信息被转发。但是,即使是与包的出入接口相匹配,而规则拒绝该数据包通过,那么该数据包也会被丢弃。如果出入接口没设匹配规则,用户配置的缺省参数会决定是转发还是丢弃该数据包。

包过滤路由器使路由器能够根据特定的服务允许或拒绝流动的数据，因为多数的服务收听者都在已知的TCP/UDP端口号上。例如，Telnet服务器在TCP的23号端口上监听远地连接，而SMTP服务器在TCP的25号端口上监听连接。为了阻塞所有进入的Telnet连接，路由器只需简单地丢弃所有TCP端口号等于23的数据包。为了将进来的Telnet连接限制到内部的数台机器上，路由器必须拒绝所有TCP端口号等于23并且目标IP地址不等于允许主机的IP地址的数据包。

包过滤的优点是：不用改动客户机和主机上的应用程序，因为它工作在网络层和传输层，与应用层无关，一个包过滤路由器能够协助保护整个网络，而且过滤路由器速度快、效率高。

但其弱点也是明显的：不能彻底防止地址欺骗；据以过滤判别的只有网络层和传输层的有限信息，因而各种安全要求不可能充分满足；在许多过滤器中，过滤规则的数目是有限制的，且随着规则数目的增加，性能会受到很大的影响；由于缺少上下文关联信息，不能有效地过滤如UDP、RPC一类的协议数据包。另外，大多数过滤器中缺少审计和报警机制，且管理方式和用户界面较差；对安全管理人员素质要求高，建立安全规则时，必须对协议本身及其在不同应用程序中的作用有较深入的理解；配置困难，因为包过滤防火墙很复杂，人们经常会忽略建立一些必要的规则，或者错误配置了已有的规则，在防火墙上留下漏洞等。

2. 应用层网关

应用层网关，即防火墙部署在应用层。应用层防火墙是内部网与外部网的隔离点，起着监视和隔绝应用层通信流的作用，同时也结合了过滤器的功能。它工作在OSI模型的最高层，掌握着应用系统中可用作安全决策的全部信息。应用层网关使得网络管理员能够实现比包过滤路由器更严格的安全策略。应用层网关不用依赖包过滤工具来管理Internet服务在防火墙系统中的进出，而是采用为每种所需服务在网关上安装特殊代码(代理服务)的方式来管理Internet服务。如果网络管理员没有为某种应用安装代理编码，那么该项服务就不被支持，并且不能通过防火墙系统来转发。同时，代理编码可以配置成只支持网络管理员认为必需的部分功能。

应用层网关采用的是一种代理技术，其优点在于：代理易于配置，可生成各项记录，可灵活而完全地控制进出的流量和内容，能够过滤数据内容，能为用户提供透明的加密机制，可以方便地与其他安全手段集成等。

其缺点在于：代理速度较路由器要慢，对用户不透明，对于每项服务可能要求不同的服务器，代理服务不能保证用户免受所有协议弱点的限制，不能改进底层协议的安全性等。

3. 复合型防火墙

由于对更高安全性的要求，常把基于包过滤的方法与基于应用代理的方法结合起来，形成复合型防火墙产品。这种结合通常采用以下两种方案：

1）屏蔽主机防火墙体系结构

在该结构中，包过滤路由器或防火墙与外部网络相连，同时，将一个堡垒机安装在内部网络，通过在包过滤路由器或防火墙上对过滤规则的设置，使堡垒机成为外部网上其他节点所能到达的唯一节点，这确保了内部网络不受未授权外部用户的攻击。

2）屏蔽子网防火墙体系结构

堡垒机放在一个子网内，两个分组过滤路由器放在这一子网的两端，使这一子网与外部网络及内部网络分离。在屏蔽子网防火墙体系结构中,堡垒主机和包过滤路由器共同构成了整个防火墙的安全基础。

复合型防火墙综合了包过滤和代理技术,具有先进的过滤和代理体系,能够从数据链路层到应用层进行全方位的安全处理。

9.3.4 防火墙的优缺点

1. 防火墙的优点

(1) 防火墙能够强化安全策略。防火墙能够防止网络不良访问的发生,它执行站点的安全策略,仅允许“认可的”或符合规则的请求通过。

(2) 防火墙能够有效地记录网络上的活动。因为与外部网络相关的所有进出信息都必须通过防火墙,所以防火墙非常适用于收集关于系统和网络使用和误用的信息。作为访问的唯一点,防火墙能在被保护的网络和外部网络之间进行记录。

(3) 防火墙限制暴露用户点。防火墙能够用来隔开网络中的两个网段。这样,就能够防止影响一个网段的问题通过整个网络而传播开来。

(4) 防火墙是一个安全策略的检查站。所有进出的信息都必须通过防火墙,防火墙便成为安全问题的检查点,使可疑的访问被拒之门外。

2. 防火墙的不足之处

(1) 不能防范恶意的知情者。防火墙可以禁止系统用户经过网络连接发送专有的信息,但不能防止用户将数据复制到磁盘或磁带上而泄漏出去。另外,如果入侵者已经在防火墙内部,则防火墙是无能为力的。内部用户可以偷窃数据,破坏硬件和软件,并且巧妙地修改程序而不接近防火墙。对于来自知情者的威胁只能要求加强内部管理,如主机安全和用户教育等。

(2) 不能防范不通过它的连接。防火墙能够有效地防止通过它进行传输的信息,然而不能防止不通过它而传输的信息。例如,如果站点允许对防火墙后面的内部系统进行拨号访问,那么防火墙没有办法阻止入侵者通过拨号方式入侵。

(3) 不能防御全部的威胁。防火墙被用来防御已知的威胁,如果是一个很好的防火墙设计方案,可以防御部分新的威胁,但没有一个防火墙能够自动防御所有新的威胁。

(4) 防火墙不能防范病毒。防火墙不能防范和消除网络上的计算机病毒。

9.4 恶意软件

本节主要介绍恶意软件,尤其是病毒和蠕虫。

9.4.1 病毒及相关的威胁

对计算机系统来说,最复杂的威胁可能就是那些利用计算机系统的弱点来进行攻击的恶意程序。

1. 恶意程序

图 9.9 列出了软件威胁(恶意程序)的所有分类。这些威胁大致可以分为两类:依赖于宿主程序的和独立于宿主程序的。前者本质上来说是不能独立于应用程序或系统程序的程

序段，后者是可以被操作系统调度的独立程序。

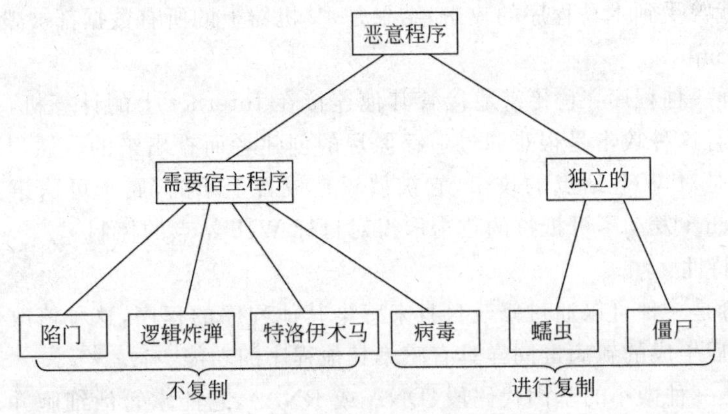

图 9.9 恶意程序的分类

也可以按其是否进行复制而将软件威胁分成两类：不进行复制的和进行复制的威胁。前者是在宿主程序被调用来执行某一特定功能时被激活的程序段；后者是指一个程序段（如：病毒）或一个独立的程序（如：蠕虫），当它执行时，可能会对自身进行复制，而且这些复制品将会在该系统或其他系统中被激活。

下面简要介绍除病毒以外的其他一些恶意程序。

1）陷门（back door）

陷门或后门，是程序的一个秘密入口，通过它，用户可以不按照通常的访问步骤就能获得访问权。许多年来，陷门一直被程序员合理地用在程序的调试和测试中。当陷门被一些无耻之徒用来作为获得未授权的访问权的手段时，它就成为一种威胁。要实现操作系统对陷门的控制是很困难的。安全策略必须贯穿在程序开发和软件更新的各个层面上。

2）逻辑炸弹（logic bomb）

逻辑炸弹是最早出现的恶意软件之一，它预先规定了病毒和蠕虫的发作时间。逻辑炸弹是嵌在合法程序中的，是只有当特定的事件出现时才会进行破坏（爆炸）的一组程序代码。例如，可以将特定文件是否存在，一个星期中的某一天或某个特定用户使用电脑等作为逻辑炸弹的触发条件。一旦这些条件被满足，逻辑炸弹就会激发，从而破坏硬盘数据乃至整个文件，甚至会引起“死机”或其他一些危害。逻辑炸弹的一个典型事例就是 Tim Lloyd 事件。Tim Lloyd 所设计的逻辑炸弹使他所在的公司蒙受了超过 1000 万美元的损失，并导致 80 位员工失业。最后，Tim Lloyd 被处以 41 个月的监禁以及 200 万美元的罚金。

3）特洛伊木马（Trojan horses）

特洛伊木马程序是一种实际上或表面上有某种有用功能的程序，它内部含有隐蔽代码，当其被调用时会产生一些意想不到的后果。

特洛伊木马程序使计算机潜伏执行非授权功能。例如，为了在某个共享系统中获得对其他用户文件的访问权，某一用户可以设计一个木马程序，当该程序被执行时，它会通过改变调用用户文件的许可权，从而获得对该文件的访问权。该设计者通过将木马程序放在普通的目录中，并以看起来有用的程序名为其命名，来促使其他用户运行该程序。

特洛伊木马程序另一个比较普遍的危害是对数据的破坏。程序表面上看起来是在执行某种有用的功能(如计算),但实际上却在悄悄地删除用户文件。例如,哥伦比亚广播公司的一名执行经理就曾受到木马程序的攻击,结果是,其机器上的所有数据都被毁坏了。

4) 僵尸(Zombie)

僵尸是这样一种程序:它秘密地接管其他连接在Internet上的计算机,并使用该计算机发动攻击,而且这种攻击是很难通过追踪僵尸的创建者而查出来的。僵尸被用在拒绝服务攻击上,尤其是对Web站点的攻击,它被放置在成百上千的,属于可信第三方的计算机中,通过向Internet发动不可抵抗的攻击取得对目标Web站点的控制。

2. 病毒的特性

计算机病毒是一种可以通过修改自身来感染其他程序的程序,这种修改包括对病毒程序的复制,复制后生成的新病毒同样具有感染其他程序的功能。

生物病毒是一种微小的基因代码段(DNA或RNA),它能掌管活细胞并采用欺骗性手段生成成千上万原病毒的复制品。与生物病毒一样,计算机病毒执行时也能生成其自身的复制品。通过寄居在宿主程序上,计算机病毒可以暂时控制该计算机的操作系统。未感染病毒的软件一经在受染机器上使用,在新程序中就会复制病毒。因此,通过可信用户在不同计算机间使用磁盘或借助于网络向他人发送文件,病毒可能从一台计算机传到另一台计算机。在病毒环境下,访问其他计算机的某个应用或系统服务的功能,也给病毒的传播提供了一个极好的条件。

病毒程序能够执行其他程序所能执行的一切功能,唯一不同的是,它必须将自身附着在其他程序(宿主程序)上,当运行该宿主程序时,病毒也跟着悄悄地运行。一旦病毒程序被执行,它就能实现一些意想不到的功能,如删除文件,等等。

在其生命周期中,病毒一般会经历如下4个阶段:

(1) 潜伏阶段。这一阶段的病毒处于休眠状态,这些病毒最终会被某些条件(如日期、某个特定程序或特定文件的出现或内存的容量超过一定范围等)所激活。但是,并不是所有的病毒都会经历此阶段。

(2) 传染阶段。病毒程序将自身复制到其他程序或磁盘的某个区域上,每个被感染的程序因此包含了病毒程序的复制品,从而也就进入了传染阶段。

(3) 触发阶段。病毒在被激活后,会执行某一特定功能从而达到某种既定的目的。与处于潜伏期的病毒一样,触发阶段病毒的触发条件是一些系统事件,包括病毒复制自身的次数等。

(4) 发作阶段。病毒在触发条件成熟时,即可在系统中发作。由病毒发作体现出来的破坏程度是不同的,有些是无害的,如在屏幕上显示一些干扰信息;有些则会给系统带来巨大的危害,如破坏程序以及删除文件等。

3. 病毒的种类

现有的比较典型的病毒可以分为如下几类:

(1) 寄生性病毒。这是一种比较传统但仍然常见的病毒。寄生性病毒将自身附着在可执行文件上并对自身进行复制。当受感染文件被执行后,它会继续寻找其他的可执行文件并对其进行感染。

(2) 常驻内存病毒。这种病毒以常驻内存程序的形式寄居在主存储器上,从这一点来看,这类病毒会感染所有类型的文件。

(3) 引导扇区病毒。此类病毒感染主引导记录或引导记录，当系统从含有病毒的磁盘上装入引导程序时进行传播。

(4) 隐蔽性病毒。设计这种病毒的目的是为了躲避反病毒软件的检测。

(5) 多态性病毒。这种病毒在每次感染时，置入宿主程序的代码都不相同，因此采用特征代码法的检测工具是不能识别它们的。

4. 宏病毒

这些年来，病毒总数急剧上升。事实上，引起这种变化的一个极其重要的原因就是一种新型病毒——"宏病毒"(macro viruses)的出现。

由于以下原因，宏病毒显示出了极其严重的危害。

(1) 宏病毒不依赖于单一的平台。所有的宏病毒都会感染 Microsoft Word 文档，任何一种支持 Word 的硬件平台或操作系统都可能被感染。

(2) 宏病毒只感染文档文件，不感染程序文件。因绝大多数信息都是以文档形式(而非程序形式)输入到计算机系统中的，所以系统很容易感染宏病毒。

(3) 宏病毒很容易传播。一个非常常见的方法就是通过电子邮件的形式进行传播。

宏病毒利用了 Word 和其他办公软件的一个特点，即"宏"。宏是嵌入在 Word 文档或其他类似文档里的可执行程序代码。用户可以使用宏来自动完成某种重复任务，而不必重复敲击键盘。宏语言与 BASIC 语言类似，用户可以在宏中定义一连串的按键操作，当输入某一功能键或组合键时，该宏就被调用了。

后来发布的 Word 提高了预防宏病毒的能力。例如，Microsoft 提供了一种可选的宏病毒检测工具，该工具可以用来检测可疑的 Word 文件并能去除用户打开宏文件时潜在的危险。各种反病毒工具制造商也提供了检测并防治宏病毒的工具。与其他类型病毒一样，宏病毒仍在发展。

5. 电子邮件病毒

近几年来发展比较快的恶意程序之一是电子邮件病毒(E-mail viruses)。传播迅速的电子邮件病毒如 Melissa 是利用 Microsoft Word 宏嵌在电子邮件附件中的，一旦接收者打开邮件附件，该 Word 宏就被激活，然后执行下列操作：

(1) 向用户电子邮件地址簿中的地址发送感染文件。

(2) 就地发作。

1999 年末，曾出现一种破坏力极强的电子邮件病毒，用户根本不必打开邮件附件，而只要打开含毒邮件，这种新型的病毒就被激活，该病毒使用电子邮件包支持的 Visual Basic 脚本语言编写。

新一代的恶意程序都是利用电邮特征或以电邮方式在 Internet 上进行传播的。病毒一旦被激活，就会通过打开邮件或邮件附件的方式，将自身向它所知道的所有地址传播。因此，过去常常要花几个月甚至几年时间来传播的病毒，现在只要花几个小时就能完成传染，这使得反病毒软件想要在病毒大面积发作之前对其做出回应变得相当困难，所以，必须加强 Internet 领域中计算机应用软件的安全性，以对付日益增长的威胁。

6. 蠕虫

蠕虫(worms)是能进行自我复制，并能自动在网络上传播的程序。电子邮件病毒将自身从一台计算机传播到另一台计算机，但它仍然是病毒，因为它需要人工干预完成传播。蠕虫会自动寻找更多的计算机并对其进行感染，那些被感染的机器又会作为感染源，进一步感染其他机器。

网络蠕虫利用互联网将自身从一台计算机传播到另一台计算机，只要系统中的蠕虫处于活动状态，它就能像计算机病毒或木马程序那样对系统进行极大地破坏。

网络蠕虫利用以下网络工具进行传播：

(1) 电子邮件设备。蠕虫将自身的拷贝以邮件的形式发送到其他系统。

(2) 远程执行功能。蠕虫在其他系统中执行自身的复制。

(3) 远程登录功能。蠕虫以合法用户身份进入远程系统，在远程计算机上运行并执行一些功能，然后使用命令将自身从一台计算机复制到另一台计算机。

网络蠕虫具有计算机病毒的一些特征，其生命周期也有4个阶段：即潜伏阶段、传染阶段、触发阶段和发作阶段。在传染阶段，蠕虫一般执行如下操作：

(1) 通过检查远程计算机的地址库，找到可以进一步传染的其他机器。

(2) 和远程计算机建立连接。

(3) 将自身复制到远程计算机，并在远程计算机上运行。

网络蠕虫在将自身复制到某台计算机之前，也会判断该计算机先前是否已被感染过。在分布式系统中，蠕虫可能会以系统程序名或不易被操作系统察觉的名字来为自己命名，从而伪装自己。与计算机病毒一样，网络蠕虫也很难防御。

9.4.2 计算机病毒的防治

解决病毒攻击的理想方法是对病毒进行预防，即在第一时间阻止病毒进入系统。尽管预防可以降低病毒攻击成功的概率，但一般来说，要通过预防来阻止病毒的袭击是不现实的。下面列出了一些比较有效、可行的方法：

(1) 检测。一旦系统被感染，就立即断定病毒的存在并对其进行定位。

(2) 鉴别。对病毒进行检测后，辨别该病毒的类型。

(3) 清除。在确定病毒的类型后，从受染文件中删除所有的病毒并恢复程序的正常状态。

清除被感染系统中的所有病毒，目的是阻止病毒的进一步传播。如果对病毒检测成功但鉴别或清除没有成功，则必须删除受感染文件并重新装入无毒文件的备份。

1. 病毒的检测

计算机病毒发作时，通常会表现出一些异常症状，因此，用户需要经常关注以下现象的出现或者发生，以检测计算机病毒。

(1) 计算机运行比平常迟钝。

(2) 程序载入时间比平时长。

(3) 对一个简单的工作，磁盘似乎花了比预期长的时间。

(4) 不寻常的错误信息出现。

(5) 进程对磁盘的异常访问。

(6) 系统内存容量忽然大量减少。

(7) 磁盘可利用的空间突然减少。

(8) 可执行程序的大小发生改变。

(9) 磁盘坏簇莫名其妙地增多。

(10) 程序同时存取多部磁盘。

(11) 内存中增加来路不明的常驻程序。

(12) 文件、数据奇怪地消失。

(13) 文件的内容被加上一些奇怪的资料。

(14) 文件名称、扩展名、日期和属性被更改过。

(15) 打印机出现异常。

(16) 死机现象增多。

(17) 出现一些异常的画面或声音。

(18) 接收到包含奇怪附件的电子邮件,附件具有双扩展名,例如,jpg. vbs, gif. exe 等。

(19) 反病毒程序被无端禁用,且无法重新启动。

(20) 无法在计算机上安装反病毒程序。

异常现象的出现并不表明系统内肯定有病毒,仍需进一步检查。

2. 病毒的防治

计算机病毒的防治方法一般分为如下几种:

(1) 软件防治。即定期、不定期地用反病毒软件检测计算机的病毒感染情况。软件防治可以方便地不断升级,提高防治能力,但是需要人为地对反病毒软件进行升级操作。

(2) 在计算机上插防病毒卡。防病毒卡可以达到实时检测的目的,但防病毒卡的升级不够方便,从实际应用的效果来看,对计算机的运行速度有一定的影响。

(3) 在网络接口卡上安装防病毒芯片。它将计算机的存取控制与病毒防护合二为一,可以更加实时、有效地保护计算机及通向服务器的桥梁。但这种方法同样也存在芯片上的软件版本升级不够方便的问题,而且对网络的传输速度也会产生一定的影响。

(4) 服务器防病毒方式。即在网络服务器中安装杀毒软件,实现服务器集中管理、查杀病毒,这是一种较为新型的模式。

病毒和反病毒技术都在不断发展。早期的病毒是一些相对简单的代码段,可以用较简单的反病毒软件来检测和清除。随着病毒技术的发展,病毒和反病毒软件都变得越来越复杂化和经验化。反病毒软件的发展可分为 4 代:

第 1 代,简单的扫描程序。第 1 代软件要求知道病毒的特征从而加以鉴别。这些基于病毒具体特征的扫描软件只能检测已知的病毒。另一种类型的第 1 代扫描软件包含文件长度的记录,通过比较文件长度的变化来确定病毒的种类。

第 2 代,启发式的扫描程序。第 2 代扫描软件不依赖于病毒的具体特征,而是利用自行发现的规律来寻找可能存在的病毒感染。有一种扫描软件就是用来寻找和病毒相联系的代码段的。例如,一种扫描软件可以用来寻找多态性病毒中用到的加密圈的起点,并发现加密密钥。一旦该密钥被发现,扫描软件就能对病毒进行解密,从而鉴别该病毒的种类,然后清除病毒。

第 3 代,主动设置陷阱。第 3 代反病毒程序是内存驻留程序,它可以通过受感染文件中病毒的行为(而非其特征)来鉴别病毒。这种程序的优点是不需要知道大量的病毒特征以及启发式依据,只需要鉴别一小部分的行为,该行为能够表明某一正试图进入系统的传染行为。

第 4 代,全面的预防措施。第 4 代产品是一组含有许多和反病毒技术联系在一起的包,它包括扫描软件和主动设置陷阱。此外,该包还包括一种访问控制功能,这就限制了病毒入侵系统的能力和病毒为了进行传播更新文件的能力。

反病毒技术也在不断发展。利用第 4 代检测包,可以运用一些综合的防御策略,拓宽防御范围,以适应多功能计算机上的安全需要。

9.5 入侵检测技术

网络系统面临的一个严重的安全问题是用户或软件的恶意入侵。用户入侵方式包括未授权登录,或者授权用户非法取得更高级别的权限和操作。软件入侵方式即上节所述的病毒、蠕虫和特洛伊木马。

9.5.1 入侵者

安全性两大威胁之一是入侵者,入侵者通常是指黑客和解密高手。入侵者可以分为如下三类:

(1) 假冒者。是指未经授权使用计算机的人或穿透系统的存取控制冒用合法用户账号的人。

(2) 非法者。是指未经授权访问数据、程序和资源的合法用户;或者已经获得授权访问,但是错误使用权限的合法用户。

(3) 秘密用户。夺取系统超级控制权并使用这种控制权逃避审计和访问控制,或者抑制审计记录的个人。

假冒者可能是外部使用者,非法者一般是内部人员,秘密用户可能是外部使用者,也可能是内部人员。

入侵者的攻击可能是友善的,也可能是恶意的。很多善意攻击者只是想探索一下网络,看看里面有什么;而有些图谋不轨的用户企图读取受权限保护的数据,未经授权修改数据,或者扰乱系统。

得克萨斯 A&M 大学曾经出现了备受关注的系统入侵案。1992 年 8 月,该校计算机中心发现该校的一台计算机被用于通过网络攻击其他地方的计算机。通过分析,中心管理人员发现,有多个外部的入侵者使用解密程序攻击校内计算机。计算中心断开受影响的计算机,堵上已知的安全漏洞,然后恢复正常操作。几天后,一位局域网系统管理员发现又有入侵者攻击,此次攻击比预想的要复杂得多,管理员发现一个文件包含多个已被截获的口令,另外,有一台本地机器被当成一个黑客公告牌,黑客们经常用这个公告牌来彼此联络,讨论技术和进展。

对以上攻击的分析表明,黑客分为两种级别:高级黑客,对技术的了解非常透彻;低级黑客,只会使用黑客程序,他们几乎不知道黑客程序是如何工作的。

因为入侵问题的日益严重性,计算机紧急响应小组(Computer Emergency Response Team,CERT)正式成立,该小组收集与系统脆弱性有关的信息,将这些信息通告给系统管理员。但是,黑客同样能获得 CERT 的通告。在得克萨斯 A&M 大学的黑客事件中,黑客就是根据 CERT 提供的漏洞报告进行攻击的。如果没有及时堵上 CERT 通告的漏洞,就可

能受到攻击。

9.5.2 入侵检测

显然,最好的入侵抵御系统并不存在,系统防御的第二道防线是入侵检测,这也是近年来研究的热点。入侵检测成为热点的原因如下:

(1) 如果检测到入侵的速度足够快,则在危及系统之前就可以识别出入侵者,并将它们驱逐出系统。即使没有非常及时地检测到入侵者,入侵检测越快,破坏的程度越低,恢复得也会越快。

(2) 有效的入侵检测系统可以看成是抵御入侵的屏障。

(3) 入侵检测可收集入侵技术信息,用以增强入侵抵御的能力。

入侵检测的前提是假设入侵者的行为在某些情况下不同于合法用户的行为。当然,入侵和合法用户正常使用资源的差别不可能十分明显,甚至,他们的行为还有相似之处。

图 9.10 非常抽象地表明了入侵检测系统的设计者所面临的任务。虽然入侵者的典型行为有别于授权用户的典型行为,但两者仍有重叠部分。放宽定义入侵者行为,会发现更多的假入侵者,即将大量的合法用户判定为入侵者。严格定义入侵者行为,会漏掉许多入侵者,即将入侵者当成合法用户。

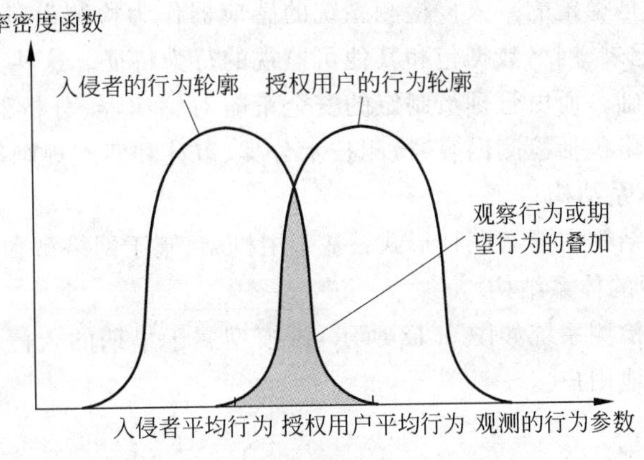

图 9.10 入侵者和授权用户的行为轮廓

1. 入侵检测原理

入侵检测系统(Intrusion Detection System,IDS)是网络安全的必要手段,它在安全系统中的作用越来越大。传统的信息安全方法采用严格的访问控制和数据加密策略来达到防护的目的,但在复杂的网络系统中,这些策略是不充分的。传统的保护方法是系统安全不可缺少的部分,但也不能完全保证系统的安全。所以,入侵检测就成为一个不可缺少的网络安全技术。

入侵检测通常是指:对入侵行为的发觉或发现,通过从计算机网络或系统中某些检测点(关键位置)收集到的信息进行分析、比较,从中发现网络或系统运行是否有异常现象和违反安全策略的行为发生。

具体来说,入侵检测就是对网络系统的运行状态进行监视,检测发现各种攻击企图、攻击行为或攻击结果,以保证系统资源的机密性、完整性和可用性。所谓入侵检测系统,是指进行入侵检测过程配置的各种软件与硬件的组合。

入侵检测系统的目的是能够迅速地检测出入侵行为,在系统数据信息未受破坏或泄密之前,将其识别出来并抑制它。即使不能最快地破获入侵者,只要能够快速地识别入侵者,也能使系统免遭损失。通过检测收集有关入侵行为的信息,加强入侵防范机制措施是对防火墙作用的进一步加固和扩展。

入侵检测的方法有很多,作为一般的入侵检测系统原理如图 9.11 所示。入侵行为既指来自外部的入侵活动,也指来自内部未授权的活动。入侵检测的非法对象包括:企图潜入系统或已成功潜入者、冒充合法用户、违反安全策略、合法用户的信息泄露、资源挤占以及恶意攻击或非法使用等行为。

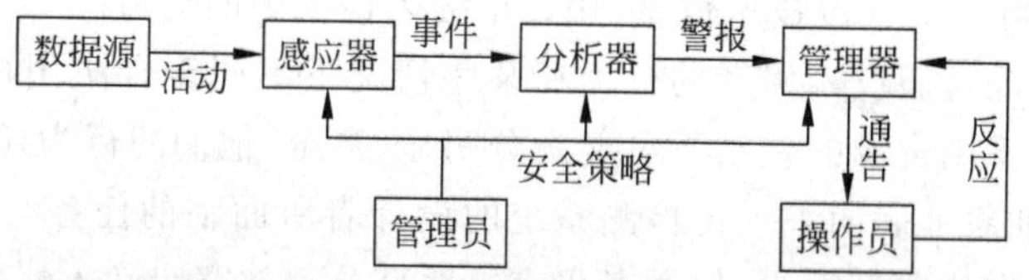

图 9.11 入侵检测系统原理

由图 9.11 可以看出,当数据信息由外部传送到内部,或内部数据信息流正常传递时,网络系统的信息传递是稳定的。入侵检测系统的感应器作为检测设备,依应用环境而有所不同,一般用来审计记录、网络数据包和其他可监视的行为特征。这些入侵行为诱发的事件序列构成了检测的基础。而由管理员制定的安全策略对感应器、分析器和管理器进行指导和监控。这些安全策略包括检测内容、检测技术分类、审计和匹配规则等。

2. 入侵检测体系结构

入侵检测体系结构主要有三种形式:基于主机型、基于网络型和分布式体系结构。

1) 基于主机型的体系结构

主机型的入侵检测系统如图 9.12 所示,该模型属于早期的入侵检测系统结构,检测目标是主机系统和本地用户。

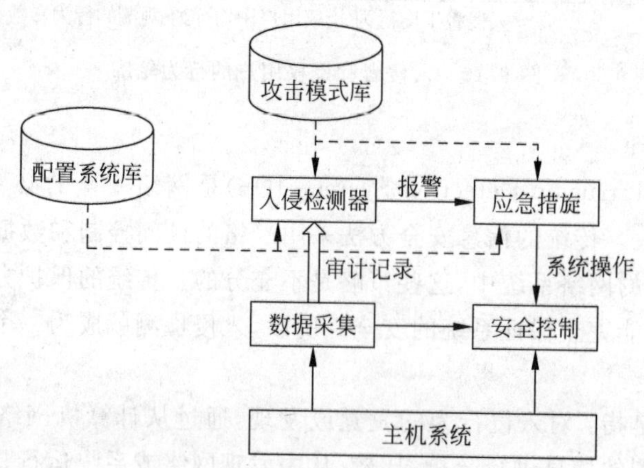

图 9.12 基于主机系统的简单入侵检测结构

检测原理:通过主机的审计数据和系统监控器的日志发现可疑事件。该模型依赖于审计数据、系统统计日志的准确性、完整性以及安全事件的定义。

该模型的缺陷是：若入侵者逃避审计，则主机检测失效；主机审计记录无法检测类似端口扫描的网络攻击；该模型只适用于特定的用户、应用程序行为和日志等检测；会影响服务器的性能。

2）基于网络型的体系结构

当主机结构的入侵检测方式难以适应网络安全需要时，人们就提出基于网络入侵检测系统的体系结构，如图 9.13 所示。

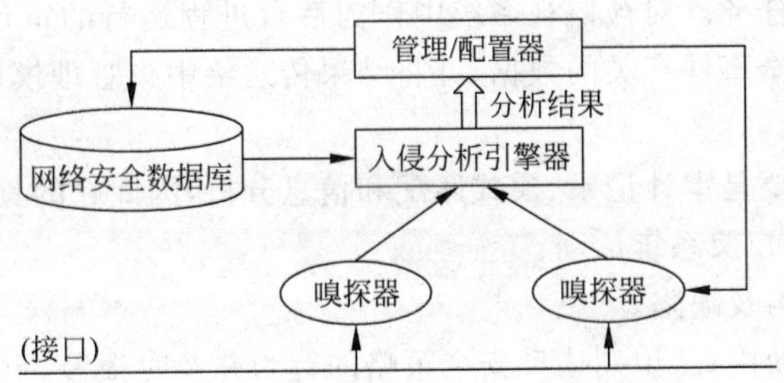

图 9.13　基于网络的入侵检测系统结构

检测原理：根据网络流量、主机（单台或多台）的审计数据进行入侵检测。嗅探器由过滤器、网络接口引擎器和过滤规则决策器等组成。嗅探器是核心部件，其作用是按照匹配规则从网络上获取与入侵安全事件关联的数据包，直接传递给入侵分析引擎器进行归类筛选和安全分析判断。分析引擎器接收来自嗅探器和网络安全数据库的信息并进行综合分析，将结果传递给管理/配置器，一方面由配置器产生探测器需要的配置规则，另一方面通过管理来补充或更改网络安全数据库的内容。

基于网络型的入侵检测系统的优点是：配置简单，只需一个普通的网络访问接口即可；系统结构独立性好，当进行通信流量监视时，不影响诸如服务器平台的变化和更新；监视对象多，可监视包括协议攻击和特定环境攻击的类型。除了自动检测，还能自动响应并及时报告。当然，它也面临着需要解决的一些问题，如分组重组、高速网的快速检测以及加密等。

3）基于分布式的体系结构

面对高速网的出现，基于网络型的入侵检测系统有诸多网络中的速度等问题无法克服。为了解决高速网络上的丢包问题，大约在 1999 年 6 月，出现了一种新的入侵检测系统结构，如图 9.14 所示。它将探测器分布到网络中的每台计算机上。这样探测器可以检测到不同位置上流经它的网络分组，然后各探测器与管理模块相互通信，主控制台将不同探测点发出的所有告警信号收集在一起，通过关联分析，检测入侵行为。

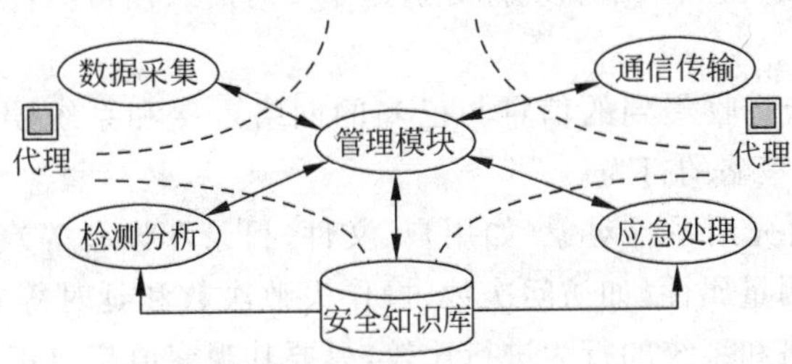

图 9.14　分布式入侵检测系统

图 9.14 中的管理模块主要是接收各功能模块传递的信息,其中包括来自局域网监视器或主机代理的报告,并根据关联报告结果来检测入侵情况。其中的 4 个模块:数据采集、通信传输、检测分析和应急处理可独立分开,也可合在一起。但从控制策略的角度来看,检测分析、应急处理和安全知识库,往往放在中央管理模块中。而数据采集、通信传输等功能更多地是由局域网监视器代理模块来完成。它除了完成采集现场检测信息、分析局域网通信量以外,还要将结果报告给中央管理模块。在分布式入侵检测系统结构中,也有的采用主机代理模块来完成检测任务。对被监视系统中作为后台进程运行的审计收集模块的使用,目的是收集主机上与安全事件有关的数据,并将结果传送给中央管理模块。

3. 入侵检测步骤

入侵检测技术主要是审计记录、模式匹配和信息分析,因此它的具体任务如下:

(1) 监视、分析用户及系统活动。

(2) 审计系统结构及缺陷。

(3) 鉴别进攻活动模式、识别违反安全策略的行为并及时报警。

(4) 异常行为模式的统计分析。

(5) 评估重要系统和数据文件的完整性。

(6) 进行操作系统的实际跟踪管理。

因此,入侵检测步骤大致可以分为以下两个方面。

1) 收集信息

多方位收集检测对象的原始信息,包括系统、网络、数据及用户活动的状态和行为。保证真实性、可靠性和完整性。在保证测试技术手段正确和安全的条件下,防止因技术原因造成获取信息不准确,或被篡改而收集到错误的信息。

入侵检测获取原始信息的来源依据为:

(1) 系统和网络监控日志文件。日志文件经常会留下黑客作案或活动的踪迹。

(2) 目录和文件内容的变更。目录和文件内容是黑客经常光顾的目标,黑客以修改或破坏重要文件和数据为目的。

(3) 程序的非正常执行行为。黑客执行程序是为了分解或破坏程序进程,达到破坏系统资源的目的。

(4) 物理攻击的入侵信息。一是非授权的网络硬件连接,二是非授权的网络资源访问。

2) 数据分析

根据采集到的原始信息,进行最基本的模式匹配、统计分析和完整性分析。这也就是通常所说的三种技术手段,模式匹配和统计分析用于实时的入侵检测,完整性分析则更多地用于事后分析。

(1) 模式匹配。指将收集到的信息与已知的网络入侵和系统误用模式数据库进行比较,从而发现违背安全策略的行为。

(2) 统计分析。首先给系统对象(如用户、文件、目录和设备等)创建一个统计描述,统计正常使用时的一些测量属性(如访问次数、操作失败次数和延时等)。测量属性的平均值和偏差将被用来与网络和系统的行为进行比较,只要其观察值超出正常值,就认为有入侵行为发生。

(3) 完整性分析。利用文件和目录的内容及属性,针对某个文件或对象是否更改等现

象,判定有无入侵存在。完整性分析在发现应用程序被更改或被安装木马的情况尤其有效。

4. 入侵检测方法分类

入侵检测方法的分类有多种形式。目前主要是按分析方法来分:一种是异常检测(anomaly detection),另一种是误用检测(misuse detection)。

(1) 异常检测。异常检测假设入侵者活动异常于正常主体的活动。根据这一理念建立主体正常活动的"活动简档",将当前主体的活动状况与"活动简档"相比较,当违反其统计规律时,认为该活动可能是"入侵"行为。异常检测的难题在于如何建立"活动简档"以及如何设计统计算法,从而不把正常的操作作为"入侵",或忽略真正的"入侵"行为。

(2) 误用检测。误用检测假设入侵者活动可以用一种模式来表示,系统的目标是检测主体活动是否符合这些模式。它可以将已有的入侵方法检查出来,但对新的入侵方法无能为力。其难点在于如何设计一种模式既能够表达"入侵"现象又不会将正常的活动包含进来。

9.6 道德规范与社会责任

在计算机及网络给人类带来极大便利的同时,也不可避免地引发了一系列新的社会问题。因此,有必要建立和调整相应的社会行为道德规范和相应的法律制度,从法律和伦理等方面约束人们在信息社会中的行为。

9.6.1 道德规范与法律

1. 关于涉及计算机及网络的法律法规

根据法律出版社1999年1月出版的《计算机及网络法律法规》一书统计,1991—1999年1月,我国颁布有关的法律法规23个,涉及计算机软件保护及著作权登记、计算机信息系统安全保护、计算机网络国际联网管理、计算机工程、电信设备进网管理、中国互联网络域名注册管理、中国公众多媒体通信管理、计算机信息系统保密、软件产品管理、金融机构计算机信息系统安全等诸多方面。其中与中国公民个人有较直接关系的法律法规有:

- 计算机软件保护条例。
- 中华人民共和国计算机信息系统安全保护条例。
- 中华人民共和国计算机信息网络国际联网管理暂行规定。
- 中国公用计算机互联网国际联网管理规定。
- 计算机信息网络国际联网安全保护管理办法。
- 中华人民共和国计算机信息网络国际联网管理暂行规定实施办法。
- 计算机信息系统保密管理暂行规定。

据初步统计,分散在上述法律法规中的涉及公民个人的禁止性规定及法律责任规定有16条22款。在中国法律管辖的范围内,所有利用计算机信息系统及互联网从事活动的组织和个人,都不得进行相关的违法犯罪活动,否则,必将受到法律的制裁。

2. 关于大学生必须遵守的计算机方面的相关规定

- 遵守《中华人民共和国计算机信息系统安全保护条例》,禁止侵犯计算机软件著作权。

- 任何组织和个人不得利用计算机信息系统从事危害国家利益、集体利益和公民合法权益的活动,不得危害计算机信息系统安全。
- 从事国际联网业务的单位和个人,应当遵守国家有关法律、行政法规,严格执行安全保密制度,不得利用国际联网从事危害国家安全、泄露国家秘密等违法犯罪活动,不得制作、查阅、复制和传播妨碍社会治安的信息和淫秽色情等信息。
- 任何组织和个人,不得利用计算机国际联网从事危害他人信息系统和网络安全、侵犯他人合法权益的活动。
- 国际联网用户应当服从接入单位的管理,遵守用户守则;不得擅自进入未经许可的计算机系统,篡改他人信息;不得在网络上散发恶意信息,冒用他人名义发出信息,侵犯他人隐私;不得制造、传播计算机病毒及从事其他侵犯网络和他人合法权益的活动。

9.6.2 知识产权保护

1. 知识产权的定义

根据我国《民法通则》的规定,知识产权是指民事权利主体(公民、法人)基于创造性的智力成果。知识产权有时也称为智力成果权、智慧财产权,它是人类通过创造性的智力劳动而获得的一项权利。

2. 计算机软件的版权

对于计算机产业的知识产权而言,一个很重要的问题是计算机软件的版权问题。软件版权在法律上称为“计算机软件著作权”。目前,根据知识产权的要求,可以将软件分为几种类型:自由软件,即免费提供给用户使用的软件;共享软件,即创作者将软件提供给用户进行复制或试用,但具有版权,用户在试用后如果希望长期使用该软件或者获得该软件的升级版,软件的版权拥有者有权要求用户进行注册或付费,并向注册用户提供更加丰富的服务和更多的软件功能;商业软件,指被作为商品进行交易的软件。除自由软件外,其他计算机软件都是有版权的,各国法律禁止软件盗版(即指对版权软件进行非法复制和使用)。我国颁布了《计算机软件保护条例》,保护权益人的软件著作权。

计算机软件的开发工作量很大,尤其是一些大型软件,需要一个开发团队在很长的时间里付出艰辛的努力才能完成。由于计算机软件产品的可复制性,给盗版者带来了可乘之机。如果不严格执行知识产权保护,任凭盗版软件横行,那么软件开发者就不能获得他们应得的回报,软件公司也无法维持生存,软件产业也就无法继续发展。

解决计算机软件版权的根本措施是制定和完善软件知识产权保护的法律法规,并严格执行;同时,加大宣传力度,树立人人尊重知识、尊重软件知识产权的社会风尚。另外,在软件开发、维护过程中应尽量避免核心资料泄露,加强内部人员的管理和安全意识、职业道德教育等。

3. 专利权

专利主要是对发明、实用新型及新式样(又称“外观设计”)经申请并通过审查后所授予的一种权利。

专利权是由国家专利主管机关根据国家颁布的专利法授予专利申请者或其专利接受者在一定的期限内实施其发明以及授权他人实施其发明的专有权利。

中国专利法所称的发明分为产品发明（如机器、仪器、设备和用具等）和方法发明（制造方法）两大类。

（1）产品发明

产品发明是指人们通过研究开发出来的关于各种新产品、新材料、新物质等的技术方案。专利法上的产品，可以是一个独立完整的产品，也可以是一个设备或仪器中的零部件。其主要内容包括：制造品（如机器、设备）以及各种用品材料（如化学物质、组合物）等具有新用途的产品。

（2）方法发明

方法发明是指人们为制造产品或解决某个技术课题而研究开发出来的操作方法、制造方法以及工艺流程等技术方案。方法可以是由一系列步骤构成的一个完整过程，也可以是一个步骤，它主要包括：制造方法，即制造特定产品的方法；以及其他方法，如测量方法、分析方法和通信方法等。

一般说来，在进行技术开发、新产品研制过程中取得的成果，因其技术水平较高，都应申请发明专利。

计算机软件本身一般是不申请发明专利的，但它是著作权法保护的对象，可以申请软件著作权登记。与硬件设备结合在一起的软件可以作为一项产品发明的组成部分，与整个产品一起申请专利。

另外，如果一个计算机程序在处理问题的技术设计中具有发明创造，在很多国家可以作为方法发明申请专利。例如，很多有关地址定位、虚拟内存、文件管理、信息检索、程序编译、数据压缩、自然语言翻译、程序编写自动化等方面的发明创造已经获得了专利权。

一旦一个发明创造获得了国家专利主管机关授予的专利权，那么在该管理权的有效期内，其他人就不能擅自使用该发明创造，否则将构成侵害他人专利权的行为。

实用新型是指对产品的形状、构造等所提出的实用新技术方案。实用新型专利只保护产品。该产品应当是经过工业方法制造的，占据一定空间的实体。一切有关方法（包括产品的用途）以及未经人工制造的自然存在的物品，不属于实用新型专利的保护客体。

外观设计又称为工业产品外观设计，是指对产品的形状、图案以及色彩与形状、图案相结合所作出的富有美感并适于工业上应用的新设计。外观设计专利权被授予后，任何单位或者个人未经专利权人许可，都不得实施其专利，即不得以生产经营为目的制造、销售、进口其外观设计专利产品。

专利被授权后，都有一定的专利保护期限。比如，发明专利权的期限为20年，实用新型专利权和外观设计专利权的期限为10年，均自申请日起计算。专利权期限届满后，专利权终止。专利权期限届满前，专利权人可以书面声明放弃专利权。

9.6.3 预防计算机犯罪

计算机犯罪是信息时代的一种高科技、高智能、高度复杂化的犯罪。计算机犯罪的特点决定了对其进行防范应当立足于标本兼治，综合治理，从发展技术、健全法制、强化管理、注重合作、加强教育、加强监管、打防结合、健全机制等诸多方面着手。

（1）技术防范。科学技术是第一生产力，也是预防打击计算机犯罪的最有力的武器。以先进的科技预防打击计算机犯罪，是历史的必然，也是有效预防打击计算机犯罪的要求。

特别是要注重研究制定发展与计算机网络相关的行业产品标准、IP跟踪技术、入侵检测技术、数据指纹技术、数据信息的恢复、网络安全技术等。这一切都必将为计算机网络犯罪侦查以及有效法律证据的提取保存提供有力的支持与帮助。只有大力加强技术建设才能在预防打击计算机犯罪的战斗中占到先机,只有控制了计算机网络,才能在这场看不到硝烟的战争中获得最终的胜利。

(2) 管理防范。完善安全管理机制,严格遵守安全管理规章,及时杜绝管理漏洞。具体来讲,在强化管理方面,除了要严格执行国家制定的安全等级制度、国际互联网备案制度、信息媒体出境申报制度、案件强制报告制度、病毒专管制度和专用产品销售许可证等制度外,还应当建立从业人员的审查和考核制度、从业人员上岗证制度以及相关人员的级别管理制度;建立软件和设备购置的审批制度;建立机房安全管理制度,如制订出入机房登记制度和设备安全操作规程等;建立网络技术开发安全许可制度,即所开发的项目在正式使用之前,除了正常的评审以外,应该对其安全性进行把关;建立定期检查与不定期抽查制度,等等。

(3) 法制预防。完善的法制,严格执法是预防计算机犯罪的关键一步。加快立法并予以完善,只有这样才能使执法机关在预防打击计算机犯罪行为时有法可依,更为重要的是,能够依法有效地予以严厉制裁并以此威慑潜在的计算机犯罪。

(4) 道德引导。良好的网络道德环境是预防计算机犯罪的第一步,所以需要加强人文教育,用优秀的文化道德思想引导网络社会,形成既符合时代进步要求,又合理合法的网络道德。

(5) 建立一支有战斗力的预防打击计算机犯罪的队伍。专业队伍战斗力的强弱直接决定了预防打击计算机犯罪的成败。只有技术过硬、打击有力的专业反计算机犯罪队伍才能有效地打击各种猖狂的犯罪,给予犯罪者应有的惩罚。这也是预防打击计算机犯罪的最后一道防线,只有这条战线坚不可摧,才能保证计算机网络世界的安全。只有加强预防打击计算机犯罪队伍的建设,才能真正全面监控计算机网络,进一步阻止各种计算机犯罪的发生。

(6) 信息监控防范。建立科学合理的信息监控、收集和分析系统。加快健全信息的收集、分析、运用的科学机制。广泛地收集情报,并对这些信息进行科学、合理地分析,有效地加以运用,及时发现计算机犯罪的苗头。只有如此,才能及时、有效地预防计算机犯罪,净化计算机网络空间,减少计算机犯罪的发案率,为侦察破案提供有效的信息帮助,给予计算机犯罪及时而有效的打击。

本章小结

本章阐述了信息安全的基本概念,简单介绍了密码技术、防火墙技术、恶意软件和入侵检测技术。主要内容如下:

信息安全包括机密性、完整性、身份验证、不可否认性、可用性、可靠性和可审计性等要素。

密码技术使得发送方可以伪装数据,并使入侵者不能从截取到的数据中获得任何有用信息,接收方必须能够从伪装数据中恢复出原始数据。

现代密码系统有对称密钥密码系统与非对称密钥密码系统。

计算机网络中的数据加密可以在OSI七层协议的多层上实现,从加密技术应用的逻辑

位置来看,主要有链路加密和端到端加密两种方式。

防火墙是加强两个或多个网络之间安全防范的一个或一组系统。

防火墙分为三种:包过滤防火墙、应用层网关和复合型防火墙。

恶意程序是指那些利用计算机系统的弱点来进行攻击的程序。

计算机病毒,是指在计算机程序中插入的破坏计算机功能或者毁坏数据、影响计算机使用,并能自我复制的一组计算机指令或者程序代码。

在计算机病毒的生命周期中,一般会经历 4 个阶段:潜伏阶段、传染阶段、触发阶段和发作阶段。

入侵检测是指:对入侵行为的发觉或发现,通过从计算机网络或系统中某些检测点收集到的信息进行分析比较,从中发现网络或系统运行是否有异常现象和违反安全策略的行为发生。

入侵检测体系结构主要有三种形式:基于主机型、基于网络型和分布式体系结构。

入侵检测方法的分类有多种形式,按分析方法来分,分为异常检测和误用检测。

根据知识产权的要求,可以将软件分为自由软件、共享软件和商业软件。

中国专利法所称的发明分为产品发明和方法发明两大类。

习 题 9

9.1 选择题

1. 在报文加密之前,它被称为(　　)。

   A. 明文　　B. 密文　　C. 密码电文　　D. 密码

2. 密码算法包括(　　)。

   A. 加密算法　　B. 解密算法
   C. 私钥　　D. 加密算法和解密算法

3. 在密码学的公钥方法中,(　　)是公开的。

   A. 加密所用密钥　　B. 解密所用密钥
   C. 加密所用密钥和解密所用密钥　　D. 加密所用密钥或解密所用密钥

4. 网络病毒(　　)。

   A. 与 PC 病毒完全不同
   B. 无法控制
   C. 只有在线时起作用,下线后就失去干扰和破坏能力了
   D. 借助网络传播,危害更强

5. 逻辑上的防火墙是(　　)。

   A. 过滤器、限制器、分析器　　B. 堡垒主机
   C. 硬件与软件的配合　　D. 隔离带

6. 最简单的数据包过滤方式是按照(　　)进行过滤。

   A. 目标地址　　B. 源地址　　C. 服务　　D. ACK

9.2 填空题

1. 信息安全的特征有(　　)、(　　)、(　　)、(　　)、(　　)和(　　)。

2. 对于计算机网络中的数据加密,从加密技术应用的逻辑位置来看,主要有(　　)和(　　)两种。

3. 现代密码系统主要有(　　)和非对称密钥密码系统。

4. 防火墙分为三种,分别称为(　　)、(　　)和复合型防火墙。

5. 在病毒的生命周期中,一般会经历 4 个阶段:(　　)、(　　)、(　　)和发作阶段。

6. 入侵检测体系结构主要有三种形式:基于主机型、(　　)和(　　)。

7. 根据知识产权的要求,可以将软件分为(　　)、(　　)和(　　)。

8. 中国专利法所称的发明分为(　　)和(　　)两大类。

9.3 简答题

1. 报文机密性和报文完整性之间的区别是什么?

2. 对称密钥密码系统和公开密钥密码系统的最主要区别是什么?列举典型的对称密钥密码算法和公开密钥密码算法。

3. 叙述防火墙的作用,比较几种不同类型防火墙的优缺点。

4. 包过滤防火墙工作在 OSI 的什么位置?

5. 什么是恶意程序?请列举 5 种以上的恶意程序。

6. 简述计算机病毒与蠕虫的区别和联系。

7. 简述宏病毒的概念。

8. 简述入侵检测的概念,列出入侵检测系统的三种基本结构并进行比较。

9. 什么是知识产权?什么是专利权?

第10章 IT前沿技术

进入21世纪以来,信息技术领域前沿科学与技术出现了爆发的迹象,除了互联网之外,不断涌现的前沿技术包括物联网、云计算和大数据,在这些技术的支持下人工智能也得到了迅速发展。本章对上述技术进行简要介绍。

10.1 云 计 算

10.1.1 云计算的概念

云计算(Cloud Computing)是基于互联网的相关服务的增加、使用和交付模式,通常涉及通过互联网提供的动态易扩展的、虚拟化的资源。云是网络、互联网的一种比喻说法。过去往往用云来表示电信网,后来用于表示互联网和底层基础设施的抽象。云计算可以提供每秒10万亿次的运算能力,可以用于模拟核爆炸、预测气候变化和市场发展趋势。云计算是分布式计算(Distributed Computing)、并行计算(Parallel Computing)、效用计算(Utility Computing)、网络存储技术(Network Storage Technologies)、虚拟化(Virtualization)、负载均衡(Load Balance)、热备份冗余(High Available)等传统计算和网络技术发展融合的产物。

云计算的定义有多种版本,到底什么是云计算,可以找到100种以上的解释。现阶段广为接受的是由美国国家标准与技术研究院(NIST)给出的定义:云计算是一种按使用量付费的模式,这种模式提供可用的、便捷的、按需的网络访问,进入可配置计算资源共享池(资源包括网络、服务器、存储、应用软件等),这些资源能够被快速提供并释放,使管理资源的工作量和与服务供应商的交互减少到最低限度。

10.1.2 云计算的特点

云计算使计算分布在大量的分布式计算机上,而非本地计算机或远程服务器中。这使得企业能够将精力集中到需要解决的问题上,根据需求获取云上的计算资源和存储资源。此时,好比是从古老的单台发电机模式转向了电厂集中供电的模式。它意味着计算能力也可以作为一种商品进行流通,就像煤气、水电一样,取用方便,费用低廉。与其他商品最大的

不同在于,它是通过互联网进行传输的。云计算特点如下:

1. 超大规模

"云"具有相当的规模,Google、Amazon、IBM 及国内的阿里、百度、腾讯等知名大公司的云都具有百万台以上的服务器;企业私有云一般拥有数百上千台服务器;"云"能赋予用户前所未有的计算能力。

2. 虚拟化

云计算支持用户在任意位置、使用各种终端获取应用服务。所请求的资源来自"云",而不是固定的有形的实体。应用在"云"中某处运行,但实际上用户无须了解,也不用担心应用运行的具体位置。只需要一台笔记本或者一个手机,就可以通过网络服务来实现所需要的一切计算,包括超级计算这样的任务。

3. 高可靠性

"云"使用了数据多副本容错、计算节点同构可互换等措施来保障服务的高可靠性,使用云计算比使用本地计算机可靠。

4. 通用性

云计算不针对特定的应用,在"云"的支撑下可以构造出千变万化的应用,同一个"云"可以同时支撑不同的应用运行。

5. 高可扩展性

"云"的规模可以动态伸缩,满足应用和用户规模增长的需要。

6. 按需服务

"云"是一个庞大的资源池,可以按需购买,可以像自来水,电,煤气那样计费。

7. 极其廉价

由于"云"的特殊容错措施,可以采用极其廉价的节点来构成云,"云"的自动化集中式管理使大量企业无须负担日益高昂的数据中心管理成本,"云"的通用性使资源的利用率较之传统系统大幅提升,因此用户可以充分享受"云"的低成本优势,经常只要花费几百美元和几天时间就能完成以前需要数万美元、数月时间才能完成的任务。

8. 潜在的危险性

云计算服务除了提供计算服务外,还提供存储服务。云计算服务当前垄断在私人机构(企业)手中,他们仅仅能够提供商业信用。对于政府机构、商业机构(特别像银行这样持有敏感数据的商业机构)对于选择云计算服务应保持足够的警惕。因为一旦商业用户大规模使用私人机构提供的云计算服务,无论其技术优势有多强,都不可避免地让这些私人机构以"数据(信息)"的重要性挟制整个社会。对于信息社会而言,"信息"是至关重要的。另一方面,云计算中的数据对于数据所有者以外的其他云计算用户是保密的,但是对于提供云计算的商业机构而言毫无秘密可言。这些潜在的危险,是商业机构和政府机构选择云计算服务、特别是国外机构提供的云计算服务时,不得不考虑的一个重要方面。

10.1.3 云计算主要服务模式

云计算可以分为三个层面的服务模式,分别是:IaaS(Infrastructure as a Service,基础设施即服务)、PaaS(Platform as a Service,平台即服务)和 SaaS(Software as a Service,软件即服务)。

1. IaaS

基础设施即服务包括计算资源、网络资源、存储资源、负载平衡设备、虚拟机。这些服务于终端用户的软硬件资源都可以按照它们的需求来进行扩展或收缩。典型的 IaaS 服务商包括 Amazon AWS、Microsoft Azure、阿里云、腾讯云、华为云等。

2. PaaS

平台即服务托管服务供应商通过提供工作平台来帮助客户，包括执行运行时间、数据库、Web 服务、开发工具和操作系统。典型的服务商包括 Amazon AWS、Microsoft Azure、阿里云、新浪云、腾讯云等。

3. SaaS

软件即服务是一种通过 Internet 提供软件的模式，厂商将应用软件统一部署在自己的服务器上，客户可以根据实际需求，通过互联网向厂商订购所需的应用软件服务，按订购的服务多少和时间长短向厂商支付费用，并通过互联网获得厂商提供的服务。典型的服务商包括 Google、Salesforce、金蝶和用友等。

10.1.4 云计算主要部署方式

云计算有 4 种部署模型，每一种都具备独特的功能，满足用户不同的要求。

1. 公有云

在此种模式下，应用程序、资源、存储和其他服务，都由云服务供应商来提供给用户，这些服务多半都是免费的，也有部分按需按使用量来付费，这种模式只能使用互联网来访问和使用。同时，这种模式在私人信息和数据保护方面也比较有保证。这种部署模型通常提供可扩展的云服务并能高效设置。

2. 私有云

私有云专门为某一个企业服务，可以由企业自己管理或第三方托管。这种模式下，纠正、检查等安全问题需企业自己负责，出了问题也只能自己承担后果，此外，整套系统需要企业自己出钱购买、建设和管理。

3. 社区云

这种模式是建立在一个特定的小组里多个目标相似的公司之间，它们共享一套基础设施，企业也像是共同前进，所产生的成本由他们共同承担。社区云的成员都可以登入云中获取信息和使用应用程序。

4. 混合云

混合云是两种或两种以上的云计算模式的混合体，如公有云和私有云混合。它们相互独立，但在云的内部又相互结合，可以发挥出所混合的多种云计算模型各自的优势。

10.2 大 数 据

提及大数据几乎是无人不晓，但大数据这个概念并不是近几年才有的，早在 1980 年，著名未来学家阿尔文·托夫勒便在《第三次浪潮》一书中，将大数据热情地赞颂为“第三次浪潮的华彩乐章”。在 20 世纪 80 年代，我国已经有一些专家学者谈到了海量数据的加工和管理，但是由于计算机技术和网络技术的限制，大数据未能引起足够的重视，它蕴藏的巨大信息资源也暂时隐藏了起来。

随着云计算技术的发展,互联网的应用越来越广泛,新型社交网络(以微博、微信等为代表)的出现和快速发展,以及新型移动设备(以智能手机、平板电脑为代表)的出现,计算机应用产生的数据量呈现出了爆炸性增长。单个的数据并没有价值,但越来越多的数据累加,量变就会引起质变。

在企业、行业和国家的管理中,通常只是有效使用了不到20%的数据(甚至更少),而如今原本看起来很难收集和使用的数据开始变得容易被利用起来了。如果通过各行各业的不断创新,将剩余80%数据的价值激发起来并被利用,将会对世界带来巨大的改变。

按目前趋势看,大数据正在改变人们的生活及理解世界的方式,并逐步为人类创造更多的价值,更多改变正蓄势待发。

10.2.1 大数据的概念

1. 大数据的定义

大数据本身就是一个很抽象的概念,提及大数据很多人也只能从数据量上去感知大数据的规模,如:百度每天大约要处理几十PB的数据;Facebook每天生成300TB以上的日志数据。大数据的应用范围如此广泛,与大数据相关的很多问题都引起了专家和学者的重视。大数据最基本的问题即大数据的定义目前还没有一个统一的定论。

(1) Gartner[①]公司给出的定义是:“大数据”是需要新处理模式才能具有更强的决策力、洞察发现力和流程优化能力来适应海量、高增长率和多样化的信息资产。

(2) 麦肯锡全球研究所给出的定义是:一种规模大到在获取、存储、管理和分析方面大大超出了传统数据库软件工具能力范围的数据集合,具有海量的数据规模、快速的数据流转、多样的数据类型和价值密度低四大特征。

(3) 百度百科对大数据的定义是:大数据指无法在一定时间范围内用常规软件工具进行捕捉、管理和处理的数据集合,是需要新处理模式才能具有更强决策力、洞察发现力的海量、高增长率和多样化的信息资产。

2. 大数据的特点

大数据包括结构化、半结构化和非结构化数据,且非结构化数据越来越成为数据的主要部分。据IDC的调查报告显示:企业中80%的数据都是非结构化数据,这些数据每年都会增长60%。这些类型众多的数据对已有的数据处理模式带来了巨大的挑战。

(1) 国际数据公司(International Data Corporation,IDC)认为大数据有4V特点,即Volume(大量,指即数据量大)、Velocity(高速,指处理速度快)、Variety(多样,指数据类型多样)、Value(低价值密度,指有用数据与数据总量的比值低)。

(2) IBM认为大数据必然具有真实性(Veracity,指数据的客观真实性),这样有利于建立一种信任机制,有利于领导者的决策。因此IBM认为大数据有5V特点。

10.2.2 大数据的相关技术

大数据的主要相关技术如下所述。

---

① 全球最具权威的IT研究与顾问咨询公司。

1. 云计算

大数据常和云计算联系到一起，因为实时的大型数据集分析需要分布式处理框架来向数十、数百或甚至数万的计算机分配工作。通俗而言，云计算充当了工业革命时期的发动机的角色，而大数据则是电。在Google、Amazon、Facebook等一批互联网企业引领下，一种行之有效的模式出现了：云计算提供基础架构平台，大数据应用运行在这个平台上。

云计算技术（如10.2.1节所述），包括虚拟化技术，分布式处理技术，海量数据的存储和管理技术等可以为大数据技术提供更多基于海量业务数据的创新型服务，且降低大数据业务的创新成本。

1）虚拟化技术

虚拟化技术（Virtualization）是一种资源管理技术，是将计算机的各种实体资源，如服务器、网络、内存及存储等，予以抽象、转换后呈现出来，打破实体结构间不可切割的障碍，可以使用户比原本的组态更好的方式来应用这些资源。这些资源的新虚拟部分不受现有资源的架设方式，地域或物理组态所限制。一般所指的虚拟化资源包括计算能力（如虚拟机）和资料存储（如云存储）。虚拟化技术是云计算平台的关键技术，因此也是大数据架构中计算平台和存储平台构建的关键技术。

2）分布式处理技术

分布式处理系统可以将不同地点的，或具有不同功能的，或拥有不同数据的多台计算机用通信网络连接起来，在控制系统的统一管理控制下，协调地完成信息处理任务。

下面以Hadoop①为例进行说明，Hadoop是一个能够对大量数据进行分布式处理的软件框架，是以一种可靠、高效和可伸缩的方式进行处理的。例如淘宝的海量数据技术架构中的计算层就用Hadoop集群，如图10.1所示，在计算层的集群上，系统每天会对数据产品进行不同的分布式计算。

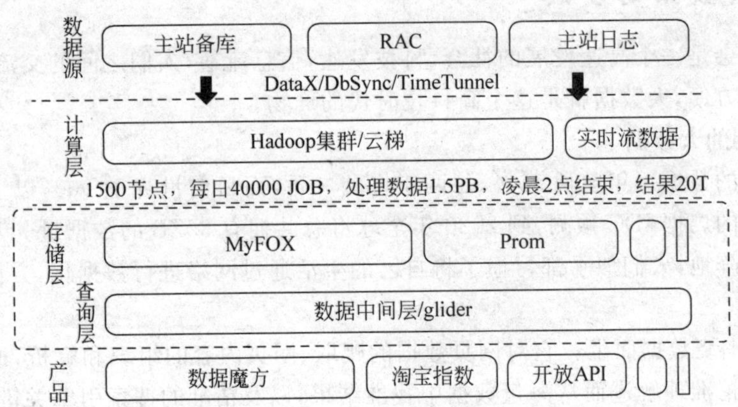

图10.1 淘宝的海量数据产品技术架构

3）存储技术

大数据可以抽象地分为大数据存储和大数据分析，大数据存储的目的是支撑大数据分析。到目前为止，它们是两种截然不同的计算机技术领域：大数据存储致力于研发可以扩

① Hadoop是一个由Apache基金会所开发的分布式系统基础架构。

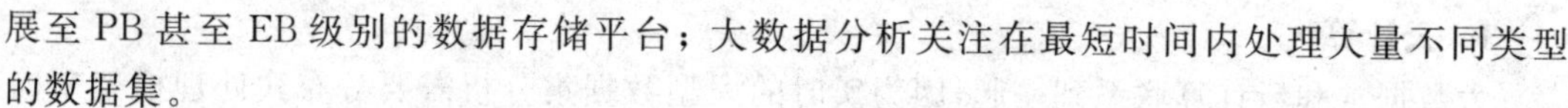

展至PB甚至EB级别的数据存储平台；大数据分析关注在最短时间内处理大量不同类型的数据集。

以Amazon为例，Amazon S3是一种面向Internet的存储服务。该服务旨在让开发人员能更轻松地进行网络规模计算。S3提供一个简明的Web服务界面，用户可通过它随时在Web上的任何位置存储和检索任意大小的数据。此服务让所有开发人员都能访问同一个具备高扩展性、可靠性、安全性和快速价廉的基础设施，Amazon用它来运行其全球的网站。S3的设计指标为在特定年度内为数据元提供99.999999999%的耐久性和99.99%的可用性，并能够承受两个设施中的数据同时丢失。S3很成功也确实卓有成效，S3云的存储对象已达到万亿级别，而且性能表现良好。目前全球范围内已经有数以十万计的企业在通过AWS运行自己的全部或者部分日常业务。这些企业用户遍布190多个国家，几乎世界上的每个角落都有Amazon用户的身影。

2. 感知技术

大数据的采集和感知技术的发展是紧密联系的。以传感器技术，指纹识别技术，RFID技术，坐标定位技术等为基础的感知能力提升同样是物联网发展的基石。全世界的工业设备、汽车、电表上有着无数的数码传感器，随时测量和传递着有关位置、运动、震动、温度、湿度乃至空气中化学物质的变化，都会产生海量的数据信息。而随着智能手机的普及，感知技术可谓迎来了发展的高峰期，除了地理位置信息被广泛应用外，一些新的感知手段也开始登上舞台，比如共享单车、穿戴式设备等。除此之外，还有很多与感知相关的技术革新让我们耳目一新，比如，业界正在尝试将生物测定技术引入支付领域等。

上述感知被逐渐捕获的过程就是世界被数据化的过程，一旦世界被完全数据化了，那么世界的本质也就是大数据信息了。

10.2.3 大数据的应用

现在的社会是一个高速发展的社会，科技发达，信息流通，人们之间的交流越来越密切，生活也越来越方便，大数据就是这个高科技时代的产物。

1. 互联网的大数据

互联网上的数据每年增长50%，每两年将翻一番，而目前世界上90%以上的数据是最近几年才产生的。据IDC预测，到2020年全球将总共拥有35ZB的数据量。互联网是大数据发展的前哨阵地，人们似乎都习惯了将自己的生活通过网络进行数据化，方便分享以及记录并回忆。

(1) 百度围绕数据而生。它对网页数据的爬取、网页内容的组织和解析，通过语义分析对搜索需求的精准理解进而从海量数据中找准结果，以及精准的搜索引擎关键字广告，实质上就是一个数据的获取、组织、分析和挖掘的过程。搜索引擎在大数据时代面临的挑战有：更多的暗网数据；更多的Web化但是没有结构化的数据；更多的Web化、结构化但是封闭的数据。

(2) 阿里巴巴拥有交易数据和信用数据。这两种数据更容易变现，挖掘出商业价值。除此之外阿里巴巴还通过投资等方式掌握了部分社交数据和移动数据。如微博和高德。创办人马云在演讲中就提到，未来的时代将不是IT时代，而是DT的时代，DT就是Data Technology数据科技，显示大数据对于阿里巴巴集团来说举足轻重。

(3) 腾讯拥有用户关系数据和基于此产生的社交数据，例如微信和QQ。这些数据可以分析人们的生活和行为，从里面挖掘出政治、社会、文化、商业和健康等领域的信息，甚至预测未来。

(4) 在美国，除了行业知名的Google和Facebook外，已经涌现了很多大数据类型的公司，它们专门经营数据产品。

概括起来，互联网大数据的典型代表及应用包括：

(1) 用户行为数据，可以用于精准广告投放、内容推荐、行为习惯和喜好分析、产品优化等。

(2) 用户消费数据，可以用于精准营销、信用记录分析、活动促销、理财等。

(3) 用户地理位置数据，可以用于O2O推广、商家推荐、交友推荐等。

(4) 互联网金融数据，可以用于P2P、小额贷款、支付、信用、供应链金融等。

(5) 用户社交等UGC数据，可以用于趋势分析、流行元素分析、受欢迎程度分析、舆论监控分析、社会问题分析等。

(6) 大数据平台(万物云、环境云等)。万物云是智能硬件大数据免费托管平台，目前，万物云的注册用户达到1605人，入库数据超过55亿条。环境云是一个全面而便捷的综合环境大数据开放平台，目前，环境云的入库数据已经超过6亿条。

2. 政府的大数据

美国总统奥巴马的成功竞选及连任的背后都有大数据挖掘的支撑。美国政府认为，大数据是“未来的新石油”，并将对大数据的研究上升为国家意志，这意味着“大数据”对未来的科技与经济发展必将带来深远影响。

在国内，现在城市都在走向智能和智慧，比如，智能电网、智慧交通、智慧医疗、智慧环保、智慧城市，这些都依托于大数据，可以说大数据是智慧的核心能源。例如在交通管理方面，通过对道路交通信息的实时挖掘，能有效缓解交通拥堵，并快速响应突发状况，为城市交通的良性运转提供科学的决策依据。下面介绍两个政府大数据的应用案例。

案例1：中国的粮食统计是一个老大难的问题。传统统计方式虽然有组织、有流程、有法律，但中央的统计人员依靠省统计人员，省靠市，市靠县，县靠镇，镇靠村，最后数据的可信性因传递层次多而大打折扣。而如今国家统计局采用遥感卫星，通过图像识别，把中国所有的耕地标识并计算出来，然后把中国的耕地网格化，对每个网格的耕地抽样进行跟踪、调查和统计，最后按照统计学的原理，计算(或者估算)出中国整体的粮食数据。这种做法是典型的大数据建模方法，打破传统流程和组织，直接获得最终的结果。

案例2：广州市伤害监测信息系统通过广州市红十字会医院、番禺区中心医院、越秀区儿童医院三个伤害监测哨点医院，持续收集市内发生的伤害信息，分析伤害发生的原因及危险因素，系统共收集伤害患者14 681例，接近九成半都是意外事故。整体上，伤害多发生于男性，占61.76%，5岁以下儿童伤害比例高达14.36%，家长和社会应高度重视，45.19%的伤害都是发生在家中，其次才是公路和街道。收集到监测数据后，关键是通过分析处理，把数据“深加工”以利用。例如，监测数据显示，老人跌倒多数不是发生在雨天屋外，而是发生在家里，尤其是早上刚起床时和浴室里，这就提示，防控老人跌倒的对策应着重在家居，起床要注意不要动作过猛，浴室要防滑，加扶手等。

3. 企业的大数据

企业组织利用相关数据和分析可以帮助它们降低成本、提高效率、开发新产品、做出更明智的业务决策等。例如,通过结合大数据和高性能的分析,下面这些对企业有益的情况都可能会发生:

(1) 及时解析故障、问题和缺陷的根源,每年可能为企业节省数十亿美元。

(2) 为成千上万的快递车辆规划实时交通路线,躲避拥堵。

(3) 根据客户的购买习惯,为其推送他可能感兴趣的优惠信息。

(4) 从大量客户中快速识别出金牌客户。

(5) 使用点击流分析和数据挖掘来规避欺诈行为。

下面介绍两个企业大数据应用的典型案例。

案例 1:奢侈品品牌商 PRADA 公司在纽约的旗舰店中每件衣服上都有 RFID 码。每当一个顾客拿起一件 PRADA 进试衣间,RFID 会被自动识别。同时,数据会传至 PRADA 总部。每一件衣服在哪个城市哪个旗舰店什么时间被拿进试衣间停留多长时间,数据都被存储起来加以分析。如果有一件衣服销量很低,传统做法是直接下架,而现今做法是如果 RFID 传回的数据显示这件衣服虽然销量低,但进试衣间的次数多,则这件衣服在某个细节的微小改变就会重新创造出一件非常流行的产品。

案例 2:美国有一家创新企业 Decide. com,它可以帮助人们做购买决策,告诉消费者什么时候买什么产品,什么时候买最便宜,预测产品的价格趋势,这家公司背后的驱动力就是大数据。他们在全球各大网站上搜集数以十亿计的数据,然后帮助数以十万计的用户省钱,为他们的采购找到最佳的时间,降低交易成本,为终端的消费者带去更多价值。在这类模式下,尽管一些零售商的利润会进一步受挤压,但从商业本质上来讲,可以把钱更多地放回到消费者的口袋里,让购物变得更理性,这是依靠大数据催生出的一项全新产业。这家为客户省钱的公司后来被 eBay 以高价收购。

4. 个人的大数据

与个人相关联的各种有价值数据信息被有效采集后,可由本人授权提供第三方进行处理和使用,并获得第三方提供的数据服务。

例如:每个拥有智能手机的用户可以在智能手机或手机对应的云存储中存储个人的大数据信息。用户可确定哪些个人数据可被采集,并通过可穿戴设备或植入芯片等感知技术来采集捕获个人的大数据,比如地理位置信息,社会关系数据,运动数据,购物数据等。用户可以将其中个人的运动数据授权提供给某运动健身机构,由他们监测自己的身体运动机能,并有针对性的制定和调整个人的运动计划;还可以将个人的消费数据授权给金融理财机构,由他们帮助制定合理的理财计划并对收益进行预测。当然,其中有一部分个人数据是不需要个人授权即可提供给国家相关部门进行实时监控的,比如罪案预防监控中心可以实时监控本地区每个人的情绪和心理状态,以预防自杀和犯罪。

10.2.4 大数据思维

大数据正在改变人们的生活和理解世界的方式,如今各行各业都应用了大数据思维模式,其主要原理及趋势如下。

1. 数据为核心

大数据时代，计算模式也发生了转变，从"流程"核心转变为"数据"核心。用数据核心思维方式思考问题，解决问题。以数据为核心，反映了当下IT产业的变革，数据成为人工智能的基础，也成为智能化的基础，数据比流程更重要，数据与数据库操作记录等均可开发出深层次信息。例如Hadoop体系的分布式计算框架已经是"数据"为核心的范式。

2. 数据更有价值

大数据使数据变得更有价值了，使得产品由功能是价值转变为数据是价值。数据能告诉我们，每一个客户的消费倾向，他们想要什么，喜欢什么，每个人的需求有哪些区别，哪些又可以被集合到一起来进行分类。大数据是数据数量上的增加，以至于我们能够实现从量变到质变的过程。举例来说，这里有一张照片，照片里的人在骑马，这张照片每一分钟，每一秒都要拍一张，但随着处理速度越来越快，从1分钟一张到1秒钟一张，再到1秒钟10张后，就产生了动画。当数量的增长达到质变时，就从一张照片变成了一部电影。

用数据价值思维方式思考问题和解决问题。信息总量的变化导致了信息形态的变化，量变引发了质变，最先经历信息爆炸的学科，如天文学和基因学，创造出了"大数据"这个概念。如今，这个概念几乎应用到了所有人类致力于发展的领域中。从功能为价值转变为数据为价值，说明数据和大数据的价值在扩大，数据为"王"的时代出现了。数据被解释为信息，信息常识化为知识，所以说数据解释、数据分析能产生价值。

3. 全数据样本

用全数据样本思维方式思考问题和解决问题。从抽样中得到的结论总是有水分的，而全部样本中得到的结论水分就很少，大数据越大，真实性也就越大，因为大数据包含了全部的信息。

4. 效率和相关性思维

大数据思维由关注数据精确度转变为更关注数据被使用的效率；从传统的因果思维转向相关性思维。

例如，腾讯一项针对社交网络的统计显示，爱看家庭剧的男人是女性的两倍还多；最关心金价的是中国大妈，但紧随其后的却是90后；而在2016年，支付宝中无线支付比例排名前十的竟然全部在青海、西藏和内蒙古地区。

5. 人工智能

大数据让软件更智能(详见10.4节)。

(1) 大数据使软件从不能预测变为可以预测，例如，大数据帮助微软准确预测2014年世界杯赛况。

(2) 大数据时代可以让信息找人，因为人工智能让企业和机器懂用户，你需要什么信息，企业和机器提前判断，而且主动提示你需要的信息。例如：亚马逊可以帮我们推荐想要的书；谷歌可以为关联网站排序；具有"自动改正"功能的智能手机通过分析我们以前的输入能将个性化的新单词添加到手机词典里。

(3) 大数据使企业由生产产品转变为由客户定制产品。大数据时代让企业找到了定制产品、订单生产和用户销售的新路子。用户在家购买商品已成为趋势，快递的快速，让用户体验到实时购物的快感，进而成为网购迷，个人消费不是减少了，反而增加了。

10.3 物 联 网

10.3.1 物联网的概念

近年来,随着无线通信技术、射频识别技术(Radio Frequency IDentification,RFID)、传感网络技术等的发展,物联网(The Internet Of Things,IOT)技术得到了迅猛的发展,物联网技术在相关领域中的应用也日趋丰富。

物联网作为未来互联网的组成部分,具备自我配置能力并基于标准的具有互操作性的通信协议,是一种动态的全球网络基础设施。物联网通过"物"的标记与感知能力及其智能接口,实现任何时间、任何地点、任何物体之间的互联。

物联网最初被定义为把所有物品通过 RFID 和条码等信息传感设备与互联网连接起来,实现智能化识别和管理功能的网络。这个概念最早于 1999 年由麻省理工学院 Auto-ID 研究中心提出,实质上就是 RFID 技术和互联网的结合应用。RFID 标签可谓是早期物联网最为关键的技术与产品环节,当时人们认为物联网最大规模和最有前景的应用是在零售和物流领域,利用 RFID 技术,通过计算机互联网实现物品或商品的自动识别和信息的互联与共享。2010 年,我国的政府工作报告所附的注释中对物联网有如下说明:物联网是通过传感设备,按照约定的协议,把各种网络连接起来,进行信息交换和通信,以实现智能化识别、定位、跟踪、监控和管理的一种网络。

物联网的本质是凭借每一个物品都被赋予的唯一编码标识,再以 RFID 和传感器技术以及无线宽带网络技术等为基础,在任何时间,任何地点,将所有物品的信息进行采集并转换成信息流,通过互联网相结合,形成人与物之间、物与物之间全新的通信交流方式。这种全新的通信交流方式,将彻底改变人们对物品的管理模式、查询模式、控制模式、追溯模式,彻底改变企业的工作效率、管理机制以及人们的生活方式及行为模式。

物联网具有以下三个特征:

特征 1:全面感知

利用 RFID,传感器,二维码等随时随地获取物体的信息。

特征 2:可靠传递

通过各种电信网络与互联网的融合,将物体的信息实时准确地传递出去。

特征 3:智能处理

利用云计算,模糊识别等各种智能计算技术,对海量的数据和信息进行分析和处理,对物体实施智能化的控制。

物联网技术的体系架构,如图 10.2 所示,自底向上可分为感知层技术、网络层技术、应用层技术,以及公共技术 4 个部分。

10.3.2 物联网的关键技术

物联网技术涉及的方面众多,其中主要的关键技术有 RFID 技术、传感技术、纳米技术和智能技术等。

1. RFID 技术

RFID 技术,又称电子标签,是一种非接触式的自动识别技术,通过射频信号自动识别

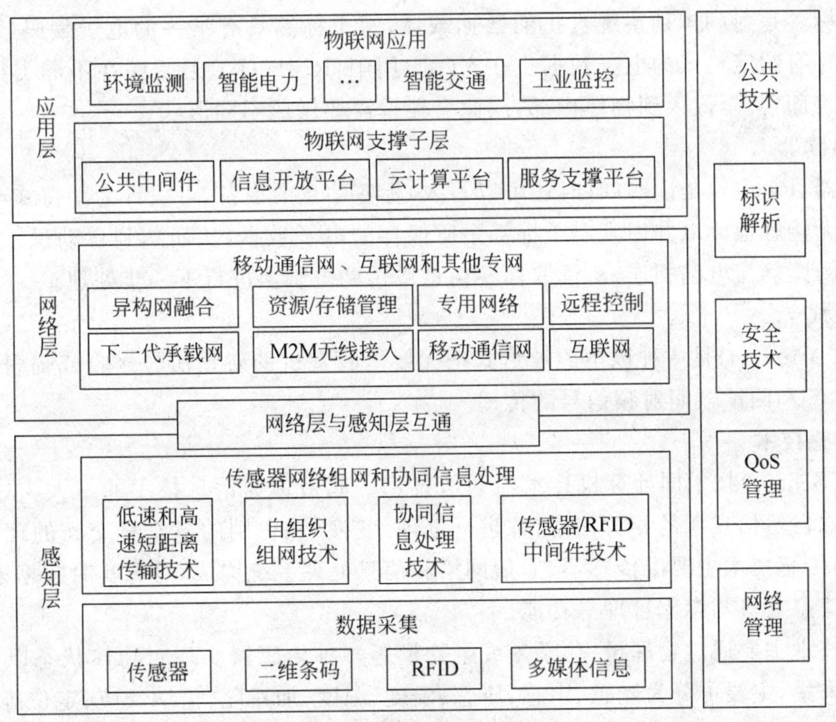

图 10.2　物联网技术体系架构

目标对象并获取相关数据，识别工作无须人工干预，可工作于各种恶劣环境，可识别高速运动物体并可同时识别多个标签，操作快捷方便。

RFID是一种突破性的技术，与传统的条形码相比，它具有如下特点，第一，可识别单个的非常具体的物体，而条形码只能识别一类物体；第二，其采用无线电射频，可以通过外部材料读取数据，而条形码必须靠激光来读取信息；第三，可以同时对多个物体进行识读，而条形码只能一个一个地读。通过 RFID 技术，为物理世界中的“物”进行标识，可实现物理世界中万物的标识与识别。

最基本的 RFID 系统由三大部分组成，如图 10.3 所示。

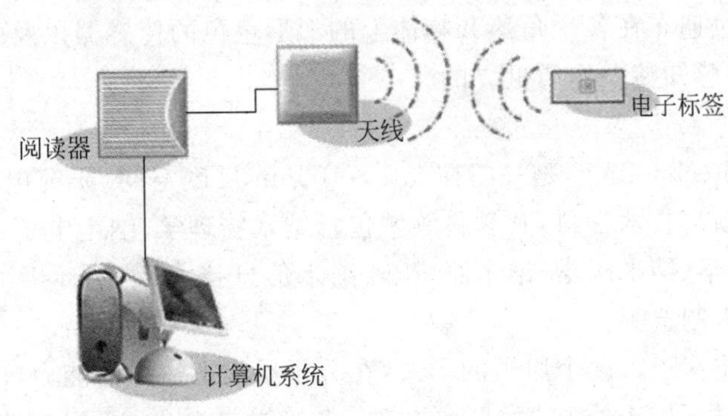

图 10.3　RFID 系统的组成

1）电子标签(Tag)

电子标签又称为射频标签、应答器，一般由耦合元件(天线)及专用芯片组成。

电子标签是射频识别系统真正的数据载体,每个标签具有唯一的电子编码(ID 号),而且一般保存有约定格式的电子数据。在实际应用中,RFID 标签通常贴在不同类型、不同形状的物体表面,甚至嵌入到物体内部,因此会根据需要做成不同形状。

2) 阅读器

阅读器(Reader)是读取(有时还可以写入)标签信息的设备,可设计为手持式或固定式;阅读器可无接触地读取并识别电子标签中所保存的电子数据,从而达到自动识别物体的目的。通常阅读器与电脑相连,所读取标签信息被传到电脑上进行下一步处理。

3) 天线

天线(Antenna)是一种以电磁波形式把无线电收发机的射频信号接收或辐射出去的装置,实现标签和阅读器间射频信号的传递。

2. 传感技术

传感(Sensor)技术同计算机技术与通信技术一起被称为信息技术的三大支柱,它是一门关于获取自然信息源的相关信息,并进行处理(变换)和识别的多学科交叉的现代科学与工程技术,传感技术主要由传感器、通信网络和信息处理系统构成,具有实时数据采集、监督控制以及信息共享与存储管理等功能。

传感技术主要通过物理量、化学量或生物量等多种传感器实现对物体状态以及环境信息的实时采集,主要可分为光感、声感、压感、温度、湿度、加速度、化学反应、定位等;信息处理包括信号的预处理、后置处理、特征提取与选择等;识别的主要任务是对经过处理的信息进行辨识与分类,利用被识别(或诊断)对象与特征信息间的关联关系模型对输入的特征信息集进行辨识、比较、分类和判断。

传感器网络节点的基本组成包括如下几个基本单元:传感单元(由传感器和模数转换功能模块组成)、处理单元(包括 CPU、存储器、嵌入式操作系统等)、通信单元(由无线通信模块组成)以及电源。

无线传感器网络(wireless sensor network,WSN)是由许许多多功能相同或不同的无线传感器节点组成,是集分布式信息采集、信息传输和信息处理技术于一体的网络信息系统,具有低成本、微型化、低功耗和灵活的组网方式、铺设方式以及适合移动目标等特点。

物联网正是通过遍布在各个角落和物体上的形形色色的传感器以及由它们组成的无线传感器网络,来最终感知整个物质世界的。

3. 纳米技术

纳米技术(nanotechnology)是一门在 0.1~100nm 尺度空间,研究电子、原子和分子运动规律和特性的崭新高技术学科,其学科领域包括纳米物理学、纳米电子学、纳米材料学、纳米机械学、纳米生物学、纳米医学、纳米测量学、纳米信息技术、纳米环境工程、纳米显微学、纳米能源技术和纳米制造等。

纳米技术的本质在于以逐个原子的形式,在分子层次上运作的能力,产生具有特定功能的宏观结构,最终目标是,人类按照自己的意志直接操纵单个原子,制造具有特定功能的产品。

纳米技术在减少尺寸和降低成本方面的应用,可以提供高水平的集成。通过纳米技术、传感技术以及 RFID 技术等的结合,可以实现各类芯片与设备的小型化与集成化,也可以实

现将感知单元嵌入物体内部，实现微小物体的互联及环境能量获取；通过纳米技术使得物联网当中体积越来越小的物体能够进行交互和连接。

4. 智能技术

智能技术也是物联网的关键技术之一。智能技术，主要是物的智能以及实现智能终端的相关技术，主要包括人工智能、先进的人-机交互技术与系统、语义网技术、信息服务技术、智能搜索技术、云计算技术以及海量信息处理与数据挖掘技术、智能控制技术以及智能信号处理技术。通过在物体中植入智能系统，可以使得物体具备一定的智能性，能够主动或被动的实现与用户的沟通。

10.3.3 物联网的应用领域

如图 10.4 所示，物联网技术的应用领域主要有智能运输、智能建筑、数字化医疗、遥感勘探、环境监测与保护、消防、军事、煤炭、金融、水务、林业、电力、农业、气象、石化、物流供应链、移动 POS、工业自动化以及公共安全等十九个。

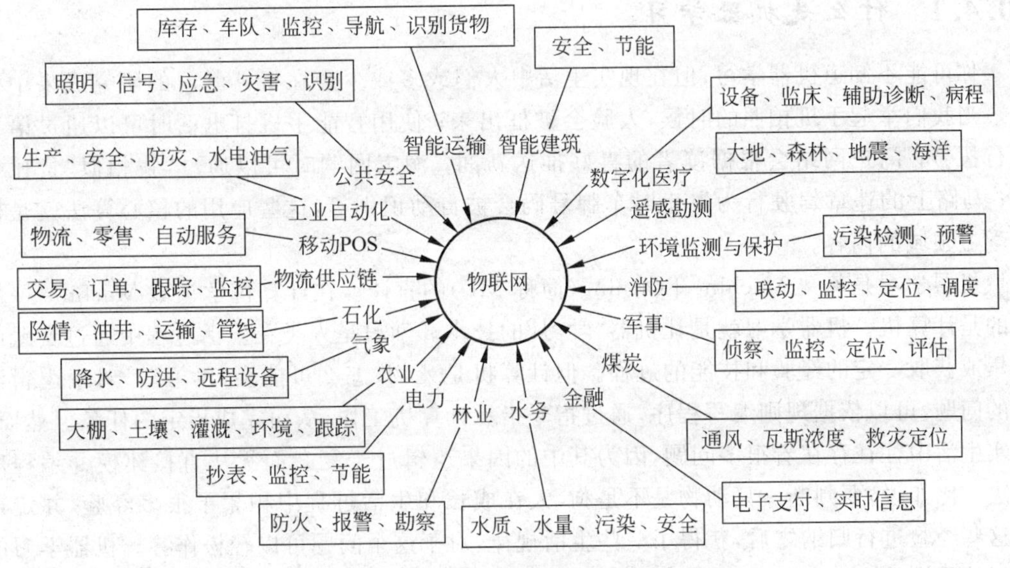

图 10.4 物联网技术的应用领域

智能运输领域：主要是针对库存管理、车队管理、监控、导航、识别货物等方面的应用。

智能建筑领域：主要是实现安全与节能。

数字化医疗领域：实现医疗设备管理、临床监控、辅助诊断以及病程控制与管理。

遥感勘探领域：主要是指面向大地、森林、海洋的勘探，以及针对地震等自然灾害的检测。

环境监测与保护：针对环境污染检测以及预警。

消防领域：联动、监控、事故现场定位以及相关的调度管理。

军事领域：实现实时智能侦查与监控、定位、评估。

煤炭领域：对煤炭开采环境的通风情况、瓦斯浓度的检测以及救灾定位。

金融领域：实现电子支付以及实时信息处理与信息服务。

水务领域：对水质、水量、污染的检测以及对相关水域的安全监控。

林业领域：主要是指森林防火与报警、森林勘察。

电力领域：自动抄表、电力及安全监控、节能。

农业领域：对大棚、土壤、灌溉、环境以及相关资源的跟踪。

气象领域：降水、防洪以及远程设备等的实时智能监控。

石化领域：对油井的监控、险情预警、运输及管线管理等。

物流供应链领域：对订单、交易以及物品跟踪定位与监控。

移动 POS：物流、移动支付及自动服务等。

工业自动化领域：实现工业领域的生产、安全、防灾、水电油气等的自动化处理与管理。

公共安全领域：涉及公民日常生活的公共安全方面的智能监控与安防，如应智能照明、信号识别、应急处理、灾害预警等。

10.4 机器学习与人工智能

10.4.1 什么是机器学习

你可能不知道机器学习，但在现实生活中人们或多或少会在机器学习的研究成果中获益。当我们举起手机拍照的时候，人脸会被框出来；使用智能手机打电话时可以通过语音进行拨号；门户网站会根据读者的喜好推送新闻；淘宝网购时可以通过“找相似”货比三家；马路上的违章驾驶行为发生时车牌号码会被自动识别等，这些应用的核心算法就是机器学习领域的内容。

机器学习是英文 Machine Learning(简称 ML)的直译。在计算科学领域 Machine 一般指的是计算机。机器学习就是让机器“学习”的技术。学习是人类在生活过程中通过实践而积累或获取一定的经验和技能的过程。但计算机是死物，怎么可能会“学习”？对于逻辑清晰的问题，可以依据规则编写程序，通过指令指示计算机工作，从而完成指定的任务。然而，现实生活中往往存在着很多问题，因为其中的因果逻辑过于复杂而无法直接建模并编程序解决。比如说，要判断一只动物是不是狗，人在成长和生活过程中积累了很多经验，并定期对这些经验进行归纳之后，获得了一些生活规律，对于这个问题可以轻松作答。机器学习的思想就是模拟人类在生活中学习成长的过程，让计算机在数据中学习出规律或模型，然后对新数据进行预测，是一种让计算机利用数据而不是指令来进行各种工作的方法。下面举一个具体的例子。

表 10.1 给出了美国 1790—1980 年每隔 10 年的人口统计数据，假设现在要预测 2020 年美国的人口状况，该如何得到一个合理的结论？

表 10.1 美国 1790—1980 年人口状况

年份	1790	1800	1810	1820	1830	1840	1850	1860	1870	1880
人口/百万	3.9	5.3	7.2	9.6	12.9	17.1	23.2	31.4	38.6	50.2
年份	1890	1900	1910	1920	1930	1940	1950	1960	1970	1980
人口/百万	62.9	76	92	106.5	123.2	131.7	150.7	179.3	204	226.5

对于人口预测这个问题，很显然，我们希望从已知的数据中得到人口与年份的某种规律。最简单的做法就是，先将上述样本点在X-Y坐标系中标出，然后使用线性拟合的方法，得到一根“穿过”所有样本点的直线(如图10.5直线所示)，并且该直线与各个样本点的距离尽可能的小。这条直线可以用数学表达式写为：

$$y = kx + b \quad y \geqslant 0 \tag{1}$$

其中，x表示年份，y表示人口，k和b是该线性模型的两个参数。根据已有的这些数据，我们就可以确定k和b的值。一旦得到这两个参数的值，人口预测的线性模型也就可以得到，从而可以预测出任意一年份的人口数量。

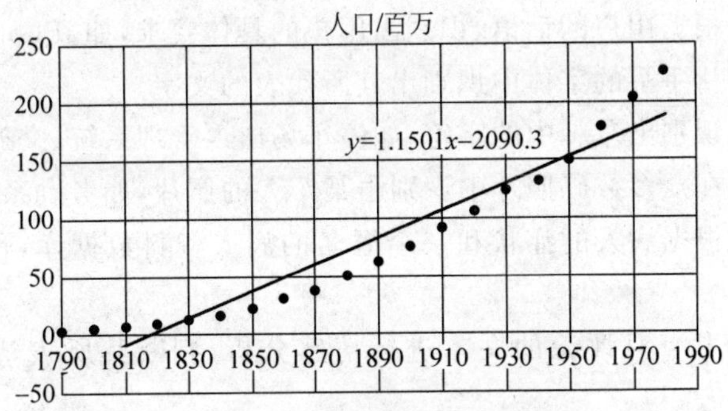

图10.5 人口预测的线性拟合

数据拟合的方法有很多种，如果用其他类型的线去拟合，比如二次多项式，可以得到一条更加贴合这些数据点的曲线(如图10.6曲线所示)。

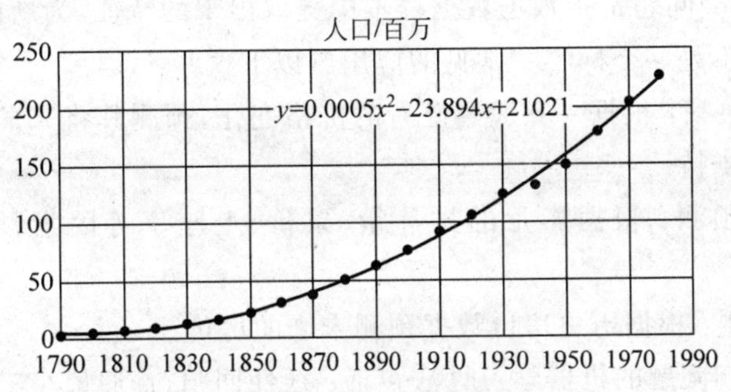

图10.6 人口预测的二次多项式拟合

由此可见，可以根据一些已有的历史数据，通过建立模型，对未来的数据进行预测。一般来说，当历史数据越多，建立的模型越可能反映真实的状况，对未来数据的预测效果可能越好。将使用计算机存储历史数据，并通过学习算法(learning algorithm)进行处理和建模的过程称为“学习”(learning)或“训练”(training)；训练过程中使用的数据称为“训练集”(training data)；训练得到的结果称为“模型”；学得模型后，使用其对新数据进行预测的过程称为“测试”(testing)；被测试的数据称为“测试数据”(testing data)。

10.4.2 机器学习能解决的问题及常用算法

近年来，互联网特别是移动互联网技术的发展迅速，使得数据呈爆炸式增长。机器学习能帮助我们从海量数据当中提取出有价值的信息。但并非所有问题都适合用机器学习算法去解决。对于那些具有一定量级的数据而且不存在清晰的逻辑的问题,机器学习算法是很好的解决工具。从功能上来划分,常用机器学习解决的问题包括以下几类。

1. 分类问题

分类(classification)问题是指根据数据样本中提取出来的特征,判断其属于有限个已知类别中的哪一类(标签)。常见的应用有以下这些。

(1) 垃圾邮件的识别:对于邮箱中的邮件,识别哪些是垃圾邮件,哪些是正常邮件。

(2) 信用卡欺诈检测:根据用户的信用卡交易记录,识别哪些交易是持卡用户操作的,哪些不是。

(3) 语音识别:根据用户的话语,识别出用户的具体要求,如 iPhone 的 Siri 程序。

(4) 字符识别:从手写的字体中识别出其所代表的文字。

(5) 车牌识别:识别出车牌中的字符,如停车场出入管理系统、交通监控系统等。

(6) 人脸识别:在众多数码照片中识别出某个人的照片,如考勤系统和安检系统。

(7) 疾病诊断:根据病人的症状和一个匿名的病人资料数据库,预测该病人可能患了什么病。

(8) 文本情感分析:对评论的文本进行情感分析,判断其所表达的情感类别是褒还是贬。

常用来处理分类问题的机器学习算法包括:逻辑回归、支持向量机、朴素贝叶斯、深度学习和随机森林等。

2. 回归问题

回归(regression)问题是指根据数据样本中提取出来的特征,为新的未预测的数据估计出一个连续的值而不是一个标签。常见的应用有以下这些:

(1) 股票交易决策:根据一只股票已有的价格变化,预测其将来的价格,以便于为股票操作行为提供决策支持。

(2) 电影票房预测:根据影片的排片量、票价、上座率等因素预测电影最终的票房收入。

(3) 房价的预测:根据历史房价数据预测未来的房价。

常用来处理回归问题的机器学习算法包括:线性回归、普通最小二乘回归、逐步回归和多元自适应回归样条等。

3. 聚类问题

聚类(clustering)问题是在不知道数据有哪些类别的情况下,根据数据的相似性以及其他对数据中自然结构的衡量来实现数据的分组。聚类算法通常会将数据集中的样本划分为若干个不相交的子集。常见的应用有以下这些:

(1) 用户群体的划分;

(2) 根据人脸来管理照片;

(3) 对 Web 上的文档进行分类;

(4) 通过基因的分析对生物种群进行划分。

常用来处理聚类问题的机器学习算法包括:K-means、学习向量量化(Learning Vector Quantization)、高斯混合聚类、密度聚类和层次聚类等。

4. 规则学习

“规则”是指语义明确的、能描述数据分布所隐含的客观规律。规则学习是指从训练数据中学习出一组用于对未见示例进行判别的规则。规则学习可以找出数据的属性之间在统计学上的相关性。如沃尔玛超市曾对其一年多的原始交易数据进行分析,发现与尿片一起被购买最多的商品竟然是啤酒。根据这个发现,沃尔玛调整了货架的位置,把尿片和啤酒摆放在一起,从而大大提高了销量。

著名的规则学习算法包括 PRISM、CN2、RIPPER 等。

10.4.3 学习方式的划分

根据数据类型的不同,对一个问题的建模可以使用不同的方式。根据学习方式来划分,机器学习可以分为监督学习、无监督学习、半监督学习和强化学习等。

1. 监督学习

监督学习(supervised learning)是指利用一组已知类别的样本调整分类器的参数,使其达到所要求的性能的过程。监督学习需要用带有标签的数据作为训练数据,常见的应用场景包括分类问题和回归问题。

2. 无监督学习

现实生活中常常会有许多问题是缺乏足够的先验知识的,因此难以人工标注类别;即使进行人工标注类别,其需要的成本也会太高。无监督学习(unsupervised learning)方法有助于解决这一类问题。所谓无监督学习,就是根据类别未知的训练样本推断出数据的一些内在结构并解决模式识别中的各种问题。聚类和规则学习都属于无监督学习。

3. 半监督学习

若输入数据部分被标记,部分没被标记,这种情况下需要先学习数据的内在结构,以便更好地组织数据来进行预测。这种学习方式称为半监督学习(semi-supervised learning)。半监督学习是监督学习与无监督学习相结合的一种学习方法。常见的应用场景包括分类问题和回归问题。

4. 强化学习

强化学习(reinforcement learning),又称增强学习,是从动物学习、参数扰动自适应控制等理论发展而来的。在现实世界中,人类掌握的很多行为并不是通过学习行为方法然后得到行为结果,而是在不断的尝试中领悟,再根据自身行为引起的周围环境的反馈,调整自己下一步的动作和之后的行为模式。强化学习就是仿效这一过程的机器学习模型。强化学习是一种动态学习方法,它没有固定的答案,而是在训练过程中不断通过试错的方法来发现最优的行为策略。在强化学习下,输入数据直接反馈到模型,模型必须对此立刻做出调整。强化学习在动态系统、机器人控制等许多领域已经获得了成功应用。

10.4.4 机器学习的应用

机器学习技术的发展,以及与其他相关技术的结合,推动了许多智能领域的进步,同时也改善了人类的生活。

1. 计算机视觉

机器学习与图像处理技术相结合,催生了计算机视觉这一研究热点。目前该领域的应

用非常多,例如人脸识别、车牌识别、手写字符识别、图片内容识别、图片搜索等。机器学习方法大大提高了图像识别的准确率,甚至比人类平均的识别水平还高。

2. 自然语言处理

自然语言处理技术是将机器学习与文本处理技术相结合,使机器能够理解人类的语言的一种技术。自然语言是人类独有的、自身创造的符号。自然语言处理不仅是机器学习领域学术界研究的方向,也是工业界关注的焦点。其典型的应用包括:语音识别、输入法、机器翻译、搜索引擎智能识别、文本内容理解和文本情感判断等。

3. 社会网络分析

社会网络分析是研究一组行动者的关系的研究方法,其关注的焦点是关系和关系的模式,因此采用的方式和方法在概念上有别于传统的统计分析和数据处理方法。基于海量数据的获取,机器学习方法与社会网络分析技术的融合,常见于以下应用场景:用户画像、热点发现、引文和共引分析、人际传播问题等。

4. 个性化推荐

随着互联网技术和社会化网络的快速发展,网络上的信息呈爆炸式增长。传统的搜索技术已经不能满足用户对信息发现的需求。机器学习中的个性化推荐算法可以实现自动为用户推荐他们感兴趣的商品或信息(如电影、音乐、新闻等),从而提高购买率或增加点击率,提升效益,因此,在电商界及众多资源网站中得到了广泛的应用。

10.4.5 机器学习入门之路

机器学习算法众多,但核心思想都是统计和归纳。机器学习方法大多来源于统计学。统计学者重点关注统计模型的发展与优化,而机器学习学界则更注重在解决实际问题时学习算法在计算机上的执行效率与准确度的提升。由此可见,要进入机器学习领域,必须要具备扎实的数学基础和一定的计算机编程能力。

常见的机器学习算法需要的数学基础,基本集中在概率与统计、微积分和线性代数这几门课程。概率与统计是机器学习的理论核心;微积分的计算及其几何意义,是大多机器学习算法求解过程的核心;算法的高效执行,有赖于线性代数知识的运用。

具备了一定的理论基础,要动手解决实际问题时,离不开计算机编程。Python 与 R 语言是机器学习领域备受欢迎的入门语言。它们自带丰富的功能强大的工具包,是从事数据科学的工作者的必备之选。

掌握了必备的数学理论基础和计算机编程基础之后,就可以尝试着使用机器学习的方法去解决一个实际的问题,其基本流程如下:

(1) 把具体问题抽象成数学问题。首先要把目标问题的性质搞清楚,是分类、回归、聚类还是其他;其次,要能明确获取到的数据有哪些。

(2) 获取数据。机器学习界有一句名言——成功的机器学习应用不是拥有最好的算法,而是拥有最多的数据。对于机器学习而言,越多的数据越有可能提升模型的精确性。

(3) 数据预处理与特征选择。对数据进行清洗,如归一化、离散化、缺失值处理、去除共线性等,并筛选出显著特征,摒弃非显著特征。

(4) 训练模型。根据问题的类型以及数据的特性选择恰当的机器学习算法进行训练。

(5) 模型诊断。对训练结果进行误差分析,判断是否存在过拟合或者欠拟合。

(6) 模型调优。根据模型诊断的结果重新调整算法参数。

(7) 反复迭代第(4)～(6)步，直到得到一个满意的模型及其参数。

(8) 模型融合。一般而言，模型融合后都能获得比单个模型更好的效果。

(9) 上线运行。

10.4.6 人工智能

人工智能(Artificial Intelligence，AI)是研究和开发用于模拟、延伸和扩展人类智能的理论、方法、技术及应用系统的一门新的技术科学，人工智能与人类智能的关系如图10.7所示。人工智能研究的主要目标是使计算机能够胜任一些过去只有人类智能才能完成的复杂工作。要实现这一研究目标，人类必须对自身的智能活动及其规律有深刻的理解，在此基础上，研究如何应用计算机的软硬件来模拟人类的某些智能行为。人工智能不仅是属于计算机科学的一个分支，还涉及神经生理学、心理学、哲学和认知科学、数学、仿生学、控制论、信息论等学科，因此与基因工程和纳米科学一起被认为是21世纪三大尖端技术。

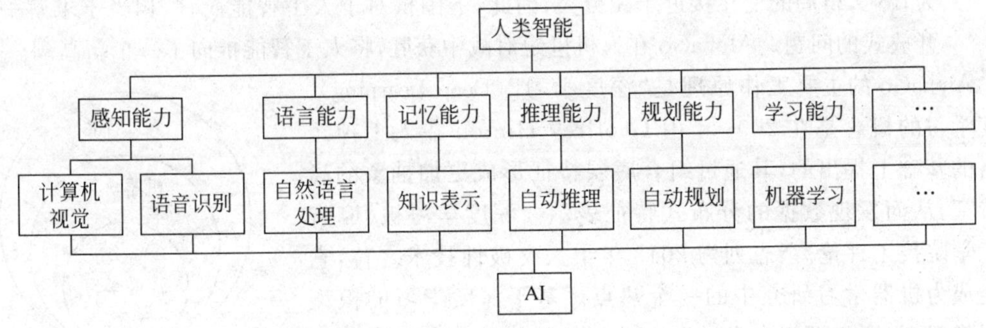

图10.7 人工智能与人类智能的关系

1950年，著名的英国计算机科学家Alan Turing发表了题为《计算机器和智能》的论文。在这篇划时代的论文中探讨了创造出具有真正智能的机器的可能性，并提出了著名的“图灵测试”：如果一台电脑能够在5分钟内回答人类测试者提出的若干问题，且其超过30%的回答被测试者认为是人类所答，则可以下结论称这台机器具有智能。图灵测试是人类在人工智能哲学方面提出的第一个严肃的提案。图灵测试的概念极大地影响了人工智能在功能方面的定义。

1956年夏季，以美国人John McCarthy为首的一群年轻科学家在Dartmouth学会上，共同研究和探讨用计算机模拟人类智能的一系列有关问题。在会上，John McCarthy提出“人工智能就是要让机器的行为看起来像是人所表现出的智能行为一样。”“人工智能”这一术语被首次提出，标志着“人工智能”这门新兴学科的正式诞生，John McCarthy从而被视为“人工智能之父”。Dartmouth会议推动了全球第一次人工智能浪潮的出现。

此后，人工智能经历了从早期的逻辑推理阶段，到中期的专家系统阶段，虽然也取得了一些进步，但与实现智能的机器这一目标还相距甚远，直至机器学习的诞生，基于机器学习的图像识别和语音识别在某些垂直领域达到甚至超越了人的程度，使人类离人工智能的梦想更近了一步。

以下是人工智能发展史上几件值得铭记的事件：

• 1997 年 5 月,IBM 公司研制的深蓝(Deep Blue)计算机战胜了来自俄罗斯的国际象棋大师 Garry Kasparov,证明了人工智能在某些情况下有不弱于人脑的表现。
• 2014 年 6 月 8 日,俄罗斯的 Vladimir Veselov 创立的聊天程序 Eugene Goostman 成功让人类相信它是一个 13 岁的男孩,成为有史以来首台通过图灵测试的计算机。这被认为是人工智能发展的一个里程碑事件。
• 2015 年 11 月,*Science* 杂志封面刊登了一篇重磅研究成果,在这项研究中,研究者设计了一个 AI 系统,在向这个系统展示它从未见过的书写系统中的一个字符实例,并让它写出同样的文字和创造相似文字时,这个系统能够迅速学会写陌生的文字,同时还能识别出那些因书写造成的轻微变异。这项研究还通过了图灵测试,表明人工智能终于能像人类一样学习,标志着人工智能领域的一大进步。
• 2016 年 3 月,谷歌旗下的 DeepMind 公司开发的人工智能程序 AlphaGo 战胜了围棋世界冠军、韩国棋手李世石。2017 年 5 月,AlphaGo 与世界排名第一的中国棋手柯洁对弈,并以 3 比 0 的总分获胜。据研究所得,一个 19×19 格围棋的合法棋局数为10^{171},棋局的变化接近于无穷大,因此,下围棋对于人工智能而言,相当于求解一个开放式的问题。AlphaGo 在人机世纪对战中获胜,将人工智能推向了一个新高潮。

AlphaGo 的主要工作原理是"深度学习"(Deep Learning)。深度学习的概念是在 2006 年由 Geoffrey Hinton 在人工神经网络的基础上提出的,其通过组合底层特征形成更加抽象的高层特征,从而发现数据的分布式特征表示。深度学习被《麻省理工学院技术评论》杂志列为 2013 年十大突破性技术之首,它已经成为机器学习研究中的一个热点。基于深度学习的模型在图像识别、语音识别和自然语言处理等领域已经获得了巨大成功,典型的应用案例有科大讯飞的晓译翻译机。人工智能、机器学习和深度学习的关系如图 10.8 所示。

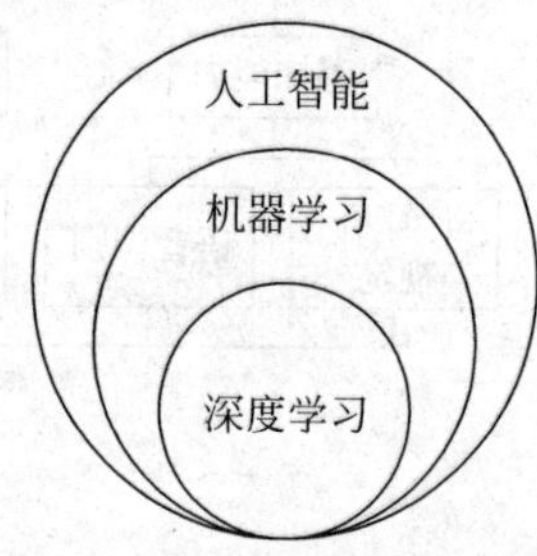

图 10.8　人工智能、机器学习与深度学习的关系

人工智能在前 60 年的发展中取得了一些阶段性的成果,通过有监督深度学习算法解决语音识别、图像识别、自然语言理解等总样本量相对有限的问题已经比较成熟。AlphaGo 的出现,则标志着人工智能走向无监督深度学习的新时代。在云计算、大数据和移动互联网的快速发展和融合的背景之下,人工智能迎来了一个黄金时期,一方面得益于理论研究的推进以及工程化的成熟;另一方面,硬件计算能力的大幅提升使得计算成本飞速下降,使得那些计算复杂度超高的人工智能算法得以实现。

如今,人工智能已成为各大科技巨头以及各国政府的战略性发展方向。作为一个科学和工程领域的交汇点,人工智能正以前所未有的速度扩散到社会的每一个角落。可以预见,在不久的将来,人工智能将会成为如水和电一般的基础性资源,并深刻地改变我们的世界。

本章小结

物联网是互联网的应用拓展;云计算相当于人的大脑,是物联网的神经中枢;大数据相当于人的大脑从小学到大学记忆和存储的海量知识,这些知识只有通过消化,吸收和再造才能创造出更大的价值;人工智能可以比喻为一个吸收了人类大量的知识(数据),不断的深度学习、进化而成的高人。人工智能离不开大数据，更是基于云计算平台完成深度学习进化的。

通过物联网产生、收集海量的数据存储于云平台，再通过大数据分析，甚至更高形式的人工智能，可以为人类的生产活动和生活所需提供更好的服务。

习　题　10

10.1 选择题

1. 云计算的主要服务模式包括(　　)。

A. IaaS　　B. VaaS　　C. PaaS　　D. SaaS

2. 云计算常见的部署方式是(　　)。

A. 公有云　　B. 私有云　　C. 社区云　　D. 混合云

3. 物联网的基本特征包括(　　)。

A. 按需付费　　B. 全面感知　　C. 可靠传递　　D. 智能处理

4. RFID 又称为(　　)。

A. 电子卡片　　B. 感应卡片　　C. 电子标签　　D. 感应标签

5. 最基本的 RFID 系统由三大部分组成(　　)。

A. 电子标签　　B. 读写器　　C. 天线　　D. 传感器

6. 基础设施即服务是(　　)的简称。

A. IaaS　　B. VaaS　　C. PaaS　　D. SaaS

7. 平台即服务是(　　)的简称。

A. IaaS　　B. VaaS　　C. PaaS　　D. SaaS

8. 软件即服务是(　　)的简称。

A. IaaS　　B. VaaS　　C. PaaS　　D. SaaS

9. 房价预测属于(　　)问题。

A. 分类　　B. 聚类　　C. 回归　　D. 规则学习

10. 人脸识别属于(　　)问题。

A. 分类　　B. 聚类　　C. 回归　　D. 规则学习

11. 用户群体的划分属于(　　)问题。

A. 分类　　B. 聚类　　C. 回归　　D. 规则学习

12. (　　)学习需要用带有标签的数据作为训练数据。

A. 监督　　B. 非监督　　C. 半监督　　D. 强化

13. 聚类属于(　　)学习。

A. 监督　　B. 非监督　　C. 半监督　　D. 强化

14. 大数据时代，计算模式也发生了转变，从“流程”核心转变为(　　)核心。

A. “数量”　　B. “数据”　　C. “经济”　　D. “价值”

15. 国际数据公司(International Data Corporation，IDC)认为大数据有 4V 特点，分别为：

A. 数据量大　　B. 处理速度快　　C. 类型多样　　D. 低价值密度

E. 真实性

16. 大数据的主要相关技术包括(　　)。

A. 虚拟化技术　　B. 分布式处理技术

C. 存储技术　　D. 感知技术

E. 文字处理技术

10.2 简答题

1. 云计算的特点有哪些?
2. 物联网包括的关键技术有哪些?
3. 纳米技术在物联网当中起到什么作用?
4. 什么是智能技术?
5. 物联网的本质是什么?
6. 是不是所有问题都适合使用机器学习方法去解决?为什么?
7. 简述使用机器学习解决问题的基本流程。
8. 简述机器学习、深度学习和人工智能的概念及相互之间的关系。

附录　微型计算机选购指南

随着计算机知识的不断普及和计算机应用领域的不断延伸，人们在学习和生活中越来越离不开计算机了。由于学校公用机房的条件限制，很多学生都会打算自己去买一台计算机。由于计算机硬件的飞速发展以及刚入大学对计算机知识还不是很懂，怎样去选购一台合适的计算机就是一个问题。下面简单介绍怎样选购计算机，选购时需要注意哪些问题。下面内容中提到的计算机，均指微型计算机。

A.1　选购原则

在购买计算机之前一定要清楚自己买计算机的用途，不要为了买计算机而买计算机，而是要用到才买。因此，在购买之前就应该知道要用计算机做什么工作、需要计算机具备什么功能。在选购时应当遵循够用和耐用两个原则。

1. 够用原则

具体地说，就是在满足应用需求的同时精打细算，节约每一分钱。购买的计算机只要能满足应用需求就可以了，不要花大价钱一味地追求那些配置高档、功能强大的机器，因为这些机型的某些功能对读者来说也许根本就用不到或者很少用到，买了就是浪费。比如，使用计算机只是打打字、上上网、听听音乐、学习之类的，三四千元的中低档计算机足以应对，选七八千的高档计算机就显得太奢侈了。

2. 耐用原则

这个原则也同样重要，在精打细算的同时，必要的花费不能省。在做购机需求分析时要具有一定的前瞻性，也许今天只是用计算机打字上网，可是随着计算机水平的提高有可能明天就要做 3D 图形，到那时自己的计算机可能就力不从心了，此时将计算机升级肯定不划算，不如当初购机时多花些钱。对于学生用机，这个问题应该着重考虑，如果不知道自己将来可能会用到什么样的软件，可以咨询本专业的老师或者高年级的同学。另外，产品的售后服务也是要考虑的，如果出问题时能享受优质的售后服务，即使多花一些钱也是合算的。由于现在计算机软硬件发展速度比较快，如果入学阶段就购买计算机，考虑能坚持到毕业就差不多了。

A.2 买什么类型的计算机

1. 台式机还是笔记本

(1) 同等价位条件下,台式机的性能要优于笔记本,因此如果预算紧张的同学还是购买台式机。

(2) 笔记本最大的优势就是方便移动,便携性好。如果经常要拿到其他地方使用或者每个假期都要拿回家,并且性能要求也不是特别高的同学,可以选购笔记本。

(3) 笔记本相对台式机来说占用地方少,能耗低,更加符合当前的环保理念。

(4) 台式机拆卸方便,升级更加容易。

(5) 因为笔记本体积较小,对散热要求较高,所以在3D方面的性能比台式机会差些,如果要使用3D设计或者需要玩大型游戏的同学,最好还是选择台式机。

2. 兼容机还是品牌机

品牌机与兼容机是人们选购计算机时纠结的问题,两者之间到底谁是谁非一直是人们关心的话题。有人说品牌机质量好、可靠,售后服务有保障;有人说兼容机价格便宜,升级方便。下面针对它们各自的特点进行说明。

(1) 选材。品牌机为了取得良好的社会信誉,一般在生产时对于各个部件的质量要求非常严格,厂家都有固定的合作伙伴,配件的来源固定,这样避免了各种假货和次品的出现。而兼容机在选材中比较随便,一般按照用户的想法随意配置,而且在购买过程中各部件的来源不确定,这样避免不了出现质量问题。但是,如果具有一定的硬件辨别能力,在挑选过程中多加小心,这种情况是可以避免的。

(2) 生产。品牌机在生产过程中经过专家的严格测试、调试以及长时间的烤机,这样避免了机器兼容性的问题,在用户以后的使用过程中,因兼容性而出现的问题将会少得多。兼容机是按照用户的意愿临时进行组装的,虽然有时也会进行一定的测试,但毕竟没有专业的技术和检测工具,以后出现问题的概率肯定要比品牌机高。

(3) 价格。购买计算机重要的一点就是价格高低。由于品牌机在生产、销售、广告方面避免不了要花费很多的资金,因此它的价格肯定比兼容机的价格要高。兼容机由于少了上面的种种开支,价格方面就占有很大优势。

(4) 售后服务。为了提高销售量和知名度,品牌机都有自己良好的销售渠道和售后服务保障,这样在用户使用过程中出现问题时,就会很快地予以解决。由于兼容机购货渠道不固定,如果在一些小公司购买,过一段时间,公司有可能倒闭,售后服务没有保障。

(5) 升级。由于要考虑稳定性,品牌机的配置一般是固定的,有的甚至不允许用户随意改动。另外现在一些低端的品牌机为了降低生产成本,一般采用集成化主板,这对于以后升级非常不利。兼容机的配置比较灵活,可以按用户的想法和要求随意组合,所以以后升级将会方便一些。

知道了两者的特点,那么选购哪种机器就一目了然了。对于那些硬件知识不熟,机器出现问题不会解决,但有一定资金实力的用户可考虑购买品牌机;对于硬件知识丰富,有选购经验且会处理软、硬件问题的用户可考虑购买兼容机。

A.3　兼容机配件的选购

由于计算机硬件的更新速度太快，因此这里不以具体某种特定型号的配件来介绍，主要告诉大家在选购时需要注意的方面。在选购之前应该上网了解一下当前的主流配置，根据自己购买计算机的目的及自己能够承受的价格进行相应的选购。下面介绍几种主要配件的选购。

1. CPU

在选购配件时首先要确定选购哪一种 CPU，因为后面的主板是和 CPU 关联的，CPU 主要体现出来的就是其运算能力。现在市面上的 CPU 主要是 Intel 和 AMD 两家公司的产品，随着技术的不断发展，两家公司的 CPU 性能差别不大，相对来说 AMD 的价格会略低，但是稳定性上 Intel 略微占有一定优势。

由于现在 64 位已经非常普及，在挑选 CPU 时就不要再考虑 32 位的了。在选购 CPU 时，除了看主频以外，还有其他几个指标也必须清楚：

1）二级缓存和三级缓存

CPU 的性能除了主频以外，二级缓存和三级缓存对性能的影响也是非常大的，因此选购时也要特别关注。

2）制程工艺

通常情况下，制程工艺越高，CPU 能耗越低，对于省电以及环保方面具有决定性作用。

3）包装类别

在选购 CPU 时，人们最常看到的包装有盒装以及散装两种。盒装的都带原装风扇，而散装的要另外再配置散热风扇。

由于现在 CPU 性能已经非常高了，如果对计算机性能要求不是特别高，只是运行普通的软件及一般游戏应用程序的同学，只需要选择当前主流配置中较低端的即可，不需要花大价钱去追求高性能 CPU。

2. 主板

确定了 CPU 以后，接下来就要选择相应的主板了。主板同样有两大类别，分别是支持 AMD CPU 的和支持 Intel CPU 的。选购主板时应该从下面几点来选择：

1）芯片类型

现在的主板芯片包括南桥芯片和北桥芯片。北桥芯片也称为主芯片，因此选择时首先看北桥芯片，北桥芯片决定了这块主板能支持哪种类型的 CPU，此时要根据上面选择的 CPU 类型来确定。南桥芯片通常决定了主板的整个扩展性能。

2）做工

主板通常有大板和小板两种设计，大板散热优于小板，因此稳定性也会高些；还可以看主板上的电容数量，电容越多，主板稳定性越好；另外还要观察各插槽之间的位置布局是否合理，这对散热也是有很大影响的。

3）集成度

现在很多主板把显卡、声卡、网卡等相关的功能都集成到主板上，具体选择具有哪类集成的主板要根据自己的应用要求来确定。如果多媒体处理要求不高并且预算也不太高的话，可以选择集成度较高的主板，这样可以省一大笔费用；对于选择带集成显卡的主板，如果只是用于日常学习，建议选择 AMD 的 CPU 及支持它的主板。

4）扩展性

因为 CPU 和内存等其他配件都需要通过主板联系起来，因此选购时对主板的扩展性要特别关注。比如，观察主板具有几个内存插槽，支持哪种类型的存储器和几个 USB 接口等。

5）品牌

主板品牌非常多。市场上，根据各厂商的研发能力、推出新品的速度以及产品的齐全度，可以将主板分为一线品牌、二线品牌、三线品牌等。当前一线品牌主板主要有华硕、技嘉、微星等；二线品牌非常多，例如昂达、捷波、精英、双敏、映泰等；三线品牌基本上是没什么名气的。通常情况下，品牌越好，其主板的做工及稳定性越高。如果预算较高，尽量选择一线品牌的产品；如果预算不高，可以选择二线品牌的产品。

3. 内存

现在很多大型软件的运行，除了对 CPU 有一定的要求外，对内存也有较高要求。一般来讲，内存越大，运行速度越快。目前，内存的主要品牌有：金士顿、黑金刚、迈刚、现代、海盗船和金邦等。在选择内存时，除了关注内存容量大小以外，还要关注内存的速度。

4. 硬盘

硬盘的主要品牌有：希捷、迈拓和西部数据等。在选购硬盘时，除了要关注硬盘容量外，还应关注硬盘的转速、缓存、读取速度、单碟容量和噪音等指标。

5. 显卡

因为现在很多主板都集成显卡，所以对 3D 要求不高的用户，可以直接选购集成显卡，没必要单独购买。

在选购显卡时，根据自己的需要，首先选定核心芯片的型号，因为核心芯片的型号基本上决定了显卡的性能在哪个层次。除了芯片型号外，同样还需要关注品牌、显存大小和显存位宽等相关参数。

6. 显示器

选购显示器时，主要根据能够接受的尺寸大小及品牌来选择。选购时要注意显示器的分辨率、响应时间、亮度、对比度及接口等相关参数。在购买显示器时，最好现场自己去试去看，只有这样才能买到中意的产品。

因为现在的显示器以液晶显示器为主，在选购时，要注意观察是否有坏点和亮点，观察方法是把背景调成全白和全黑去判断。

7. 机箱电源

在选购机箱时，第一个要考虑的因素是外观，第二个是要注意材料质量及散热性能。

在选购电源时，一定要根据选购的其他配件耗电情况，大概计算出需要的功率大小。对于选择了独立显卡的计算机，选择的电源功率要更大一点。另外，电源的散热性能及稳定性也很重要，要特别注意。

8. 光驱

根据实际应用要求，可以选择带刻录功能的光驱或不带刻录功能的光驱。

最后，在进行配件选购时，不能单独考虑，而是要整体规划。例如，主板和 CPU 之间是

否兼容？主板和内存之间是否兼容？电源功率和其他配件的关系？各配件是否匹配？……这些问题都要一一考虑清楚。

A.4 注意事项

1. 注意计算机用途

在选购计算机时，要明确购买计算机的用途，根据用途来配置和购买。根据用途，计算机大概分为普通办公学习型、游戏高清型、专业设计计算型等。

(1) 普通办公学习型。使用常用的学习办公软件，偶尔玩非 3D 游戏等，选购时只需选择当前常见配置中的低端配置机器即可，集成显卡的主板完全能够满足要求。

(2) 游戏高清型。经常玩大型游戏，看高清视频，对显卡要求比较高，一定要买一个独立显卡，电源功率要求也更高。

(3) 专业设计计算型。经常做很多大型计算，对 CPU 要求特别高，因此需要选购高端的 CPU，内存容量也要更大。

2. 购买配件注意真假

购买配件时，会发现很多规模不大的商家，难免会出现一些不法商家以次充好以假充真等现象，因此一定要小心，不熟悉产品的用户，最好选购具有防伪标签的配件并当场验货，现场监督安装。安装完以后可以使用 CPU-Z、Everest 等软件来检测是否和选购的配件参数一致。

3. 购买时注意价格

由于目前配件的价格相对透明，在购买之前应该到网站上(例如太平洋电脑网、京东商城等)对当前各配件的大概报价做一个了解。在选购时，可以通过对多个商家询价的方式找到一个可以接受的价格。需要注意的是，很多商家通过将主要配件价格定得较低来吸引顾客，但是通过将机箱电源、音响、键盘、鼠标等配件价格的提高，把整体价格又提上去了。

4. 注意售后

计算机在使用过程中很难避免出现各种问题，特别是硬件上的问题，因此售后服务是非常重要的。在挑选每个配件时都要问清楚保修时间。在购买笔记本及品牌机时一定不要贪图便宜，要开发票，因为很多品牌机在保修时是需要凭发票才能保修的。

参 考 文 献

[1] 白中英. 计算机组成原理(网络版)[M]. 3 版. 北京：科学出版社，2003.

[2] 石磊，等. 计算机组成原理[M]. 2 版. 北京：清华大学出版社，2006.

[3] 阮文江. 大学计算机公共基础[M]. 北京：清华大学出版社，2007.

[4] 朱战立，等. 计算机导论[M]. 北京：电子工业出版社，2005.

[5] 胡金柱，等. 大学计算机基础[M]. 北京：清华大学出版社，2007.

[6] 甘岚，曾辉，等. 计算机导论[M]. 北京：北京邮电大学出版社，2005.

[7] 白中英. 数字逻辑与数字系统(网络版)[M]. 3 版. 北京：科学出版社，2002.

[8] 陈光华. 计算机组成原理[M]. 北京：机械工业出版社，2006.

[9] John F Wakerly. 数字设计原理与实践[M]. 3 版. 林生，等译. 北京：机械工业出版社，2003.

[10] 许兴存，曾琪琳. 微型计算机接口技术[M]. 北京：电子工业出版社，2005.

[11] 王田苗. 嵌入式系统设计与实例开发[M]. 北京：清华大学出版社，2005.

[12] 李代平. 软件工程[M]. 北京：清华大学出版社，2008.

[13] 张尧学，史美林. 计算机操作系统教程[M]. 2 版. 北京：清华大学出版社，2000.

[14] Andrew S Tanenbaum. 现代操作系统[M]. 3 版. 陈向群，马洪兵，等译. 北京：机械工业出版社，2009.

[15] Windows主页：http://windows. microsoft. com/ zh-cn/windows.

[16] Microsoft word 帮助. https://support. office. com/zh-CN/Word.

[17] Microsoft Excel 帮助. https://support. office. com/zh-cn/excel.

[18] Microsoft Power Point 帮助. https://support. office. com/zh-cn/Powerpoint.

[19] 杨振山，龚沛曾，等. 大学计算机基础[M]. 4 版. 北京：高等教育出版社，2004.

[20] 李秀，安颖莲，等. 计算机文化基础[M]. 5 版. 北京：清华大学出版社，2004.

[21] 刘桂喜，余志新. 计算机技术导论[M]. 北京：电子工业出版社，2004.

[22] 刘国桑. 数据库技术基础及应用[M]. 2 版. 北京：电子工业出版社，2008.

[23] 王珊，张孝，李翠平，等. 数据库技术与应用[M]. 北京：清华大学出版社，2005.

[24] 周安宁，张新猛，等. 数据库应用案例教程 Access[M]. 北京：清华大学出版社，2007.

[25] Microsoft Access 帮助. https://support. office. com/zh-cn/access.

[26] 郭芬，林育蓓，等. 多媒体技术及应用[M]. 北京：电子工业出版社，2018.

[27] 王中生，等. 多媒体技术及应用[M]. 3 版. 北京：清华大学出版社，2015.

[28] 许华虎，杜明，佘俊，等. 多媒体应用系统技术学习指导及习题解析[M]. 北京：机械工业出版社，2009.

[29] 刘西杰，等. HTML CSS JavaScript 网页制作从入门到精通[M]. 3 版. 北京：人民邮电出版社，2016.

[30] 佘乐，等. 网页设计与网站建设[M]. 北京：清华大学出版社，2017.

[31] James F Kurose，Keith W Ross. 计算机网络——自顶向下方法与 Internet 特色[M]. 3 版. 陈鸣，等译. 北京：机械工业出版社，2005.

[32] William Stallings. 密码编码学与网络安全——原理与实践(英文版)[M]. 4 版. 北京：电子工业出版社，2006.

[33] 林柏钢. 网络与信息安全教程[M]. 北京：机械工业出版社，2005.

[34] 肖军模，刘军，周海刚. 网络信息安全[M]. 北京：机械工业出版社，2006.

[35] 赵欢，骆嘉伟，徐红云，等. 大学计算机基础——计算机科学概论[M]. 北京：人民邮电出版社，2007.

[36] Magnus Lie Hetland. Python 基础教程(修订版)[M]. 2 版. 司威，等译. 北京：人民邮电出版社，2017.

[37] 蒋加伏，唐文胜，等. 大学计算机基础[M]. 北京：北京邮电出版社，2006.

[38] 卢湘鸿，彭小宁. 文科计算机教程[M]. 北京：高等教育出版社，2008.
[39] Behrouz A Forouzan. 计算机科学导论[M]. 刘艺，等译. 北京：机械工业出版社，2008.
[40] Jeannette M Wing. Computational Thinking[J]. COMMUNICATIONS OF THE ACM，Vol. 49 (3)：33-35，2006.
[41] 周志华. 机器学习[M]. 北京：清华大学出版社，2016.
[42] 从机器学习谈起 http://blog. jobbole. com/83400/.
[43] 人工智能过去 60 年沉浮史，未来 60 年将彻底改变人类 http://www. tmtpost. com/1666616. html.
[44] 人工智能与机器学习：两者有何不同？http://www. sohu. com/a/116469838_466866.
[45] 云计算百科. https://baike. so. com/doc/580575-614558. html.
[46] iOS 官网. https://www. apple. com/cn/ios.
[47] 张艳，姜薇，等. 大学计算机基础[M]. 北京：清华大学出版社，2016.
[48] 徐红云，解晓萌，等. 大学计算机基础教程(第二版)[M]. 2 版. 北京：清华大学出版社，2014.
[49] 徐红云，解晓萌，等. 大学计算机基础实验指导与习题集[M]. 2 版. 北京：清华大学出版社，2014.

图书资源支持

感谢您一直以来对清华版图书的支持和爱护。为了配合本书的使用，本书提供配套的资源，有需求的读者请扫描下方的“书圈”微信公众号二维码，在图书专区下载，也可以拨打电话或发送电子邮件咨询。

如果您在使用本书的过程中遇到了什么问题，或者有相关图书出版计划，也请您发邮件告诉我们，以便我们更好地为您服务。

我们的联系方式：

地　　址：北京海淀区双清路学研大厦 A 座 707

邮　　编：100084

电　　话：010－62770175－4604

资源下载：http://www.tup.com.cn

电子邮件：weijj@tup.tsinghua.edu.cn

QQ：883604(请写明您的单位和姓名)

资源下载、样书申请

书圈

用微信扫一扫右边的二维码，即可关注清华大学出版社公众号“书圈”。